普通高等教育农业农村部“十三五”规划教材

蜜蜂遗传与育种学

王丽华　主编

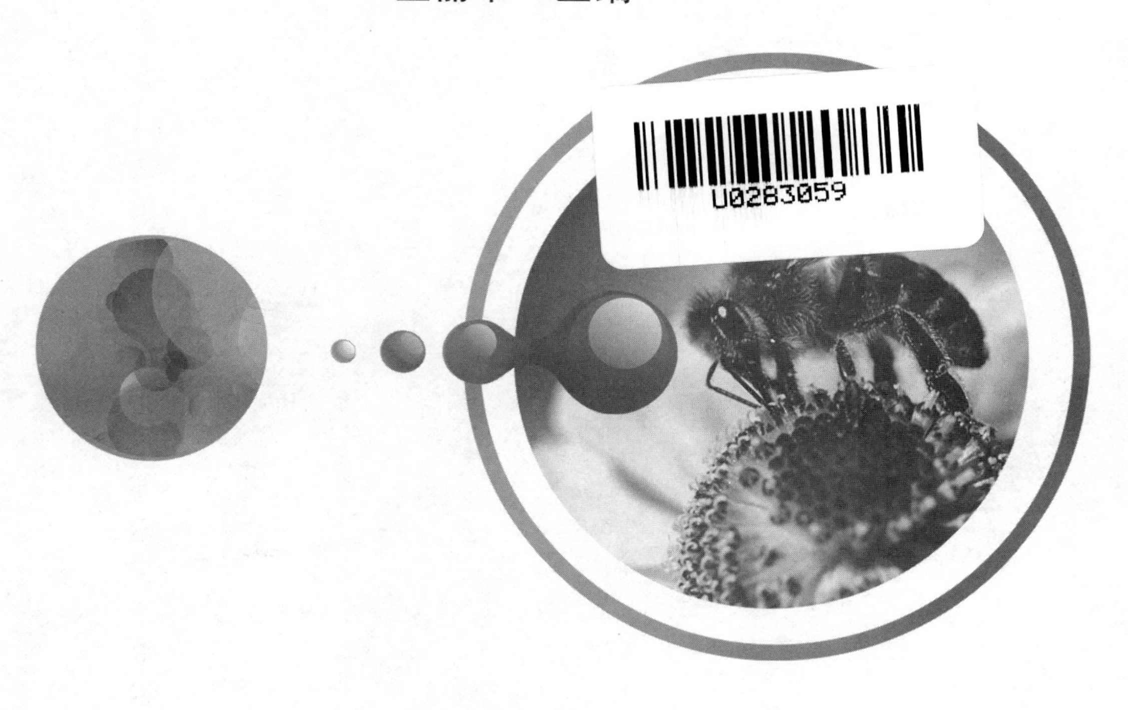

中国农业出版社
北　京

编写人员名单

主　编　王丽华（福建农林大学）

编　者（以姓氏笔画为序）

王　颖（山东农业大学）

王红芳（山东农业大学）

王丽华（福建农林大学）

方兵兵（中国农业科学院蜜蜂研究所）

刘耀明（山西大学）

李志勇（吉林省养蜂科学研究所）

胥保华（山东农业大学）

聂红毅（福建农林大学）

郭　军（昆明理工大学）

穆忠华（福建农林大学）

Foreword 前言

为贯彻2018年习近平总书记在全国教育大会上的讲话精神、落实2023年全国教育工作会议精神以及推动党的二十大精神进教材、进课堂、进头脑，本教材的编写始终围绕党的教育方针和“强国建设、教育何为”的时代课题，立足“培养什么人、怎样培养人、为谁培养人”这一根本问题，全面落实立德树人根本任务。

本教材在坚持正确的政治方向的同时，也注重体现文化自信，更多地重点介绍本土化的专业理论和科研实践内容，编写基本思路是对蜜蜂遗传与育种中的一些基本的、难度较大的内容从理论上加以阐明、在技术上进行阐述并力求简明扼要，在资料选取、逻辑编排和方法介绍上尽量做到具有独特性、渐进性和实用性。

本教材在内容上分为五个部分，包括：蜜蜂育种学基础、蜜蜂遗传学基础、蜜蜂育种学理论、蜜蜂育种学技术和实验指导书。书中介绍了世界上现存的蜜蜂物种、主要饲养的蜜蜂亚种、我国现有的地方品种等，重点介绍了蜜蜂引种、选择育种、近交育种、杂交育种、诱变育种、倍性育种和蜂王人工授精等理论与技术，还有蜜蜂的进化、异常蜂的遗传、远缘杂交和胚胎操作技术等。

本教材在每个章节末都设有相应的“知识点补缺补漏”“延伸阅读与思考”“思考题”和“参考文献”栏目，目的是让读者更好地把握章节并激起进一步阅读的兴趣。其中，“知识点补缺补漏”多是专有名词，释义经过从网上搜索再编辑而成；“延伸阅读与思考”多是科技新闻，供有兴趣者拓展视野和通过联想消化章节内容，引导学生爱读书、读好书和善读书；“思考题”多是假设和提问，意在提示和唤醒发散性思维，启发学生学一行、钻一行、干一行、爱一行；“参考文献”多是在正文中引用最多的或是在重要期刊上最新发表的论文，以便于科研爱好者进行动态跟踪。此外，第五部分实验指导书，则教会学生知与行、学与用、说与做的统一。

本教材面向的读者群是蜂学专业本科生、特种经济动物饲养（含蚕蜂）专业硕（博）士研究生和蜂学专业博士研究生。此外，一些从事蜜蜂育种研究的工作者、养蜂爱好者也可将本教材作为参考书。编写本教材的宗旨就是希望蜜蜂的社会性本能和丰富的行为学表现能促使作为读者的你——专业毕业生、专业技术人员、专职工作者和有一定文化基础的养蜂者，继续研究并持续呵护蜜蜂及其优良品种，早日应用遗传技术，有计划地、有步骤地遴选、培育、改良（造）现有的蜜蜂品种，特别是争取自主培育突破性的蜜蜂品种，用更新的蜜蜂良种来满足现代养蜂规模化生产的更高需求。

本教材的理论部分共有 13 个章节。其中，第一至七、十、十二章由福建农林大学王丽华编写，第八章由山东农业大学王颖、胥保华和福建农林大学王丽华编写，第九章由山东农业大学王红芳、胥保华和福建农林大学王丽华编写，第十一章由吉林省养蜂科学研究所李志勇编写（第四节由王丽华编写），第十三章由福建农林大学聂红毅和王丽华编写。

本教材的实验部分共有 9 个实验指导（实验一至七为验证性实验、实验八至九为探究性实验）。其中，实验一由昆明理工大学郭军编写，实验二和实验三由中国农业科学院蜜蜂研究所方兵兵编写，实验四由昆明理工大学郭军和山西大学刘耀明合作编写，实验五和实验九由福建农林大学聂红毅和王丽华编写，实验六由吉林省养蜂科学研究所李志勇编写，实验七由福建农林大学穆忠华和王丽华编写，实验八由山西大学刘耀明编写。全书由王丽华统稿。

本教材得到了福建农林大学教材出版基金的资助。

本教材力求做到追踪科技的时代前沿，但限于编写人员水平、能力和时间，至交稿时还是会感叹落后于科技发展的速度，而且一家之言也难免有错，还望读者谅解、批评与指正。

编　者

2023 年 7 月

Contents

目录

●第三部分　蜜蜂育种学理论●

● 第四部分　蜜蜂育种学技术 ●

第一章 绪 论 >>

绪论，字面意思就是在书籍开头概括地说明本书主旨和领域内容的章节，当然还包括这门课程所关注的领域重点以及前景。同时，我们不能也不敢忘记肩上的使命："我们的教育必须把培养社会主义建设者和接班人作为根本任务，培养一代又一代拥护中国共产党领导和社会主义制度、立志为中国特色社会主义奋斗终身的有用人才。"我们要教育并带领莘莘学子"立报国之志，增强国之才，践爱国之行"，皆因"吾辈生于中华，当为中华之盛世尽一份力""生逢盛世，当不负盛世"。

第一节 关于"蜜蜂遗传与育种学"

蜜蜂良种的选、育、繁，离不开蜜蜂的遗传学基础，也离不开蜜蜂的育种学基础；落实到具体的实践上，又离不开蜜蜂育种学的技术与方法。而且，若要让蜜蜂良种真正在养蜂生产中起到应有的关键作用，还要扎实推进对种用蜂王、种用雄蜂及其后裔工蜂的评估、选留、中试和精纯，即测、用、推、保一体化。

一、课程地位、研究内容与任务

"蜜蜂遗传与育种学"是蜂学专业本科修业课程中的核心课程（即主干或学位课程）之一，是一门以现代生命科学及其他自然科学的成就为基础的、专门研究蜜蜂良种选育理论和方法的综合性应用学科。它所研究的对象是蜂王、雄蜂及其后裔工蜂，以蜂群为选育单位，以蜂王为种质载体，以雄蜂为家系传承，以工蜂为表现对象。它与遗传学、种群遗传学、蜜蜂生物学、发育生物学、蜜蜂饲养管理学等学科关系密切，与细胞生物学、分子遗传学、分子生物学、数量遗传学、生物统计学等学科有相当多的联系。"蜜蜂遗传与育种学"领域所取得的任何成就，既依赖于这些基础学科的发展和交融，又充实于这些学科的理论内容来指导实践和提供佐证。

"蜜蜂遗传与育种学"的主要研究内容有：蜜蜂的种类、蜜蜂的进化、蜜蜂的细胞遗传学、蜜蜂的性别决定与行为遗传、蜜蜂的异常遗传、蜜蜂的选择育种、蜜蜂的引种与复壮、蜜蜂的近交育种、蜜蜂的杂交育种、蜂王人工授精技术、蜜蜂的超常规育种、蜜蜂胚胎操作技术等。

"蜜蜂遗传与育种学"的教学任务，就是教会学生理解和掌握本学科所要求的综合性基础知识，能够灵活运用本学科的理论技术去设计或制作可行的良种繁育计划和体系。此外，还要训练学生追踪、结合与应用生命学科相关前沿成就的能力，为在将来生产实践中坚持终身学习的习惯、持续推进蜜蜂育种的工作进程以及开阔眼界做好知识储备和能力准备。

二、与养蜂生产实践的关系

长期的实践证明，选育蜜蜂优良品种可为养蜂生产带来根本性的变化，是一项重要的增产措施。这是因为：首先，种性具有良种区域性优势特征。例如：世界公认的优良蜂种卡尼鄂拉蜂（*Apis mellifera carnica*，简称卡蜂），引种到我国北方的，越冬性能很好；引种到我国南方的，越夏性能和群势维持能力欠佳。其次，种性表现存在种内个体的异质性。特别是，适应于甲地并被引种到与甲地环境条件基本相同的乙地饲养的一个优良蜂种，不一定每群都能够成为乙地的优良蜂种。例如：意大利蜂（*Apis mellifera ligustica*，简称意蜂）不同的蜂群对王台的接受率和单个王台里的浆产量差异很大。

长期的实践还证明，新一代蜜蜂品种的选育、推广和使用，皆应源于并最终服务于养蜂生产实践的第一需要。这是因为：蜜蜂品种属于畜禽遗传资源范畴，都是国家战略资源；蜜蜂种业属于畜禽种业范畴，都是畜牧业发展的根基。所以，掌握蜜蜂遗传与育种学的基础理论和基本方法［尤其是更换蜂王（简称换王）］是一项必要的知识储备和应急手段，可为养蜂生产中随时出现的新问题、新情况以及不期遭遇的新疫情提供解释、指导和解决方案。特别是自主培育突破性蜜蜂品种，可以满足现代养蜂工业化生产的新型需求。

第二节　蜜蜂育种工作的特点

蜜蜂育种工作与其他动、植物的一样，既拥有共性（如提高品种的遗传品质），又拥有特性（如单倍-二倍性遗传发育）。

一、蜜蜂自身的特殊性

蜜蜂本身的特点，主要表现在以下几个方面。

（一）组配方式的单倍-二倍性

一个正常的蜂群是由蜂王、雄蜂和工蜂等两代个体所组成的。雄蜂由未受精卵发育而来，只有来自母本（蜂王或产卵工蜂）的一套染色体（$n=16$）；蜂王和工蜂由受精卵发育而来（个别亚种除外），具有来自父本和母本的两套染色体（$2n=32$）。所以，畜牧上二倍体-二倍体遗传育种的许多测定公式在修订之前不一定都适合于蜜蜂，如遗传力（一项能预见选育成效的统计）。

（二）空中交配的开放性

与大动物和其他昆虫不同，蜜蜂的交配活动是在空中进行的。在婚飞半径内，很难保证没有非种用雄蜂和非种用处女蜂王（简称处女王）的出现，前者致使本场种用处女王得不到优质的婚配，后者导致本场种用雄蜂的意外损失，两者都会扰乱原有的育种计划。因此，育种者依靠天然交尾场从事蜜蜂精准制种很难。

（三）雄蜂交配的一次性

蜜蜂的繁殖体系是典型的一雌多雄制。蜂王为了确保一生的精子使用和后代工蜂的多样性，需要与多只甚至是其他品种的雄蜂进行交尾（图 1－1）。但是，雄蜂却在交配后即刻死去，就是俗话说的“婚礼和葬礼一起举行”。所以，畜牧上的育种图式（雄性种畜反复使用）不能沿用，尤其是女父回交等近交组配与操作管理。

（四）工蜂姊妹的超家系性

蜂王多雄交尾的结果就是在亲缘关系上属于不同亚家系的后代工蜂们组成了一个超家系，出现生物学性状的“雄蜂像母，工蜂像父”的多亚家系情形，即工蜂的同母异父性。有研究表明，在蜂王接连产生的卵中，后一卵的亚家系频率越来越独立于前一卵的亚家系频率，单只雄蜂精子（或优等精子军团）的非随机使用频率不断变小，最后交尾的那只雄蜂的适合度并没有下降。这样，由于每只雄蜂的精子在蜂王受精囊中都保留了同样的优先竞争等级，所以，超家系工蜂姊妹在蜂群中永远存在，人们固定某个家系后代性状的难度永远没有减小。

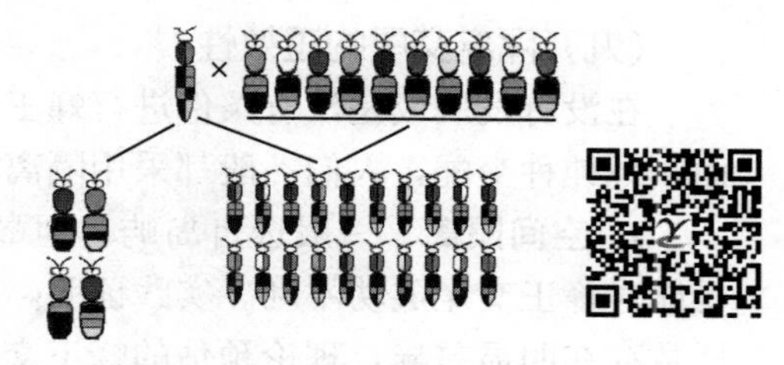

图 1-1　蜂王的一雌多雄性交配机制

蜂王通常与 10～20 只雄蜂交尾，可能会有上千种的基因（以颜色代替，请参见二维码）组合

（五）工蜂间亲缘关系的多样性

即使在位蜂王是蜂群里年老工蜂的同父同母姐妹，它们的遗传特性也不尽相同，因为一只杂种蜂王的卵细胞可形成 2^{16} 种基因型的卵子（假设在减数分裂过程中，染色体不发生交换等行为）。例如：单只雄蜂的后代工蜂（超姐妹）个体间相关系数为 0.75，多只同母雄蜂的后代工蜂（全胞姐妹）家系间的相关系数为 0.75 和 0.5 的混合，多只异母雄蜂的后代工蜂（半胞姐妹）家系间的相关系数为 0.75 和 0.25 的混合。因此，在田间测试和选育方面，为了表现出未被多雄授精所遮蔽的蜂群特性，提倡给蜂王进行单雄授精。

（六）蜂群内三型蜂血统的不一致性

在纯种的蜂群里，蜂王、雄蜂和工蜂的血统是基本一致的，但在杂种的蜂群里则情况有很大不同，尤其是与蜂王交配的雄蜂（工蜂的父亲）和与工蜂同时存在于蜂群中的雄蜂（工蜂的兄弟），其血统是根本不一样的。正是有这种不一致性的存在，才既要看现有种或育成种的三型蜂各自的杂交程度（纯种、单交种、三交种或双交种等），也要看作为亲本素材的蜂王和雄蜂用到怎样的近交或杂交组配里去、将会产生怎样的新品种后代工蜂。

（七）杂种雄蜂制作的复杂性

在制作较为复杂的杂交组配中，如果要使某种雄蜂含有两个亲本的血统，则应该先培育出含有两个亲本血统的蜂王，由该蜂王产生的雄蜂才具有这两个亲本的血缘（雄蜂没有父亲但是有外公），因为在培育中发生过亲本细胞质的交换。例如，要使雄蜂含有卡蜂（卡尼鄂拉蜂的简称）和意蜂（意大利蜂的简称）两个亲本的血统，就要先让卡蜂和意蜂进行杂交，由杂交母本蜂王产下受精卵育出卡意杂交种处女王，由这个杂种蜂王产生未受精卵育出的雄蜂才是所需要的卡意杂种雄蜂。它与畜牧上的杂交制种不同，与单纯地将卡蜂和意蜂混养在一起或是将两种雄蜂混合在一起也不同。

（八）性状表现的群体性

蜂群中，蜂王和雄蜂是性状基因的携带者，而工蜂是性状基因的表现者，如产育力、采蜜量、产浆量、泌蜡量等。因此，从遗传学角度，要把蜂群看作一个遗传单位，特别是在品种选育时，要用由蜂王众多后裔个体所组成的群体的生产力特性（或经济性状）来评估蜂王和雄蜂的种性。

（九）隔离交尾的短效性

在没有发展或是没有条件进行蜂王人工授精技术的地方，为了达到预定的组配目的进而实现纯种交配，人们一般都采用隔离法。

1. 空间隔离 一般选自岛屿，但岛上交尾场独特的气候条件（风力大、近水面）很可能对蜂王交尾成功不利。实践证明，岛上和陆地（低地、高地、高山）交尾场的蜂王交尾数存在明显差异，理论预估的蜂王交尾数应为13～18只雄蜂，而实际观察的蜂王交尾数却为6～24只雄蜂不等。

2. 时间隔离 一般选在外界没有雄蜂的季节，用自留自育的种用雄蜂与处女王自然交尾，理论上可行但实践上受限。一是蜂群在交尾季节培育的雄蜂质量最好，二是外界没有雄蜂的时候也是最不利于雄蜂生存的季节。虽然可以进行异地的错时培育（如南繁北育），但仍然做不到或做不好错时交尾。

3. 亚种间隔离 在自然界里，种下的生物分类阶元始终存在着通婚现象。如目前国内的本地意蜂就是一个亚种间自然杂交的结果。所以，要避开同域存在的其他亚种（如卡蜂）或品种（如东北黑蜂、新疆黑蜂），严防制种时闯入。

二、蜜蜂育种工作的特点

针对上述蜜蜂本身的特点，在进行有目的的近交或杂交育种工作时，就必须施行蜂王的人工授精和雄蜂的精液贮存技术。但是，仅有此项操作远远不够，还必须认识到以下几点。

1. 时间性 虽然蜜蜂的世代间隔不算长，但每一世代的选择周期比较长，且每一世代的遗传改进量都有一定的限度，这样蜜蜂育种获得的选择进展通常较慢。

2. 条件性 以群体为计量单位的父母本遗传性能的表现，需要通过对全体后裔工蜂的测定得出。特别是，若只采用表型选择，较难获得预期效果，也会影响工作进度。同时，父母本及其后裔的培育质量和各种性状的表达，还受到蜂箱外部环境和蜂群内部因素的制约。例如，蜜粉源是否丰盈、气候是否适宜、粉蜜贮存是否充足、蜂脾数量是否相称、采集蜂数量是否足够等。

3. 铺开性 为了防止出现近交效应和保证遗传多样性，育成种蜂王的保存都要模拟自然的多雄交尾状态。这样，父群的雄蜂除了要有一个具体存量的保证以外，还要精选、慎选和拟境饲养，摊子就会稍显过大。

4. 程序性 品种选育是个计划性和连续性比较强的项目，往往牵一发而动全身，必须在每一个技术环节把诸多更为复杂的、影响选育工作强度和效果的因素统统考虑进去。如遇突发事件影响而需要改动选育计划时，比较稳妥的办法就是进行专家技术论证，排除一切的随意性。

5. 群众性 蜜蜂育种工作包括优良种群的选、育、繁、推、用、保等整个过程，需要政策的支持、专利的保护和供种-用种单位与个人的配合。只有管理人员、专技人员和养蜂人员的广泛参与和同步联动，才能保证包括集团选育、杂交组配和闭锁繁育在内的“选—育—繁”过程和包括新品种的中试、示范、审定在内的“推—用—保”过程的顺利进行。

三、蜜蜂育种工作的几点考虑

农业农村部在“十四五”产业发展规划中，将蜜蜂产业列为特色畜牧业。当前，蜜蜂种业主要应明确需要解决的问题有哪些；是“有没有”和“够不够”，还是“好不好”和“强不强”。例如下面这几个问题就比较突出。

（一）蜜蜂育种对象的确定

蜜蜂种源是蜜蜂产业核心竞争力的重要体现，也是蜜蜂种业创新的物质基础。但是，如何甄别和选择蜜蜂育种对象，关系到能否打好蜜蜂种业翻身仗。

1. 种性本土化　我国蜜蜂育种对象的选择应该考虑源于中国、种质资源丰富、市场需求迫切且具有较高经济价值（如高产、抗病、授粉等）的重要蜂种，如中蜂诸多品种。对于非我国原产但引入时间较长、国内有一定的种质资源基础和饲养经验的或在生产和消费上占有较大比重的蜂种，也可以作为育种对象进行改良，如意蜂中的浆蜂等。这样，可以相对集中和相对稳定地确定育种对象，把握育种对象的优势。

2. 良种区域化　育种基地要接近主产区或者放在发展潜力较大的地区，我国主要是采用南繁北育的育种策略，逐渐在全国范围内形成区域化蜂种使用格局：东北、华北新型蜂种制作区，以育种专业单位为依托，面向特定区域供种或应特殊要求制种；西北规模化蜂种饲养区，结合智能养蜂设备，实现数字化管理；华南、西南生产性蜂种繁殖推广区；华南、东南观赏性蜜蜂培育推广区。

（二）蜜蜂育种目标的制订

育种目标就是指在一定的时间内通过一定的育种手段所达到对该种蜜蜂改良的具体目标性状，有大目标、具体目标和特殊目标之分。实际上是个育种战略的确立，适当与否决定着育种工作的成败。除了高产、群势是永恒的目标之外，只要有饲养价值的（抗病或抗逆）或商品价值的（生产特种蜂产品）或观赏价值的（特有形态）性状都会是可能的育种目标。①育种目标的选取要有多样性。要有生产性目标（如蜜高产、浆高产、胶高产、粉高产等）、管理性目标（如抗病、抗逆、讲卫生、群势强、温驯等）和展示性目标（如个体漂亮、蜜房封盖洁白、温驯等）。②多效品种的需求要有预见性。农艺性状的育成种，必须满足蜂种使用者获得最大的经济效益；观赏蜂种可以不包括高产方面的目标性状，但必须注重温驯性和稀有性。③品种供求的季节要有伸长性。育成种多以鲜活状态的蜂王供应市场，但种王生产的季节性与市场需求的经常性之间存在着物候学矛盾，所以延长供应时期和延长使用时期是蜜蜂育种目标的重要考虑因素。④品种自身的价值要有兼用性。如高产结合授粉，观赏结合科普，等等。

（三）蜜蜂种质资源的分类

在我国，目前驯养的土著中华蜜蜂（*Apis cerana cerana*，简称中蜂）和已引进了一个多世纪的意蜂都有多种生态类型，这些都是极好的种质资源，也是人们习惯称谓的蜂种（与分类上的物种阶元差一级）。

1. 野生种质资源　是指自然野生的、未经人为干扰并有经济价值的蜂种资源。特点：具有高度的适应性，有丰富的抗性基因，但经济性状较差。种用价值：常常是抗性育种的重要资源，核心种源自给率高（如中蜂）。

2. 本地种质资源　是指本地多年生产实践中使用的蜜蜂品种。特点：对当地生态具有高度的适应性和抗逆性，不存在种间的争夺口粮（蜜粉源）矛盾，在经济性状方面也基本符合要求。种用价值：良种利用率还有较大提升空间，只要采用简单的选择整理，优良变异类型就能迅速有效地从中选出或稍加改良就可利用。

3. 外地种质资源 是指从其他国家和地区或从国内某地区引入的蜜蜂原种、优良品种和育种素材。特点：生长在各种不同的生态条件，具有多种多样的遗传特性，是改良本地品种、培育良种配套系和创造新品种的重要材料。种用价值：通过考察与生态对比，就可直接用于生产，大大丰富本地种质资源。

4. 人造种质资源 是指通过杂交、诱变或基因组编辑等措施产生的一些品种和类型。特点：能产生优良的生物学特性和经济性状，能适应特定的自然和饲养条件，能稳定遗传被改良的性状。种用价值：能满足生产要求，可为进一步育种提供新的种质资源。

(四) 蜜蜂种质资源的信息管理系统

为了能够随时随地以及随心所欲地选育优良品种，必须要有丰富的种质资源作为后盾，而且还要不断地引进、补充新的种质资源。这样，多世代的蜜蜂育种工作才能顺利开展，才不会受到太大制约。所以，必须防患于未然，着手开发和利用蜜蜂种质资源信息管理系统。

1. 蜜蜂种质资源的收集 通过种质资源普查与收集行动，发掘古老珍稀的特有资源和农家品种，挽救有价值的新资源，丰富蜜蜂种质资源多样性和战略储备。分为挽救性收集、补缺性收集和随机收集。

(1) 挽救性收集。目标蜂种遭受遗传侵蚀或行将灭绝，要立即保种扩繁。

(2) 补缺性收集。针对特定地区的蜂种、特殊基因型、已发生多样性丢失的种质资源，展开异地收集，包括交换或购买。

(3) 随机收集。在不寻常的地方以不经意的方式发现有特殊价值的种质。

2. 蜜蜂种质资源的评价 我国蜜蜂育种工作者在实践中发现，在中国境内现有的西蜂品种中，黄色的在繁育、越夏和群势上都比黑色的强，而黑色的在采集、抗病和越冬上都比黄色的强。在对蜜源和气候条件反应的敏感性上，黄色的不如黑色的灵敏，表现在育虫节律平缓，饲料消耗量大，秋季蜂王停卵较晚。一般来说，当黑色蜂种作母本与黄色蜂种杂交时，蜂群的产育力将会有所改善；当黄色蜂种作母本与黑色蜂种杂交时，蜂群的采集力和抗逆性将会得到提高。此外，还可以根据性状连锁规律，对其他性状进行评价。

3. 蜜蜂种质资源的保存 为了保证种质的延续和安全，可采取以下保存方式。

(1) 原址保存（就地保存）。适用于稀有的、濒危的对象，要注意避免自然灾害。

(2) 外址保存（异地保存）。适用于基因型集中的对象，要注意避免基因混杂。

(3) 在体保存（蜂箱内保存）。适用于种质转育（杂交、回交、系统育种等）和种质创新（诱变育种、基因工程改种等），要注意避免长期继代带来的效应。

(4) 离体保存（蜂箱外保存或实验室保存）。适用于特有种质（精子、受精卵虫等），要注意避免遗传稳定性降低。

4. 蜜蜂种质资源的利用 建立蜜蜂种质资源共享机制，加快推动品种自主创新，全面完成蜜蜂良种繁育基地布局，启动配套服务区建设。

(1) 启动区域性良种联合攻关项目。开展新品种引进、试验、鉴定、测试、筛选和良法配套技术示范，做好专用品种的区域化推广。

(2) 加快推进南繁基地建设。分批次开展国家区域性蜜蜂良种基地认定，启动建设现代专用蜂种产业园计划，为蜂农提供健康种蜂王。

5. 蜜蜂种质资源的保护 在强调蜂群的规模化饲养过程中，对蜜蜂新品种的选育和使用要求等也会发生改变，往往会把注意力只集中在少数经济性状上，而对有潜在利用价值的资源滥加淘汰或任其毁灭，从而使蜜蜂群体或个体的遗传基础变窄。因此，为避免未来的育种工作出现“无米之炊”之困境，各级蜜蜂保种育种单位应该注意对地区性品种做到以下三个方面的工作。

（1）进名录。做好地方性蜜蜂良种的全国性登记备案保护工作，以利于知识产权保护和产业化的市场监管。例如：中蜂、东北黑蜂和新疆黑蜂，最先被收录进《国家级畜禽遗传资源保护名录》（农业部公告 2006 年第 662 号和 2014 年第 2061 号）。一旦被列入《国家级畜禽遗传资源保护名录》，则不被允许进行杂交育种和跨分布区引种。

（2）搞建设。对东北黑蜂和伊犁黑蜂，国家和地方都在保护区坐标范围内加快解决其保护问题，加大提纯复壮等科研攻关，并扎实推进保护区建设工作。例如：东北黑蜂国家级保护区曾是当时亚洲唯一一个专门为单一蜂种而在原产地中心产区建立的保护区。目前，东北黑蜂、新疆黑蜂和中蜂地方性生态型的基因库、保护区和保种场都在陆续开始建设和启用。建设单位的申报流程为：查找到在本地区确实拥有《国家级畜禽遗传资源保护名录》中的地方品种；提交申报材料（基因库、保护区、保种场、变更）；参加现场审验；被农业农村部批准确定。

（3）重管理。以保种场为核心、保种点为支点、保种户为基础、保护区为网络，利用性能数据库和评估数据库进行系统化管理，包括社会化联合保种和系统性提纯复壮繁育，以开发利用促保种、促保护。例如阿坝中蜂，在保种场内对核心繁育群实行闭锁繁育；在保护区内大力推广原始饲养；在核心保护区外开辟缓冲带，防止血统混杂引发种性退化；从保护区、保种点选留性状一致的蜂群。

（五）蜜蜂育种的程序

蜜蜂育种程序是指实施育种工作的方法和步骤，其所包括的内容可用单字来概括。即订、查、引、选、育、试、审、繁，或称育种“8 字方针”。

1. 订 制订蜜蜂良种选育目标。当地养蜂生产上亟待改良的蜂种就是良种选育的主攻方向，要从需要与可能两方面加以考虑，要坚信一个优良品种只有更好没有最好。

2. 查 普查蜜蜂良种选育素材。实际上，蜜蜂遗传资源需要多层次收集保护和多元化开发利用。要对本地区和邻近地区现有蜂种资源（种质资源）进行广泛调查和建档，重在收集保存蕴藏在局部地区尚未很好开发利用的特有资源、野生资源和关键资源。除了注意对已有品种和育成品种的知识产权保护以外，还要注意对一些中间材料和其他相关材料的收集保存，以便找准方向后作为素材继续深度培育。

3. 引 引进蜜蜂良种及其育种素材。从国内外不同地区，引进蜜蜂良种或新的生态类型在本地区进行饲养，考察它们对本地区气候环境条件的适应性和饲养的经济价值。

4. 选 选择蜜蜂良种。从现有蜂种繁育的后代中选择优良的单群或者从自然变异或杂交组合中选择新的变异类型，经过比较鉴定后，留作进一步的育种素材。

5. 育 培育蜜蜂良种。现有蜂种的固有性能一般都不能满足不断发展的养蜂生产需求，必须要用常规的和非常规的育种手段来选育出符合要求的优良类型或新品种。

6. 试 试养蜜蜂良种。对于引进种或新育成种进行试养，主要是进行种源试验，包括全分布区试验和局部分布区试验。在共同的大目标下，各自又有独特的阶段性小目标。例如：在地理变异性方面，应着重考察它们的梯度变异（连续变异）和生态型变异（非连续变异）；在环境适应性方面，应着重考察它们的性能稳定性和区域适应性；在种源区划性方面，应着重考察它们的最佳适生区域。

7. 审 审定蜜蜂良种并登录认证。由国家或省级指定的组织机构（通常为品种审定委员会或育种专业委员会）受理经过国家区域试验的或经两个省（自治区、直辖市）审定通过的品种，或在本省（自治区、直辖市）经过省级区域试验的新育成品种或引进品种。将审定通过的品种，录入国家或省级育种系统备案和供用户查询，统一管理品种审定、品种登录及新品种保护。

8. 繁 扩繁与推广已经通过国家或省（自治区、直辖市）里审定的新品种。该项目一般由农业科技推广示范专项资金资助完成，扩繁推广基地是品种改良计划实施完成的主体。为了有序、顺利、高效地推进扩繁推广，要组织开展技术培训，提供技术示范，培训养殖技术能手，提高良种供给能力，发挥优良品种增产增收潜力，推进区域性品种换优工程。

（六）蜜蜂育种-用种的数字管理系统

在贯彻落实育种“8字方针”的过程中，要紧紧围绕分类、繁育、审定和应用来进行。其中，种类是前提，习性是基础，繁育是中心，应用是目的。这就需要建立一个蜜蜂育种的数字管理系统，最好是组建不同层次的蜜蜂育种集团或良种繁育基地，例如，在全国范围内、在养蜂业发展布局区域内、在全省范围内、在全县范围内，统筹蜜蜂育种的方方面面。该集团或基地拥有足够的时间、获得持续的资金支持和具有强大的技术力量，旗下的各级育种加盟站或繁育场联手打造出现代化育种的大数据平台系统，用人工智能的“育种专家”或“育种管家”对某一（几）个蜜蜂亚（品）种的选—育—供种全程进行预测、控制、系统管理和数据流的整合应用，解决诸如做什么、怎么做、在哪做、何时做、谁来做和为谁做等一系列的问题。其中，“育种专家”的作用为种质资源材料库，主要收纳育种素材的仓位分配、引进措施、现有种表现、可系谱溯源的配组方式及其杂交后代的性状表现；“育种管家”的作用为用种信息库，主要收纳育种技术应用、品种测试的数据分析、品种审定和品种登录以及品种保护的方法步骤、种业标准和市场准入以及换种补贴的政策法规、规模化周年生产的饲养技术、为适应季节和市场变化而储备足够的后备品种、售后服务的支撑能力评估、假冒伪劣披露等。

其实，早在1989年，周崧研究员就曾提出蜜蜂工程育种方案，里面把蜂种分为实库和虚库两大模块。实库就是种质库存和品种组配测试，虚库就是种质系谱管理和大数据分析。现在看来，当初这两个库就是“育种专家”连体“育种管家”的雏形。

第三节　蜜蜂育种工作的历史成就与未来发展

长期以来，人们对蜜蜂新性状的改良或对新品种的育成，经历着从选育到选种的不断摸索，中间取得了一些长足进步和令人欣慰的成果，也更加鼓舞人们继续推进蜜蜂种业的健康发展和创造养蜂产业的灿烂辉煌。

一、国外蜜蜂育种工作的成就

国外的育种人从已有品种中选出优良种群，按着既定目标坚持不懈地系统选择和繁育，陆续培育出了高产、抗病和为特定植物授粉的蜜蜂新品种（或新品系）。

(一) 蜜蜂的育成种

美国、英国和苏联主要在蜜蜂抗病、授粉和高产方面取得了良种选育成功。

1. 抗病品系的育成　蜜蜂的病害对蜂群的生存和发展影响很大，有些在当时甚至是毁灭性的。因此，对抗病品系的选育最早引起人们的关注。选育的根据就是：不同亚（品）种的蜜蜂对于某种疾病的易感性和抵抗力不同，而且同一亚（品）种蜜蜂的不同蜂群之间对某一疾病的易感性和抗病力也存在着一定的差异。

（1）抗美洲幼虫腐臭病（American Foulbrood，AFB）品系。美国的帕克等人 1937 年发现，每当 AFB 的发病高峰期过后，意蜂蜂群的抗性是非常不一样的，也是可以遗传的。美国的罗森布勒 1954 年开始用爱德华·布朗提供的 10 只对 AFB 有抗性的蜂王中的 4 只建成一个抗性系，用荷马·范·斯科伊提供的 1 只对 AFB 很敏感的幸存者蜂王建成一个易感系。给抗性系不断增加病尸接种量，给易感系逐渐减少病尸接种量。最后经过整整七代的歧化选育，抗性系的大多数蜂群都对整脾式病尸接种表现出相当的抗性而不发病，易感系的大多数蜂群都对单个式病尸接种表现出相当的敏感性而病得很重。

（2）抗壁虱病品系。英国的亚当神父和他的合作者，为了改变当地饲养的欧洲黑蜂（*Apis mellifera mellifera*）易感染壁虱（*Acarapis woodi*，也称气管螨）病的性状，从欧洲各地收集育种素材，将北爱尔兰卡尔弗特岛作为一个隔离交配场，让从英国南部来的一些抗壁虱病的意蜂蜂群和本地饲养的一些不抗壁虱病的欧洲黑蜂蜂群（对照群）进行杂交后（实验群）再分别进行连续分歧的选育试验。最终对照群都死了，而实验群都活着，这些幸存者成为“布克法斯特（Buckfast）”抗壁虱品系（品种）。

（3）抗狄斯瓦螨品系。狄斯瓦螨（*Varroa destructor*）旧称大蜂螨或雅氏螨（*Varroa jacobsoni*），现简称瓦螨。布赫（1990）、布金和德累斯彻（1992）以及哈伯和胡平嘎那（1997）都发现，清虫反应强度大的西方蜜蜂（*Apis mellifera*）蜂群，其后代表现出非常显著的清虫行为且可累加的遗传组分相当大。于是在美国，哈伯和哈里斯（2001；2005）率先育出了带有 *SMR*（suppression of mite reproduction，瓦螨繁殖抑制）基因的蜂王，通过育种途径将此性状固定了下来；后来又培育出继代品系 VSH（varroa sensitive hygiene，瓦螨敏感性卫生）蜜蜂，擅长帮助同伴移除螨虫。

在俄罗斯的普里莫尔斯基地区，有一种被称作普利茅斯卡亚的远东蜜蜂，它是由苏联养蜂科学研究所于 1952 年用高加索蜂的灰色变种和欧洲黑蜂的中俄罗斯变种杂交所育成的单交种。同期的还有一个是这种远东蜜蜂与欧亚大草原蜂（也称黑森林蜜蜂）的三交种。这两个杂交种的蜜产量都比亲本品种高 20%～50%，越冬性能好，抗逆性能强，曾在苏联大量推广。尤其是这个三交种，经过半个多世纪的饲养改良后，因蜂王繁殖力高、工蜂个体较大以及枯蜜期采集能力强等现已成为当前俄罗斯西域（地处欧洲东部）的林区和远东地区（地处亚洲北部）的家庭养蜂业的地方性蜜蜂品种——中俄罗斯蜂。

当瓦螨成为世界性病害后，单交种普利茅斯卡亚的耐螨性引起了美国人的重视。于是，从 1994 年秋季起，美国农业部农业研究服务中心（Agricultural Research Services，ARS）的农技官员托马斯·E. 林德勒、昆虫学家罗伯特·丹纳卡和技师加里·迪利特对这个原种引进种（ARS Primorsky stock，ARS Russian honey bees）实施了评估研究。即：将从普里莫尔斯基地区 16 个独立养蜂人那里收集到的蜂王带回美国，并隔离留观在岛上的蜜蜂检疫站里，次年才让这些蜂王的女儿王与中俄罗斯蜂品种（苏联培育的，蜜产量高 20%、分蜂性低50%）的雄蜂交配，然后再将交尾王拿到种蜂场和试验蜂场进行后裔测定（每年2 000只蜂王），结果发现这个蜂种的耐寒力非常好，蜜产量相当高并且可以分出多个抗性品系，既抗瓦螨也抗壁虱。

2. 高产品系的育成 蜂蜜高产跟蜂群群势强大有很大的关系，但蜂箱里的“人丁兴旺”和“人多力量大”在很大程度上取决于蜂王的产卵力。美国达旦养蜂公司的卡尔和高恩（1956）在弄清了蜂王产卵量与蜂蜜产量的关系之后，着手进行蜂王的选育工作。在美国农业部农业研究局养蜂系和艾奥瓦州立大学以及该州农业试验站等部门的帮助下，在1951—1954年，利用普通意蜂和意蜂的黄金种品系作为原始素材，初选26个品系，经过两年多的汰选，留下4个品系，经过16个世代育成近交系，最终成功选育出一个优良的双交种蜜蜂——斯塔莱茵（Starline），也称黄金种蜜蜂（比普通黄金种的蜜产量高38%、产卵量多18%）。引入高加索蜂血统后，又杂交培育出一个双交种蜜蜂——米德耐特（Midnite），在生产上大面积推广使用后，也获得了显著的增产效果。这两个双交种有一段时间都曾成为世界著名的蜜蜂品种。

3. 苜蓿蜂的育成 为了缓解部分虫媒植物由于农业集约化、机械化和化学化种植所面临的种群缩小和灭绝的险境，人们想到了对专性授粉蜜蜂的培育。自1965年起，美国的奈依和麦肯森对蜜蜂采集苜蓿花的倾向性进行了一个遗传评估实验，结果发现该性状具有特殊的遗传力。经过连续5代的定向选育，从中分离出了强采品系和弱采品系。到第6代时，比较了它们的同地表现，结果强采品系的采集度最高，弱采品系的采集度最低，杂交品系（强采品系蜂王×商业品系雄蜂，商业品系蜂王×强采品系雄蜂）的采集度居中；其遗传改进量比第5代没有多出多少，似乎性状已经固定且可以停止继续选育了。到第7代时，比较了它们的异地（不大采集的、常会采集的）表现，结果各个品系的采集度依然如前。到第8代时，比较了它们的花粉采集种类（苜蓿花期），结果强采品系每天仅采苜蓿花粉（群间没有显著性差异）；弱采品系每天什么花都采，甚至周边零星分布的菊科千里光属植物的花粉也采，就是少采豆科苜蓿属植物的花粉；杂交品系每天都会采集一定量的苜蓿花粉，但也会采集十字花科芸薹属和菊科蒲公英属植物的花粉。至此，经过7个世代，苜蓿蜂的选育成效终见分晓。强采品系（显性纯合子）是寡采性的，由于食谱过窄，容易在苜蓿的非开花期发生食物链中断而生存困难；弱采品系（隐性纯合子）是广采性的，由于食谱宽泛，作为苜蓿的专性授粉者，效果会差一些；杂交品系（杂合子）最理想，既有较高的授粉价值又有较大的适合度。

（二）育种过程的启示

从以上的几个具体事例可以看出，作为育种者（个人或团队），应从着手蜜蜂新品种培育的一开始就缜密设计并严格按照新品种育成的各个步骤，做好一切准备的和实际的工作，包括培育目的、培育计划、育种目标、亲本品种、育种指标、培育方法、培育时间、培育地点以及育成（待鉴定或待验收）品种的实物标本、特征特性、生产性能、遗传性能和基本数量等。

1. 培育计划 对选用的每个亲本品种都有明确的目的，包括正交与反交或在复杂杂交时哪两个品种先用，要选哪个理想型用来建立品系。

2. 培育方法 体现了系谱法里的淘汰、选优、优中选优、自繁纯化定型、选择杂种理想型、扩繁固定理想型等，始终用具有共同祖先特性的优良单群进行同质选配并高标准选择，使育种的方向与选择的方向相一致。

3. 生产性能　根据同地域同等条件饲养下的其他品种相同性状的表现来分析被鉴定品种的遗传基础的基本一致性，用上下代亲子间的相似性分析来考查被鉴定品种的遗传基础是否稳定，用在不同地区（多点）示范饲养的比较结果作为相似性旁证，用被鉴定品种与其他品种的杂交试验（正交或反交）来作为被鉴定品种是否具有遗传优势的依据。

二、我国蜜蜂育种工作的成就

我国蜜蜂良种选育工作始于20世纪50年代，至60年代初开始走上正轨。

（一）育种工作大事记

这里是以时间轴方式展示全国育种工作大事记，力争还原历史事件的真实发展脉络与过程。

1. 成功引进大批西方蜜蜂蜂种　1963年，农业部组织从澳大利亚引进意蜂，经过在辽宁省宽甸满族自治县蜜蜂原种场和江苏省吴县蜜蜂原种场定繁后，将良种蜂王推广到全国各地，供生产上使用。1964年，中国农业科学院养蜂研究所的蜂王人工授精技术获得突破，并仿制了蜂王人工授精仪，为进一步开展蜜蜂遗传研究和良种选育工作奠定了基础。进入70年代，农业部又先后组织从国外引进了几个蜜蜂品种，如意蜂、卡蜂、塞浦路斯蜂（1973；1974）、高加索蜂（1974）、安纳托利亚蜂（1975）、喀尔巴阡蜂（1978）等，丰富了我国西方蜜蜂良种选育工作的素材基础，促进了我国专业性的和群众性的蜜蜂良种选育工作的蓬勃开展。

2. 基本调查清楚我国境内蜜蜂种类资源　自20世纪70年代末以来，我国进行了多次不同规模的蜂种资源普查。结果表明，我国的蜜蜂物种资源相当丰富，在分类阶元已经明确的蜜蜂属下9个蜜蜂种中，我国境内原产5种，主要发生于云南的西双版纳热带雨林中，因此那里成为蜜蜂物种的一个宝贵基因库。此外，我国各地的中蜂资源也相当丰富，存在着许多生态型，如西藏中蜂、云贵高原中蜂、马尔康（阿坝）中蜂、海南中蜂、华中（神农架）中蜂、北方中蜂、长白山中蜂等，这些都是中蜂良种选育的丰富物质基础。

3. 成功进行一些优良杂交组合　各地利用引进的西方蜜蜂蜂种作为育种素材，进行杂交试验和品种改良，从中配制筛选出了一些优良的杂交组合和新的高产品系，不但极大地提高了生产性能，还为新品种的进一步培育打下了良好的基础（表1-1）。

表1-1　我国自主培育的蜜蜂杂交种

年份	杂交组合	品种	推广地区	育种单位
1987	卡意×意		北京和内蒙古	北京市农林科学院
1988	卡×喀 卡喀×意	黑环系单交种 黑环系三交种	吉林	吉林省养蜂科学研究所
1989	意×高	“白山5号”	吉林省延边	吉林省养蜂科学研究所
1994	卡意×意 卡意×卡	正交种“华蜂213” 反交种“华蜂414”	四川省崇庆	中国农业科学院蜜蜂研究所
1994	卡喀×（意$_{美}$×意$_{浆}$） （意$_{美}$×意$_{浆}$）×卡喀	正交种“松丹1号” 反交种“松丹2号”	吉林省延边	吉林省养蜂科学研究所

（续）

年份	杂交组合	品种	推广地区	育种单位
1998	意安×卡	晋蜂3号配套系	华北地区	山西省晋中种蜂场
1999	意$_{\text{浆}}$×意$_{\text{美}}$	“白山6号”	北方地区	吉林省养蜂科学研究所
2002	意$_{\text{美}}$×意$_{\text{浆}}$	黄环系蜜浆高产蜜蜂		吉林省养蜂科学研究所
2010	意$_{\text{澳}}$×高	“蜜胶1号”		吉林省养蜂科学研究所
2015	意×卡	“中蜜1号”蜜蜂配套系		中国农业科学院蜜蜂研究所

注：卡，卡尼鄂拉蜂；喀，喀尔巴阡蜂；高，高加索蜂；安，安纳托利亚蜂；意，本地意蜂；意$_{\text{澳}}$，澳洲意蜂；意$_{\text{浆}}$，浙江浆蜂；意$_{\text{美}}$，美国意蜂。

4. 成功培育高产王浆蜂种 浙江省的杭州、萧山、平湖、金华等地以本地意蜂为素材，实行统一育种计划和统一行动部署，采用本场闭锁繁殖与择优选留、同时进出千岛湖隔离交尾场、一年多代次的连年选育、累代改良等策略，育出了闻名世界的蜂王浆高产品系——“浙江浆蜂”。从1988年起，在浙江全省乃至向全国开始推广，浆产量由2kg/年群（1986）提高到10kg/年群（2007）。2010年被农业部（第1325号公告）正式列入国家畜禽遗传资源目录，已经分选出红色和黑色两种类型，以蜜浆双高型的黑浆蜂最受欢迎。

5. 建立完善教学、科研机构和良种繁育基地 高校和科研院所在人才培养、人员培训、技术推广以及对蜜蜂遗传研究和良种选育工作的开展中都起到了良好的组织、指导和示范作用。蜜蜂的实验繁育基地（原种场、种蜂场、试验观测站、人工授精站以及工程育种联合体等）也积极投身到协作攻关、共同推动国家蜜蜂育种工作进程的计划项目中，为养蜂生产的良种供给、良种繁育、良种评估、良种推广等做出了非同小可的贡献。如中蜂抗囊状幼虫病育种研究（20世纪70年代初）、意蜂抗瓦螨育种研究（80年代末）、西蜂抗白垩病育种研究（90年代以来）等。

6. 多渠道资助蜜蜂育种研究立项 农业农村部对主要养蜂省份给予了财政资金支持。在农业综合开发农业农村部专项中，蜜蜂包含在畜禽良种繁育项目里。

7. 建立农业农村部现代蜂产业体系育种岗位科学家制度 在农业农村部组织领导下，蜂业界着手构建了现代蜂产业体系，聘请了一批岗位科学家（涵盖科研体系、生产体系、经营体系等领域），主要围绕制约我国蜂业发展的瓶颈而开展工作和解决问题，其中位列第一的奋斗目标是专业化、规范化和规模化蜜蜂育种体系，由此可以看出蜂种的重要性以及蜜蜂育种工作的任重而道远。

（二）育种成就的启示

除了具有国外那些操作的优点以外，我们国家还有其他一些国家所无法比拟的优势。

1. 国家重视 中央每年出台的一号文件都是涉农问题的，全国人大代表、省级人大代表和地市区级人大代表里面都有养蜂界人士，乡村振兴能手中更是多有养蜂人的身影。

2. 体制优势 在现有体制下，无论是蜜蜂的引种还是蜜蜂的良种培育，一定是以省级以上养蜂研究或管理单位为主，从科研生产的第一需要出发，坚持地方或区域性齐抓共管，统一育种方向和选择方向，快速达成理念和行动上的同频共振，无论是引种、育种还是用种、保种。

3. 良种意识 从育种供种单位到选种用种个人，选用（饲养）蜜蜂就要选用（饲养）

蜜蜂良种的意识比较强烈，生产上一般都会适时引种和及时换王等。这样，以我们国家地貌复杂、养蜂人基数庞大、养蜂目的多样化等来看，就自觉或不自觉地、直接或间接地促使了蜜蜂品种的选、育、繁、推、用、保等的层见叠出和方兴未艾。

三、我国蜜蜂育种工作的近期发展思路

自古以来，中国蜂业都以小农经济为主，高度碎片化，即使当前已经成立了许多专业性养蜂合作社或蜂业联合体，但很多的操作都尚未实现机械化，一人多养靠的仍然是肩挑背扛、看天象问物候，可以说“人工”和“经验”是传统养蜂方式的高频词。目前，新型的智能蜂箱、自动化流蜜蜂箱和挖取王浆设备以及流动养蜂房车还未大面积推广与普及。所以，蜜蜂育种工作仍要紧密结合国情来进行。

（一）正视我国蜜蜂育种面临的主要问题

1. 胡焕庸线的区位效应 胡焕庸线是以瑷珲—腾冲线划分中国人口密度的对比线（胡焕庸，1935），以西是草原、沙漠和雪域等边塞诗描写的景象，以东是小桥、流水、人家等江南词吟诵的情景。东南地区地形多丘陵，气候温和，地狭人稠，经济发展水平绝大多数都高于全国平均水平；西北地区地势平坦，气候恶劣，地广人稀，经济发展水平绝大多数都低于全国平均水平。这种以胡焕庸线决定的人类区位优势，似乎也是蜜蜂种群分布、蜂种性情描述和良种推广使用以及养蜂致富难易性的现状。

2. 良种不良的错位效应 在相对富足的地区，人们使用高产蜂种后蜂蜜的“去库存”成了老大难问题，影响了继续“选、育、繁、用”新品种的积极性。在相对不富裕的地区，本地蜜蜂良种繁育体系尚不健全，买卖蜂种不问出处和去处，没有严格按照区域化实行品种推广，良种区域性数据库没有建立或没有联网，结果良种一代表现不良、良种二代种性混杂。此外，由于多地都有由环境超载而引发的蜜源植物短缺问题，加之还有地方性私设的蜂种保护区（尤其是中蜂），也常常导致转地放蜂中的育王期满足不了培育和交尾的需要。所以，蜜蜂赶进山、技术送下乡等都带有紧迫性。

（二）探索我国蜜蜂育种的可持续发展路径

在未来，我国蜜蜂育种领域/行业似应从以下几个方面着手完善。

第一，加强蜂种遗传资源（基因库、保护区、保种场）的保护和利用，振兴国家蜜蜂育种业。《国家级畜禽遗传资源保护名录》（中华人民共和国农业部公告第 2061 号）里，中蜂、东北黑蜂和新疆黑蜂都榜上有名。其中，除了长白山中蜂（吉林）、北方型中蜂（山东）、华中中蜂（湖北、江苏）、华南中蜂（广东）、阿坝中蜂（四川）等地理宗外，中蜂的其他地理宗也被列入当地的地方性畜禽遗传资源保护名录里，如榆林中蜂（山西）、延安中蜂（陕西）、马尔康中蜂（甘肃）、皖南中蜂（安徽）和浙江中蜂（浙江）。此外，还有东方蜜蜂（云南）和浙江浆蜂（浙江）。

第二，形成公益性基础研究与商业化育种紧密结合的国家蜜蜂种业创新体系。培育高产优质、抗病高效、节约饲料（糖、花粉）、专性授粉等新品种（系）；打造国蜂华系或地方性（白山、黄山等）种蜂品牌，提升我国蜜蜂核心种源的国产率。

第三，培育大型蜜蜂种业企业。争取有领军企业进入全球蜜蜂育种业前几强，努力占领市场份额，例如大力推广“浆蜂”品系、“黑环”品系等。

第四，掌握蜜蜂育种的进展和动向。经常关注国际动植物种业（蜜蜂）、中国动植物

种业（蜜蜂）、中国蜜蜂育种业的信息网和图像库，有助于提高育种工作的预见性和高效性。

第五，净化蜜蜂种业市场。期望借助于互联网＋和物联网＋的快速发展与变化，建立、维持和保证蜂种供求双方的利益格局，助力蜜蜂育种战略的精准实施。

第六，争取在蜜蜂育种理论和方法上有所突破。除了近几年来所提出的蜜蜂纯度累积育种、蜜蜂工程育种和蜜蜂闭锁育种等理论之外，蜜蜂性位点理论的实践指导作用、跨物种远缘杂交的尝试、嵌合体培育、体细胞融合杂交、基因组编辑等新技术的出现，都将对蜜蜂育种理论发展起到推动作用。此外，蜜蜂引种、野生半野生蜜蜂种质资源的利用、自选自繁育种、突变选种、杂交育种（含近缘、远缘杂交）、诱变育种（含辐射、太空育种）、多倍体育种、分子育种等，都有一定的理论作为支撑，但仍需从实践中得到提炼。尤其是合理适度地利用基因组编辑技术、全基因组选择技术、高效安全转基因技术、高通量精准表型鉴定技术、合成生物技术和智能化制种技术等，在为蜂产业带来更加实实在在的三大（社会、经济、生态）效益的同时，应该注意完善相应的理论学说。

知识点补缺补漏

本地意蜂

饶河黑蜂

新疆黑蜂

延伸阅读与思考

“蜜蜂遗传与育种学”课程衍变与变迁

国家级畜禽遗传资源保护名录入选蜜蜂汇总

国家对蜂业的相关政策

我国蜜蜂种业近期发展的配套需求

思考题

1. 你能列举出几部中国当代著名的养蜂学著作（里面包含蜜蜂育种方面的内容）？

2. 观赏蜜蜂应该有哪些特点？在育种目标上应有哪些不同？

3. 分析一下，人工智能（artificial intelligence，AI）和编辑终端（editing terminal，ET）养蜂靠谱吗？

4. 中国养蜂业中商业种王可能出现的政策支撑点在哪里？

参考文献

李志勇，2010. “浙江浆蜂”列入国家畜禽遗传资源目录. 蜜蜂杂志，30（9）：30.

李志勇，王进，2007. 成功选育平湖浆蜂对蜜蜂育种工作的启示. 蜜蜂杂志，27（9）：26-27.

徐凯，Burmistrova L A，Borodachev A V，et al.，2018. 以中俄罗斯蜂为素材的各培育品种（品系）简介. 蜜蜂杂志，38（7）：24.

Franck P，Solignac M，Vautrin D，et al.，2002. Sperm competition and last-male precedence in the honeybee. Animal Behaviour，64（3）：503-509.

Harbo J R，Harris J W，2001. Resistance to *Varroa destructor*（Mesostigmata：Varroidae）when mite-resistant queen honey bees（Hymenoptera：Apidae）were free-mated with unselected drones. Journal of Economic Entomology，94（6）：1319-1323.

Harbo J R，Harris J W，2005. Suppressed mite reproduction explained by the behaviour of adult bees. Journal of Apicultural Research，44（1）：21-23.

（王丽华）

第一部分

蜜蜂育种学基础

第二章　蜜蜂的种类 >>

蜜蜂的种类是指在千百万年的自然演化中保存下来的蜜蜂物种资源，包括野生种和驯养种。人类在发展生产过程中，既利用了它，又破坏了它，这些遗传冲刷或多或少都改变了它的遗传多样性。本章以蜜蜂属下的蜜蜂为描述对象，着重介绍世界上蜜蜂饲养品种的主要亚种。

第一节　蜜蜂的分类发展史

分类是认识和鉴别蜜蜂种的一个基本方法，可以反映历史渊源、系谱关系和种间联系。处于不同年代的分类学家，出于不同视域（生物学、生态学、遗传学、进化学）的考量，往往会把已发现物种再三更名，甚至会从属间或种间搬来搬去，但都在物种命名法的优先权规则之下进行。

一、蜜蜂属的分类发展史

今天在分类学上，我们知道蜜蜂隶属于蜜蜂科（Apidae）、蜜蜂族（Apini）、蜜蜂属（*Apis*）。然而，早先就蜜蜂族在属（genus）和亚属（subgenus）的分类位置上却主张各异。

（一）关于属的并列

早先，根据触角鞭节各有关小节的长短和长宽比例，将蜜蜂族分为3个属，即小蜜蜂属（*Micrapis*）、大蜜蜂属（*Megapis*）和蜜蜂属。后来，根据工蜂后翅中脉分叉与否和雄蜂后足胫节下缘侧弯曲度及其用于交配抱握或挟持的基跗节形态特征等，将蜜蜂族细分为4个属，即小蜜蜂属、大蜜蜂属、东方蜜蜂属（*Sigmatapis*）和西方蜜蜂属（*Apis*）。其实，主要还是内阳茎形态和大小方面存在差异（图2-1、图2-2）。

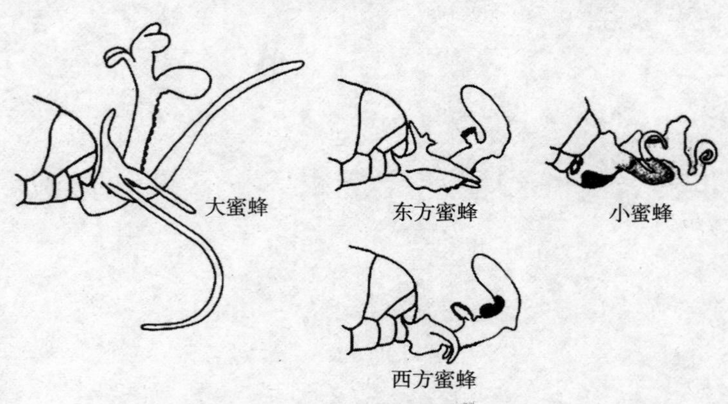

图2-1　蜜蜂族下4个属雄性外翻的内阳茎

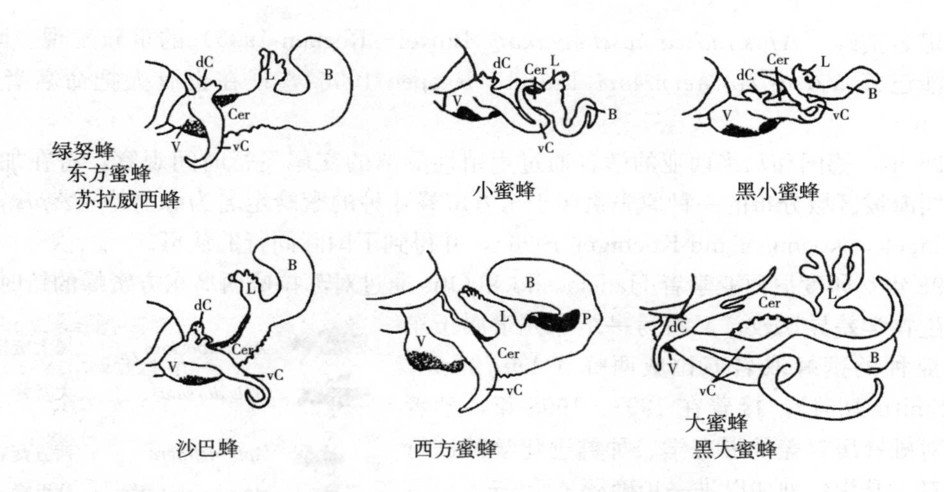

图 2-2 蜜蜂属下 9 个种雄性外翻的内阳茎

B. bulb of penis，阳茎球（球状部） dC. dorsal cornua，背侧角囊（囊状角） vC. ventral cornua，腹侧角囊（囊状角） Cer. cervical，颈部（梨状部） L. lobe，遂状突（全称为 fimbriate lobe，伞状叶突） P. plate，毛区（全称为 hairy basal plate，多毛的基板） V. vesicle of penis，阳茎囊

（二）关于亚属的出现

早先，根据触角第 3 鞭节特征、鞭节长短及节数、后基跗节形状和翅脉变化等特点，将蜜蜂属分为 2 个亚属，即蜜蜂亚属（*Apis*）和混蜜蜂亚属（*Synapis*）。后来，又根据雄蜂后足胫节呈 S 形弯曲以及扇风特性等，将蜜蜂属细分为 4 个亚属，即小蜜蜂亚属（*Micrapis*）、大蜜蜂亚属（*Megapis*）、弯蜜蜂亚属（*Sigmatapis*）和蜜蜂亚属。

鲁特涅认为，世界各地分布的蜜蜂，不论是现生种还是现生化石种之间的差异尚不足以作为分属的标准，更不必要做出指定亚属的细化。因此，蜜蜂属仍沿用瑞典博物学家林奈于 1758 年的命名。

二、蜜蜂物种的分类发展史

20 世纪 80 年代之前，国内外养蜂书籍均记载蜜蜂属下只有 4 个物种，即小蜜蜂（*A. florea*）、大蜜蜂（*A. dorsata*）、东方蜜蜂和西方蜜蜂。

1986 年，我国学者将在云南省境内采得的 6 种蜜蜂标本分类为小蜜蜂属（*Micrapis*）和大蜜蜂属（*Megapis*）。至此，把黑大蜜蜂（*A. laboriosa*）和黑小蜜蜂（*A. andreniformis*）分为两个独立蜂种。

1988 年，我国学者再把这 6 种蜜蜂统归在蜜蜂属（*Apis*）下，但分别属于 3 个亚属，目前也称 3 个进化枝（clades）。即小蜜蜂亚属（*Micrapis*），包含黑小蜜蜂和小蜜蜂；大蜜蜂亚属（*Megapis*），包含黑大蜜蜂（即喜马排蜂）和大蜜蜂（即排蜂）；蜜蜂亚属（*Apis*），包含东方蜜蜂和西方蜜蜂。

1988 年，加拿大学者在马来西亚的一次东方蜜蜂学术讨论会上报道了一个蜜蜂新种。该蜂体色为红铜色，个体较印度蜂略大，原产地在马来西亚沙巴州，因此得名为沙巴红蜜蜂（*Apis sabahana* Mathew et Mathew 1988）。但是，德国、美国和马来西亚的学者发现它是早年马俊超定名蜜蜂（*Apis vechti* Maa 1953）的同物异名，鲁特涅（1989）发现它是更早定名蜜蜂（*Apis indica koschevnikovi* Buttel－Reepen 1906）的重新发现。因此，定名为沙巴蜂（*Apis koschevnikovi* Buttel－Reepen 1906），现在也有人把命名者写成Enderlein。

1996年，德国和马来西亚的学者通过生殖性隔离的交尾飞行时间观察，将在加里曼丹岛不同海拔区域分布的一种原先隶属于东方蜜蜂亚种的蜜蜂定名为绿努蜂（*Apis nuluensis* Tingek，Koeniger and Koeniger 1996），并得到了国际同行的认可。

1996年，印度尼西亚学者Hadisoesilo和Otis通过对苏拉威西岛东方蜜蜂的错时交尾飞行的生物学差异比较，又将另一个原先隶属于东方蜜蜂亚种的蜜蜂取名苏拉威西蜂（*Apis nigrocincta* Smith 1861）。接着在1997—1998年，学者们继续对雄蜂房封盖的形态学、种群进化学等进行对比，对上升为新种加以进一步确证。

至此，蜜蜂属下现生种升至9个（表2－1），分属于小蜜蜂物种组、大蜜蜂物种组、东方蜜蜂物种组和西方蜜蜂物种组。在短短的十年间就陆续有新种被定名，可想而知，现存的蜜蜂活物种应该远不止这几个（图2－3），它们只是千百万年来一直隐居在深山老林里还未被发现而已。

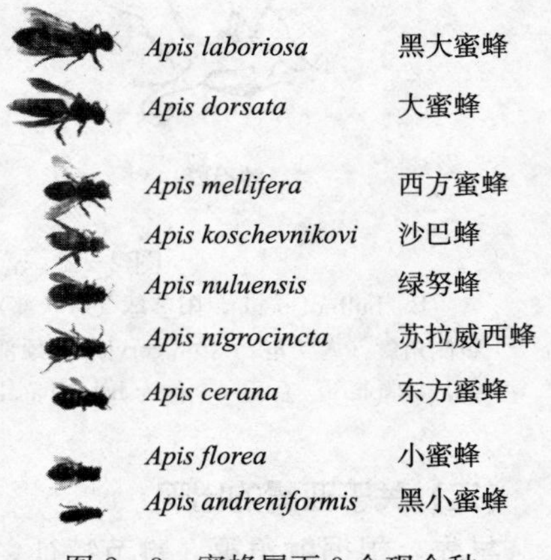

图2－3　蜜蜂属下9个现今种

表2－1　蜜蜂属（*Apis*）物种表

亚种名	英文名	中文名
A. florea Fabricius 1787	red dwarf honeybee	小蜜蜂*
A. andreniformis Smith 1858	black dwarf honeybee，small dwarf honeybee	黑小蜜蜂*
A. dorsata Fabricius 1793	giant honeybee	大蜜蜂*
A. laboriosa Smith 1871	Himalaya giant honeybee，Himalayan honeybee，cliff honeybee	黑大蜜蜂*
A. mellifera Linnaeus 1758	western honeybee，European honeybee，common honeybee	西方蜜蜂※
A. cerana Fabricius 1793	Asiatic or Oriental honeybee，eastern honeybee	东方蜜蜂*
A. koschevnikovi（Enderlein）Buttel－Reepen 1906	Sundaland honeybee，reddish koschevnikovi's bee，red bees of Sabah	沙巴蜂
A. nuluensis Tingek，Koeniger and Koeniger 1996	Gunong honeybee，montane honeybee，black bees of Sabah	绿努蜂
A. nigrocincta Smith 1861	Sulawesian honeybee	苏拉威西蜂

注：*代表我国境内的土著种；※代表我国正在饲养和开发利用的引进种。

三、蜜蜂亚种的分类发展史

在支序分类中，东方蜜蜂物种组一直都被认为是一个单系类群，即所有后裔的类群都由一个最近的共同祖先繁衍而来（近裔共性）。但是，近年来，随着分类方法的不断成熟，过去公认的很多分类正在被大幅度改动，东方蜜蜂物种组真正应该属于并系类群，即所有后裔类群的演化分支体系具有一个最近的共同祖先。例如：原先的亚种上升为种的沙巴蜂、苏拉威西蜂和绿努蜂，甚至还有人启用过中华蜂（*A. sinensis* Smith 1865）这样的种名。西方蜜蜂物种组则被称为复系群或多系群，因为在共同祖先的定种问题上，DNA序列数据很难把众多亚种聚在一起，以及仍然不断有新的旁支亚种分化出来。例如，卡赫斯坦蜂（*A. m. pomonella* Sheppard and Meixner 2003，旧称果树女神蜂）和西域黑蜂（*A. m. sinisxinyuan* Chen et al 2016）等。此外，大蜜蜂物种组目前有3个亚种（表2-2），其中的菲律宾亚种小舌大蜜蜂还有望上升为新种。

表2-2　大蜜蜂（*A. dorsata*）种下的亚种表

亚种名	英文名	中文名	特征
A. d. dorsata Fabricius 1793	giant honeybee	大蜜蜂	（见后面详述）
A. d. binghami Cockerell 1906	Indonesian honeybee，NorthSulawezi honeybee	炳氏大蜜蜂（印尼亚种）	长舌长翅，腹部色较浅黄
A. d. breviligula Maa 1953	giant Philippines honeybee	小舌大蜜蜂（菲律宾亚种）	短舌，腹部色较暗黑，银白色绒毛带更明显

第二节　蜜蜂属下各蜂种分述

蜜蜂属种类造脾数量有单脾和复脾之分。单脾筑巢种类以露天型（树干上、草茎上、岩石上）生活为主，复脾筑巢种类以洞穴型（树干内、岩洞内、箱体内）生活为主。

一、单脾筑巢的种类

这一类蜜蜂包括原小蜜蜂亚属（*Micrapis*）和原大蜜蜂亚属（*Megapis*）的物种。主要生活在东南亚，那里的大部分地区属热带季风气候，一年之中有凉季（12月至次年2月）、热季（3—5月）、雨季（6—9月）和越度期（10—11月）。

（一）原小蜜蜂亚属的物种

这个亚属的蜜蜂物种有2个，分别是小蜜蜂和黑小蜜蜂。舞蹈通信在水平的巢脾面上展示，头部以指南针方向直指蜜源所在。

1. 小蜜蜂（*A. florea* Fabricius 1787）

俗名：小草蜂、小挂蜂。

分布：伊朗南部和阿曼北部的波斯湾沿岸高海拔地区（900～1 900m），巴基斯坦，印度，斯里兰卡，泰国，马来西亚，印度尼西亚的苏门答腊岛、爪哇岛，加里曼丹岛，中国的云南南部、广西南部（龙州、上思）、四川西南部（西昌、攀枝花）、海南岛和雷州半岛部分地区。

1985年，人们在苏丹喀土穆附近首次发现小蜜蜂，推测是从巴基斯坦空运带入的，或者是本身具有侵入性，从其本土亚洲经中东向南进入北非，抵达埃塞俄比亚北部。在非洲之角吉布提也两次（2014 年 5 月、2016 年 2 月）采到了小蜜蜂标本。目前在约旦也有发现，疑为从两个港口（约旦的亚喀巴和以色列的埃拉特）随进港货物带入，因为在原产地向西的迁移过程中受到天然屏障（伊朗和伊拉克的沙漠）阻挡而不能自然到达地中海地区。

筑巢习性：野生。迁徙性强烈受到季节、蜜源和敌害（蜡螟或蚂蚁）的影响，多栖息在 33°N 以南、海拔 1 900m 以下、年均温在 15～22℃的半山坡和溪涧旁，造脾多在灌木或杂草丛中，偶有在树干（如牧豆树、印度楝）或建筑物上，巢离地面 0.2～3m（灌木上）或 1～4m（乔木上）。云南大理曾发现草丛中有复脾。巢脾面积通常在 194.8～432cm^{2}但也有最小（10cm×12cm）和最大（45cm×60cm）面积的，工蜂房直径 2.7～3.1mm。巢脾外侧的树枝上涂有一段树胶以阻止蚂蚁上脾。筑巢会选取朝向，冬季采光（脾面垂直于正午光线）而夏季避光（脾面平行于正午光线）。三型蜂巢房分化明显，蜜粉房在上部，工蜂房在中部，雄蜂房在下部（图 2－4），王台在下沿，王台数平均为 12～15 个（图 2－5）。

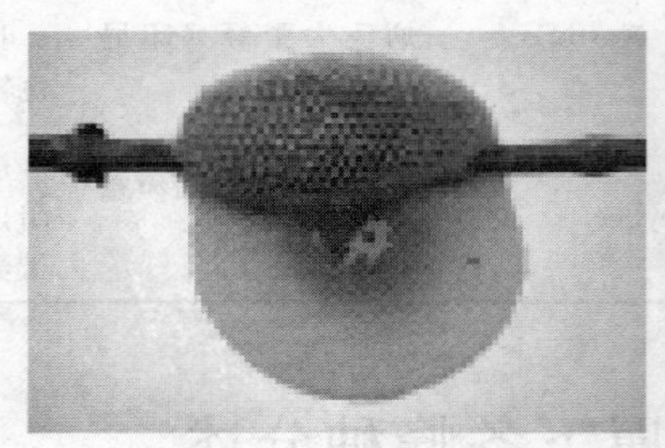

图 2－4　小蜜蜂的巢脾

图 2－5　小蜜蜂的王台与蜂王

形态学特征：工蜂体长 7～8mm，最长达（8.32±0.71）mm（云南云县）。头部几丁质黑色，颜面绒毛灰白色，上颚顶端红褐色，颚眼距宽大于长，吻长（2.80±0.32）mm，头部略宽于胸部。胸部几丁质黑色，绒毛黄色，小盾片黑色，前翅长（6.65±0.25）mm，肘脉指数 3.65±0.39（云南云县），后足胫节及基跗节背面两侧披白毛。腹部第 1～2 节背板暗红色而其余各节黑色（图 2－6），第 3～4 节背板长（2.55±0.39）mm，第 3～6 节背板基部白毛带鲜明，腹板短绒毛黑褐色但长绒毛灰白色。雄蜂体色全黑，后足胫节内侧叶状突起较长（略超过胫节全长的 2/3）。

生物学特性：工蜂动作灵敏，飞行采集速度快，护脾性很强，性情随外界蜜源丰歉而变。个体耐寒性差，但群体抗逆性强，气温在 11～47.5℃时子脾温度可维持在 33.0～33.5℃。在巢脾的上端，工蜂跳舞招集同伴，也用头把叶片和其他外来物托举着推下巢

图 2-6　小蜜蜂的工蜂
（匡海鸥拍摄，2020）

脾。在对抗农药的生理耐力方面，每单位体重耗氧率比大蜜蜂更高。蜂王的有效交尾数为5～14 只。易受亮热厉螨（*Tropilaelaps clareae*，旧称小蜂螨）和欣氏真瓦螨（*Euvarroa sinhai*）的体外寄生和危害。感染囊状幼虫病的死亡率为 15.45%～50.20%。在伊朗有关于白垩病的报道。

经济价值：是一种优良的授粉昆虫，平均载粉重为 4.2mg/只（印度）。每年取蜜两次（3—5 月，11—12 月），每群取蜜 0.5～1.5kg（印度）。在半干燥的条件下，可全天不中断地甚至气温非常高时也采集利用苏丹喀土穆当地蜜源植物，甚至在阿拉伯胶树、海枣树和洋葱上的采集蜂数量比本地亚种苏丹小蜂（*A. m. nubica*）还多。

2. 黑小蜜蜂（*A. andreniformis* Smith 1858）

俗名：小排蜂，黑色小蜜蜂。

分布：从印度东部到东南亚，如马来西亚、印度尼西亚苏拉威西岛及其以东岛屿（不包括巴厘岛和努沙登加拉群岛）、菲律宾（不包括巴拉望岛）。此外，也分布在斯里兰卡以及中国的云南西双版纳傣族自治州（勐腊、景洪）、临沧市（沧源佤族自治县、耿马傣佤族自治县）。

筑巢习性：野生，多在 1 000m 以下热带、亚热带地区的稀树草坡上离地面高 2.5～3.5m 的小灌木枝上筑巢，枝上有防蚂蚁的树胶段。筑巢地点和方向受到气候、温度和光照强度的影响。巢脾近圆形，下部尖凸，巢脾总面积（177～334cm^2）略小于小蜜蜂的，最小的只有小孩手掌那么大。三型蜂巢房分化明显，蜜粉区在巢脾上部，卵虫区在巢脾下部。

形态学特征：工蜂体长 8～9mm。头部几丁质黑色，上颚顶端黄色，颚眼距长大于宽，吻长（2.41±0.55）mm，头宽于胸。胸部几丁质黑色，背板被稀疏栗色毛，小盾片深红褐色，前翅长（6.07±0.53）mm，肘脉指数（5.67±0.11）（云南勐腊），后足胫节及基跗节背面两侧被黑毛。并胸腹节被灰白色短毛，腹部第 1 节背板端缘及第 2 节基部红褐色，腹部第 3～5 节背板基部被白色毛带，第 3 节毛带较宽，第 3～4 节背板长（2.64±0.3）mm。蜂王褐色。雄蜂体色全黑，后足内侧叶状突起较短（约为胫节长的一半）。

生物学特性：护脾力极强，受惊扰被激怒时会追击目标到 30m 以外。外界蜜源缺乏或受到敌害侵袭时常弃巢飞逃。抗逆性较强。蜂王交尾数 10～20 只，平均有效交尾数为（9.1±0.2）只（泰国）。其多雄程度和蜂群内遗传相关与西方蜜蜂相似，比小蜜蜂的略高，但仅为大蜜蜂的 1/6，工蜂间相关系数为 0.30±0.007。雄蜂体重 71mg，贮精囊内精

子数 1.3×10^5 个。巢脾上发现巢虫危害，雄蜂子受旺氏真瓦螨（*Euvarroa wongsiri*）外寄生。

经济价值：是一种优良的需要进一步驯养的授粉昆虫，可为许多植物特别是深花管植物授粉；外界蜜源丰富时可短期人工饲养，每年可取蜜 0.3～1.5kg。

（二）原大蜜蜂亚属的物种

这个亚属的蜜蜂物种有 2 个，分别是大蜜蜂和黑大蜜蜂。舞蹈通信在垂直的巢脾面上展示，头部与太阳夹角的方向直指蜜源所在。

1. 大蜜蜂（*A. dorsata* Fabricius 1793）

俗名：排蜂、马岔蜂（西双版纳）、朋马（傣语）。

分布：南亚和东南亚，几乎覆盖印度半岛-马来半岛。与小蜜蜂有重叠生态位，但范围西不超过印度河，东至整个菲律宾群岛。在中国分布于西藏东南部和南部、云南南部、广西南部、海南岛。

筑巢习性：野生，喜几十群甚至上百群相邻水源聚居，多营单一纵向裸露巢脾于悬岩或山地高大阔叶树上的横干下面，离地面 10m 以上，巢脾使用超过 8 个月（尤其是 10 个月）后蜂群发生迁徙，迁徙期主要在5—8 月，迁徙地点在海拔 2 000m 以上的高山，多在高大阔叶树的树枝分杈弯曲处营巢，9 月以后迁徙到海拔较低的河谷边的浓密灌木丛中营巢，准备过冬。回迁蜂群的巢较大（长 100～120cm，高 30～50cm），繁殖性分蜂群的巢较小（长 30～40cm，高 20～25cm），巢基厚度非蜂蜜区为（2.04±0.6）cm、蜂蜜区为（5.7±1.2）cm。巢脾呈乳白色而发亮，蜜粉区和卵虫区分开。雄蜂房和工蜂房尚未分化，但封盖有凸平之分。雄蜂和工蜂的数量比例，在分蜂季节可达 1∶3。王台筑在巢脾的侧下方。

形态学特征：工蜂体长 16～17mm，平均（15.52±3.56）mm（云南孟连）。头部几丁质黑色，吻长（6.40±0.91）mm。胸部几丁质黑色，小盾片及并胸腹节上的毛长且黄色，前翅黑褐色并具紫色光泽（图2-7），前翅长（13.5±0.51）mm，肘脉指数 9.57±1.37（云南孟连）或 9.23±1.31（海南），翅钩数 23.5 个。腹部第 1～3 节背板黄色、密被橘黄色短绒毛，其余各节背板栗色到黑色、绒毛短黑褐色（蜂王的更卷曲）。第 3～4 背板总长（5.54±0.79）mm，第 1 对蜡镜面积 $4.79mm^2$。工蜂螫针长 3mm，其上有 11 个钉状倒刺。蜂王螫针上仅有 4 个钝形倒刺，但蜂王螫针腔更大。蜂王体色与工蜂同，雄蜂体色全黑（图 2-7、图 2-8）。

图 2-7 访花的大蜜蜂工蜂

（匡海鸥拍摄，2020）

生物学特性：飞行范围大，但采集和授粉活动受温度、湿度、能见度、蜂群需要和光密度等影响。蜂群可夜间借助月光采集，城里的会推迟到灯光少时再采集（21:30），舞蹈中带有 90～140Hz 的声信号。工蜂的寿命似乎比西方蜜蜂的明显更长，特别是在迁徙阶段。蜂王于日落时分发生 2～4 次交尾飞行（越南、马来西亚），平均与（30.17±5.98）只雄蜂交配（19～53 只），受精囊内精子数为（5.5±0.9）$\times10^6$ 个，有

图 2-8　大蜜蜂的蜂王、雄蜂和工蜂

A. 被工蜂包围着的蜂王　B. 雄蜂　C. 工蜂

三型蜂的大小几乎无差异，但蜂王和雄蜂的体色更黑

（Nikolaus Koeniger 拍摄，2015）

效交尾数为（25.56±11.63）只。产卵力很强。繁殖季节，蜂群内雄蜂数约占全群蜂数的1/3。蜂群迁徙性强，每年凉季、热季、雨季和越度期前往固定的地区。如 2 月在沿海平原和中北部地区，6—7 月在内陆地区，10—11 月迁徙（斯里兰卡）。蜂群按照迁徙舞蹈指明的方向起飞之后，中途会在好几个与巢址有不同特征的休息地停留几天，无王的蜂团可被少量的（1mg）9-氧代-反式-癸二烯酸（9-ODA）所诱导而突然降落。护巢性特强，受到干扰时，工蜂会形成墨西哥波、组成警戒卫队或暴露臭腺。抗逆性强，有轻微迷巢错投现象。喜在白色建筑物上筑巢（图 2-9），尚未进化出洞穴生活的习性，但是能够很好地适应伸吻反应（proboscis extension response，PER）学习模型。寄生性敌害有亮热厉螨、巢栖螨（*Lasioacarus nidicolous*）、蜡螟和鬼脸天蛾。捕食性敌害有绿喉蜂虎、黑卷尾山雀、东方胡蜂（*Vespa orientalis*）和壁虱。感染囊状幼虫病死亡率为 40.15%～58.36%。

图 2-9　聚集在建筑物上的大蜜蜂蜂群

（Simon Croson 拍摄，2015）

经济价值：大蜜蜂是热带植物的良好授粉者，某些主要作物（如棉花、杧果、椰子、咖啡、胡椒、杨桃和夏威夷坚果，尤其是砂仁）非常依赖它的传粉。在荔枝树上的采集蜂数量仅次于意蜂，但平均载粉量却比意蜂高。大蜜蜂是一种有价值的蜂种资源，可采集利用的蜜、粉源种类和访花数比东方蜜蜂多。我国傣族人将野生蜂巢连蜂搬回家放养，日后烟熏驱蜂收取蜂蜜、蜂蜡和蜂子，群年取蜜量 25～40kg，现在只取蜜不毁

巢了。印度人将其过箱后转地饲养，取蜜时无须喷烟喷水，可采到柑橘类和火索麻的单花蜜（季风后）和杂花蜜（夏季）。越南人在白千层树上进行着传统的跳板养蜂，可收取蜂蜜和蜂蜡。

2. 黑大蜜蜂（*A. laboriosa* Smith 1871）

俗名：岩蜂、喜马排蜂、大排蜂、雪山蜜蜂。

分布：印度东北部，尼泊尔，不丹，缅甸北部，老挝，中国西藏南部、云南西南部、四川金阳、广西西部等地。在尼泊尔最常见，分布区与大蜜蜂（更低海拔）不重叠。在印度已知区域以西 600km 新近也有发现。

筑巢习性：野生，常数群至数十群（6、10、16、53 个）相邻聚居栖息在海拔 1 000～3 600m的喜马拉雅山区和横断山脉避风的悬岩缝隙中并纵向排列筑巢，筑巢时首选象牙白色岩石为背景。冬季在温暖地带（海拔 1 200～2 000m）和森林结团的无巢脾，崖壁建群的不弃巢。巢脾高出地面 10～20m，面积为 90cm×60cm（长 0.81～1.5m，宽 0.50～0.95m，厚 0.04～0.16m）。三型蜂的巢房分化不明显，尤其雄蜂房和工蜂房无区别。

形态学特征：工蜂体长 17～18mm，平均 16.28mm（西藏错那）和（16.35±2.15）mm（云南澜沧）。颊、颅顶密被褐黄色毛，触角窝间被一撮白毛，工蜂吻长 6.4～6.6mm。胸部披黄褐色绒毛，前翅烟褐色，前翅长（13.23±0.50）mm，肘脉指数 15.50（西藏错那）和 15.75（云南澜沧），翅钩数 26.25 个。腹部黑色，披黑褐色绒毛，腹节间有明显的白色绒毛环，第 3～4 背板总长（5.38±0.05）mm，第 1 对蜡镜面积 8.35～10.08mm^2，足被褐黄色毛。

生物学特性：白昼活动，舞蹈中无任何声信号。采集范围介于巢址上下不同海拔高度的地区。已占有巢址达几个月的蜂群，采集活泼，育子积极。采集蜂飞行路线较远，通常在蜂箱外 3km 以远。群体有随季节迁徙的习性，冬季迁至低海拔亚热带，夏季迁至高山凉爽处。其他习性与大蜜蜂相同，但较凶暴。夏季受到中国大虎头蜂（*Vespa mandarinia*）捕食时，群体防卫能力很强，脾上墨西哥波振动幅度和振翅声音都极大，工蜂警戒卫队快速形成，当这个小蜂团从巢脾上掉下来时，工蜂便开始成群地袭击一切移动目标。

经济价值：是一种尚待驯化的稀有野生蜜蜂资源，对林木瓜果有重要授粉作用。在印度北方邦北部（中国西藏边界附近），可为高海拔山地（2 660m）的苹果有效授粉，群年取蜜量 30～40kg，还有大量的蜂蜡（图 2-10）。

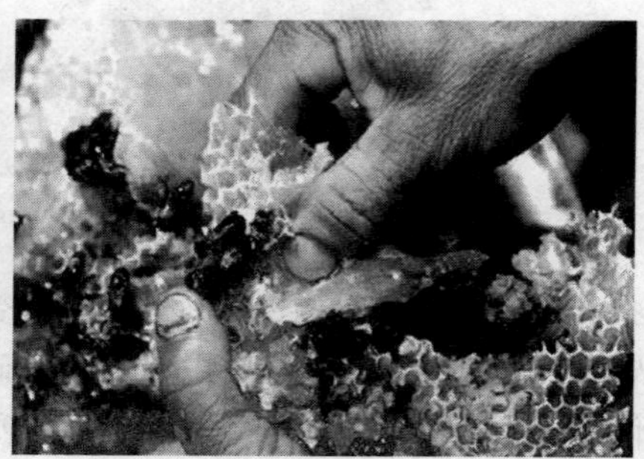

图 2-10　黑大蜜蜂的巢脾和蜜脾

二、复脾筑巢的种类

包括原弯蜜蜂亚属（*Sigmatapis*）和原蜜蜂亚属（*Apis*）的物种。舞蹈通信在垂直的巢脾面上展示，蜜源等方位以头部与太阳的夹角所示，但方向在夹角的对侧。

（一）原弯蜜蜂亚属的物种

这个亚属的蜜蜂物种有 4 个，分别是沙巴蜂、苏拉威西蜂、绿努蜂和东方蜜蜂。

1. 沙巴蜂（*A. koschevnikovi* Buttel - Reepen 1906）

俗名：红色蜜蜂、沙巴红蜜蜂、陆地蜜蜂。

分布：马来西亚的沙巴州。此外，在马来西亚（砂拉越州、马来西亚半岛）、印度尼西亚（加里曼丹省、爪哇岛、苏门答腊岛和小巽他群岛）、斯里兰卡、文莱等地也有采到样本。

筑巢习性：生活在海拔 1 700m 以下的地区，在洞穴内筑巢，复脾。

形态学特征：工蜂体型中等，较印度蜂个体大，体色为红铜色。体色由基因 *Ko* 控制，工蜂为红铜色或砖红色，尾部黄色，而蜂王和雄蜂的体色比工蜂的体色更深暗（图 2 - 11）。胸部毛色由基因 *Kh* 控制，工蜂为浅橘红色，蜂王为金色，雄蜂为灰色。下唇琥珀色。工蜂前翅长 8.3～8.8mm，翅宽 3.01mm，翅钩 17.6 个，前翅翅脉异常，第 3 肘室被显著缩短的 M 脉扭曲。肘脉指数大且变异也很大：7.455±3.04（范围 3.53～24.74）。腹部第 1～6节背板基部各具一条宽而鲜明的银白色绒毛带。雄蜂蛹房有两层突起的封盖，内盖中央有小气孔，蛹成熟时露出内盖。雄蜂后足胫节后边缘具多毛的缘缨，毛较浓密较粗。雄蜂内阳茎构造特殊，外翻后角囊长且前弯，外生殖腔毛区大且毛长。

图 2 - 11　沙巴蜂工蜂和蜂王

生物学特性：习性与东方蜜蜂相似，工蜂嗅觉极灵敏，盗性强，短时间内能召集众多同伴到 45%的糖蜜诱饵处。在对一个筑巢于 50m 高的自生林树冠上的工蜂的训练试验发现，招募者能够到达 200m 远的每隔 36m 长、13.5m 高分别放置的所有试验用饲喂器。在巢门扇风时头朝外、腹部朝向巢门，卫巢力差。蜂王日婚飞时间在 16:45—18:30，比东方蜜蜂（14:00—16:15）滞后 3h 左右，可与 10～32 只雄蜂交尾，平均交尾数为（16.3±0.5）只。雄蜂体重 101.2mg，贮精囊内精子数 1.7×10^6 个。蜂群内工蜂的遗传相关为 0.31±0.03。狄斯瓦螨、恩氏瓦螨（*V. underwoodi*）和林氏瓦螨（*V. rindereri*）均可在沙巴蜂上寄生，其中林氏瓦螨是专性寄生。

经济价值：是一种蜜蜂种质资源，可为热带区的兰属植物授粉。将沙巴蜂与东方蜜蜂人工授精，可产生杂交种。红背中蜂被疑为与沙巴蜂有血缘。

2. 苏拉威西蜂（*A. nigrocincta* Smith 1861）

俗名：印尼蜂。

分布：印度尼西亚的苏拉威西岛（南部、西部）及其周边岛屿，菲律宾的棉兰岛。

筑巢习性：洞穴筑巢，复脾。雄蜂房封盖内没有像东方蜜蜂的茧，房盖上也没有像东方蜜蜂一样有小孔。

图 2-12 苏拉威西蜂工蜂在访花

形态学特征：体型中等，工蜂体长约 11mm，较东方蜜蜂更大（图 2-12）。体色较东方蜜蜂浅，唇基和足略带黄色。

生物学特性：与东方蜜蜂相似。雄蜂交配飞行时间在东方蜜蜂雄蜂飞行快结束时进行。婚飞时间为 14:15—17:30。受到恩氏瓦螨和巢栖螨的寄生。

经济价值：是世界上蜂毒肽含量最高的蜂种。

3. 绿努蜂（*A. nuluensis* Tingek，Koeniger and Koeniger 1996）

俗名：黑色蜜蜂、沙巴黑蜜蜂、山地蜜蜂（马来语）。

分布：马来西亚沙巴州的绿努基纳巴鲁山（Mt. Gunong Kinabalu）高地，在中国广州地区也有发现。

筑巢习性：在海拔 1 700m 以上的山区穴居，在树洞里营造复脾蜂巢。

形态学特征：工蜂体长 10～11mm，体色较深，多为暗黑色。后足从基节到跗节末端呈棕色（图 2-13）。雄蜂的内阳茎不同于沙巴蜂的和东方蜜蜂的。

生物学特性：当胡蜂接近巢口时，守卫蜂腹部上举，臭腺外露（图 2-13）。雄蜂体重 107.1mg，贮精囊内精子数 1.3×10^6 个。日交尾时间与同地种东方蜜蜂和沙巴蜂的错开，飞行时间在 10:44—13:12，高峰期在 12:00。

经济价值：可驯养为饲养蜂种，也是当地的传粉昆虫之一。

图 2-13 绿努蜂的工蜂

4. 东方蜜蜂（*A. cerana* Fabricius 1793）

俗名：亚洲蜜蜂，常以指名亚种来称呼，如中蜂、印度蜂、日本蜂，等等。

分布：南亚，东南亚，北部可达西伯利亚东部，西抵阿富汗，东到日本等地。我国的南部、中部、东部广大地区及西北部（河西走廊以东）、东北、西藏南部均有分布。

筑巢习性：野生、半野生或家养，生存范围跨越热带、亚热带和温带。在野生状态下于洞穴（树洞、岩洞、古冢或土穴）中营巢。多脾（3～16 脾）彼此平行或垂直，呈纵向或横向交错排列。三型蜂巢房分化明显。子圈外围是蜂粮，巢脾上边角储蜜而下边角育雄。雄蜂的成熟封盖房呈笠状，中央有一小气孔。

形态学特征：体长（10.67±2.18）mm（印度蜂）或（13.89±2.14）mm（中蜂）。工蜂唇基中央有三角形黄斑。后翅中脉末端分叉，肘脉指数 4.12±0.01（印度蜂，云南畹町）或 3.82±0.49（中蜂，云南禄劝彝族苗族自治县）。雄蜂黑色，体重 83.4mg，贮精囊内精子数 1.0×10^{6} 个。蜂王有棕色和黑色两类。

生物学特性：工蜂在巢门口扇风时头部朝外而腹部朝内（鼓风式）。分蜂性强，同一批次营造的分蜂王台，可诱使蜂群进行 2 次以上分蜂。弃巢性强，在缺蜜或遭受病、敌害侵袭时易逃亡。采集勤奋，善于利用零星蜜源，耐热抗寒，适应于广大山林地区的气候和蜜源条件，气温低时可采集树木花，尤其是雌雄异株的和雄花两性花同株的绿花瓣花（此时西方蜜蜂只能采集草本花）。易受囊状幼虫病（黑色易感品系 37.16%～85.37%死亡）、欧洲幼虫腐臭病（简称欧幼病）、蚂蚁、大蜡螟和小蜡螟幼虫等危害，但抗蜂螨力强（感螨水平可达几百只），几乎不感染孢子虫病，易受斯氏蜜蜂茧蜂（*Syntretomorpha szaboi* Papp 1962）寄生（产卵于采集蜂腹部第 2～3 体节节间膜下）并带来蜜蜂大肚子病或爬蜂病等危害，也受恩氏瓦螨寄生但不造成危害。对待胡蜂等入侵者，其防御系统类似于围王，用快速振翅产热来捂死对方。蜂群失王后易发生工蜂产卵现象。工蜂在清除瓦螨之后再给幼虫房封盖。工蜂信息传递与西方蜜蜂相似。蜂王产卵量、群势和采蜜量均不如西方蜜蜂。蜂王和雄蜂的性引诱物质与西方蜜蜂相同。

图 2-14　亚洲蜜蜂工蜂和雄蜂的体型比较

从左到右依次是：沙巴蜂、绿努蜂、东方蜜蜂、黑小蜜蜂和大蜜蜂。上为工蜂；下为雄蜂

经济价值：在印度，是低海拔山地（如喜马拉雅山脉的加瓦尔山丘）果树（桃、李、杏、樱桃、梨和苹果）的主要授粉者，也是平原区荔枝等热带果树的授粉者。

总之，这些原产于亚洲的蜜蜂，其工蜂和雄蜂的体型似乎没有长短的不同而只有胖瘦的差异（图 2-14）。

（二）原蜜蜂亚属的物种

这一亚属的蜜蜂物种只有 1 个，即西方蜜蜂。

西方蜜蜂（*A. mellifera* Linnaeus 1758）

俗名：欧洲蜜蜂。

分布：南北向从斯堪的纳维亚半岛的南部到好望角，东西向从非洲西部海岸到（俄罗斯）乌拉尔地区和东伊朗。分为欧洲类型、非洲类型和中东类型。

筑巢习性：家养、半野生或野生。多脾（3～20脾）平行纵向排列。雄蜂封盖房凸出，呈礼帽状，中央无气孔。

形态学特征：体长 12～13mm（意蜂）。欧洲类型中北部的黑色品种比南部的黄色品种大，非洲类型体型较小。工蜂体色变化较大，从深灰色至黄色。工蜂唇基一色，无三角形黄斑。工蜂吻长5.54～7.2mm。前翅长8～9.5mm，肘脉指数分别为2.24±0.18（安纳托利亚蜂）、2.32（突尼斯蜂）、2.43（东非蜂）、2.66±0.34（意蜂）、2.72±0.36（塞浦路斯蜂）、2.92±0.48（卡蜂）和3.95±2.33（海角蜂），后翅中脉末端无分叉（图2-15）。腹部第6腹节背板无绒毛带。雄蜂体重220mg，贮精囊内精子数10×10^6个。

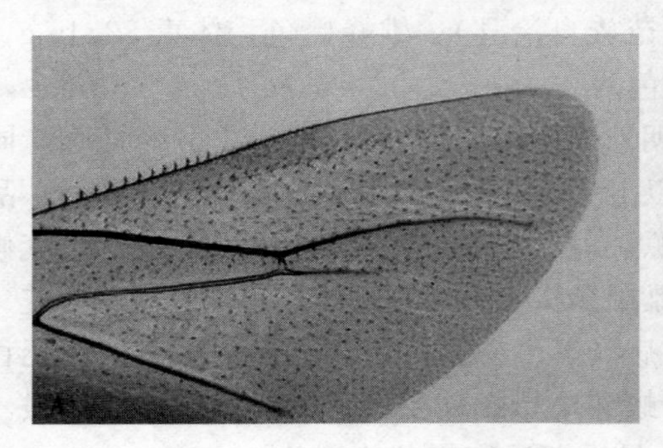

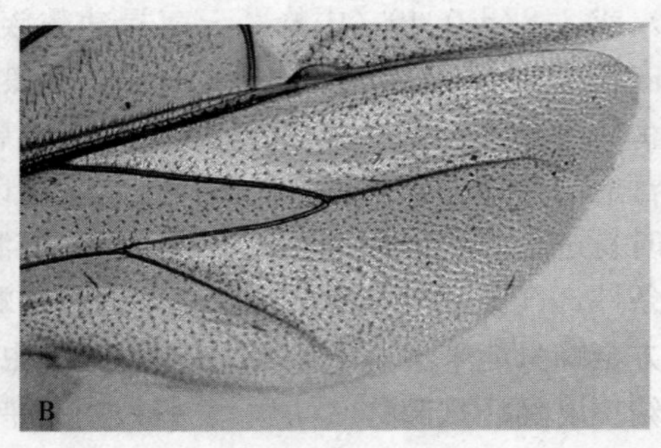

图2-15　东、西方蜜蜂的后翅

A. 东方蜜蜂的后翅中脉，分叉　B. 西方蜜蜂的后翅中脉，不分叉

生物学特性：分蜂性弱，能维持大群，护脾力强，不易飞逃，喜旧巢脾，喜采胶。工蜂在巢门口扇风时头部朝内、身体朝外（抽气式）。欧洲类型的意蜂对瓦螨最敏感，非洲类型的亚种普遍抗螨性强。工蜂在清除瓦螨时会连同蜜蜂幼虫一起清空。也受亮热厉螨寄生危害。

经济价值：是世界上最通常被驯化的物种，是第三个被基因组作图的昆虫。杂交品系Buckfast已被育出和使用多年。非洲化蜜蜂虽然凶猛但采集力非凡、抗病性更强，它的复壮杂交品系在巴西很受欢迎。在德国的奥伯鲁塞尔（Oberursel）数据库中，有波斯蜂（*A. m. meda*）、卡蜂、意蜂和安纳托利亚蜂（*A. m. anatoliaca*）等资料供人们比较研究。

第三节　东方蜜蜂种下主要亚种

东方蜜蜂也称亚洲蜜蜂，主要分布于东南亚一带，其种下有一些亚种已被鉴定出来或被开发利用起来。

一、世界各地的东方蜜蜂亚种

分布区内各个国家对自己本国的东方蜜蜂都有自己的称呼或俗名，现已被鉴定出来的也是根据其分布地而做的东方蜜蜂指名地理亚种（表2-3）。其中，主要指名亚种有中华蜜蜂（简称中蜂）、印度蜜蜂（简称印度蜂）和日本蜜蜂（简称日本蜂）。

表2-3　世界各地的东方蜜蜂（*A. cerana*）亚种表

亚种名	英文名	中文名
A. c. cerana Fabricius 1793	Chinese honeybee	中华蜜蜂
A. c. indica Fabricius 1798	Indian honeybee	印度蜜蜂

（续）

亚种名	英文名	中文名
A. c. japonica Radoszkowski 1877	Japanese honeybee	日本蜜蜂
A. c. javana Enderlein 1906	Java or Timor honeybee	爪哇蜜蜂
A. c. johni Skorikov 1929	Sumatran honeybee	苏门答腊蜂
A. c. philippina Skorikov 1929	Philippino honeybee	菲律宾蜂

1. 中华蜜蜂（*A. c. cerana* Fabricius 1793）

俗名：中蜂、土蜂。

分布：中国。从东南沿海（海南、台湾）到青藏高原的各个省、自治区、直辖市均有分布，新疆深山也有少量分布。东北线至黑龙江省的小兴安岭，西北线至甘肃省武威、青海省乐都和海南藏族自治州，西南线至雅鲁藏布江中下游的墨脱、聂拉木，南线至海南省，东南线到台湾省。集中分布区则在西南部及长江以南省份，以云南、贵州、四川、广西、福建、广东、湖北、安徽、湖南、江西等省份数量最多。

筑巢习性：野生或家养。造脾能力强，对巢脾有喜新厌旧倾向。

形态学特征：工蜂体长10～13mm。触角柄节黄色，吻长4.5～5.6mm。小盾片黄色，全身披褐色绒毛，体色可由第2～3腹节背板带黑（红）黄色环（低纬度、低山和平原区）变化到全身黑色（高纬度或高海拔山区）。足红黄色。肘脉指数3.82±0.49（云南）。蜂王体长14～19mm，体色有全黑、全红和黑背红腹三种，黑腹者其上黄色斑灰暗，红腹者其上黄色斑明显。雄蜂黑色，体长11～13mm，披灰色至褐色绒毛。

生物学特性：蜂王产卵力弱，工蜂泌浆力差，群势小却易分蜂，一般能维持1.5～3.5kg的群势，以春秋季分蜂性为最强。采集时早出晚归，行动敏捷，嗅觉灵敏，发现蜜源快，善于发现和利用零星蜜粉源。吻较短，不能采到深花管蜜源。夏季个体耐酷暑能力强，躲避胡蜂能力强。当蜂群受到天敌侵害或外界蜜源缺乏时，易弃巢迁飞，受骚扰时多群出逃形成"乱蜂团"。新增敌害有金龟子、南美红火蚁和蜂箱小甲虫。易起盗蜂，严重时整场互盗。蜂群失王后极易出现工蜂产卵。冬季个体安全飞行的临界温度较意蜂低，节省饲料。最大缺点是清巢和抗巢虫力弱，易患中蜂囊状幼虫病（简称中囊病）。

经济价值：最大优点是抗螨性强，非常适合于广大山区定地饲养，是我国优良的蜂种资源，也是乡村振兴建设中送科技下乡的主要推荐饲养蜂种。已有双色工蜂类型见诸报道。

2. 印度蜜蜂（*A. c. indica* Fabricius 1798）

俗名：印度蜂。

分布：原产喜马拉雅山以南的南亚次大陆和中缅边境地带。主要分布在巴基斯坦北部、印度（奥里萨邦、泰米尔纳德邦、喀拉拉邦、卡纳塔克邦）、中国云南省南部（德宏、临沧、西双版纳）、斯里兰卡、孟加拉国、缅甸、泰国。平原型主要生活在印度大吉岭以南地区和斯里兰卡；山地型主要生活在喜马拉雅山南麓，包括大吉岭北部、缅甸北部和中国云南省南端广大山区；克什米尔型主要生活在克什米尔和巴基斯坦北部。

形态学特征：体长9～12mm，克什米尔型个体最大，平原型个体最小。吻长4.46～

5.3mm；前翅长7.5～8.5mm，肘脉指数4.12，肘脉的b脉较短（0.15～0.17mm）。腹部前3个腹节背板黄色（色度3.638±0.79），第4腹节之后渐偏黑色（色度2.041±0.14）；第3腹板的后幅宽不超过4mm（3.75～3.85mm），第5腹板狭长。克什米尔型腹部黑色，平原型腹部以黄色为主；我国分布的属于喜马拉雅山地型，个体大小居中，体色黑黄相间（图2-16）。蜂王棕黑色，体长14～16mm，触角基部、额区、足及腹部腹板红黄色。雄蜂黑色。

图2-16　印度蜜蜂的工蜂

（匡海鸥拍摄，2020）

生物学特性：平原型群势小，易分蜂；山地型采集专一，分蜂性皆弱，群势稍大。采回的花粉混杂率只有0.2%～0.3%。蜂王产卵可维持两年，气温高时（42℃）也不停产，日产卵量不上900粒。蜂群1—3月育子活动最盛，2—4月可取蜜，3月采粉活动最强，6—9月需饲喂（蜂群易弃巢或变得很弱），7月育子最少，8月育子加速，10—11月更换旧巢脾，12月流蜜，采集过后换王。一般一个原群放3～4脾，分蜂季节可分出4个子群。采集活动在春季最长（2—5月，06:00—11:00和16:00—18:00）、在季风季变短（6—9月，08:00—14:00）、在冬季最短（12月至次年1月，08:00—11:00）。采集半径约为900m。小幼虫最易感染囊状幼虫病病毒泰国毒株（Thai Sacbroodvirus，TSBV），主要由卫生差、拥挤、迷巢、交哺、分蜂和盗蜂等诱发传播。蜂群中有瓦螨和亮热厉螨危害。

经济价值：耐热性能好，能适应南亚的热带、亚热带气候和蜜源条件。目前有些地区已经开始使用或计划增加活框饲养，但群势（1.5kg）、产卵力（900粒/d）、群年产蜜量（15～25kg）均逊于中蜂。印度等国颇为重视蜂种的选育和推广，使其生产性能得到很大提高，有克什米尔品系和喜马拉雅品系之分。

3. 日本蜜蜂（*A. c. japonica* Radoszkowski 1877）

俗名：日本蜂。

分布：本州岛的神户南部，四国岛。

筑巢习性：在山区用直立的圆木蜂箱饲养，在四国岛上用方箱饲养。樱桃木做的诱捕箱挂在树上收捕分蜂群。

形态学特征：体长11.30～12.30mm。体色以黑色为主。吻长5.25mm，前翅长8.5～8.7mm。

生物学特性：分蜂性弱，群势在2～2.5kg，年取蜜在25kg左右。工蜂能识别金环胡蜂（*Vespa mandarinia japonica*）在箱门口释放的标记外激素，招集众多（500只以上）守卫蜂出来迎战。野生蜂群的蛹房少有蜂螨，可能抗性较好。当接种蜂螨后，落螨数和伤螨数等同于以同样方法测试的西方蜜蜂群。蜂王携带交尾标志回巢时间在14:45—16:35，有效交尾数介于12～25只。雄蜂婚飞时间在13:15—16:30，高峰期在15:00，持续30min；雄蜂集结区与西方蜜蜂的分开且集结时间滞后于西方蜜蜂45min以上。

经济价值：可为无花蜜的兰花（*Cymbidium*）授粉，如寒兰（*C. kanran*）和春兰（*C. virescens*）。雄蜂也可为蕙兰（*C. pumilum*）授粉，或者是因为蕙兰的花香可以强化雄蜂的第二性征（嗅觉生理），或者是因为蕙兰的花香接近于蜂王的性外激素（化学拟态），当雄蜂聚集于花序上吸附增香或者与花朵进行假交尾时完成传粉。

二、我国境内的东方蜜蜂亚种

我国境内的东方蜜蜂亚种多数是由中蜂亚种下的不同生态型上升而成为亚种阶元的。

（一）中蜂亚种下生态型种类

在我国辽阔的疆域上，各种地形地势交错分布，西高东低，南热北冷，各种地带性（温带、亚热带、热带）植被在各类地貌上呈现着经-纬度分布，这些都为中蜂亚种下的一些地理宗或生态型（品种）的多样化维持提供了天然条件和生境基础（表2-4）。一般来讲，随纬度南移和海拔降低，蜂群的分蜂性增强及群势减弱。例如：高海拔地区最高可达10脾以上，北部地区为5～8脾，南部地区为3～5脾。

表2-4 中华蜜蜂（*A. c. cerana*）地理宗（品种）表

大类	地理宗（品种）	英文名
东部中蜂	长白山中蜂	Northeast China's honeybee，Paekdusan honeybee
	饶河中蜂	Raohe zhongfeng
	华南中蜂	South China's honeybee
	北方中蜂	North China's honeybee
西南中蜂	海南中蜂	Hainanese honeybee，Hainan Chinese bee
	阿坝中蜂	Aban honeybee
	滇南中蜂	Diannan Chinese bee
	云贵高原中蜂	Yun-Gui Plateau Chinese bee
	藏南中蜂	South Tibetan honeybee
中部中蜂	华中中蜂	Central China's honeybee

1. 东部中蜂

英文名：East China's honeybee。

东部中蜂是一个统称，由于部分地区的中蜂在习性上都较为相近，所以在以前的分类中把它们归属为一类但划分为不同生态型，如东北山地型（包括长白山中蜂和饶河中蜂）、东南沿海型（也称华南型或两广型，主要有华南中蜂）和北方型（主要指北方中蜂）。

分布：广泛分布于温带及亚热带的丘陵和山区。长白山中蜂中心产区在吉林省长白山林区，包括通化、白山、吉林、延边和长白山保护区，黑龙江省小兴安岭南部以及辽东东部部分山区，包括本溪、抚顺、丹东市的宽甸和凤城等山区市县；饶河中蜂主产区在黑龙江省完达山（长白山脉北延支脉）北麓的饶河市和完达山南麓的虎林市等县级市境内的山地丘陵区（东北山地型）。华南中蜂中心产区在华南，主要分布于广西、广东、福建、台湾、浙江等省份的沿海和丘陵山区，安徽南部、云南东南部也有分布（东南沿海型）。北方中蜂中心产区为黄河中下游流域，分布于北京、天津、山东、山西、河南、河北、宁夏、陕西等省份的山区，四川省北部地区也有分布（北方型）。

筑巢习性：野生蜂群选材质坚硬的树洞营巢，巢房内径 4.7～4.9mm。

形态学特征：体色灰黄至灰黑，个体大小随栖息地区不同而有差异，生存在温带地区的个体大些而生存在亚热带地区的个体小些。东北山地型野生工蜂体长 11～12.5mm，甚至更大，体色以黑色为主，腹部主要为黑色，前翅外横脉中段常有小突起。东南沿海型野生或家养工蜂体长 10～11mm，体色以黄色为主，腹部体色黑黄相间。工蜂吻长 5～5.3mm。前翅长 8.1～8.75mm，宽 3.0～3.1mm。

生物学特性：分蜂性、采集力和耐寒性一般，善于利用晚秋和早春蜜源，适应于冬冷夏热、蜜源种类多而连续但又比较分散的生态环境，抗胡蜂和瓦螨能力强。东北山地型蜂王产卵量大，分蜂性弱，群势大，一个蜂巢里最多有 15 张巢脾，阴天和小雨天气也能出巢采集，能抗－40℃以下的严寒，在晴天－17℃地上积雪的条件下可飞翔排泄并安全返巢。北方型工蜂喙较短，耐寒性强，防盗能力强，一般可饲养到 10 框以上。东南沿海型维持群势弱，分蜂性强，能利用早春蜜源，生产能力低，夏季耐高温且躲避胡蜂能力强，冬季耐寒（气温 6.5℃可出巢采集）且停卵期短，性情温驯，不爱迁飞，黑色王蜂群 4 框以上就产生分蜂热，但枣红色王能维持大群。在云南多为传统方式饲养。

经济价值：是我国中蜂的主要品种，可提供商品蜜 2～3 种。在繁殖期，蜂王日产卵量平均 700～1 100 粒，群势为 1.5～3.5kg。饶河中蜂-1 是由永幸林场在 20 世纪 90 年代前后培育的地方品种。长白山中蜂、北方型中蜂和华南中蜂均入选国家级畜禽遗传资源保护名录，并分别在吉林省集安市和桦甸市、山东省临沂市和广东省梅州市建有国家级保护区。

2. 西南中蜂

英文名：West China's honeybee。

西南中蜂也是一个统称，由于各个生态型主产区的自然条件相对较为孤立但分布区都处于我国的西南部，所以统归为一类。这一类包括海南中蜂、阿坝中蜂、云贵高原中蜂、滇南中蜂、藏南中蜂。

（1）海南中蜂。

分布：广东、海南岛。

形态学特征：是中蜂中个体最小的一个类型，体长 10.50～11.50mm，吻长 4.65～4.70mm，前翅长 7.79～7.92mm、宽 2.90～2.95mm、肘脉指数 4.53±0.96（海南琼中）。工蜂足及腹部呈黄色，第 3～4 背板颜色黄至棕黄色，腹节背板冬季呈棕黑色，其他季节以黄斑为主。

筑巢习性：家养和野生，全境分布，竹笼、木桶、空心木墩皆可饲养或诱捕野生蜂群。

生物学特性：温驯性中等，怕振动。分蜂性强。易发生盗蜂和飞逃（通常在 7—8 月）。利用花粉的能力强，对高温高湿的气候条件适应性强，特别是热带和南亚热带雨林的气候环境和较多敌害的自然条件，如春旱、夏秋酷热、冬季极端低温、蜜源分散和敌害众多等。抗寒性差，贮蜜力差，易感染中囊病和欧洲幼虫腐臭病（简称欧幼病），抗巢虫能力差。受到蜜源植物减少等因素影响，海南中蜂的生产性能在下降。

经济价值：是海南省的当家蜂种，有椰林型和山地型之分。蜂王日产卵量500～700粒。群势小，一般为1.25～1.5kg（3～4脾）。有人曾把这个海南地理宗（Hainan race）命名为海南蜜蜂（*A. c. hainana*）。

（2）阿坝中蜂。

分布：四川阿坝地区，川西，川南，甘南，甘肃乌鞘岭以东的广大山区，秦岭山区，子午岭山区，云贵高原，青海东部的民和和乐都。原产地为马尔康市，中心分布区在四川西北部雅砻江、大渡河流域的阿坝、甘孜地区，包括大雪山、邛崃山等地海拔2 000～3 000m高原及山地。

筑巢习性：野生，工蜂房内径4.9～5.1mm。山里人将筑巢在树洞、岩穴中的蜂群收捕后用树筒、竹篓等饲养，割脾挤蜜。

形态学特征：是个体最大的一个生态型，体长12.0～13.5mm，吻较长（5.30～5.60mm），前翅长8.80～9.04mm、宽3.1mm、肘脉指数3.76～4.02。体色为黑色，小盾片棕黄色或黑色，工蜂足及腹部呈棕黑色，被褐色绒毛。腹节背板夏季有部分黄斑，第3～4背板长4.2mm，第3～4背板的黑色带达60%～78%，其余季节以黑色为主。蜂王体色分枣红和黑色两种。雄蜂黑色。

生物学特性：较温驯，群势强，分蜂性弱，可维持群势为2.5～3.5kg（10框以上），采集力强，能够利用大宗蜜源，认巢力较强，适应性和抗逆性强，耐寒性较强，适宜高寒高海拔地区饲养，很少发生巢虫危害，极少发生飞逃。蜂王产卵趋势稳定，日产卵量800～1 200粒。

经济价值：是经过长期进化发展成的一个适应高原环境气候的优良地方蜂种，可谓中华蜜蜂最好的蜂种之一，也是我国宝贵的蜂种资源和育种素材。年群产蜜量10～25kg，蜂蜜含水量低（18%～23%）。有人曾把这个阿坝地理宗（Aba race）命名为阿坝蜜蜂（*A. c. abansis* Yang et Kuang 1986；*A. c. abaensis* Hepburn，Smith，Radloff et Otis 2001）。

（3）云贵高原中蜂。

分布：中心产区在云贵高原，主要分布于云南东部、贵州西部和四川西南部三省交会的高海拔区域。

筑巢习性：野生或家养，新法与土法饲养。

形态学特征：个体大，体长13.0mm。工蜂体色偏黑，第3～4背板的黑色带达60%～70%。蜂王体色棕红色或黑褐色，开产早（2月），产卵力较强，日最高产卵量可达1 000粒以上。雄蜂黑色。

生物学特性：分蜂性弱，能维持较大（7框以上）群势。采集能力强，能生产蜂蜡但不生产花粉。抗寒能力强。盗性较强。性情较凶暴。抗病力较弱，易感染中囊病和欧幼病。

经济价值：年群产蜜量15kg左右（定地饲养）到30kg左右（定地结合小转地），蜂蜜含水量较高（21%～29%），适应性较广，可作为育种素材。

（4）滇南中蜂。

分布：主要分布于横断山脉南麓的云南南部。地势以高山、丘陵、河谷和盆地相间，气候以高温、高湿、静风和多雨为主。由于在境外的东南亚一带也有分布，所以有人（杨冠煌、匡邦郁）将其归为印度亚种。

筑巢习性：野生或家养，新法（少）与土法（多）饲养。

形态学特征：体型较小，体长 9.0～11.0mm，吻长（4.69±0.09）mm，前翅长 7.5～8.5mm、宽＜3mm、肘脉指数 3.7。体色黑黄相间，腹部第 3 背板黄色，第 4 背板偏黑色，第 3～4 背板总长（3.83±0.06）mm。蜂王触角基部、额区、足、腹节腹板棕色，雄蜂黑色。

生物学特性：蜂王产卵力较弱，日最高产卵量 500 粒。耐热不耐寒，高温时（37～42℃）仍能正常产卵。群势小（4～6 框），分蜂性较弱。采集力较差，采集半径约 900m，适应性强，产蜜为主、产蜡为辅。

经济价值：年群产蜜量 5kg（土法饲养）到 10kg（活框饲养），蜂蜜杂质含量较高（土法榨蜜）。

（5）藏南中蜂。

分布：西藏喜马拉雅山南坡、雅鲁藏布江中下游，藏东南高原边缘阔叶林区和藏东三江流域，云南西北部。主产区为西藏东南部的林芝和山南的错那县。

筑巢习性：多野生，家养者用木桶或墙洞饲养。

形态学特征：个体较大，工蜂体长 11.00～12.50mm，吻较长（5.11±0.5）mm。翅较长，前翅长（8.63±0.12）mm，宽（3.07±0.07）mm，肘脉指数 3.6～5.0（平均值 4.61±0.71）。体色较黑，灰黄色或灰黑色，第 3 腹节背板常有黄色区（4.00～4.38mm），第 4 腹节背板黑色，第 5 腹节背板狭长。第 3 腹板后缘不相交，腹部细长，有 2～3 个黄色绒毛带（第 4、5、6 腹节背板后缘）。后足花粉刷具有 8 条刚毛。

生物学特性：群势小（5～8 脾），分蜂性强，迁飞性强，采集力较差，但耐寒性极强，适应于青藏高原的低海拔地区。生产性能较差，蜂蜜产量较低，年群产蜜量 5～10kg（土法饲养）或 10～15kg（活框饲养）。有农药中毒和受中囊病危害的报道。

经济价值：是一种适应高海拔地区的蜂种，可为芥菜授粉（尼泊尔）。已处于濒危状态，急需建立保种场或保护区。有人曾把这个沿着喜马拉雅山脊（海拔在1 900～4 000m）生长的西藏地理宗（Tibetan race）或喜马拉雅地理宗（Himalayan race）称作西藏蜜蜂（*A. c. skorikovi* Maa 1944）或喜马拉雅蜜蜂（*A. c. himalaya* Smith 1999）。

3. 中部中蜂

英文名：Central China's honeybee。

俗名：华中中蜂。这也是一个统称，是指在我国境内除了东部和西南部以外的广大区域内分布的中蜂生态型。分为华中型和华北型，有北京中蜂、延安中蜂、秦岭中蜂、湖南中蜂和嵊县中蜂等之分。

分布：华中型中心分布区在长江中下游流域，中原高海拔地区；主要分布于湖北恩施土家族苗族自治州、郧阳地区、神农架林区、鄂东大别山南麓及鄂东南幕阜山北麓的低山区，湖南的湘东、湘西山区、湘中丘陵地区，江西的萍乡、安远、修水、武宁、会昌、遂川、宜丰、万年，安徽的皖南山区、大别山区和江淮丘陵地区，浙江西部，江苏南部；此外，广东北部、广西北部、贵州东部、重庆东部、四川东北部、青海东部也有分布。华北型分布于山东的鲁中南及胶东的部分山区和丘陵，山西的垣曲、沁水、沁源、中阳，河北的太行山、燕山及小五台山区，陕西秦巴山区、渭北高原沟壑区，甘肃东部，宁夏南部山区。

筑巢习性：野生与家养。树洞、石洞里的野生蜂群在−20℃下仍能安全越冬。土法与新法饲养，神农架林区在蜂桶中部加进悬垂木条来加固巢脾。柳条篓、荆条篓等皆可收捕分蜂团。

形态学特征：一般比北方中蜂个体小，但华北型个体比华中型个体大，华中型个体比华南型个体大。体长 12.5～13.7mm。吻短（约 4.9mm）。小盾片棕黑色到黑色。前翅长 8.8～9.3mm。体色偏黄、偏黑和黑黄相间的都有，以黑色带明显黄环的居多。蜂王黑灰色，较少红棕色。雄蜂黑色。

生物学特性：耐寒性强，早春开繁早。采集勤奋，零星蜜源利用好，低温阴雨天气仍能出巢采集。分蜂性较华南型弱，维持群势较强。温驯，不爱迁飞，多数定地饲养或定地结合小转地饲养，少数转地饲养。只生产蜂蜜，较少生产蜂花粉，不生产蜂胶、蜂王浆。防盗能力从较差到较强的都有。抗巢虫能力较差，易感中囊病。

经济价值：年群产蜜量 5～20kg（土法）到 20～40kg（活框），蜂蜜含水量低（19%以下）。有人曾把这个地理宗（Central China′race）命名为华中蜜蜂（*A. c. heimifeng* Engel 1999）。入选国家级畜禽遗传资源保护名录，并在湖北省神农架林区建有国家级保护区。

（二）东方蜜蜂种下亚种种类

东方蜜蜂种下亚种在我国境内大部主要以中蜂为主，在云南、海南等地尚有印度蜜蜂保留踪迹。中蜂亚种内的不少生态型（或地理宗），特别适应于特定地区的环境，在主产地受到长期的地理隔离和长期的人工选育后，形态学特征和生物学性状的分歧加快加深，表现出非常独特的分类学潜质或种性纯度。虽然目前还是地理宗（或品种），但是已经有人进行过将它们相继上升为亚种（表 2－5）或者从亚种上升到物种（*A. sinensis* Smith 1865，中华蜂）的命名尝试。说不定哪一天，原先这些被从前的权威同行认定为同物异名、同名异物或无效命名的地理宗真的个性化（individualization）并本地化（indigenization）为当初定名者所期待发现的那样的指名亚种，如此必将把我国境内的东方蜜蜂亚种数量提升不少。

表 2－5　我国境内东方蜜蜂（*A. cerana*）有过命名的亚种表

亚种名	英文名	中文名
A. c. cerana Fabricius 1793	Chinese honeybee	中华蜜蜂
A. c. heimifeng Engel 1999	Central China’s honeybee	华中蜜蜂
A. c. indica Fabricius 1798	Indian honeybee	印度蜜蜂
A. c. abansis Yang et Kuang 1986；*A. c. abaensis* Hepburn，Smith，Radloff et Otis 2001	Aban honeybee	阿坝蜜蜂
A. c. hainana	Hainanese honeybee，Hainan Chinese bee	海南蜜蜂
A. c. peroni Kellogg 1954	Fujianese honeybee	福建蜜蜂

（续）

亚种名	英文名	中文名
A. c. skorikovi Maa 1944； *A. c. himalaya* Smith 1991	Himalayan honeybee，Tibetan honeybee	西藏蜜蜂、 喜马拉雅蜜蜂

注：华中蜜蜂、阿坝蜜蜂、海南蜜蜂和西藏蜜蜂由中蜂亚种下的华中中蜂、阿坝中蜂、海南中蜂和西藏中蜂等生态型（或地理宗）晋升分类阶元而来。

第四节　西方蜜蜂种下主要亚种

现在，各国在养蜂生产上饲养的所谓当家蜂种，大部分是经过长期的人为干预而保留下来的适合于原产地生态条件的地理亚种。频繁的洲际商业往来和蜜蜂种群的远距离跳跃式迁徙，使得人为引种和物种侵袭的概率大大增加，导致有利变异在种内、亚种内快速累加，成为引进区或入侵地内杂交渗透型新品种和新品系形成的直接原因。目前，西方蜜蜂种下亚种或生态型（品种、品系），有的已被世界各地广泛饲养，有的仅被鉴定出来但还有待开发利用。

一、主要亚种分述

随着移民和商业交流，西方蜜蜂已从原产地扩展到除南极洲以外的世界各大洲，特别是欧洲亚种类群中经济价值最高的意蜂、卡蜂、高加索蜂和欧洲黑蜂等已成为世界性饲养的蜂种，对现代养蜂业的形成与发展起着至关重要的作用。

为了便于理解进化途径及其地理上的亲缘关系，这里以原产地的地区性分布来描述，分为中东亚种、非洲亚种和欧洲亚种。

（一）中东亚种

这一类群的亚种分布在地中海东北岸的小亚细亚半岛地区和地中海东岸的阿拉伯半岛地区（表 2-6）。其中，安纳托利亚蜂、塞浦路斯蜂和叙利亚蜂被研究得相对多一些。

表 2-6　西方蜜蜂（*A. mellifera*）中东亚种表

亚种名	英文名	中文名
A. m. anatoliaca Maa 1953	Anatolian or Turkish honeybee	安纳托利亚蜂
A. m. cypria Pollmann 1879	Cyprian honeybee	塞浦路斯蜂
A. m. meda（*iran*）Skorikov 1829	Iranian honeybee	伊朗蜂
A. m. jemenitica Ruttner 1975	Yemeni or Arabian or Nubian honeybee	也门蜂
A. m. meda Skorikov 1829	Iranian honeybee	波斯蜂
A. m. pomonella Sheppard et Meixner 2003	Tien Shan Mountain's honeybee	卡赫斯坦蜂 （旧称果树女神蜂）
A. m. syriaca Buttel-Reepen 1906	Syrian or Palestine honeybee	叙利亚蜂

1. 安纳托利亚蜂（*A. m. anatoliaca* Maa 1953）

分布：土耳其的安纳托利亚高原。

形态学特征：工蜂体长比意蜂小。吻长 6.55mm。前翅长（9.188±0.134）mm，肘脉指数 2.56。第 3～4 背板总长（4.46±0.091）mm。工蜂和雄蜂的几丁质黑色，绒毛灰色。蜂王腹部前 3 节背板前区棕褐色，其余背板黑色。

生物学特性：工蜂寿命长，比较温驯，气候干燥和蜜源短缺时爱蜇人。蜂王产卵力强，但不哺育过多幼虫，并且秋季停产较意蜂早。育虫节律陡峭，群势在春季发展缓慢，但入夏后超过卡蜂、接近意蜂。维持群势的能力较卡蜂强，可达 10 框以上。采集力强，无论对大宗蜜源的采集力还是对零星蜜粉源的利用能力均超过意蜂而接近卡蜂。勤劳，爱采树胶。善于节约饲料，爱造赘脾。适应性强，耐寒耐热。易感染麻痹病。早春和冬季，孢子虫病和大肚子病厉害。

经济价值：年群蜜产量 24.9kg（土耳其）。具有较好的育种价值，与意蜂、卡蜂杂交可获得高产的后代，蜂王性能以及蜂群存活率、分蜂性和进攻性等接近高加索蜂。我国早年有少量引种。移虫育王接受率比卡蜂高，但人工授精蜂王开产比卡蜂迟。土耳其当地原生种群已经受到从不同亚种产地进口的商业性蜂王的影响，尤其是在两个商业性蜂王的育种基地和一个商业性蜂王的使用地区，基因渗入主要来自高加索蜂。

2. 塞浦路斯蜂（*A. m. cypria* Pollmann 1879）

分布：分布于地中海的塞浦路斯岛。

形态学特征：外形似意蜂，但比意蜂小。工蜂吻长（6.39±0.135）mm。前翅长（8.865±0.149）mm，肘脉指数 2.72±0.36。第 3～4 背板总长（4.237±0.163）mm。第 2～4 腹节背板为明显的橙黄色（胡萝卜色），无任何黑斑点，其上各有一条窄的黑色环带，后 3 节背板黑色，绒毛浅黄色。腹部腹板除最后 2 节外，其余均为橙黄色。蜂王腹部浅黄色，每一腹节背板上均有一条呈新月形的黑环。

生物学特性：工蜂寿命长，但性情凶暴，不便于管理。蜂王产卵力强。蜂群分蜂性弱，对零星蜜源的利用能力特强。喜采树胶，很少造赘脾，越冬性能好。

经济价值：可以作为抗螨育种素材使用。工蜂的梳理行为强，自然感螨蜂群的落螨率为 25.7%（约旦）。

3. 叙利亚蜂（*A. m. syriaca* Buttel - Reepen 1906）

分布：叙利亚、黎巴嫩、约旦、以色列、巴勒斯坦、沙特阿拉伯和伊拉克北部。80%以上是新法饲养，其余的都是土法饲养，使用赤土陶器、上框梁水平式蜂箱、稻草蜂窝等。

形态学特征：个体较小。体色嫩黄，类似于意蜂，但腹部末 2 节灰色。

生物学特性：生态型分为勇士蜂、羊蜂和月亮蜂 3 种。勇士蜂性情暴躁，所筑的巢脾平行于传统蜂箱的箱壁；羊蜂性情温和，所筑的巢脾垂直于传统蜂箱的箱壁；月亮蜂所筑的巢脾呈半月形。繁殖力强，勤奋，可与意蜂媲美。盗性较强。抗逆性好，能有效抵御胡蜂侵袭，能抵御干旱气候。适应性较强，通过调整子圈来适应炎热气候。可以转地放蜂但规模不一，群年产蜜量 20.25kg（叙利亚）和 30～40kg（以色列）。很适宜生产蜂王浆。梳理行为强，具有主动的抗瓦螨机制，蜂群内的受伤螨以成年漫游螨居多（86.5%），若螨较少（13.5%），以第一对足残疾的为最常见。主要病敌害有美洲幼虫腐臭病（简称美幼病)、欧幼病、孢子虫病、大蜡螟、瓦螨和大胡蜂。约旦的蜂群内已经发现有蜂箱小甲虫，疑为从埃及流入。

经济价值：在叙利亚，养蜂人私自进口蜂王属违法，但仍有走私者运进来卡蜂或意蜂用之杂交，结果杂交种采集力强但性情凶暴且冬季需要饲喂。本土不断筛选培育的黄色高产纯种，能抗干热的生存条件。在以色列，可为田间和大棚的油料作物、牧草作物、果蔬类（牛油果、西瓜、苹果）等进行全年授粉服务（授粉收入与蜂蜜收入比例为 40：1）。

（二）非洲亚种

这一亚种分布在地中海南岸的非洲大陆（表 2-7）。其中，塞内加尔蜂、海角蜂、突尼斯蜂和东非蜂比较有名。

表 2-7　西方蜜蜂（*A. mellifera*）非洲亚种表

亚种名	英文名	中文名
A. m. adansonii Latreille 1804	Senegal honeybee	塞内加尔蜂
A. m. capensis Eschscholtz 1822	Capetown honeybee	海角蜂
A. m. intermissa Buttel-Reepen 1906	Tellian honeybee	突尼斯蜂
A. m. lamarckii Cockerell 1906	Egyptian honeybee	埃及蜂
A. m. litorea Smith 1961	east Africa coastal honeybee	坦桑海滨蜂
A. m. major Ruttner 1975	Moroccan honeybee	摩洛哥大蜂
A. m. monticola Smith 1961	east African black mountain honeybee	乞力马扎罗蜂
A. m. nubica Ruttner 1975	nuba mountains honeybee	苏丹小蜂
A. m. sahariensis Baldensperger 1922	Saharan honeybee	撒哈拉蜂
A. m. scutellata Lepeletier 1836	African honeybee	东非蜂
A. m. simensis Meixner et al. 2011	Ethiopian honeybee	埃塞俄比亚蜂
A. m. sudanensis Rashad	Sudanese honeybees, rocky mountain bees	苏丹蜂
A. m. unicolor Latreille 1804	Malagasy honeybee	单色蜂

1. 塞内加尔蜂（*A. m. adansonii* Latreille 1804）

分布：非洲东南部的伍德兰热带稀树草原上，赞比亚西南部和中南部，纳米比亚北部，尼日利亚的伊巴丹和艾耶佩，塞内加尔以及西非的广大地区。

形态特征：亦称西非蜂。个体较小，比欧洲蜜蜂（0.535g）稍小，比非洲化蜜蜂（0.467g）稍大。小盾片橙黄色。吻长（6.248mm），足长（7.648mm），翅短（8.502mm），绒毛特短，肘脉指数较小（2.24）。第 3～4 背板总长 4.144mm。腹部特粗，细度指数 81.47。

生物学特性：野生或半野生，能在无荫蔽处所生存。性情十分凶暴，调节巢温能力较差。喜迁徙，4—7 月整群弃巢远距离飞逃，新建群易形成大的分蜂团。蜂脾重量不足 3kg 的小蜂群，未受骚扰也会弃巢。分蜂群可捕获并过箱。在不同类型巢础上建造的巢房高度不同，分别为 5.17mm（自由建造的）、5.20mm（蜂蜡巢础上）和 5.40mm（塑料巢础上）。受到瓦螨寄生时可用植物（蓖麻、牛至、桉树、曼陀罗、烟草等）提取液来防治。

经济价值：在加纳，可为茄科作物（如番茄、小米辣和茄子）有效授粉。在加蓬，有一个形态学上很一致且飞行空间更独特的生态型或地理宗。在纳米比亚中部、赞比亚中南部和赞比西河谷之间，有一个与东非蜂的杂交带。分布区内还有乞力马扎罗蜂和也门蜂。

2. 海角蜂（*A. m. capensis* Eschscholtz 1822）

分布：局限于非洲南端的好望角一带，南非共和国西南海岸开普敦地区，有天然屏障与东非蜂分布地隔绝开来。

形态特征：个体较小，体色偏黑，绒毛很短。吻长 5.930mm；前翅长 8.818mm，前翅宽 3.01mm，肘脉指数 2.26；后足长 7.911mm；第 3～4 腹节背板总长 4.159mm；腹部细度指数 85.41。工蜂体内有较发达的卵巢管（15～20 条）和受精囊，但受精囊里从未发现过精子。

生物学特性：性情温驯，分蜂性弱，可维持较大的群势，能很好地适应好望角地区的气候条件，不哺育过多的幼虫，不爱分蜂，蜂群中无工蜂监督。在无王群里，少数父系的后代能很快发育成产卵工蜂，工蜂卵的成雌率约为 70%。产卵工蜂所产生的上颚腺信息素含有高水平的 9-ODA，也能像蜂王一样有“侍卫圈”。外界有粉源时蜂群分蜂；外界无粉源时蜂王交替。在蜂王交替期间，罕见有产卵工蜂的后代发育成为蜂王的。蜂群里最致命的敌害是蜂箱小甲虫（已被世界动物卫生组织列为蜜蜂的六大重要病原体之一）。

经济价值：研究蜜蜂遗传学，与产卵工蜂适应性紧密连锁的性状遗传变异大（67%）。研究蜜蜂行为生理学和抗螨育种。

3. 突尼斯蜂（*A. m. intermissa* Buttel-Reepen 1906）

分布：北非，撒哈拉以北，从利比亚到摩洛哥的大西洋沿岸。

形态学特征：体黑色。体型较宽大，腹粗，细度指数 81.16。覆毛稀疏，长度中等。吻长 6.383mm；后足长 8.028mm；前翅长 9.179mm，肘脉指数 2.32；第 3～4 背板总长 4.447mm。

生物学特性：比较神经质，开箱检查时爱离脾，爱蜇人。适应性极强，干旱年份多达 80%的蜂群死亡，湿润年份幸存种群则快速分蜂，短时间内便恢复到原有水平。蜜源不同，分蜂率不同。育虫周期属于很强的地中海型：早春育虫快，群势上升快；夏季干旱蜂王停止产卵，群势下降甚至整群死亡，摇蜜过后需饲喂，雨季到来后又开始大量育虫；冬季蜂群活动性又下降。在分蜂季节，常建百余个王台，处女王出房后可以和平共处，直至第一只处女王交尾成功。能在无任何处理情况下，表现生活史高度抗螨（不孕螨数 20%～50%）。在突尼斯北部，条件适宜时，年群产蜜量 100kg。人工育王时，每天很容易接受 100 个以上的王台。爱采树胶。蜂群无王 3～4d 后就会出现产卵工蜂。易感染幼虫病。夏末秋初封盖子感染瓦螨水平最高（33%）。

经济价值：是北非严酷生态条件下的现生蜂种，是非洲型向欧洲型演化的过渡型亚种，是西班牙南部的优势蜂种，是抗螨育种素材。曾引进欧洲，但在那里越冬表现为不适应。

4. 东非蜂（*A. m. scutellata* Lepeletier 1836）

分布：赤道非洲的东部、中部及其以南的海拔较低的广阔地区，如非洲东南部的伍德兰热带大草原上，南非北部到纳米比亚南部，津巴布韦、埃塞俄比亚、博茨瓦纳奥卡万戈河三角洲、赞比亚中南部。中南美洲也有分布。生态条件是干热、蜜粉源多，敌害多。

筑巢习性：野生或半野生，筑巢首选树洞，特别是枯死的棕榈树上啄木鸟废弃的窝。热带的蜂群更喜欢建造暴露的巢并很少占据树洞，似乎极大地保留了中美洲和南美洲殖民地期间的原始未变的非洲蜂状态。在埃塞俄比亚，人们用黏土或植物材料制成水平圆筒，内部用牛粪和烟灰涂抹后挂在树上养蜂，毁巢取蜜。蜂群所建造的巢脾总面积约为6 000cm^2，主要用于哺育工蜂子，极少贮存食物，仅分配8%的巢脾面积培育雄蜂。

形态学特征：常被称为黄色非洲蜂。个体较小，较黄，小盾片颜色特浅，腹部第1～2节一般具有特别明显的黄色。吻长5.957mm；前翅长8.671mm；肘脉指数2.43；第3～4背板总长4.133mm。

生物学特性：主要是迁飞性、分蜂性、攻击性和繁殖性都特强。迁徙终年均可发生，季节性迁徙在6km以上，蜂群起飞后最远达23km；迁徙季节到来前蜂群增殖快。在3—5月和8—10月收捕的分蜂群最多（墨西哥尤卡坦半岛），10—11月发生分蜂（哥斯达黎加），很小的分蜂群也能存活，分蜂选新巢址的平均距离在（4 693±1 728）m。性情十分凶暴，报警激素分泌量大，能追逐人们至几百米以外。迁徙群进入新址后大量养育工蜂子，少养或不养雄蜂子。采集飞行高度低（0～3m）而速度快。蜜源好时，近距离采集（约400m，4～5km^{2}的范围）和多点（12～19个）采集；蜜源差时，远距离采集（≤10km^{2}的范围），但几乎不贮存食物。9—10月雄蜂子在工蜂子脾多的大群里最多。极爱采树胶，越冬能力弱。失王后，工蜂卵巢会发育。蜂群中有发现蜜蜂孢子虫（*Nosema apis*）和壁虱病。与海角蜂为邻后（南非），在芦荟花期被入侵率达59%。

经济价值：抗螨育种，以雌螨数低和封盖期短而强烈抗螨。可以转地，与海角蜂有基因渐渗（杂交）现象。是国际市场上蜂蜡的主要供应者。

（三）欧洲亚种

这一类蜜蜂亚种很多，可以再细分为北欧亚种和南欧亚种。有的分类学家是按照地中海沿岸来划分的，如地中海北部和地中海东（中）部，但是需把一部分非洲亚种排除（表2-8）。其中，有4个蜂种（意蜂、卡蜂、高加索蜂和欧洲黑蜂）比较有名，有1个蜂种（西域黑蜂）是新发现种。

表2-8 西方蜜蜂（*A. mellifera*）欧洲亚种表

亚种名	英文名	中文名
A. m. acervorum Alp.		乌克兰草原蜂
A. m. adami Ruttner 1975	Kriti honeybee，Gretan honeybee	克里特蜂
A. m. armeniaca Skorikov 1929	Armenian honeybee	亚美尼亚蜂
A. m. artemisia Engel 1999	Eurasian steppe honeybee	欧洲大草原蜂（黑森林蜜蜂）
A. m. carnica Pollmann 1879	Carniolan honeybee	卡尼鄂拉蜂

（续）

亚种名	英文名	中文名
A. m. carpathica Linnaeus	Carpathian bee	喀尔巴阡蜂（卡蜂的一个生态型）
A. m. caucasica（Pollmann 1889）Gorbatschev 1916	grey Caucasian or Russian honeybee	灰色高加索蜂或灰色俄罗斯蜂
A. m. cecropia Kiesenwetter 1860	Greek honeybee	希腊蜂
A. m. iberiensis（Goetze 1964）Engel（1999）	Iberian honeybee	伊比利亚蜂
A. m. ligustica Spinola 1806	Italian honeybee	意大利蜂
A. m. macedonica Ruttner 1988 =*A. m. macedonica*（*rodopica*）Ruttner 1988	Macedonian honeybee	马其顿蜂（卡蜂的一个生态型）
A. m. mellifera Linnaeus 1758	European dark bee	欧洲黑蜂
A. m. remipes Gerstaecker 1862	yellow Armenian honeybee or Caucasian honeybee	黄色亚美尼亚蜂或黄色高加索蜂
A. m. rodopica Petrov et Petkova 1996	Bulgarian honeybee	保加利亚蜂
A. m. ruttneri Sheppard，Arias，Grech et Meixner 1997	Maltese honeybee	马耳他蜂
A. m. siciliana（Dalla Torre 1896）Grassi 1881	black Sicilian honeybee	黑色西西里蜂
A. m. sicula Montagano 1911	Sicilian honeybee	西西里蜂
A. m. sossimai Engel 1999	Ukrainian honeybee	乌克兰蜂（马其顿蜂的一个生态型）
A. m. taurica Alpatov 1935	Crimean honeybee	克里米亚蜂
A. m. sinisxinyuan Chen et al 2016	Xinyuan honeybee	西域黑蜂

1. 意大利蜂（*A. m. ligustica* Spinola 1806）

分布：世界各地。原产于除西西里岛外的意大利其他地区，是地中海气候的产物，对于冬季短暂、温暖又潮湿而夏季流蜜期长又干旱的气候适应良好，对于冬季较长、早春气候多变难以适应。100 多年来，在欧洲阿尔卑斯山以北，人们屡次引种都未能成功。目前，意蜂是世界各国饲养最普遍的优良蜂种。

形态学特征：体色较浅的类型，中胸小盾片黄色；特浅色类型的仅在腹部末端具有黑色小斑，体表披浅黄色绒毛，这是所谓的“黄金种蜜蜂”。工蜂体型比欧洲黑蜂略小，体长12～13mm。吻较长（6.35～6.60mm）。前翅长（9.208±0.175）mm，前润脉漂变率达93%，肘脉指数中等或偏高（2.551±0.410）。腹部几丁质黄色，第 2～4 腹节背板的前部具黄色环带，环带的宽窄与色泽的深浅变化较大，以双黄环居多。第 3～4 背板总长（4.34±0.148）mm。腹部细长，细度指数 83.48±3.31。雄蜂腹部绒毛黄色。

生物学特性：性情极温驯，不怕光，提脾检查时非常安静。产卵力强，育虫力特别强，蜂群早春开始直至深秋，经常保持着大面积的育虫区而分蜂性又特别弱。对大宗蜜源突击采集能力特强，但不善于利用零星蜜粉源，易出现饲料短缺。秋季后群势开始走下坡路。泌蜡和造脾能力极强，蜜盖洁白，可以生产美观的巢蜜。可利用长花管蜜源。产浆能力强，护脾和清巢能力强。盗性强。定向力较差，易迷巢错投。越冬性能差，饲料消耗量大。抗幼虫病能力弱，抗瓦螨能力弱，自然感螨蜂群的落螨率为 11.2%（约旦）。

经济价值：是一个非常好的育种素材，与一些黑色蜜蜂杂交，能够培育出许多优良的杂交组合。

2. 卡尼鄂拉蜂（*A. m. carnica* Pollmann 1879）

分布：原产于奥地利阿尔卑斯山南部和巴尔干半岛北部。分布于马其顿和整个多瑙河流域，包括奥地利、塞尔维亚、匈牙利、罗马尼亚、保加利亚和德国。阿尔巴尼亚被认为是南部极限，那里是与马其顿蜂的一个杂交区。通过人为引种，分布范围已远远超过了原产地，成为第二个世界性广泛分布的蜂种。

形态学特征：旧称喀尼阿兰蜂（Carniolian bee），现简称卡蜂，属于灰色蜂种，胸部绒毛短密，灰色至灰棕色。体长 12～13mm。几丁质黑色。腹部第 2～3 节背板常有棕色斑，少数甚至有红棕色环带。吻长，达 6.4～6.8mm。前翅长（9.403±0.150）mm，肘脉指数 2.44～3.00。腹部细长，细度指数 83.46±2.91。第 3～4 背板总长（4.514±0.180）mm。蜂王黑色或灰褐色，雄蜂腹部绒毛灰色至棕灰色。

生物学特性：性情最温驯，提脾检查时最安静。育虫节律陡峭，春季初次采集花粉即开始育虫，夏季只有当粉源充足的条件下才能维持大面积子脾（70.1%）。吻较长，能利用长花管蜜源。采集力特别强，尤其善于利用零星蜜粉源，出工早，收工迟，出勤多，进蜜快。工蜂寿命比意蜂的长一周（流蜜期）到 20～30d（冬季）。分蜂性较强，秋季群势下降快，易发生蜂王自然交替现象。以小群越冬，饲料消耗省，维持子脾温度仅次于欧洲黑蜂，越冬蜂存活率为 33.1%。定向力很强，不易迷巢。盗性弱，很少采胶，几乎不发生幼虫病。蜂王交尾数一般为 6～20（岛屿 13，陆地 18）只。产雌单性生殖率在 1%以下。抗瓦螨，抗壁虱。

经济价值：是能优越地适应于春季短但流蜜早的蜂种。蜜房封盖干型，生产巢蜜最好。是良好的育种素材，与其他品种杂交后生产性状更强。具有天生的卫生行为和较短的封盖期，是抗螨育种的首选素材。如：自然落螨率高（约旦）、螨死伤率高（奥地利）、螨受精率低（塞尔维亚）、封盖期短（德国）；选育出与 Buckfast 品种相似的抗性品种；美国用南斯拉夫卡蜂（ARS-Y-C-1）和加拿大卡蜂（Hastings）杂交育出抗武氏蜂盾螨新品种。

3. 高加索蜂（*A. m. caucasica* Gorbatschev 1916）

分布：高加索山区的中部高原，主要分布在格鲁吉亚、阿塞拜疆和亚美尼亚等地。

形态学特征：也称灰色高加索蜂，简称高蜂。胸部绒毛浅灰色。体型大小与卡蜂相似。工蜂吻特别长，为（7.046±0.189）mm。前翅长（9.319±0.183）mm，肘脉指数中等（2.16±0.31）。多数的（94%）前润脉漂变是负的。腹部几丁质黑色，第 1 腹节背板上有棕黄色斑点。第 3～4 背板总长（4.547±0.118）mm。多数的（90%）蜡镜到后边缘是直的。蜂王黑色，雄蜂胸部绒毛黑色。

生物学特性：性情温和，不怕光。产卵力强，育虫积极，但春季发展缓慢。分蜂性弱，能维持强群。吻最长但对红三叶草的花蜜利用不好。采集力较强，产蜜量较低，蜜房封盖为湿型，群年产蜜量 30.0kg。越冬性能较好，能节约饲料，冬季比卡蜂易患孢子虫病，越冬后蜂子存活率为28.1%；喜采树胶，蜂胶利用最多；定向力差，易迷巢；盗性强；爱造赘脾。抗螨力很弱，但感染瓦螨的水平较卡蜂为低，并且蜂群用抗螨药处理后，蜂王寿命比卡蜂蜂王略长。

经济价值：某些特性具有较高的育种价值，与其他品种杂交有可能育出优良的杂交组合或新品种。与非洲化蜂杂交后，高加索蜂控制采粉量的基因呈显性。适于冬季不太长、有适中蜜源但没有甘露蜜的地区引进。

4. 欧洲黑蜂（*A. m. mellifera* Linnaeus 1758）

俗名：法国棕蜂、德国蜂、黑蜂、英国蜂、阿尔卑斯蜂。

分布：原产于阿尔卑斯山以西和以北的欧洲地区，主要分布于法国、西班牙、瑞典和德国等西欧和西北欧的国家和地区，目前仅在西班牙、波兰、丹麦、法国、挪威和俄罗斯的某些地区。

形态学特征：工蜂体长12～15mm，个体比其他三个名种（意蜂、卡蜂和高蜂）都大。吻短，仅为5.7～6.4mm。前翅长（9.334±0.111）mm，肘脉指数1.84±0.28。几丁质纯黑色，少数个体在第2～3腹节背板上有棕黄色小斑，但不具黄色环带，第4腹节背板上的绒毛区窄而疏，第5腹节背板上的覆毛长（0.4～0.7mm）。第3～4背板总长（4.64±0.121）mm。腹部粗宽，细度指数7.86±4.66。蜂王黑色，雄蜂胸部绒毛棕黑色至黑色。

生物学特性：性情凶暴，怕光易怒；蜂王产卵力一般，蜂群育虫能力不强，春季群势发展较慢，育虫节律平缓，夏季后才可形成强群，此时蜂子存活率达81.1%。采集勤奋，能利用零星蜜、粉源。但产蜜量不如其他著名蜂种，群年产蜜量7.8kg。越冬性能好，能很好地适应欧洲的严冬气候，越冬后蜂子存活率为74.8%。维持子脾温度的能力最好。以往定向力强，目前正在变弱，迷巢错投率达20%。能利用浓稠的石楠属蜜源，蜜源贫乏时，非常勤俭且饲料常有少量剩余，此时蜂子能存活17.1%。蜜房封盖为干型。分蜂性由弱变强，从4月末到8月初都可以发生分蜂（法国），分蜂率达38%～48%。抗孢子虫病和抗甘露蜜中毒的能力强。蜂群感螨水平高。比卡蜂易感染幼虫病和易遭受蜡螟危害。

经济价值：在西班牙、波兰、法国和俄罗斯的某些地区尚存一些纯种，是西班牙北部的优势蜂种（西欧亚种）。在立陶宛，开展了种群遗传资源保护工作。在瑞士、英国和斯堪的纳维亚半岛，有些养蜂家还在选育封盖期短的品系。在澳大利亚的塔斯马尼亚岛上设有保护区，曾有翅膀变窄的报道。在欧洲的其余地区，正在被意蜂、卡蜂、高蜂等所取代或以杂种方式延续其血统。作为育种素材，与其他蜂种杂交后，杂种一代的生活力和产卵力很强。与卡蜂和挪威蜂等波美拉尼亚品系（Pomeranian line）杂交后，蜜产量几乎达40kg，其他特性也比纯种、品种内和品系内的杂交种好，但凶暴的性状仍呈显性。

5. 西域黑蜂（*A. m. sinisxinyuan* Chen et al 2016）

分布：主要在新疆维吾尔自治区天山北麓、伊犁河谷东端以及哈萨克斯坦境内的天山山脉（距伊犁600km以上）。核心产区位于新源县巩乃斯谷地南面的那拉特山，规模在5 000群以上。

形态学特征：工蜂体型较大，吻短，覆毛长。工蜂、雄蜂均为黑灰色，被灰褐色绒

毛。蜂王头、胸部黑灰色，腹部主要为黑色，部分腹节相接处具暗褐色环。

生物学特性：具有中国黑蜂之称。性情暴躁，攻击性比较强，检查蜂群时特别爱行刺。早春群体繁育非常快，7℃左右便可出巢采集，发育节律陡，分蜂性弱。采集力强，尤其是零星蜜粉源，采集面积大、时间长和效率高。泌蜡和产胶能力突出。抗病力强。抗逆性强，对温带气候比较适应。相当抗寒，在当地可室外安全越冬，并且越冬饲料节省，但气温升高时群势反而下降。蜂王产卵力强，在春季繁殖期，日产卵量最高可达2 500粒。

经济价值：作为新疆地区重要的本土蜜蜂资源，已通过国家畜禽遗传资源委员会审定（2017）。已将野外种进行"农家种"的转型升级，繁殖出适合我国内地生境的西域黑蜂新品种第二代、第三代和第四代，其中第三、四代商品种王特别适应于长江以北的大部分地区，是地区性乡村振兴的首选蜜蜂品种。

二、主要杂交种简介

蜜蜂物种在与虫媒植物长期协同进化过程中，不断地受到气候、地形、生物、地史变迁、人类活动等的影响，同时也在不断地对环境做出选择与适应，从而逐步形成了自己独特的外观、觅食、繁殖和迁徙能力，在不断悸动、躁动和律动之后，衍变成在人们眼中具有不同特征特性和不同生产性能的品种、生态类型或亚种。这里对目前尚未上升为亚种的但影响较大的 3 个主要西方蜜蜂杂交种进行介绍，包括非洲化蜜蜂、东北黑蜂和伊犁黑蜂。

1. 非洲化蜜蜂 非洲化蜜蜂是东非蜂的蜂王与巴西当地欧洲亚种的雄蜂不断杂交而形成的新品系，是全球范围内都非常关注的杂交种。该杂交种极易与当地蜂种杂交，所以不会受到等温线限制，扩散范围还在延伸。由于具有极凶的性情甚至导致人畜死亡，被称为"杀人蜂"，已经受到各国蜜蜂检验检疫部门的严防死守。

英文名：Africanized bees。

俗名：杀人蜂。

分布：南美洲、北美洲。

筑巢习性：在树洞、地洞、仙人掌丛、木料堆、乱石滩和朽木坑内都可筑巢。也在离人类居住地近的地方筑巢，甚至选在许多人造的结构内，包括建筑物的裂缝间、活动房屋下、货棚内、野餐桌下、运动设备中、轮胎中、废物罐内、排水沟中。

形态学特征：体型小，体色黑。

生物学特性：采集力强，耐力好，抗病，虽然比欧洲蜜蜂生产更少的蜂蜜，但在食物供应相对稀少的情况下却能够存活。繁殖快，分蜂性极强，在一个有蜜的季节里发生高达7 次的分蜂，且分蜂团具多次起飞的特性。极易弃巢，一旦起飞，则迁飞速度快且迁飞距离一次比一次远。性情特别凶暴，一旦被打扰，尤其是在蜂巢附近，包括噪声和气味，它们都会主动攻击 50 英尺（15.24m）以内的人畜或 100 英尺（30.48m）以内的动力设备，追击目标更远，躁动时间更长，有时达几天。

经济价值：目前凶猛的种性得到些许改良，巴西本土已经很好地驯化了它。

2. 东北黑蜂 东北黑蜂是我国东北地区饲养的含有远东蜜蜂（乌克兰草原蜂或喀尔巴阡蜂）和欧洲黑蜂血统的杂交种，经近百年来的饲养，已适应东北的地理、气候和蜜源特点，成为我国优良的黑蜂品系（生态型）或品种，是独有的蜂种资源。

英文名：northeastern black bee。

俗名：饶河黑蜂。

分布：黑龙江省。

形态学特征：工蜂吻短，约 6.19mm。胸部几丁质黑色，背板绒毛黄褐色。肘脉指数 2.22。腹部一种是全腹黑色，一种是可见腹节第 2～3 背板两侧有较小的黄斑，腹板 1～3 节的下缘为黄色，4～6 节的下缘为黑色，腹节毛带黄褐色较宽但比高加索蜂的稍窄。蜂王几丁质黑色，胸部背板绒毛黄褐色，腹部一种是全黑，一种是 1～5 节背板有褐色环纹，每一腹节背板正中线上都有倒三角形的黑斑。雄蜂体色黑色，胸部背板绒毛黄褐色，腹部背板 1～5 节的后缘褐色，腹端黑色有长毛。

生物学特性：性情温驯，不怕光，受振动一般不激怒，在阳光下提脾检查安静，蜂王照常产卵。蜂王产卵力强，工蜂哺育力强。早春初现花粉就开始育虫，春季群势发展较快，造脾能力强。分蜂性弱，能维持较大群势，夏季群势较大。采集力强，能充分利用椴树等大宗蜜源，能很好地利用早春和晚秋的零星蜜粉源。定向力强，不迷巢。采胶极少，少采胶或不采胶。抗寒能力强，越冬性能好，两框蜂可安全越冬，节省饲料，适合于寒冷地区饲养。吻短，对长花管的蜜源植物利用较差。爱造赘脾。盗性较强，产浆量较低，易感染麻痹病。

经济价值：在我国华北地区饲养仍能保持采集力强与耐寒的特性，但繁殖力较低，夏季不能维持大群。入选国家级畜禽遗传资源保护名录。

3. 伊犁黑蜂　伊犁黑蜂是我国新疆地区都在饲养的含有欧洲黑蜂血统的杂交种，是非常适应新疆气候和蜜源特点的一个优良黑蜂品系或地方品种，在生产上带来极大经济效益，深受当地养蜂人所喜爱，是中国的一个宝贵的蜂种资源。

英文名：Ili black bee。

俗名：新疆黑蜂。

分布：新疆地区。主要分布在伊犁哈萨克自治州的新源、特克斯、尼勒克、昭苏、巩留、伊宁、阿勒泰和布尔津等县市。

形态学特征：工蜂体型大，几丁质均为棕黑色，绒毛为棕灰色，少数在第 2～3 腹节背板两侧有小黄斑。吻较短，吻长 6.03～6.44mm。前翅面积（15.32±0.28）mm^2，翅钩（20.9±0.16）个，肘脉指数为 1.48±0.15。第 3～4 背板总长（4.78±0.15）mm。第 4 背板突间距（4.54±0.12）mm。蜂王有纯黑色和棕黑色 2 种类型。雄蜂纯黑色，覆毛深褐色至黑色。

生物学性状：繁殖快，在春季群势发展较缓慢，夏季以后可形成强大群势。蜂王产卵力较强，育虫节律波动大，产卵集中而成片，虫龄整齐，蛹房密实度高。分蜂性弱，能维持大群（13～16 框）。泌蜡力强，新脾建造速度快，蜜房封盖为中间型。采集力很强，尤其对草原蜜源和夏秋蜜源，能充分利用零星蜜源。出勤早，收工迟（16h 以上）。飞行高度高，采集半径大，产蜜量高，年群产蜜量 80～100kg。采胶力强，年群产胶量 300～400g。抗寒力强，早春（8℃）出巢采蜜采粉。越冬性能好，可在室外安全越冬（−40℃）。抗逆性强，节省饲料，大流蜜期下毛毛雨时仍能采集。抗病虫害能力强，特别能抗瓦螨、孢子虫病和甘露蜜中毒，有病不成灾，秋季断子治螨 1～2 次或者换王结合换箱换脾常会自愈，未发现有亮热厉螨和蜡螟寄生。寿命长（春季 47d、采蜜季节 33d、越冬期 204d）。产浆力弱。爱造赘脾，流蜜期蜜卵争房、蜜压子圈现象严重。性情凶暴，爱蜇人，怕光，提脾检查时不安静，不易驯养。

经济价值：蜜产量最高可达 250kg，黑蜂蜂蜜已经成为地理标志商标。种群退化严重，人工饲养的纯种濒临灭绝。入选国家级畜禽遗传资源保护名录。

第五节　蜂种鉴定

由于已经驯化饲养的蜜蜂物种（主要是东、西方蜜蜂种下亚种）全部个体在自然界所占有的地区面积不同，就有了广布性种与区域性种之分，而区域性种是区域性良种选择、繁育、产生和认定的最好素材，是新品种授权和繁育基地建设纳入支持范围的依据，是实现良种区域化全覆盖的基础。所以，要对区域性种的固有形态特征、生物学特性和生产性能（经济性状）进行鉴定。

一、蜜蜂亚种鉴定的内容

只要育种条件许可，蜜蜂的种下通婚很正常。所以，在进行蜜蜂品种的培育工作中，对于作为育种素材的亚种选择很关键，必须对目标育种素材的各种性状有个全面认识，特别是与经济性状有关的形态学特征。只有通过全面的测量，才能科学地做出素材选择。

早期，苏联的阿尔帕托夫、美国的杜普雷、德国的格策和鲁特涅等人进行过大量研究，列出了许多需要测量的形态学指标（表 2-9），后人又陆续补充了一些指标，能有效地进行蜜蜂种下的亚种分类。一般形态学特征都是质量性状，多数情况下是进行工蜂的形态测量，而蜂王和雄蜂的形态都只测量体长、体色和毛色。

表 2-9　蜜蜂工蜂形态学特征鉴定内容

部位	特征	内容	作者
全身	体色	黑、黄、褐、红、花	
头部	吻长		阿尔帕托夫，1929
	几丁质颜色	斑点、环带、全色	
	毛色	覆毛颜色	
	小盾片颜色	黑、黄、红	鲁特涅等，1978
	前翅面积	前翅长和宽	阿尔帕托夫，1928
	翅钩数		
胸部	翅脉夹角	11 个角	杜普雷，1964
	肘脉指数	肘脉 a 和 b 长	格策，1964
	股节		阿尔帕托夫，1929
	胫节		阿尔帕托夫，1929
	跗节指数	跗节长和宽	阿尔帕托夫，1929

（续）

部位	特征	内容	作者
腹部	几丁质颜色	斑点、环带、全色	
	第2、3、4背板颜色		格策，1964
	蜡镜面积	第3腹板蜡镜长和宽	阿尔帕托夫，1929
	第3腹板蜡镜距离		鲁特涅，1978
	第3、4背板长		阿尔帕托夫，1929
	绒毛指数	第4背板毛带和光带宽度	格策，1964
	覆毛长度	第5背板上	格策，1964
	细度指数	第6腹板长和宽	鲁特涅，1978

二、蜜蜂品种鉴定的内容

在对蜜蜂同一亚种下的品种选择过程中，最能被及时发现变异的是生态型或地理宗的独特性和适合度等生物学特性，例如我们通常会以分蜂性、耐寒（耐热）性、采集性等来加以描述（表2－10）。由于这些性情受到蜜源气候条件和饲养管理水平的影响很大，因此，应将所有参加考察的蜂群处于一切条件都基本相同的情况下进行对比评判。例如：蜂王同龄、群势基本一致（蜂、蛹、卵虫）、放蜂点和饲养管理相同等。可单项考察，也可全面考察。单项考察只需要一段时间，而全面考察则需要全年时间，但两种考察都必须设有重复。只有将那些有利的变异类型选出，今后继续加以培育，才能朝着最后育成种方向加快迈进。对于数量性状，可以先量化再设定阈值转为质量性状进行评判。

表2－10　蜜蜂生物学特性鉴定内容

三型蜂	蜂王	雄蜂	工蜂
内容	初生重、产卵力	初生重、射精量	初生重、哺育力、采集力、抗病力、分蜂性、抗逆性、越冬性、越夏性、盗性、温驯性、定向性、清巢性、采胶性、防卫性

三、蜜蜂品系鉴定的内容

在生产中经常会发现一些生产性能比较好的品系，如蜂蜜高产、王浆高产、蜂胶高产品系等，有时还会发现群势增长率大的品系，这些农艺性状都是数量性状。只有那些在经济性状上趋于相对稳定一致的一类群体，才能成为选育某一纯系或纯种的素材，从而加快新一轮品种的更新换代。试验群的组织方法与品种鉴定的组织方法相同。对于蜂产品产量的比较，应通过周年的考察。一般是从头一年的越冬前蜂群定群始至第二年越冬定群为止。一般要求单群记录产量（表2－11）。在整个试验期间，各试验群之间的蜂数、子脾及粉蜜脾都不能互相调整。分出群的产量应算在原群之内。

表 2-11 蜂群生产性能鉴定内容

性状	内容
液体蜂蜜产量	流蜜期、单群
巢蜜（块蜜）产量	
蜂王浆挖浆产量	单台、单群
蜂王浆台浆产量	王台的接受率
蜂蜡产量	造脾数、化蜡量
蜂花粉产量	批次产量、流蜜期、单群
蜂粮产量	
蜂胶产量	流胶期、单群
蜂毒产量	单群
群势增长率	单日、单周、单季、某时期

四、蜂种鉴定的意义

蜂种鉴定在种用蜂群的选择中很有用。也就是，种用母群和种用父群有时需要性状重叠（近交育种）而有时还需要性状岔开（杂交育种）。应该建立这样的信心：好的蜂种就在你自己的蜂场，只要你有心去发现并用心去选育。

蜂种鉴定对育种实践具有指导意义。育成种或半成品的中间筛选和终止选育，都需要以蜂种鉴定的结果为依据。一般在近交育种中，考察与纯度有关的形态学特征较多；在杂交育种中，考察与生产性能有关的形态学特征更多；从国外引种时，主要考察生物学性状。

蜂种鉴定对养蜂生产具有实际意义。地域性引进种或自购种的形态学是否符合推介描述，生物学性状或生产性能能否达到预期等，都需要在实践中检验、保持和发展。但一般在购买种用蜂王时，都以蜂群生产性能为主要考量。一个好的种用蜂王绝对可以为养蜂人带来可观的生产收益。

蜂种鉴定对地方经济发展具有现实意义。为了生产优良的商业蜜蜂，需要有一个遗传选择和育种计划，而搞好蜂种鉴定必须先行。例如：本地特有蜜蜂，通过“有性创造”，开发培育出一个好的蜂王来，甚至是新品系或新品种，然后向周边地区推广，让人们对后代工蜂进行“无性利用”。目前，大家经常听到的口号是：一粒种子可以改变一个世界的未来，一只蜜蜂可以改变一粒种子的未来。我们蜂种鉴定的口号应该是：一个蜂王可以改变一个蜂种的未来，一个基因可以改变一个种业（或产业）的未来。

知识点补缺补漏

旗舰物种

保护伞物种

墨西哥波

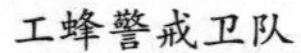
工蜂警戒卫队

暴露臭腺

蜂胰素

延伸阅读与思考

海角蜂灾难

蜂箱小甲虫预警

中国黑蜂

杀人蜂鉴定

思考题

1. 依据蜂种原产地，可将蜂种分为哪些类型？各类有哪些代表性品种？

2. 依据生态习性和生产应用特点，可将蜂种分为哪些类型？各类有哪些代表性品种？

3. 假设蜜蜂螫针基部的毒囊确实相当于人胰腺（蜂胰腺），那么蜜蜂一旦失去螫针就等于失去了化糖器官，导致高糖血症而死亡。试想一下，蜜蜂围攻行螫一只侵入蜂巢的胡蜂，那么胡蜂的死亡原因除了被蜜蜂结团闷死以外，还会不会是因为蜂胰素接受过多而导致体内糖代谢加快变成低糖血症晕厥死亡？

参考文献

陈超，2016. 西方蜜蜂新亚种——西域黑蜂的系统分类与适应性进化 . 北京：中国农业科学院 .

董诗浩，刘晰文，汪正威，等，2014. 大蜜蜂的学习和记忆研究 . 蜜蜂杂志，34（8）：7 - 9.

黄金源，王桂南，2013. 介绍一个奇异突变中蜂群 . 蜜蜂杂志，35（8）：21.

徐祖荫，刘曼，刘关星，2019. 我国发生的一种蜜蜂新蚁害——南美红火蚁 . 蜜蜂杂志，39（6）：25 - 27.

杨萌，杜开书，牛新月，等，2018. 金龟子对中蜂为害的初步研究 . 蜜蜂杂志，38（11）：9 - 12.

张国只，张学峰，曹莉，等，2008. 广东首次发现寄生于中蜂体内的寄生蜂——斯赞蜜蜂茧蜂 . 中国蜂业，59（3）：26.

赵红霞，陈大福，侯春生，等，2019. 蜂箱小甲虫的生物学特征、入侵危害及其防控对策 . 蜜蜂杂志，39（1）：8 - 11.

赵良权，赵文洁，2020. 中蜂寄生蜂——斯赞蜜蜂茧蜂防治技术 . 蜜蜂杂志，40（1）：37 - 38.

赵珊，张凤龙，高景林，等，2020. 黑大蜜蜂的研究进展 . 蜜蜂杂志，40（5）：16 - 20.

庄明亮，薛运波，吴迪，等，2017. 西藏东方蜜蜂发现恩氏瓦螨寄生 . 蜜蜂杂志，37（7）：10 - 11.

Chen C，Liu Z，Pan Q，et al.，2016. Genomic analysis reveal demographic history and temperate adaptation of the newly discovered honeybee subspecies *Apis mellifera sinisxinyuan* n. ssp. Molecular Biology and Evolution，33（5）：1337 - 1348.

Guler A，2010. A morphometric model for determining the effect of commercial queen bee usage on the native honeybee（*Apis mellifera* L.）population in a Turkish province. Apidologie，41（6）：622 - 635.

Kastberger G，Weihmann F，Hoetzl T，2013. Social waves in giant honeybees（*Apis dorsata*）elicit nest vibrations. Naturwissenschaften，100：595 - 609.

Semuel M Y, Pelealu J, Tulung M, et al., 2013. Pharmacological bioactivity honeybee venom *Apis nigrocincta Smith and Apis dorsata binghami* endemic to North Sulawesi. International Journal of Science and Engineering Investigations, 2 (18): 25-33.

Sihag R C, 2017. Nesting behavior and nest site preferences of the giant honeybee (*Apis dorsata* F.) in the semi-arid environment of north west India. Journal of Apicultural Research, 56 (4): 452-466.

(王丽华)

第三章 蜜蜂的进化 >>

在这一章节，将介绍自然选择理论及其实践、物种选择理论及其实践、蜜蜂总科的进化和蜜蜂属内的进化等内容。

第一节 自然选择理论及其实践

地球上生存有数不清的物种种类，它们从低级到高级，从简单到复杂，形成了一个非常壮观的大千世界。关于其进化之谜，众说纷纭。大致上属于两大类：自然选择学说和物种选择学说。

一、自然选择学说

生物物种进化的过程可以用自然选择及其偶然变异来解释，这是达尔文进化论学说的主要观点，也是他的最大贡献。

（一）自然选择的子学说

概括起来，不外乎是以下 4 个子学说：物种形成学说、共同祖先学说、自然选择学说和渐变学说。

1. 物种形成学说 为了所占有的资源（食物、隐蔽物、水等）、环境条件（温度、雨量、捕食者、竞争者等）和存活与繁殖的空间，物种或种群间必定发生生存斗争。每一种动物或种群，只有少量的个体，为了某一生存之目的（如觅食、迁移、繁殖或逃避敌害等），在可达的生境之间，对适宜生境做出了偏爱性选择与利用，最终存活了下来。但是，“生境的岛屿”也由此产生，不同的物种混生于镶嵌的生境中，出现了地理性物种或生态性物种。

2. 共同祖先学说 地球上的任何一种生物都有它的祖先，那么所有的生物就有一个最原始的共同祖先，它可以通过对一个生命之树的寻根溯源来发现。这个树是有几十亿年漫长演化史的系统发生树，由一些关键的生命特征而构建，其上的开枝散叶能概略性地说明曾经发生过的以及现在还存在着的物种的真实进化关系。其中：树干基部代表地球生命世界里的共同祖先，节点代表各分枝的最近共同祖先，枝条代表一个大类的生物群或一个特定类群，枝条长度表示进化距离。新的分枝动力学理论认为，新物种的出现只不过是进化之木的细枝旁桠上萌发的一点意外而已，但是它的长成会影响其他枝条的伸展（Benton，2009）。

3. 自然选择学说 在生存斗争中，最适者首先要保证让自己顺应选择而活下来，其次还要留下后代。适应与否跟健康、体力、外貌或任何其他条件都无关，唯一的相关就是进入新生境后的适合度要高，要做到扩展适应、分子适应和后继适应，即：生境选择的幸存者（亲本或祖先）将特定环境下产生的印记遗传给后代以帮助其后代适应于当前的生境，后代再通过种间竞争、印迹行为和学习等转化为自身的一种本能加以进化并遗传给再下一代。借此，物种的边缘生境扩大，而邻近生境生存的物种受到威胁。

4. 渐变学说 生境岛屿化（也称生境破碎）暴露出小生境物种的脆弱性，于是小生境物种的不同种群随机产生中性突变并渐变为不同地理宗的可能性增加，同时生境面积发生改变的已有物种和隐蔽上升物种就有可能发生物种的灭绝和诞生。在这个长期、缓慢和连续的淘汰过程中，生境的定向选择作用逐代累积，物种变异的性状和祖先的逐渐不同，最终新的物种形成。

（二）自然选择的类型

在遗传学家眼里，自然选择是群体中不同基因型的有差异的延续，是群体中增加了适应性较强的基因型频率的过程，是个呈现正态分布的变异曲线。由于环境变量的多种多样，因此，在造就生物多样性方面，自然选择的类型也各有不同。包括：稳定选择（stabilizing selection）、定向选择（directional selection）、分裂选择（disruptive selection）和性选择（sexual selection）。

1. 稳定选择 是指向变异曲线两个端部的选择，即中间表型为选择所厚，而两个端部的表型为选择所薄。也就是说，任何的表型变异都遭到抑制，仅有中间表型的可塑性发育得到保持。Waddington（1942）将这一选择描述为发育渠化，即对个体在面对遗传和环境微扰时所表现出的表型保真度的选择。例如：传粉昆虫对花朵形态的恒定性选择，虫媒花对传粉者采集行为和体型体重的选择。选择的结果是一切与共同表型不一致的花朵类型、所有会伤及柱头的偏离正常体型体重的采粉者都被排斥在外。

2. 定向选择 是变异曲线的一个端部被选中而另一个端部被排斥的单向性选择。具体来说，是把趋于某一极端的变异保留下来，而对另一极端的变异施加去渠化作用力加以淘汰。例如：对饮食适应性的选择、对食谱窄化（挑食者）的脑容量的选择、对非迁徙个体翅膀长度的选择、对不同生活阶段宿主类型的选择等，其结果都使得曲线的均值得到定向增高。

3. 分裂选择 也称歧化淘汰或歧化选择，是把一个物种种群中极端变异的个体按不同方向保留下来，而让中间常态型个体大为减少。于是，种群的遗传多样性得以增加，邻近生境物种间的预交配机制得以进化，渐进性同域物种得以形成，不同的亚种得以从一个物种种群中分裂而出。例如：物种对筑巢高低、对特定生态位使用、对雄性（或雌性）性状等的过分偏爱选择，都可导致对那些在平均生境梯度内的筑巢者、对不占据特定生态位的个体或种群、对缺少夸张性状的雄性（或雌性）等的淘汰选择。

4. 性选择 是自然选择的特殊情形，实质上就是性内竞争，它除了第一性征性器官完全不同但又相互匹配以外，实际上是指产生第二性征的进化过程，主要是体型，当然还包括战斗武器、美丽饰纹以及两性固有性征完全性换位等。克拉顿-布鲁克（2009）认为，它导致已经具有性别二型特征的雌性与雄性在第二性征上发生进化，以应对异性的择偶偏爱性选择来增加性吸引力，进而增加繁殖机会。

（三）自然选择的单位

两性生殖的选择最符合生态遗传学的运行、发展与演化，因而可有如下几种自然选择的单位：基因选择（gene selection）、表型选择（phenotypic selection）、个体选择（individual selection）和群体选择（group selection）。

1. 基因选择　是基于个体差异的遗传选择，发生在有助于保持种群多样性的竞争区域内。当全局最优能力发生严重摇摆时，能在不平衡的基因库中做出差异性地表达基因的选择，使得局部最优能力提高或者把自己存活的概率最大化。例如：双刺猛蚁（*Diacamma*）的蚁后和工蚁级型是通过"打"来确定的，这样，体内那些负责代谢和防御等社会敏感性的基因库存就至关重要，一旦打败了就要开启一些指令进入生理性"不孕模式"的基因，进而完成社会性物种中"我"和"我们"之间的约束和取舍，即我应该去工作而不是去繁殖。

2. 表型选择　一个个体可能在形态、生理、生化和行为等的任一性状上不同于其他生物个体，使得它在生物的"生存法则"里获胜。这里，表型成为建立在基因型之上的选择作用的实际靶子，虽然这种选择发现不了基因或基因型，但表型选择可能是普遍发生的。例如：翅膀大小的变化一定程度上反映出体型大小的变化。

3. 个体选择　自然给予了每个个体一个核心的本能——求生，这一特性使得个体选择得以继续。在群体内部，自私者无疑更具有适应性，所以群体之内自私胜过利他，利己主义成为个体进化的动力。可是，这只能发生在年景好的时候。如果遇上年景不好，个体仍然只顾自我，种群就会一改往日之繁荣景象而濒临衰亡，就不会有群体习性的演化。

4. 群体选择　是根据适合度进化出生存和生殖成功特征的种内利他选择。换句话来说，就是群体适合度高于或低于（或者可以抵消）近缘的利他个体成员适合度均值（或者适合度下降）的选择。群体内成员之间的互动是利他的，群体由此获得合作红利。一个对个体有代价的性状，即使适合度相对较小，也通常被标记为利他的或者合作的，例如合作育幼、合作狩猎和合作护巢等。利他的遗传机制是基因相似度，也称包容性适合度，是把整个族群当成了己。例如：蜂王生育的雄蜂，血缘上有50%是与工蜂生育的雄蜂相同的，从而间接地让利他者工蜂不致绝后。再例如：在一个工蜂间基因相似度平均为0.25的蜂群中，若一个工蜂出于利他而采取自杀式的护巢行刺行为，进而让群体内众多个体（n个）存活下来，那么这种牺牲所达到的总期望值（$0.25\times n$）是远超它个体的而呈现出群体的正收益。

(四) 自然选择的结果

由于存在着种内个（群）体间乃至物种种群间的相互联系与相互制约，所以种内个体间的妥协与种间群体内的互利推动物种走向社群化。

1. 基因选择中的利他主义结果　基因选择的本质是利己性得以进化，但落实到社会性群体中却是要求个体表现为利他性。例如：当蜂王信息素存在时，工蜂卵巢小管中仍能不断地产生早期阶段就流产或退化的具有细胞程序性死亡特征的卵母细胞；当蜂王信息素缺失时，工蜂可以激活卵巢并有发育良好的卵泡。可见，工蜂级型的生育可塑性是以卵子发生中期蜂王信息素调控为检查选项的。再例如：古老而多向性的Notch信号传递途径已被具有高度社会化劳动分工的蜜蜂选来约束工蜂的生殖，当蜂王和蜂子不存在时，工蜂生殖原基里的Notch蛋白（抑制工蜂的卵子发生）就会发生流失，这样工蜂的生殖约束被解除，工蜂的卵巢随即会被激活，进而产下单倍体雄性卵。此外，个体也可以通过放弃繁殖的利他行为来对群体选择做出贡献，例如无刺蜂（*Frieseomelitta varia*）的工蜂，卵巢组织直接变成细胞堆，甚至在无王条件下也不产卵，具有永久不育性。

2. 个体选择中的利他主义结果　个体选择的本质是充分彰显自私性，但在社群里却是当个体不能独占花魁时也要为群体做贡献。例如：蜜蜂婚飞期间，由处女王与众多雄蜂形成的“交尾云”在空中密集移动，不用说，处女王正在筛选那些最优秀蜜蜂基因的“搬运工”。但是，在彗星状交尾云后方的则是些“看热闹不怕事大”的工蜂和一些耐力差的雄蜂。这些“围观者”来到集结区，可能是由利他所主导的，如发散气味（嗅觉引诱）、振翅发声（听觉引诱）、上下翻飞（视觉引诱）、迷惑天敌（只身引诱）和保驾护航（编队引诱）等，也可能不完全是由利他所主导的，如搭个利己的便车，而这未必不会推动个体所在群体在群体间的适应性。

3. 表型选择中的利己主义结果 利他主义的群体有时会受到内部利己主义者的搭便车式渗透。例如：工蜂与蜂王的儿子们（工蜂的兄弟们）的相关系数是0.25，工蜂和它们自己儿子的相关系数是0.5，显然母子关系更亲近。如果产卵工蜂们是蜂王和一只雄蜂交配的后代（同父同母），则工蜂和外甥（姐妹的儿子）的关系（0.375）也比和兄弟的关系更亲近。在这种情况下，它们可以逃避于工蜂监督或者偏袒于生殖性工蜂来促进彼此繁殖雄性。但是，如果产卵工蜂们是蜂王与两只以上无血缘关系的雄蜂交配的后代（同母异父），则工蜂与外甥的平均相关会比与兄弟的平均相关要小。在这种情况下，它们可以受益于工蜂监督或者进攻生殖性工蜂来阻止彼此繁殖雄性。再例如：在新蜂王接手的老蜂王群里，会有反叛工蜂的产卵问题。当老蜂王带领部分工蜂分蜂出走以后，原群就暂时无王了，这时会出现反叛工蜂，其生育潜力（卵巢小管数和卵巢激活度）比普通工蜂大很多。当新蜂王出房后，反叛工蜂仍在产卵。从亲缘选择来说，虽然新蜂王是老蜂王的女儿，工蜂与这个姐妹王的亲缘关系为0.5，但工蜂与新蜂王产的卵的亲缘关系却仅为0.25，而工蜂与它自己产的卵的亲缘系数同为0.5。从包容性适合度来说，反叛工蜂个体在群体内把适应能力最大化了，可见，在无王群是利他行为，而在有王群却是利己行为。

4. 群体选择中的合作结果 群体生活的主要好处就是合作和分享资源，有利于族群的延续，以利他主义为种族进化的源泉，以个体和群体水平的适合度冲突为进化成本。

（1）利己合作结果。蜜蜂先在强群里培育少量雄蜂，然后在确保二倍体雄蜂已被移除后，才开始培育王台并将完成多雄交尾的蜂王选择下来。其实，蜂群移除二倍体雄性和蜂王的多雄交尾都是一种利己的适应，这种事关群体适合度的利害关系在其他一些社会性物种中也有，一般移除得越迟（不约束育雄数量，不移除未成熟的二倍体雄性），越有利于雌性的单雄交尾，群体的适合度越低，如红火蚁（*Solenopsis invicta*）和麦蜂（*Melipona*）；移除得越早（约束育雄数量，移除二倍体雄性小幼虫），越有利于雌性的多雄交尾，群体的适合度越高，如蜜蜂。

（2）利他合作结果。蜜蜂雌性的两个级型有相同的基因组，有级型间的遗传相关，与雄蜂有共享的基因组，所以位点内原本就并存的级型拮抗和性别拮抗间很可能也有互作，这样在蜂王—雄蜂—工蜂之间就架构起一个三向拮抗，其中会有级型内的不适应或级型间的负荷，也会有相似的拮抗结果。但是，每个级型和性别显然都通过不同的形态学的、行为学的和生理学的性状值把自己的适合度最大化了，同时又都被阻止达到性状值的理想化，从而维持着群体的适合度。

（3）优势合作结果。由于合作的总能源成本较低，所以优势合作就提供了合作群体走向繁荣的保证。例如：在蜂群里，具有低蔗糖代谢率的采集蜂总有能量剩余，而那些具有高蔗糖代谢率的，其能量需求则常出现赤字，但同样都会分享食物，只不过是资源贡献量不同而已。于是，那些缺乏这种性状或特性的个体就会被强制性退出，而那些具有合作基因并尝到合作好处的个体对群体生存的依赖性就越大，当然也会将它传递给下一代。

二、物种选择学说

达尔文进化论的观点认为个体是进化单位，而现代生物进化的理论却认为种群是进化单位。自然选择只可导致生物当前的适应，而功能进化则是潜在的适应或未来的适应。一个物种的任何进化性改进可能对其他相关物种构成竞争压力，于是，新的物种会从少数旧的物种中大量产生，这个现象就是物种选择（species selection），可用红皇后假说（the red queen hypothesis）和宫廷小丑假说（the court jester hypothesis）来阐释。它们是当前具有广泛影响力的进化生物学观点。

1. 红皇后假说 物种必须与最好的特征共同进化，才能在那个系统中生存下来。它的灵感来源于动画片《爱丽丝镜中奇遇记》里的情景。红皇后对爱丽丝说：比赛中你必须尽力地不停地跑，才能使你保持在原地。在这里，生物因素是物种进化的主要驱动力。即使物理环境不变，种间关系也可能推动进化，因为物种间生态关系的牵制作用使得物种在其生存期间灭绝的风险相对恒定：一旦谁慢下来，谁就会在物种演化史中惨遭灭绝，所以后代与祖先、新物种与老物种灭绝的机会几乎是相同的。

红皇后假说是从短期来看的，认为只要跟得上就能生存下去。然而，生存竞争的激烈程度并不因物种的适应性良好而下降，当前的适应并不能保证未来的成功。红皇后假说可以算得上是个评估适合度的参量，但却与迄今许多化石记录都不符。因为已有的化石记录显示，分类群种类的丰度、多样性或地理范围通常在时间上呈现"帽子"似的分布趋势——起源期紧缺、顶峰期丰富和灭绝期匮乏（图3-1）。红皇后对爱丽丝除了说过"一直向前跑"，还说过"跑速两倍于常人才能出彩"。可是，一旦过了高峰期，年长类群不可避免地会出现衰退，再怎么尽力地不停地跑都不会保持在原地，必将被淘汰。因此，红皇后假说被质疑为悖论，曾一度被搁置。如今再度被人所重新提起，是因为在探究某个物种或某个分类群可能何时灭绝或者是否可能灭绝时，就要考虑它是否已经度过了高峰期。

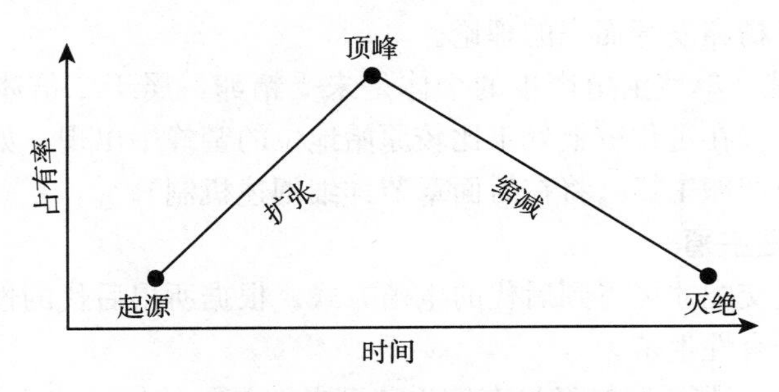

图3-1 化石记录中"帽子曲线"

该曲线显示出分类群对资源和环境等的占有率随时间而变的明确增减模式。在达到顶峰之前是持续扩张的，受制于生物的驱动力，与红皇后假说的奔跑适应性吻合良好；但在达到顶峰之后却是变为接连缩减的，受制于非生物的驱动力，与红皇后假说的灭绝随机性矛盾明显

（Zliobaite et al.，2017）

2. 宫廷小丑假说 物种的进化受到外界环境如气候、海洋学、地貌构造事件或食物供

应等非生物因素所驱动，历经千百万年才形成了比较大规模的区域化和全球化布局。它像宫廷小丑制度里的“弄臣”，需要事先策划好在国王面前的“搞笑”和“讽谏”等表演，并随着国王的喜怒哀乐而迅速调整，只有进退有度才能保命。

宫廷小丑假说是从长远来看的，认为种间关系的牵制作用使得物种要获得显著的进化改变相当困难，只有那些有最好计划、有后备计划和有生存策略的物种才会保持原样。事实上，在生态系统中物种都在进化，竞争对手永远也一样在适应环境。在物种之间持续的进化竞争中和突发事件动荡结束之时，只有少数物种可以成为幸运儿。第一靠的是具有大的进化潜力，第二靠的是具有脱颖而出的能力。所以，“生存-发展”的策略和选择不是避免不进则退就行，也不是探求未来做什么，而是寻觅今天做什么才有未来。

第二节　蜜蜂的自然选择

蜜蜂是在更广泛的背景下的单倍-二倍性膜翅目动物，通过对性进化的限制，最终选择为：在蜂王是产雌两性生殖和产雄单性生殖，淘汰掉产雄两性生殖；在工蜂保留有产雄单性生殖和产雌杂合生殖，淘汰掉产雄纯合生殖。

一、蜜蜂的生殖形式

蜜蜂的生殖形式分为单性生殖（也称孤雌生殖）和有性生殖（也称两性生殖）。随着科技手段的不断完善，对蜜蜂孤雌生殖和两性生殖所出现的与以往性别预期不同的后代，都可以从发生机理上加以阐述了。

（一）蜜蜂的单性生殖

指蜜蜂不经过交配就可得到后代的生殖方式。根据所得后代的性别，又可再细分为产雄单性生殖和产雌单性生殖。

1. 产雄单性生殖　单性生殖产生的个体是未受精卵，属于单倍体，发育成雄性。这是通常见到的情形，蜂王和产卵工蜂都可以行这种生殖。这一理论由齐从（1845）首次提出，并由保罗克（1899）提供了细胞学证据，即在产雄性的卵中没有发现精子，从而证实了雄性蜜蜂是由未受精卵发育而来的理论。

2. 产雌单性生殖　单性生殖产生的个体是未受精卵，属于二倍体，发育成雌性。这是比较罕见的情形，仅在进化链上处于比较原始地位的蜜蜂中出现，如海角蜂等非洲类型和东方蜜蜂的蜂王与产卵工蜂（将在后面章节详细阐述机制）。

（二）蜜蜂的有性生殖

指蜜蜂必须经过交配才可得到后代的生殖方式。根据所得后代的性别，也可再细分为产雌有性生殖和产雄有性生殖。

1. 产雌有性生殖　雌性蜜蜂经过有性生殖而来，是二倍体。这也是通常见到的情形，蜂王和工蜂必须由这种生殖产生。保罗克（1899）发现雌性的卵中有精子存在，所以雌性蜜蜂是由受精卵发育而来的。

2. 产雄有性生殖　雄性蜜蜂经过有性生殖而来，是二倍体。这是蜂群里经常出现的但却经常被人们所忽视的状况。沃尔克（1963）用组织学和细胞学方法证实了二倍体雄蜂的存在（将在后面章节详细阐述机制）。

二、蜜蜂的性选择

蜜蜂与其他社会性昆虫不同的高度衍生的一些交配特征，例如强制性的一妻多夫制和极度偏雄的性比值以及雄性在第一次也是唯一一次交配时死亡，还有至少两个物种的雄性是将精液直接射入受精囊管内，所有这些都使得蜜蜂属的蜜蜂被高度关注并成为研究性选择的特殊模型系统。

（一）动物的性选择冲突

基于繁殖需求而产生的性选择，使得受到异性欢迎的性状得以巩固和发展。但是，在保卫资源和养育子代中，配偶间的双向选择都在起作用，因而存在一定程度的性选择冲突。主要表现如下。

1. 性比冲突　相对而言，求偶期的雄性与雌性的性比，如果在一夫多妻制中越大，则意味着成年雄性的繁殖竞争对手越多，性选择的压力越大；如果在一妻多夫制中越小，则意味着成年雌性对成功繁殖所需资源（繁殖地、社会地位、亲代养育）的竞争越激烈，由此对于繁殖的投入也越多，可被雄性识别的第二性征和生育力的差异也越大。

2. 利益冲突　两性利益和最佳生存策略的不同，导致两性的生殖成效不同。雌性追求的是后代的健壮与幸存，雄性追求的是尽可能多地留下自己的后代。两性间对于后代投入的差别越大，低投入性别者（一般是雄性）之间为接近高投入性别者（一般是雌性）的竞争也就越激烈。同时，为了有利于后代的生存和发展，高投入性别者也变得越挑剔。于是在选择压力下，低投入性别者必须进化出与求偶、繁殖有关的器官、结构、功能和行为等的有利变异才能获得交配权。

3. 适合度冲突　普遍来说，性选择压力更大的一方，在强化或放大那些与交配相关的突出性状（如复杂发声、求爱动作、漂亮装饰、精致巢穴）的同时，也会弱化或缩小那些促使选择邻近的异性和求爱的同性的习性。然而，达尔文的性选择失控假说认为，如果对异性有魅力的性状、炫耀性器官或夸耀行为一旦发展过了头，就是性选择失控，它会让被选择者或炫耀者在获得繁衍优势的同时也带来生存劣势。遗传学家 Smith（1973）把它称之为性的代价，当这种代价大到显著伤害其生存，则性的自然选择就会适可而止。毕竟，性选择的核心还是适合度，适合度可以给选择者带来间接的好处，尤其是那些不影响即刻生殖成功的性偏好仍能间接进化。例如在某些情况下，出于保卫资源和防御进攻之需要，雌性会出现本该为雄性所独有的特征（拟雄行为），而雄性会出现本该为雌性所独有的特征（拟雌行为）。

（二）蜜蜂的性选择冲突

巴尔认为，蜜蜂属蜜蜂的性选择需要把蜜蜂的交配生物学知识和性选择冲突（如精子竞争和隐秘的雌性选择等）都合并进来。其中，精子竞争很可能发生在卵子受精过程中，而隐秘的雌性选择可能发生在接受精子后不久。已知蜜蜂属蜂王和雄蜂异常的性腺结构是通过共享的发育途径进化而来的，因此，蜜蜂的性选择主要从以下三个方面——生育力选择（fecundity selection）、育性选择（fertility selection）和生活力选择（viability selection）等进行博弈。

1. 生育力选择　这是针对雌体的选择。雌性体型越大，生育力越高。例如：蜂王的生育力与体型大小有强烈的正相关，幼虫期吃得越多，羽化时初生重越重，体内的卵巢越大，卵巢小管数越多，交尾后产卵量越大，对蜂群群势的贡献率越高。一般来讲，影响雌性争取繁殖机会、更高地位或更优秀配偶能力的表型性状与影响雄性争取交配机会的性状相似，包括个体年龄、体重、激素水平以及亲代母本的血统地位。解剖学上，雌性蜜蜂（蜂王和工蜂）的卵巢表型存在着明显的二型性，代表着它们各自级型的生殖性分工的固化，也指示着蜂王（完全的生育雌性）有性吸引力而工蜂（不完全的生育雌性）没有性吸引力。

2. 育性选择 这是针对雄体的选择。哈特菲尔德等人认为，在真社会性蜂类的交配系统里，雄蜂有过大的性腺意味着能产生大量的精子。因此，不论是单雄交配的种类还是多雄交配的种类，都会把这样的雄蜂加以选择。因为蜂王需要大量的精子来建立和维持它们的蜂群，而生产高质量的精子需要大量的成本。所以在繁殖性能的极端特化方面，雄蜂一直处于强烈的选择之下，即对极端水平的繁殖力选择导致雄蜂对其他生活史性状的投资减少。在对雄蜂进行升温、食物匮乏和免疫挑战等一系列实验后发现，孵化后的蛋白质缺乏不会降低雄蜂的育性，但暴露在升温和伤害环境下都会显著降低雄蜂的育性，而雄蜂育性的下降直接导致雄蜂父权的丢失，无后代或少有后代。这表明对雄蜂的投资在化蛹阶段就已经完成了，并且性成熟过程不需要额外的蛋白质饲喂，其育性完全妥协于压力因素（与温度和免疫系统激活有关的），导致其适合度也对压力因素特别敏感。例如：蛹体蛋白存储不足的，少精症者偏多；蛹期保温不利的，无精症者居多；蛹期遭遇瓦螨寄生的，生殖畸形常见。

3. 生活力选择 这是针对两性个体的选择。当雌性获得繁殖权利时，它们体内的外周睾酮水平会升高，这会让雌性的权利婚获得者经历二次生长阶段（例如：交尾蜂王比处女蜂王体型变大了），也会使得受孕者更容易出现流产情况（例如：新蜂王产卵速度快到来不及找到巢房安置卵），还会使得后代在保卫资源、防御家园时具有更多的攻击行为（例如：新王群更有活力）。当雄性体型更健壮时，它们更可能赢得配偶。例如：在雄蜂聚集区里飞行速度更快，交尾成功率更高。

（三）动物单性生殖的成本

与有性生殖相比，单性（孤雌或孤雄）生殖显然能避免雄性的代价或雌性的繁殖投入。然而，实际上，自然界里动物的孤雌变异非常稀少。显然，一个孤雌生殖突变体比一个有性生殖雌体可以生产出多一倍的后代，似乎能够回收双倍的性成本。可是，如果没有其他机制来平衡的话，则后代里没有雌体、后代里只有雌体和种内的有性生殖被淘汰等问题都有可能出现。可见，这种机制之所以不被动物进化过程所采用，是由于它不具有长期的优势。因为物种需要传承下去的是基因库，而个体的表型还必须通过与生存环境之间不断的相互作用来实现。所以，孤雌生殖的个体即使通过增加生殖成功使自己的基因更多地传到以后的世代中去，但其遗传和发育的长效保障机制并不保险，基因库内的库容有限还一成不变，很容易在严酷的自然选择中一损俱损。虽然在有性生殖中，个体的基因组合会很快在传代过程中烟飞云散，但整体的库存不减，而且组合千变万化。因而，动物长期的性选择只能是两性生殖。

（四）蜜蜂孤雌生殖产雌的成本

现在，产雌的孤雌生殖仅在海角蜂上能见到，它允许一些工蜂转世化身为蜂王的表型，因而在工蜂间开启生殖性竞争的选择。可能是由于地理隔离导致的遗传漂变，也可能是因为有建群者效应的关系，反正那些以竞争上位的海角蜂工蜂们最终以生殖性扩展适应方式成为该种群中的无性繁殖系，当然它们也付出了适合度的代价：在每一世代中选择性地移走纯合子后代，仅保留杂合子后代，专性寄生在东非蜂蜂群里。可见，海角蜂产卵工蜂的这个性状是用适合度自损一半来达到与有性生殖平分天下的。

这种独特的无性种群始于20世纪末，那时一个工蜂祖先以降低个体适合度为代价，选择了在某个基因位点上的纯合突变。至今这个无性繁殖系（在性别决定位点上仍是杂合的）在20多年的时间里至少已经坚持了100代的近亲繁殖，但整个基因组中仍然保留着异常高的杂合性。这种有性生殖与无性生殖并存的策略，可能是海角蜂的蜂王、工蜂和无性繁殖系用不同的能力来支出最小成本并从中获得最大收益的进化选择结果。当然，杂合子优势的选择一定也在同步进化中，因为它选择了纯合子有害。

第三节　蜜蜂属的进化

地球地质年代划分为代、纪、世和期等，代下有纪，纪下有世，世下有期。迄今为止，蜜蜂的化石记录主要出现在第三纪以后，距今地质年龄以Ma（million years ago，百万年前）为单位。化石是动植物最直接的进化证据，早期的食花粉和食花蜜昆虫是与虫媒植物协同进化于侏罗纪（180Ma）的，而蜂类大约起始于第三纪的始新世，原始蜜蜂属大约出现在渐新世。

一、蜂类的地质学史

早第三纪分别有古新世（65.0Ma～53.0Ma）、始新世（早期，53.0Ma～52.0Ma；中期，52.0Ma～43.6Ma；晚期，43.6Ma～33.7Ma）和渐新世（早期，33.7Ma～28.4Ma；晚期，28.4Ma～23.3Ma）；晚第三纪分别有中新世（早期，23.3Ma～17.0Ma；晚期，17.0Ma～5.33Ma）和上新世（5.33Ma～2.59Ma）；第四纪分别有早更新世（2.59Ma～0.73Ma）、中更新世（0.73Ma～0.13Ma）、晚更新世（0.13Ma～0.01Ma）和全新世（从11 700年前开始）。

根据系统分类法，即使是已经没有活着后代的早先分别分布于古北区（欧亚古陆温带区）、东洋区（热带、亚热带区）及非洲区（撒哈拉沙漠以南地区）的灭绝化石种，其分类单元级别的高低在很大程度上仍取决于其在地质学史上出现的时间早晚。即断代地质期越早，其元老级别越高。

在东普鲁士出土的琥珀中，蜂类的形态特征有一部分像无刺蜂族（Meliponini），而另一部分像蜜蜂族（Apini），地质断代在始新世晚期。在墨西哥出土的琥珀中，蜂类的形态特征像无刺蜂的工蜂，具有发育良好的花粉筐，地质断代在渐新世。在波罗的海出土的琥珀中，蜂类包括地花蜂科（Andrenidae）、蜜蜂科（Apidae）和切叶蜂科（Megachilidae）等，地质断代在渐新世早期。在德国波恩出土的化石蜂，形态上同现在的蜜蜂族，被定名为斑驳蜜蜂（*Synapis henshawi* Cockerell 1907），被Zeuner（1976）划在蜜蜂属（*Apis*）中的混蜜蜂亚属（*Synapis*），地质断代在中新世早期。在德国出土的化石蜂，采粉结构较原始，翅脉非常接近于现在的蜜蜂属，被定名为弓弩蜜蜂（*A. armbrusteri* Zeuner 1931），地质断代在中新世晚期。同期还有中新世蜜蜂（*A. melisuga* Handlirsch 1907）、中新蜜蜂（*A. miocenica* Hong 1983）和北泊子古蜜蜂（*Palaeapis beiboziensis*

Hong 1984）。在美国内华达大盆地出土了一个化石种样本，取名为美洲蜜蜂（*A. nearctica* Engel 1999），地质断代在早更新世。

二、蜜蜂属内的进化

中新世晚期，气候温和湿润（年均温 16℃，年雨量 1 500mm），当时已有臭椿属（*Ailanthus*）、皂荚属（*Gleditsia*）和川蔓藻属（*Ruppia*）等植物出现，一些蜜蜂种类已能生存，也能从热带区域向四周广泛地扩散。在上新世或更新世早期，由于气候渐冷，蜜蜂属的进化产生了一个决定性的适应步骤，即产生了一个完善的温度自动调节能力，这使蜜蜂在很大程度上能够独立于环境。

（一）蜜蜂属的进化

在第三纪的中新世，原始的蜜蜂属已具备了某些特征。到了全新世之后，蜜蜂属下有了亚属的概念。

1. 小蜜蜂亚属的进化　小蜜蜂亚属包括黑小蜜蜂和小蜜蜂。根据史料记载，在第四纪古气候条件下，黑小蜜蜂从喜马拉雅山脉东部山麓的丘陵地带向东一直延伸到印度、巽他古陆和菲律宾；小蜜蜂从阿曼东部延伸到伊朗南部，沿喜马拉雅山脉的山麓向东，突然停在泰国的南部。因为它们只是部分同域发生，因此被认为是在古气候环境下就已经特化为异域发生了并产生了原始种群基因流动的实质性屏障，其史前分离可能发生在由冰河期跟随的更新世早期。目前，分布于马来西亚的（样本数 8 个）和泰国的（样本数 59 个）黑小蜜蜂种群分属于 2 个组，在树状图上也各自聚为一类。组内的形态特征处于一种渐变群模式，体型由南向北增大，由西向东变小；南方大陆种群的遗传变异比岛屿种群或北方大陆种群的更低。亚属中还有一个成员，体长与小蜜蜂和黑小蜜蜂都很接近，由于线粒体核糖体大亚基 RNA 基因（*rrnL*）独特，所以行为以及巢顶形状有所不同。其大小类似于黑小蜜蜂，形态相似于小蜜蜂，但腹节不是红色的，而是罕见的黄色。

2. 大蜜蜂亚属的进化　大蜜蜂亚属包括黑大蜜蜂和大蜜蜂。大蜜蜂亚属始于中新世晚期，在其进化过程中，就应对上新世或更新世早期的寒冷气候来说，似乎趋向于熊蜂属的方向，即用增大体型和加长绒毛来增强耐寒力。这在黑大蜜蜂中表现得特别明显，它生活在海拔 3 000m 左右的喜马拉雅山地段，当地的气温经常在几小时内急剧下降到冰点以下。

更新世的冰川作用和冰川消退作用也极大地影响了中国和东南亚蜜蜂，尤其是大蜜蜂的分布和分化。蜜蜂 mtDNA 系谱分析表明，中国境内的蜜蜂属物种系谱与通常公认的蜜蜂属系谱相一致，但大蜜蜂种下存在亚种或生态型，尤其是海南岛和云南省的大蜜蜂。与邻近的亚洲地区大蜜蜂相比，中国的大蜜蜂组与菲律宾巴拉望岛的 1 个样本和马来西亚的 2 个样本并列，而马来西亚的另 2 个样本与尼泊尔的样本和泰国的样本聚在一起。此外，在有限的自然分布区内，大蜜蜂种下的炳氏大蜜蜂（*A. d. binghami*）和小舌大蜜蜂（*A. d. breviligula*）以及黑大蜜蜂种下也存在遗传变异。此前曾有人用翅膀特征鉴定出黑大蜜蜂种群里的 100 只工蜂分属于 12 个父系，但形态学特征通常都是用于进行物种分类的，估计这是亚种的而不是父系的区别。大蜜蜂已经进化到蜂群弃巢离去 6 个月后仍能准确地回到同一树枝上的原巢，而此时那些“老马识途”的蜜蜂很久以前就已经死光了。

大蜜蜂和黑大蜜蜂都在露天构筑相似形状和大小的单一巢脾，但巢脾的支撑物有水平的，也有倾斜的；巢脾的左右两边有对称的，也有不对称的（如外延空间的不对等、改建了旧巢脾、冷热影响了脾面的凹凸）。就巢脾形状指数（nest shape index，NSI，NSI＝巢脾基底的水平附着尺寸/巢脾的最大垂直尺寸）来说，通常黑大蜜蜂的NSI要比大蜜蜂的NSI更大，可能是环境条件所致。通过该比值，可以知道巢脾的大小与形状。例如：$NSI=2$，巢脾是个半圆；$NSI<2$，巢脾是个垂直的半椭圆；$NSI>2$，巢脾是个水平的半椭圆。此外，根据巢脾的倾斜度指数（inclination index，II，II＝从巢脾基底中点向巢脾边缘量出垂直于地面的尺寸/从巢脾基底向巢脾最宽处量出的垂直尺寸），可以知道巢脾的倾斜角度。用这两个指数（NSI和II），就可以比较真实的或照片中的巢脾形状和倾角，也可以绘出没有见过的巢脾形状、大小和斜度，还可以假设巢脾被建成的环境条件。

3. 弯蜜蜂亚属的进化　弯蜜蜂亚属包括东方蜜蜂、沙巴蜂、绿努蜂和苏拉威西蜂。沙巴蜂、绿努蜂和苏拉威西蜂原来都是在自第四纪以来就存在的东方蜜蜂种下的姐妹种，但是近代却相继上升为新物种，说明仅存少量后代的孑遗种，有时单凭姐妹群的开枝散叶，也能进化成为大的分类单元。

绿努蜂与苏拉威西蜂的血缘最近，翅脉与东方蜜蜂近似但翅脉角独特，形态与同地种沙巴蜂明显不同。沙巴蜂在形态和生活习性上与东方蜜蜂相似，但较东方蜜蜂中的印度蜜蜂个体略大，雄蜂巢房的圆锥形封盖上那个中央漏斗状的孔，是由结茧期间的幼虫的旋转移动来筑造的，与早期在东方蜜蜂上的报道相反。

线粒体基因分析绿努蜂的种系发生，支持人们早期的观点，即：绿努蜂与东方蜜蜂关系紧密，或许源于一个在更新世冰川期间，定殖在加里曼丹岛的孤立的蜜蜂种群。根据线粒体DNA沉默位点的分歧率，加里曼丹岛的这两个种群的分离，发生在0.5Ma（来自16S核糖体RNA的数据）至2.4Ma（来自细胞色素氧化酶亚基Ⅰ的数据）。DNA分析显示它最近才从东方蜜蜂中分离出来，原来它们是姐妹种。

苏拉威西蜂和东方蜜蜂的头部提取物中，某种成分的含量在种间明显不同，支持它们实际上是分开的物种的假设。在生物地理关系上，东方蜜蜂和绿努蜂聚为一支，小蜜蜂和黑小蜜蜂聚为一支，沙巴蜂单独成支。应用COⅡ（细胞色素氧化酶亚基Ⅱ）数据分析蜜蜂属的种系发生，发现东方蜜蜂的地理分散与分歧发生趋于一致，这导致绿努蜂的物种形成。

4. 蜜蜂亚属的进化　蜜蜂亚属包括西方蜜蜂。更新世期间由于气候的原因，原先在生态型丰富度上、在自然条件适应性上和在形态学多样性上都更加略胜一筹的西方蜜蜂，在地中海沿岸的南欧三大半岛上就产生了3个重要的地理亚种：伊比利亚半岛的欧洲黑蜂、亚平宁半岛的意蜂和巴尔干半岛南部的卡蜂。卡蜂下有2个不同的生态型：马其顿蜂和喀尔巴阡蜂。对取自欧洲中部喀尔巴阡山脉两侧138个传统养蜂场（横跨匈牙利平原和多瑙河三角洲）的工蜂样本进行线粒体基因分型的结果发现，这个天然的地理分水岭对马其顿蜂和喀尔巴阡蜂的生物地理学影响有限，因为这2个生态型（或亚种）在山脊的两侧都很丰富。但是，气候的和地理的因子（如温度带）对蜜蜂的生物地理分布却起着重要作用，高于9℃是马其顿蜂的适生温区，而低于9℃是喀尔巴阡蜂的适生温区，这种选择可能响应于全球气候变化。

总之，在对野外食物占有方面，蜜蜂属下个体较小的物种对个体较大的物种更排斥，但同种非同巢伙伴之间无攻击性反应。在对存储食物守卫方面，蜜蜂亚属可能比其他蜂种更容易产生对同种非同巢伙伴的强烈攻击性反应，弯蜜蜂亚属只是在有限的情况下（如蜂蜜被人收走或被盗蜂抢走）才表现出对同伴的识别。在对巢内任务执行方面，小蜜蜂亚属和大蜜蜂亚属因为露天筑巢的育子任务不重，蜂群任务的执行率低、节奏慢，所以工蜂的寿命较长；弯蜜蜂亚属和蜜蜂亚属由于洞穴筑巢的育子任务繁重，蜂群任务的执行率高、节奏快，所以工蜂的寿命较短。

（二）蜜蜂亚属的起源

蜜蜂亚属（西方蜜蜂）的进化和发展在分布区域上由南到北个体逐渐增大，体色由黄变黑，呈现出多样化。因而，其起源问题也一直受到关注，有三种学说，分别是非洲起源说、中东扩散说和亚洲起源说。

1. 非洲起源说和非洲扩散说 经由向东去和向西去的两条路径向非洲以外地区扩张。把西方蜜蜂不同亚种的样本用线粒体 DNA 分别聚在 A、M、C 等 3 个主要的系谱支上：A 分支是非洲亚种（突尼斯蜂、坦桑海滨蜂、东非蜂、塞内加尔蜂和海角蜂），C 分支是地中海北岸的亚种（高加索蜂、卡蜂和意蜂），M 分支是西欧和北欧的亚种（欧洲黑蜂）。把北非的种群全都划分到 A 分支而不是 M 分支后，中东作为物种扩散的中心，就与同属的其他物种的地理区域一致了。以保守的扩散率（每 100 万年 2%）估计，这 3 个分支的分离距今应该有 100 万年。

把西方蜜蜂的 10 个地理亚种（每种样本数为 9～21）用 Nei 氏遗传距离分出 4 个族群（图 3-2），即非洲族群（A）、西欧和北欧族群（M）、中东族群（O）和东欧族群（C）。基部的 A 主干上是地中海以南的非洲亚种分支，位于非洲本土；向西偏北的 M 分支是地中海以西的西欧和北欧亚种分支，位于伊比利亚半岛；向东北的 O 分支是地中海以东以北的中东亚种分支，位于中东的阿拉伯半岛和西亚的小亚细亚半岛；向北偏西的 C 分支，是地中海以北的东欧亚种分支，位于巴尔干半岛和亚平宁半岛。

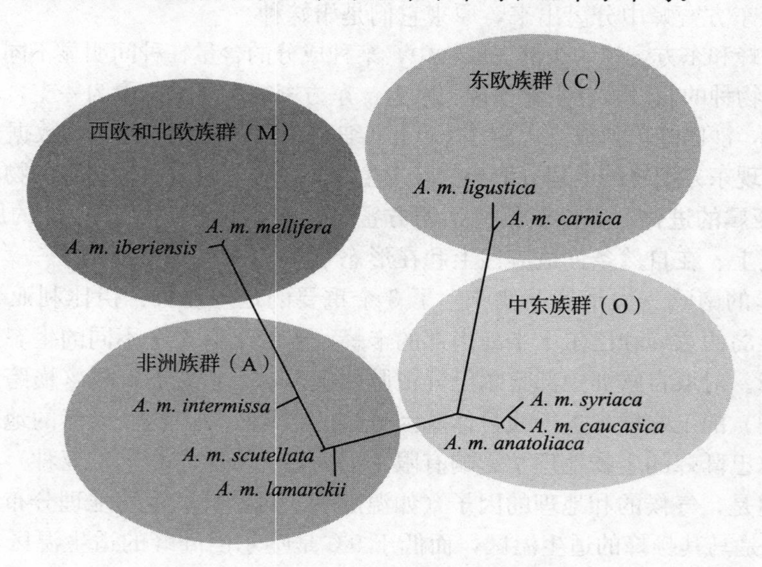

图 3-2 西方蜜蜂的生物地理学和种系发生史

M 族群包含欧洲黑蜂和伊比利亚蜂；A 族群包含突尼斯蜂、东非蜂和埃及蜂；C 族群包含意蜂和卡蜂；O 族群包含叙利亚蜂、高加索蜂和安纳托利亚蜂

（HGSC，2006）

突尼斯蜂是非洲类型向欧洲类型演化的过渡型亚种，伊比利亚蜂是欧洲类型与非洲类型亲缘关系最近的一个亚种，安纳托利亚蜂是中东类型与非洲类型亲缘关系最近的一个亚种，卡尼鄂拉蜂是东欧类型与中东类型亲缘关系最近的一个亚种。非洲类型向西北欧类型的进化链为突尼斯蜂—伊比利亚蜂—欧洲黑蜂，非洲类型向中东类型的进化链为埃及蜂—安纳托利亚蜂—叙利亚蜂，中东类型向东欧类型的进化链为高加索蜂—卡蜂—意蜂。

种群遗传学提示西方蜜蜂物种具有非洲新起源，疑似非洲蜂是通过杂交或替代传播到新大陆的。把西方蜜蜂的不同亚种用系统发育树归类，结果根部聚集了全部的非洲亚种样本，也暗示着似乎发源地在热带非洲的东部，从那里向外扩散到北欧，向东进入亚洲，再到天山山脉（图 3-3）。在中亚的天山山脉，卡赫斯坦蜂是当地一个特有的新亚种，处在东方进化的分支上（线粒体证据），与其他那些来自先前已知范围的东部亚种有一个共享的系统地理学史。

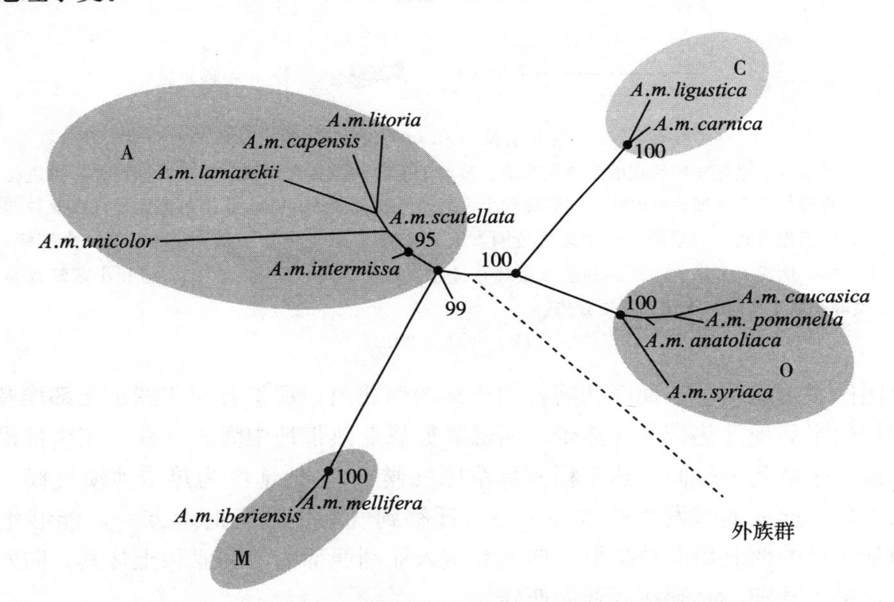

图 3-3 根据 SNP 数据构建的西方蜜蜂亚种间的关系树

A、C、M和O是4个已知的族群，西方蜜蜂的亚种分别聚在其中。A和M从树根处与C和O分支，外族群与A（非洲亚种）紧密相连。A族群包含突尼斯蜂、单色蜂、埃及蜂、海角蜂、坦桑海滨蜂和东非蜂；C族群包含意蜂和卡蜂；O族群包含高加索蜂、卡赫斯坦蜂、安纳托利亚蜂和叙利亚蜂；M族群包含伊比利亚蜂和欧洲黑蜂

（Whitfield et al.，2006）

测序发现，非洲类型和欧洲类型的西方蜜蜂，如突尼斯蜂、意蜂、卡蜂、欧洲黑蜂、buckfast 品系和 1 个不知名祖先种，其性等位基因（*CSD*）的多样性不具有地理起源的指向性或倾向性。说明亚种间不是没有发生过遗传漂变（genetic drift），就是发生了进化趋同（evolutionary convergence）。

2. 中东扩散说 由中东出发到欧洲定居。这里，鲁特涅（Ruttner）的学说里包括向东去和向西去的路径，但加纳利（Garnery）的学说里不包括经由约旦向西去的路径。当把可能有潜在杂交背景的样本移走后，再用进化树评估西方蜜蜂的起源时，结果却是西方蜜蜂西欧和北欧种群与东欧种群之间的高度分化可能来自两条不同的定居路径，但仍然不

能把非洲境内的西方蜜蜂亚种明确地放在树的根部（图 3-4）。因为除了西方蜜蜂以外，所有的其他现存蜜蜂种类都只在亚洲发现。

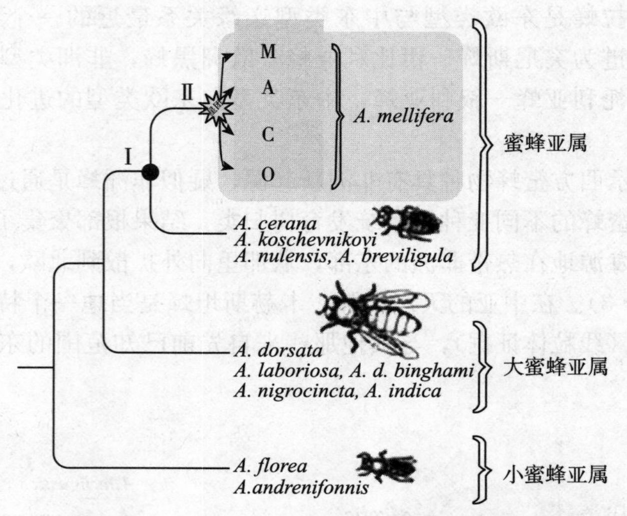

图 3-4　西方蜜蜂（*A. mellifera*）的进化

蜜蜂属三个进化支所呈现的系统发育学。节点Ⅰ是洞穴筑巢蜜蜂属的最近共同祖先，由进化支Ⅱ的物种与东方蜜蜂、沙巴蜂、绿努蜂和小舌大蜜蜂相交而成；节点Ⅱ是西方蜜蜂现存亚种的最近共同祖先（其上的星团是一个地理范围，见下文阐述）；进化支Ⅰ和大蜜蜂亚属（大蜜蜂、黑大蜜蜂、炳氏大蜜蜂、印尼蜂和东方蜜蜂）进化支发生分离，随后它们再一道和小蜜蜂亚属（小蜜蜂和黑小蜜蜂）进化支发生分离

（Han et al.，2012）

该星团区域可能是中东地区的阿拉伯半岛的西北角，那里有与非洲东北部埃及接壤的约旦。阿拉伯半岛地处热带和亚热带，西部高原属亚热带地中海式气候，东南部沿海地区有部分高地属于萨瓦纳气候（热带稀树林草原气候），其他地区为热带沙漠气候，非常干燥。可以想象，此处能够发生的物种，一旦迁移到气候更适宜的地方一定能够生活得更好。蜜蜂从半岛的西北角向外扩散，向东北进入亚洲西部的叙利亚和土耳其，向西南进入非洲。要想进入欧洲，必须在西亚向西转。

该星团区域也可能是亚洲西部的中东国家伊朗，蜜蜂从这里向外扩散，向东北进入亚洲的土库曼斯坦和乌兹别克斯坦，然后再转向西直奔东欧；向西南进入中东，再向西南进入非洲。图中应该还有一条扩散线，就是从此处向西北进入西亚的小亚细亚半岛，再往西迁徙就可以进入南欧和西欧了，但是加纳利的学说却把这个西线排除了。小亚细亚半岛主要由安纳托利亚高原和土耳其西部低矮山地组成，沿海地带为地中海式气候，内陆地区（安纳托利亚高原）属亚热带半干旱草原气候，可以说是西方蜜蜂中东类型、非洲类型和欧洲类型的集散地。从这点上来看，改为“亚洲扩散说”似乎更符合地质学。

该星团还可能是非洲的中非和刚果民主共和国，蜜蜂从这里起源并向外扩散，向东往东非和中东，向西往西非和西欧。从海角蜂的分类史和地理起源来看，它和东非蜂是异域亚种或邻域亚种的关系，也就是说存在自然隔离地带或失控杂交地带，即在两个亚种群尚能区分的地方存在一些遗传性状的重叠或偏集。目前，这两个亚种因人类活动变为同域共存，既相生相克，也通婚杂交。表现在：被无意（寄生）或有意（引种）带离开普敦地区的海角蜂（孤雌生殖产雌性），在降低自身适合度（50%的幼虫存活率）的同时，也降低了入侵地或引种区东非蜂种群的适合度（寄主蜂群100%的灭亡率）；被主动（放蜂）或被动（租赁）带进又带出开普敦地区的东非蜂（囤积力强、防御性强），以高繁殖率和高迁徙率来抗衡海角蜂的这种社会寄生性；正反杂交中都发生基因侵蚀和混合，后代似乎都是超亲表型，海角蜂亲本让后代工蜂表现的偏母性状和偏父性状分别是有受精囊和卵巢小管更多，而东非蜂亲本遗传给后代工蜂的偏母性状和偏父性状则分别是强攻击性和高采集性。它们2021年还把开普敦国家公园饲养的非洲企鹅（斑嘴环企鹅）给蜇死了，而纯种的海角蜂性情温驯，与非洲企鹅都是土著种，向来能“和平共处”并“相安无事”。

通常来讲，如果杂交种的适合度低（高）于亲本类型，则亲本种群间的基因流动阻力尚处于弹性拉张区（已达到塑性屈服区），子代种群可以发生回复突变（塑性变形），对亲本种群的生存未（已）构成威胁。实验表明，整个南非的蜜蜂，同工酶是同质的，但线粒体DNA（mtDNA）和核DNA是不同的，有3个簇群。实验还表明，曾被认为能引发孤雌生殖从产雄（arrhenotoky）变为产雌（thelytoky，th）的那个9bp删除（geminin基因外显子5下游近内含子处），不仅出现在海角蜂和东非蜂的正反杂交种中，还出现在从未有过产雌孤雌生殖的东非蜂（南非）、突尼斯蜂（摩洛哥）和非洲化蜜蜂（巴西和美国德克萨斯州）中。因此，这个9bp的删除，要么是非洲类型蜜蜂共享基因的组成部分，要么是这个杂交种（无渐渗的、有渐渗的或混交过的）已经远距离扩散的证据。

由图3-4可见，西方蜜蜂的亚种之间聚为由该星团标记的节点Ⅱ，有一个共享的进化史。根据后达尔文进化理论，所有生物都有一个共同祖先，大家的进化时间相同，形态和习性的不同只是对不同环境做出的适应。西方蜜蜂又与部分的洞穴筑巢蜜蜂聚为由圆圈标记的节点Ⅰ，可能在温暖的后冰期（10万～8万年前）与喜温的落叶树如榛和橙（起源于亚洲的小亚细亚地区的黑海沿岸及欧洲的地中海沿岸）一起向外迁移，经由亚洲或直达欧洲，经由中东抵达非洲。这样推断，它们的起源地就真的很可能是在亚洲了。

3. 亚洲起源说　西方蜜蜂开始驯养的年代被认为是与金字塔建造的年代相同步的，年代并不久远，此前在新大陆（美洲和大洋洲）根本没有蜜蜂属的物种存在。

从地图上看，南亚次大陆是指喜马拉雅山脉以南整个南亚的半岛形陆地。南亚次大陆经由帕米尔高原通西亚和中东，南亚次大陆又以大喜马拉雅山脉或者喀喇昆仑山脉和中南半岛相连。中南半岛的主要河流及山脉都由中国延伸而来，岛上的越南、老挝、柬埔寨、泰国、缅甸和马来西亚（西部）素有“山同脉水同源”之说。东南亚国家多为农业国，其上种植的经济作物或生长着的繁茂植被比较相近或相似，非常有利于习性大同小异的野生蜜蜂种类的繁衍生息。由于通常蜜蜂属的其他8个种只能在亚洲（尤其是南亚次大陆和中南半岛上）找到，因此，人们普遍认为，西方蜜蜂也起源于亚洲，因为蜜蜂的自然分布局限于联结在一起的亚、欧、非三大洲及其邻近的岛屿上。

中南半岛西临孟加拉湾和马六甲海峡，南临新加坡海峡，东临太平洋的南海，为东亚大陆与南太平洋岛屿国家之间的桥梁。南太平洋岛屿上分布有27个国家和地区。目前在澳大利亚南部的坎加鲁岛和太平洋西南部的澳属诺福克岛以及太平洋西南部的汤加群岛上的蜜蜂，其祖先可能由东欧、西欧和北欧、非洲等三支进化而来。因为坎加鲁岛（意蜂纯种保护区）上蜜蜂的东欧血统占 90.2%；历史上与塔斯马尼亚岛（欧洲黑蜂纯种保护区）联系紧密的诺福克岛上蜜蜂的东欧血统占 73.1%，西欧和北欧血统占 21.2%；汤加群岛上蜜蜂的血统占 70.3%，东欧血统占 27.4%，还有少部分的非洲血统。此外，大西洋上的葡萄牙属亚速群岛被认为是位于北美、欧亚以及非洲三块大陆之间的连接点，其中的马卡罗尼西亚群岛所饲养的伊比利亚蜂变种，一部分与北葡萄牙种群的关系密切，支持着由葡萄牙殖民者在历史上引进的说法；另一部分的 C 单倍型（单倍体基因型的支系之一，由mtDNA上的某个等位基因所分型）并非非洲支系，说明也是由于引进（商业蜂王）所造成的；还有一部分属于非洲支系。新近在亚速群岛发现的海底金字塔，和埃及金字塔非常类似，而埃及既是欧亚非三大洲也是亚非环印度洋国家的枢纽。所以西方蜜蜂要么是欧洲人由旧大陆（亚洲和欧洲）引进到新大陆的新发物种，要么是古埃及文明的遗留物。

知识点补缺补漏

现生化石种

孑遗种

现生种

绝灭化石种

活化石

延伸阅读与思考

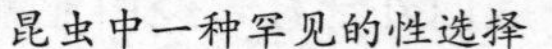
昆虫中一种罕见的性选择

蜂群的自治行为

生境破碎与远程迁移

思考题

1. 想一想蜜蜂从原始的焚林拓耕的“火耕水耨（nòu）农业（fire seeding and water weeding）”中走来，其形态学特征或生物学性状的进化应该有哪些改变？

2. 自定义如下专业术语：现存对应种（nearest living equivalent species）、现存近缘种（extant relative species）、最近现存近缘种（recently extant relative species）、相关现存近缘种（relevant extant relative species）。

参考文献

Chapman N C，Sheng J，Lim J，et al.，2019. Genetic origins of honeybees（*Apis mellifera*）on Kangaroo Island and Norfolk Island（Australia）and the Kingdom of Tonga. Apidologie，50（1）：28－29.

Duncan E J，Hyink O，Dearden P K，2016. Notch signalling mediates reproductive constraint in the adult worker honeybee. Nature Communication，7（4）：12427.

Ferreira H，Henriques D，Neves C J，et al.，2020. Historical and contemporaneous human－mediated processes left a strong genetic signature on honeybee populations from the Macaronesian archipelago of the Azores. Apidologie, 51 (3): 316-328.

Fridi R, Tabet A N, Catays G, et al., 2022. Genetic diversity and population genetic structure analysis of *Apis mellifera* subspecies in Algeria and Europe based on complementary sex determiner (*CSD*) gene. Apidologie, 53 (1). http: //doi. org/10. 1007/s13592-022-00920-x.

Kuszewska K, Waclawska A, Woyciechowski M, 2018. Reproduction of rebel workers in honeybee (*Apis mellifera*) colonies. Apidologie, 49: 162-171.

Pennell T M, Holman L, Morrow E H, et al., 2018. Building a new research framework for social evolution: intralocus caste antagonism. Biological Reviews, 93 (2): 1251-1268.

Reade A J, Dillon M, Naug D, 2019. Spare to share? How does interindividual variation in metabolic rate influence food sharing in the honeybee? Journal of Insect Physiology, 112 (1): 35-38.

Smith N M A, Wade C, Allsopp M H, et al., 2019. Strikingly high levels of heterozygosity despite 20 years of inbreeding in a clonal honeybee. Journal of Evolutionary Biology, 32 (2): 144-152.

Steiner W E, 2017. A scientific note on the arrival of the dwarf honeybee, *Apis florea* (Hymenoptera: Apidae), in Djibouti. Apidologie, 48 (5): 657-659.

Toth A L, 2017. To reproduce or work? Insect castes emerge from socially induced changes in nutrition—related genes. Molecular Ecology, 26 (11): 2839-2841.

Woyke J, Wilde J, Wilde M, 2016. Shape indexes of nests of *Apis dorsata* and *Apis laboriosa*. Journal of Apicultural Research, 55 (5): 433-444.

Zliobaite I, Fortelius M, Stenseth N C, 2017. Reconciling taxon senescence with the Red Queen's hypothesis. Nature, 552 (7863): 92-95.

（王丽华）

第二部分
蜜蜂遗传学基础

第四章　蜜蜂的细胞遗传学 >>

本章节主要介绍与蜜蜂育种有关的细胞遗传学知识，以便为新品种的选择培育打下理论基础，尤其是异常蜂鉴定、倍性育种和远缘杂交育种等。

第一节　蜜蜂的遗传学基础

蜜蜂是典型的单倍-二倍性昆虫，因此其遗传机制与二倍体生物的有所不同。所以，很多罕见的现象必须要用蜜蜂的遗传学机制来解释。

一、关于染色体的概念

作为遗传信息的主要载体，染色体的数目和形态特征具有物种的特异性，是近交或杂交育种的基础，也是育成种的鉴定（检测）指标。

1. 染色体的概念　染色体是细胞核内的遗传物质深度压缩形成的聚合体，易被碱性染料（例如龙胆紫和醋酸洋红）染成深色，故名染色体。染色体和染色质会不均匀地分布于细胞核中，是同一物质在细胞分裂期（呈圆柱状或杆状）和分裂间期（呈丝状）的不同形态表现，主要由脱氧核糖核酸（DNA）和蛋白质组成。由于染色体是核基因的载体，而线粒体内也有细胞质基因，所以染色体是遗传物质的主要载体，但不是唯一的载体。

2. 染色体的数目　在无性繁殖的物种中，生物体内所有细胞的染色体数目都一样。在有性繁殖的大部分物种中，生物体的体细胞含有两个染色体组，称为二倍体；生物体的性细胞（如精子、卵子）是单倍体，染色体数目只是体细胞的一半。

3. 染色体的形态特征　染色体在复制以后，两个染色单体纵向并列，只在着丝粒区域连在一起，而且着丝粒的位置是固定的。以着丝粒的位置可把染色体分为几种类型或几种形状。

（1）臂比值分类法。着丝粒在中间时（臂比值＝1.0～1.7），染色体的两臂长度大致相等，称为等臂染色体，又称为中着丝粒染色体；着丝粒偏在染色体一侧时（臂比值＝1.7～3.0），染色体两臂长度将不相等，称为不等臂染色体，又称为近中着丝粒染色体或亚中着丝粒染色体；着丝粒在染色体端部附近（臂比值＝3.0～7.0）或端部时（臂比值＞7.0），分别称为近（亚）端着丝粒染色体和端着丝粒染色体。

（2）字母分形法。以英文字母象形法对上面几种情况加以描述，如V形、L形、J和i形。

4. 染色体组型　染色体组型代表了一个个体、一个物种甚至一个属或一个更大类群的固有遗传特征，通常以体细胞里一整套的染色体数目和形态用某种符号来表示。例如：以阿拉伯数字1、2、3……为各个染色体编号，按长度、臂比值和着丝粒位置排列，以 n、$2n$ 分别表示配子和合子的染色体数目，以 x 表示基数，以 b 表示原始基数，以 $2x$、$3x$、

$4x$……表示多倍性，以 $2x+1$、$2x-1$……表示非整倍性。

5. 缢痕　着丝粒所在的地方为一个缢缩，所以又称初级缢痕。有些染色体上还有一个次级缢痕，也称为核仁形成区。次级缢痕的位置也是固定的，以其数量、位置和大小为区分特征。每种生物染色体组中，至少有一条或一对染色体上有次级缢痕，其上连着一个随体（端随体或中间随体）。

二、蜜蜂染色体组型的检验

蜜蜂的染色体组型分析最早采用雄蜂的组织，因为倍性问题直接影响着制作过程的复杂性和难易度。现在，随着设备和技术的完善，普遍采用二倍体的蜜蜂组织了。

（一）蜜蜂的染色体

波兰养蜂家齐从（1845）最先提出蜜蜂的孤雌生殖学说，也即蜜蜂的单倍-二倍性问题。后来，被德国的博物学家席博尔特（1856）用显微镜观察所证实，即西方蜜蜂的雄蜂卵里不含有精液。再后来，纳赫山姆（1913）的细胞学研究发现，雄蜂卵含有 16 条染色体，而工蜂卵含有 32 条染色体。

法伦霍斯特（1977）对大蜜蜂和小蜜蜂的雄蜂染色体组检测后发现，其单倍染色体数（n）都是 16 条，与来自西方蜜蜂和东方蜜蜂的单倍体雄蜂的染色体数目相等。

杨翠华等人（2012）对高加索蜂单倍体雄蜂进行染色体分型，结果表明，单倍染色体数 $n=16$，染色体臂数 $NF=32$，核型公式 $n=x=16=12\mathrm{m}+4\mathrm{sm}$。其中，中着丝粒染色体（metacentric chromosome，m）12 条，亚中着丝粒染色体（submetacentric chromosome，sm）4 条，亚端着丝粒染色体（subtelocentric chromosome，st）0 条，端着丝粒染色体（telocentric chromosome，t）0 条。

目前公认蜜蜂属蜜蜂正常个体的体细胞染色体数目在雌性是 32 条，为二倍体（$2n$）；在雄性是 16 条，为单倍体（$1n$）。

（二）蜜蜂染色体分型方法

将一组在形态和功能上各不相同却携带着能维持配子或配子体正常功能的最低数目的非同源染色体排列在一起，就组成了一个染色体组。

1. 蛹分型方法　比较传统的做法是，解剖蜜蜂蛹或成虫的某个组织，用秋水仙素预处理 2～3h，使之停留在细胞分裂的中期；用低渗的 0.075mol/L KCl 溶液研磨，静置，取上清，1 000r/min 离心 3～5min，沉淀团加固定液（甲醇：冰醋酸＝3：1）1～2μL 于冰箱中 0.5h，使染色体浓缩。涂片染色（乳酸地衣红），晾干镜检，测量每条染色体的 3 个参数：臂比值、着丝点指数和相对长度。根据着丝粒位置分类并排列好，拍照。

2. 卵分型方法　布里托和奥尔德罗伊德（2010）从工蜂或雄蜂巢房里采集蜂卵，将卵切成两半，放在低渗的秋水仙液（柠檬酸钠溶液中含有 0.005%的秋水仙碱）中，在一个干净的载玻片上孵育 40min。用刚制备好的固定剂Ⅰ（60%的 1：1 乙酸乙醇溶液，配方为冰乙酸 3mL＋99.5%乙醇 3mL＋蒸馏水 4mL）排出秋水仙液并让组织饱和，用两根解剖针将组织分离，并用固定剂Ⅱ（100%的 1：1 乙酸乙醇溶液，配方为冰乙酸 2mL＋99.5%乙醇 2mL，新鲜制备）排出固定剂Ⅰ。再用固定剂Ⅲ（100%冰乙酸）排出固定剂Ⅱ，用滤纸吸干。将载玻片干燥过夜，第二天用新鲜的吉姆萨溶液（3%在 Sorensen 磷酸缓冲液中，pH 6.8）染色，在室温下 15min。在光学显微镜下检查，并用蔡司高倍显微镜自带的 Olympus DP71 彩色相机拍照（图 4-1）。

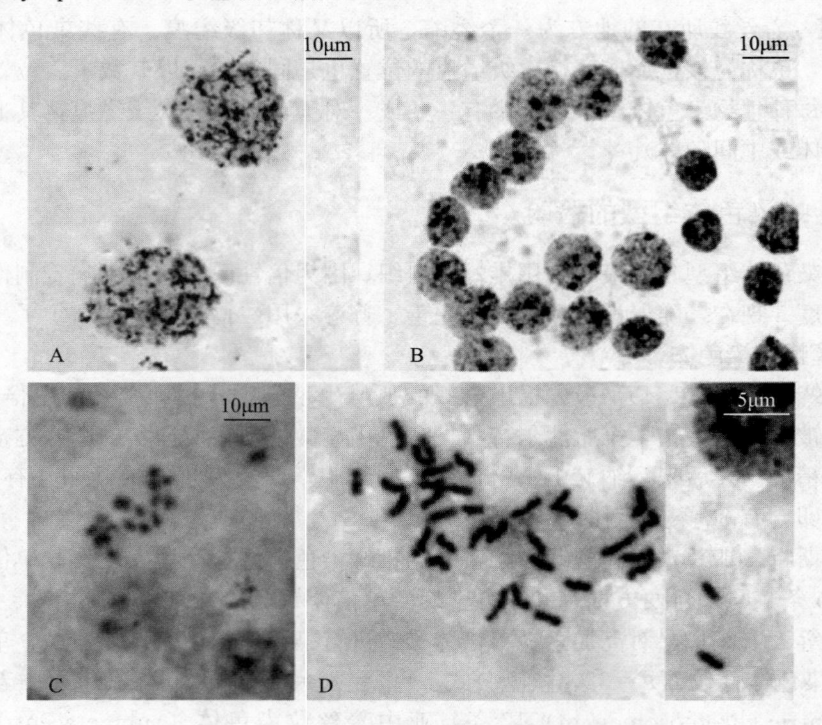

图 4-1　从不同日龄蜂卵中提取的核和中期细胞
A. 1 日龄　B. 2 日龄　C. 3 日龄雄蜂中期（$n=16$）　D. 3 日龄工蜂中期（$2n=32$）
（Brito and Oldroyd，2010）

三、染色体畸变的遗传效应

在自然条件、特定条件或人为干预下，生物体细胞内已有的稳定的染色体结构或恒定的染色体数目会发生一定程度的改变，这种变化可以在显微镜下直观看到，通常称为染色体变异，又称染色体畸变。主要分为 2 种：结构变异和数目变异。如果其中的任何一种发生，那么势必会产生新的染色体，影响着在原有的和新生的染色体上的部分基因的存在或排列，从而使原有的基因连锁群改变，进而影响着由那些相应基因所控制的一些性状。

（一）结构变异

一般来讲，染色体结构变异包括 4 种：缺失（deletion）、插入（insertion）、倒位（inversion）和易位（translocation）。其中，倒位和易位是染色体断裂转移产生的主要类型。倒位一般分为臂内和臂间，易位一般分为染色体内（也称移位，shift）和染色体间（也称转位，transposition）。染色体片段的单向和双向游走、拼接与倒接中，以易位的种类为最多，最终导致染色体移位重复、移位缺失和整条丢失，一般当代的表型正常，但配子形成时异常（后代流产或先天畸形）。

这样，由“染色体断裂→重接错误（重建、改组）→结构变异（缺失、插入、倒位、易位）→新染色体产生”的这么一个“先断后接”过程，染色体结构发生了变化，或者会带来长度的改变（如插入、易位），或者会带来数目的改变（如缺失），或者会带来形态的改变（如倒位）。于是，不同的遗传效应将会各自显现。但是，其遗传效应不见得都是不利的。

1. 缺失的遗传效应　缺失染色体通过雌配子传递；含缺失染色体的配子一般不育。

2. 插入的遗传效应　通常是重复性插入，扰乱基因的固有平衡体系。

3. 倒位的遗传效应　引起基因图矩的改变；杂合体连锁基因重组率显著下降；倒位环导致配子不活；部分杂合体不育；形成新种。

4. 易位的遗传效应　导致基因重排；引起染色体数目变异，引起表型畸变和育性下降，改变正常的连锁群；易位结合点附近的连锁基因重组率下降；非同源染色体上的基因表现出连锁现象（独立基因的假连锁现象）；配子半不育；形成变种和新种。

（二）数目变异

一般来讲，染色体数目变异共有两类：个别染色体的增加或减少，染色体组成倍地增加或减少。它们对于远缘杂交、杂种优势或劣势、伴性遗传或性状连锁等，都可能产生重大影响。其遗传效应有的可能致死（如增加或减少），有的可能不利（如倍减），有的可能有利（如倍增）。例如：如果体细胞在有丝分裂的过程中，染色体完成了复制，但是突然受到外界环境（如温度骤变）或内部紊乱的干扰，纺锤体的形成就会受到破坏，以致染色体不能被拉向两极，于是就形成染色体数目加倍的细胞。如果这样的细胞继续进行正常的有丝分裂，就可以发育成染色体数目加倍的组织或个体。多倍体在植物中很常见，在动物中比较少见，在蜜蜂上可见。

四、蜜蜂的基因组图谱

真核细胞中的一整套基因称为一个基因组，而一种生物全基因组结构的图谱就称为基因组图谱。通常因研究目的、方法和精度不同，所建立的图谱形式也不同，有基因连锁图谱、基因组物理图谱、核苷酸序列图谱、转录图谱等。好比是一张能说明构成每一个体细胞 DNA 的上亿个碱基对精确排列的“地图”，该图非常形象地把基因家族的各种基因描绘出来。

以前，人们一直沿用以黑腹果蝇（*Drosophila melanogaster*）可见突变标记绘制的连锁图谱进行蜜蜂的对应研究，没有以 DNA 标记绘制的连锁图谱更为详细和有更高的饱和度。后来，亨特和佩治（1994；1995）绘制完成了蜜蜂的连锁图谱（重组率大约为 52kb/cm）并定位了性位点，接着又利用随机扩增 DNA 多态性（random amplified polymorphic DNARAPD）标记绘制出与经济性状有关的蜜蜂数量性状位点及其标志物连锁图。

蜜蜂基因组测序中心（HGSC，2006）报告了西方蜜蜂的测序结果（图 4-2），其昼夜节律、RNA 干扰和 DNA 甲基化基因与脊椎动物更相似。此外，与其他已经测序的昆虫（如果蝇）基因组相比，蜜蜂早期发育路径基因是不同的，有较少的先天免疫、解毒酶、角质层抗体和味觉受体基因，有较多的嗅觉受体基因和利用花蜜花粉的新基因，这与其社会组织性相一致。

索里尼亚克等人（2007）绘制了蜜蜂基因（减数分裂的）图谱并描述了与物理图谱比较后得出的主要序列特征，该图谱饱和度很好，染色体都是从着丝粒到端粒区域的。在大约 40M（Morgans，摩尔根）长的序列上分布有 2 008 个标记，平均每 2.05cM（centiMo-

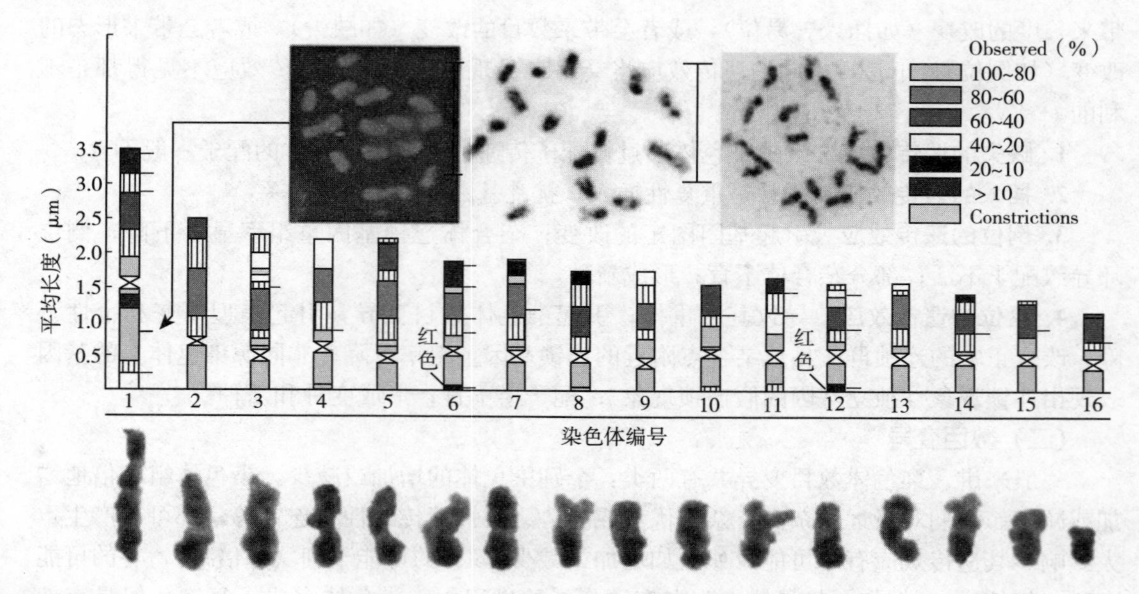

图 4-2　西方蜜蜂的染色体核型

方框表示二咪基苯基（DAPI）染色阳性（异染色质）的百分比（右上），它反映了异染色质带出现的先后时间；每条染色体右边的短横线代表由荧光原位杂交（左上）显示的细菌人工染色体；rDNA探针的结合位点用红色表示（如横轴上染色体 6 和 12 的短臂末端，请参见二维码）；最下面的染色体组型排列来自基因图谱和物理图谱（最上中间 2 个小图）

（HGSC，2006）

rgans，厘摩）就有一个标记。对于要被作图和组装的 186Mb（megabases，百万碱基）基因组来说，这相当于一个非常高的平均重组率（22.04cM/Mb）。蜜蜂减数分裂表现出一个沿染色体的（染色体内）和跨染色体的（染色体间）相对同质的重组率，染色体干扰的图矩高于由 Kosambi 作图函数（将重组率转换为遗传距离）推断的图距。

基因图谱（genetic map）是序列的必要伴侣，在没有一个好的可用于蜜蜂基因组计划的物理图谱（physical map）的情况下，一张减数分裂图谱（meiotic map）就是在染色体上规划组装序列的唯一资源，可以为全基因组测序工作提供一个工作框架或者草图，方便后人将用不同测序方法得到的序列不断地填充进去，并变得越来越丰富、越来越准确。蜜蜂基因组的基因序列长、物理图矩小、基因数量少和重组热点多等，都给基因分离及其关联分析带来很大便利，特别是还有基因组单倍型（单倍体雄蜂）的存在。

帕克等人（2015）使用从头（de novo）组装的方法，制作了东方蜜蜂的一个 238Mb 的基因组草图并生成了 10 651 个基因。

沃尔伯格等人（2019）使用了一种包含四个基因组测序数据作图技术的新方法来重新组装西方蜜蜂的基因组。具体做法是：首先，基于第三代基因测序技术测序库得到了许多由短读数（read）拼接产生的重叠群片段（contig）；其次，用极速的数据处理器将重叠群片段进行兼并，用单分子光学基因组图谱（BioNano）以及高通量染色体构象捕获（Hi－C）测序互作图，搭建起骨架（scaffold）序列；最后，由遗传连锁图加以补充。结果与先前的基于桑格测序读数的组装相比，这个新组装明显更连续、更完整（每条染色体为一个 scaffold，每个 scaffold 仅有 3 个间隔），并且 Contig N_{50} 的值高出 100 倍（5.381Mb：

0.053Mb），还把98%以上的序列（基因功能待注释）都定位到染色体上了，对于改善基因模型、研究基因组功能、绘制功能性遗传变异图谱、识别结构性变异和比较基因组学等都具有实用价值。

王志龙等人（2020）使用单分子实时（single-molecule real-time，SMRT）测序和Hi-C基因组骨架技术，对东方蜜蜂基因组进行了染色体水平的组装。更新后的组装大小为215.67Mb，Contig N_{50}为4.49Mb，比之前的基于Illumina公司的版本提高了212倍。Hi-C骨架导致了占有97.85%组装基因组序列的16条假染色体的产生。与先前的版本相比，总共有10 741个蛋白编码基因被预测，有9 627个基因被注释。此外，有314个新基因被鉴定。

这样，经过科学家们的努力，已经将比较粗糙的染色体组型逐渐细化并落实到比较精致的基因组图谱上了，可为东、西方蜜蜂的育种学研究提供精确的序列信息。目前，抗病性和抗逆性是妨碍蜜蜂种群发展和蜂产品产量与质量提升的主要问题，解决这一问题的最好办法就是通过蜜蜂育种技术，选育出更加适宜在某种特定环境下生长的地方性或区域性新品种，而尽快破译蜜蜂以及其他近缘种的基因组则是帮助蜜蜂育种工作顺利开展的关键。因为比较基因组信息可以让我们了解缺失了哪些基因家族成员和与此同时增加了哪些基因家族成员，这些改变可能就是蜜蜂能够在这么广大的地区、面对各种复杂多变的气候环境还能够良好生长繁衍的关键因子。当前首要的目标就是利用蜜蜂基因组的Gigabase数据库，更好地理解蜜蜂的复杂行为和自然生物学，预测其未来的进化轨迹，以及将最新的技术以最有效、最快捷的方式引入蜜蜂育种工作当中。

第二节　蜜蜂的减数分裂

在胚胎发育的早期阶段，囊胚中的一些细胞会形成内细胞团。内细胞团中的一些细胞会“重新设定”成为胚胎干细胞（embryonic stem cells，ESC），具有发育成身体各种类型细胞的潜力，包括从中分化出的一部分原始生殖细胞（primordial germ cells，PGC）。这些始祖细胞（progenitor cells）是产生生殖细胞的早期细胞，会自动地朝着卵子或精子的前体细胞（卵原细胞或精原细胞）分化和发育。本节涉及蜜蜂的配子（卵子和精子）发生。配子细胞在形成时，各为子代提供一套基因组，也即提供等量的核DNA。由于减数分裂期间染色体有结构上的几种变异，因此各自所组成的雌雄配子必定具有遗传物质的多样性。

一、蜜蜂的卵子发生

雌性蜜蜂（蜂王和工蜂）卵巢中的卵原细胞（$2n$）经过吸收营养和增大胞体后变为初级卵母细胞，此时它仍为体细胞的染色体组型（$2n$）。初级卵母细胞进入细胞周期开始分裂，由于胞质的不均等分裂而形成了一个大的次级卵母细胞（$1n$）和一个小的第一极体（$1n$）。次级卵母细胞经过染色体复制后，仍然是不均等分裂的，形成一个小的第二极体和一个具有大卵黄的卵细胞。卵细胞经生长，分化成为成熟的雌性配子——卵子（$1n$）；第一极体偶尔获能再分裂为两个第二极体（$1n$）。最终，所有极体都退化，不参与受精活动。所以，一个卵原细胞，经过减数分裂Ⅰ和减数分裂Ⅱ，只形成1个具有功能的卵和3个不参与受精的极体。

但是，有时极体是参与受精的或者是不降解而独立发育的，这就为蜜蜂的嵌合体发生提供了可能；有时极体还会与卵子发生自体融合，这就是孤雌生殖产雌的物质基础，也可能是工蜂产二倍体雄蜂的物质基础。

二、蜜蜂的精子发生

与蜂王的卵巢发育知识相比，人们对雄蜂精巢（睾丸）的发育却知之甚少，尤其是雄蜂既有单倍性的个体，又有二倍性的个体。但是，在精子发生时，有一点是可以牢记的，即胞质分配不等量，配子产生不等数，配子形态不一样。

（一）单倍体雄蜂的精子发生

1. 精子发生的组织细胞学 电镜研究雄蜂睾丸的减数分裂细胞发现：精子发生期间仅进行一次细胞分裂，与正常的减数分裂的第二次分裂一致，但似乎发生了相似于正常的前期Ⅰ（prophase Ⅰ）的阶段。在拉戈等人（Lago et al.，2020）呈现的胚胎后睾丸发育和精子发生的组织学图谱中，已经在第1龄幼虫中可以区分开来构成每个睾丸的睾丸小管了，每个睾丸里都有超过150个睾丸小管。睾丸小管通过精原细胞的有丝分裂沿着它们的顶-基轴生长，最终形成生殖细胞群。减数分裂开始于雄蜂蜂子巢房被封盖时并以红眼蛹中出现精子细胞而结束。随后，精子形成发生，所有的精子都在成虫羽化前形成。

2. 精子发生的过程 蜜蜂精子发生在雄蜂精巢的精小管内。精原细胞经活跃分裂，繁殖增生，部分细胞停止分裂后，胞体增大，形成初级精母细胞。在产生精子过程中，精母细胞进行的是一种特殊形式的减数分裂。初级精母细胞核膜完整，在减数分裂Ⅰ中，胞内不规则的核外纺锤体将细胞拉成椭圆形，形似胞间桥，末期只形成一个大的具有细胞核的次级精母细胞（$1n$）和一个小的只有细胞质的“质体”（$0n$）。也可以说是只有单极纺锤体，染色体全部移向一极，结果染色体数目并没有变化，只是细胞质分成大小不等的两部分：大的那部分含有完整的细胞核，是个正常的单价体（$1n$）；小的那部分只是一小团细胞质，是个无核的细胞质芽体，一段时间后将退化消失。减数分裂Ⅱ则是一次普通的有丝分裂，在含有细胞核的那团细胞质（次级精母细胞）中，成对的染色单体相互分开并复制，但胞质的分配不均等——含胞质较多的那部分（$1n$）进一步发育成精子，含胞质较少的那部分（$1n$）则逐渐退化或者再次获能后变态为精子。一个初级精母细胞（$1n$），经过“流产减数分裂Ⅰ和异常减数分裂Ⅱ”，最终产生1～2个精子（$1n$），而且精母细胞和精子都是单倍体细胞（$1n$）。蜜蜂精子发生的这种特殊减数分裂，也称“假减数分裂”。

3. 精子的形态 沃尔克（1983）测量过蜜蜂单倍体精子的长度，平均为242μm（221～270μm）。伦斯基（1979）曾对西方蜜蜂贮精囊内成熟精子进行电子显微摄影观察，并描述了精子的超微结构。精子具有一个镰刀形的头部和一个细长的尾部，头部具有核和顶体；尾部以轴丝贯穿和以纤维组成同行环，可起传导和收缩作用。里诺·内托等人（2000）发现西方蜜蜂精子鞭毛为自基向顶的渐锥型，与在广腰亚目（Symphyta）姬蜂总科（Ichneumonoidea）的蚁科（Formicidae）中观察到的类似，很可能是膜翅目昆虫的共性。

（二）二倍体雄蜂的精子发生

沃尔克和斯科夫罗内克（1974）对35只二倍体雄蜂蛹和15只单倍体雄蜂蛹的精子发生过程进行了比较，共统计25 013条染色体，测量1 200次精子发生。结果发现，二倍体的精母细胞比单倍体的精母细胞有两倍之多的和两倍之大的染色体。在中期Ⅰ（前中期）

染色体没有配对或分离，那时只形成一个胞质芽；在中期Ⅱ染色单体分离并在后期可以看到一个二倍体的染色体组。一个精母细胞只形成一个精子细胞和一个带染色质的质体，精细胞核的大小和质体的大小都是单倍体中的两倍。二倍体的精子发生过程与单倍体的精子发生过程极为相似，都没有染色体数量的减少，因而二倍体雄蜂产生二倍体精子。

乔德·内托（1977）用59只12～37日龄的塞内加尔蜂的二倍体雄蜂，测试刺激射精后精液的射出量。结果有13只射出了足够人工授精用的精液量，但只有3只（5%）能达到1mm^3。

第三节　蜜蜂的有丝分裂

由于受精时雌雄配子的结合是随机的，因此所组配的后代必定具有遗传物质的多样性（即使是同一双亲的）。个体只需在随后的有丝分裂中按照胚胎早期的细胞命运决定方向进行发育，即可表现出来父母亲本的独有特点和混合特点，这就在遗传的同时又出现了变异，继承中又有所发扬。本节所涉及的受精和卵裂以及生殖方式等方面的基础知识，有利于解释蜜蜂上孤雌生殖产雌和两性生殖产雄的特殊问题，也有利于理解同性嵌合（雌-雌嵌合体、雄-雄嵌合体）和异性嵌合（雌雄嵌合体）以及多倍体嵌合的问题。

一、常见的受精

受精是指雌雄配子相遇、精子附着、卵子激活和调整、精子穿越卵膜、父母原核形成、父母原核融合或联合成为一个合子（受精卵）的过程。

1. 配子相遇　若干个精子借尾部运动穿越卵子的放射冠，精子顶体释放透明质酸酶和神经胶质酶，消化并进入卵子外周的透明带。尽管可能会有数个或数十个精子成功抵达卵子表面，但通常只有一个精子（通常是最先接触卵黄膜的）能获准进入卵细胞内，随后卵子就会生理性发生阻止后续精子进入的透明带反应。即皮质颗粒外排，通透性发生调整，受精膜形成等，以确保受精卵正常分裂所必需的卵内的先行变化。

2. 配子融合　一般精子穿越卵膜时，是先附着后结合。其中，附着是疏松的，不受温度干扰，没有物种的专一性；结合是牢固的，易受低温干扰，具有物种的专一性。即：顶体内膜上的顶体蛋白（由原顶体蛋白转化而来）与卵表面的精子受体糖蛋白（特别是凝集素）发生物种特异性识别后，精子才获准进入。之后雌雄原核分别形成，分别复制各自的DNA，彼此结合成为受精卵，转入有丝分裂（卵裂）过程。

虽然有时经卵膜孔进入卵内的不止一个精子头部（精子核）都形成了雄原核，但只有其中一个雄原核与卵原核结合，其他纵然开始分裂，但终归停止在有丝分裂的初期，最后退化消失，可是在蜜蜂上会有异常的不降解或多精受精。在多数的真核生物中只存在母系的线粒体DNA（mtDNA）遗传，因为在受精期间精子尾部被留在卵外，里面的父系mtDNA无法进入受精卵的细胞质中，因此父系的线粒体疾病几乎不会遗传（除了有时会有少许渗漏以外），蜜蜂也不例外。

二、常见的卵裂

卵裂是指受精卵早期快速有丝分裂而形成许多小细胞的发育过程。基本上是细胞增殖过程，但也同时伴随着一定程度的卵内物质的重新分配。卵裂由细胞核分裂和细胞质分裂两部分组成，是奠定胚胎正常发育的基础。细胞核分裂是有丝分裂过程，细胞质分裂是细胞命运决定和效应基因发挥作用的过程。

（一）卵裂球时期

处于8细胞期前的卵裂子细胞称为卵裂球（blastomeres），是一些新生成的形态上尚未分化的胚胎干细胞。在那之后的卵裂球子细胞，称为分裂球。卵裂期间的细胞分裂与发育后期及成体的体细胞分裂相比，有一些重要的特点。首先，卵裂期间的细胞分裂仅仅是细胞数目的快速增加，而不伴随着细胞生长，因为间期很短。其次，由于没有细胞的生长，所以分裂球的核质比越来越大，后期的核质比一般接近于体细胞的核质比。第三，卵裂球的细胞核是等能的，但各自所含的物质（细胞质被分割成不同的部分）是不同的，所以，等能的细胞核处于不同的细胞质的影响之下，就被激发出不同的基因活动，从而就有不同的分化，将来就发育成不同的组织或器官。

（二）细胞命运决定

在生命的早期，胚胎细胞的命运按照分化中心（differentiating center）产生和细胞分化（cell differentiation）开始的顺序进行决定。

1. 分化中心 也称Nieuwkoop中心，是卵裂时具有背部中胚层诱导能力的植物极细胞在细胞质中产生的一个富含背前部形态发生决定子（morphogenetic determinant）或形态发生素（morphogen）或细胞质决定子（cytoplasmic determinant）的区域。在这个兼有动物极和植物极细胞质的胞质定域（cytoplasm localization）里含有早期的诱导信号，由于皮质转动（cortical rotation）以及动物极和植物极细胞质的混合，导致存在母源因子的植物极的卵裂球内部，在精子入卵点对面的背部化决定子被激活，进而将信号从一个细胞发送到另一个细胞。此时，如若让其本已分布不均一的诱导信号浓度梯度再有所改变，如胚胎被离心、被旋转或被注射，则可出现严重的“腹侧化”畸形，随即产生两个组织中心及两个体轴，最终形成“葫芦娃（huluwa，hwa）”突变体，也称联体双胞胎。

2. 细胞分化 是个相当复杂的过程，分为定型和分化两个阶段。

（1）定型（commitment）。是指细胞在分化之前的一个朝着某个特定方向发展变化的过程，并从中获得某种感应能力。定型的原因分为胞质隔离（cytoplasmic segregation）和胚胎诱导（embryonic induction），它们最终都引起基因的差异表达，启动早期胚胎发育的不同信号调节途径，但胚胎诱导的定型发生在特定裂球受到近旁裂球的影响之后。定型期间还涉及细胞特化（cell specification）和细胞决定（cell determination）两个时相，都发生在感应能力获得之后，二者表型上无差异或相近，但主要的区别在于细胞是否脱离分裂周期，是否丧失分裂能力，是否自主发育命运，是否可逆和可调形态分化。定型的模式分为镶嵌型发育和调整型发育，通常镶嵌型发育（细胞的自主特化）主要在无脊椎动物中，而调整型发育（细胞的有条件特化）主要在脊椎动物中，但是镶嵌型发育和调整型发育之间无绝对的界限。如昆虫的胚胎发育就既有镶嵌型又有调整型；蜜蜂的卵在产出后的某个时间点前后就分别有调整型和镶嵌型两种特化发育。

（2）分化（differentiation）。是指卵裂后未定型的胚胎细胞由原来较简单的同质化可塑态向着后来较复杂的异样化稳定态转化，在化学上和形态上向专一性和特异性方向发生任何适度的永久性变化的发育过程。它实际上由基因的调控所致，正是有了基因的差异性表达，不同细胞才具有了不同的转录组和蛋白质组，已分化细胞才不仅具有一定形态，还能合成特异性产物，行使特定的功能。根据功能的不同，分化了的细胞选择性地结合并形成执行特定功能的细胞群，从而形成了不同的组织和器官。

定型和分化是两个互相关联的过程，组织或器官原基必须获得定型，然后才能向预定的方向发育。分化和特化也是两个互相关联的过程，分化是特化的基础，特化是分化的结果，相同细胞的后代必须先在形态、结构和生理功能上发生稳定性差异，然后分化的细胞才能最终表现为不同的组织结构和特有功能。其间可能存在也可能不存在时相重叠，视胞质隔离和胚胎诱导的程度而定。

（三）效应基因及其他

越来越多的研究发现，遗传不仅仅靠核内基因，往往核外基因也有不可估量的作用，这大大地颠覆了古老生物学、传统遗传学等经典学科概念。不过，还是有很多亲本的表观遗传信息在受精之后都被擦除了，只有少部分会被保留下来并发挥重要作用。

1. 母体效应基因（maternal effect gene）是产生母体影响的基因，属于胞质基因、核外遗传的范畴，编码的基因往往是一些转录因子、受体或翻译调节蛋白等，在早期胚胎的模式形成中起着关键作用。母体效应基因有两大功能：将受精卵分裂为生命体（胎儿）和支持生命体发育的基本成分（胎盘）；由于有这些基本成分的存在，就为受精卵提供了有关如何构建活生物体的指导，进而将受精卵的分裂分化固定为生命体形态的布局分区。如果突变，将会产生“大头儿”和“小头儿”的异常个体。

根据定义，母体效应属于非基因效应，具体表现为母体的表型会影响后代的表型，也即有时能增强、有时也能减弱母亲及其后代的适应能力。这一效应无法用母体等位基因的传递来解释，但可以通过母体对其后代的多种影响途径来实现，包括隔代表观遗传、卵细胞结构的变化、母亲对产卵或产子的地点选择、后代在母体内的发育生长环境、后代将经历的环境改变以及后代出生后的生理和行为的相互作用等。其中，一些代表着生殖投资策略，以能够增强繁殖成功率为目标；另一些则是母亲特征对后代发育产生的有害影响或消极后果，包括母体中毒、母体患病、母体衰老等。

2. 父体效应基因（paternal effect gene）在一些物种中，精子中表达的基因提供了不能由卵子替代的重要的发育信息，这些基因被称作父体效应基因。事实上，在有性生殖的物种中，父体效应可能与母体效应一样普遍。一些母体效应和父体效应似乎是作为帮助后代在最可能遇到的生存环境和生活方式中取得优势的手段演化出来的，为后代做好出生前准备。虽然有时亲本的预期效应可能会发生误伤，但总体而言，这些效应已经受到自然选择的青睐。

3. 合子基因组激活（zygotic genome activation，ZGA）受精后胚胎基因组没有新的基因表达，在经过一段时间后，才从“睡眠模式”被“唤醒”并开始同时表达成百上千个基因。这种胚胎基因组觉醒的现象是胚胎由母体控制转交给合子控制的过渡性标志，是母源-合子转换（maternal-to-zygotic transition，MZT）过程中伴随着母源 RNA 和蛋白质的降解而出现的，被称为合子基因组激活。它遵循着一种独特的空间模式，由个体细胞而不是整个胚胎来分阶段启动、发生并完成。试验发现，在 ZGA 起始时，胚胎中只有一小部分细胞开始大规模转录，这些活化的少数细胞位于胚胎的顶部，即动物极。随着胚胎持续分裂，越来越多的细胞沿着动物极直到植物极（胚胎底部）开始转录。这种单细胞分级激活决策不是由胚胎发育的特定时间（“计时器”假说，Newport and Kirschner，1982）或细胞分裂的特定次数（“计数器”假说，Lu et al.，2009）来做出的，而是由每个细胞大小是否达到一个阈值（“计量器”假说，Satoh and Ikegami，1981）所主导的。

在同一胚胎内不同细胞的基因组分级激活，有助于人们理解多细胞生物在时空（时间发生节点和持续发生环境）上选择特异性的细胞大小作为控制本物种胚胎发育关键转折事件和全能性形成的进化学意义，也为早期胚胎发育的基因调节提供了可能，为促进体外培养胚胎的发育开辟了一条新路。已有研究表明，在 MZT 转换期，多种表观遗传调控因子可唤醒基因组进行转录。如：增强子的去记忆化、启动子“擦除-重写”模式的预开启、母源 mRNA 出核后的甲基化（m^5C）修饰等。

三、蜜蜂的卵裂

蜜蜂是单倍-二倍性生物，雌原核（单倍体核）或雌雄原核融合（二倍体核）后的卵裂，只是进行核分裂，而无细胞膜形成，卵裂球保持紧密结合。在细胞膜形成之前，卵内核经历了同步的有丝分裂。

（一）卵裂的过程

此过程用卵裂的时间效应、方向效应和位置效应来阐述。

1. 时间效应 蜜蜂卵（受精的或未受精的）的定型模式介乎于调整型卵和定型卵（或镶嵌型卵）之间，但卵被产出 2h 是个关键的时间点。余和欧姆豪特（1999）用荧光显微镜观察从精子穿透卵子到受精卵形成的行为、母原核的发育和第一、第二次卵裂时发现，蜜蜂精子入卵时间在卵子产出之前，那时已有 4～12 个精子穿过卵膜，但只有1～7个精子会从卵黄膜下的初始位置移动并进入细胞质。在卵被产出时，卵母细胞核通常处在减数分裂的中期Ⅰ（此前报道为后期Ⅰ）。过了（26±2.5）min 后，减数分裂过程进入中期Ⅱ；到（55±2.6）min 时，父原核和母原核形成；在（93±7.3）min 时，父母原核发生融合；在（119±6.5）min 时，受精卵的有丝分裂（卵裂）结束。

2. 方向效应 蜜蜂卵裂的方向为先经裂（纵裂）后纬裂（横裂），即卵裂面（或者称卵裂沟）平行于卵子动植物极轴而垂直于卵子赤道面的是经裂，例如第 1、第 2 次的卵裂；卵裂面垂直于卵子动植物极轴而平行于卵子赤道面的是纬裂，例如第 3 次的卵裂。蜜蜂的卵裂属于不完全卵裂，从第 4 次卵裂起，在胚盘中央发生盘状纬裂，在卵表周围发生环状经裂。由经裂而来的植物极卵裂球，沿赤道板进入后端的，含有极质，不发生染色体消减（chromosome diminution or elimination），形成生殖细胞；由纬裂而来的动物极卵裂球，沿子午线分布在卵表四周的，发生染色体消减，形成体细胞。

3. 位置效应 由于蜜蜂卵的细胞核位于卵的中央（偏位于动物极），而卵黄也集中于卵的中央（偏位于植物极），这样核早期的卵裂就只能在卵黄内的原生质岛中进行，致使一些分裂面不能在卵黄但却能在胞质中完全通过，所以多次分裂后，卵裂环最终均位于卵的表面或偏离中央的侧面，其卵裂方式就成为表面裂或不全裂（偏裂）。蜜蜂受精的和未受精的卵在卵表的不同位置开始卵裂。当雌原核遇上雄原核时，合子核就从卵子腹面开始第一次分裂；当雌原核遇不上雄原核时，雌原核就从卵子腹面跃迁到背面，在卵背面开始第一次分裂。西方蜜蜂雌性卵（二倍体）从产下到孵化需要（71.4±1.2）h，雄性卵

(单倍体或二倍体)需要多3h左右。蜜蜂胚盘表面的细胞位置与其随后发育的结果有直接的关系，米尔恩和罗森布纳(1983)曾绘制过较为详细的蜜蜂胚层原基分布图。

(二)卵裂的利用

在卵裂发生前(卵子发生)、卵裂发生中和卵裂发生后(胚胎发育)，提取卵裂球来活检以确认受精卵的双亲来源和胚胎的发育走向，免于对成年蜂王的综合测试与筛选；提取卵裂球来移植以完成卵裂的破坏修复实验，利于对液氮贮存的全能性胚胎核的推广使用，将是实现良种个体胚胎工厂化生产的又一有效途径。但其样本采集方式对胚胎是有创伤的，可能会引起胚胎发育各节点时间的延长和表观遗传修饰的异常等不利影响。

1. 极体活检 由于极体来源于卵母细胞，所以仅能对母源性的染色体异常进行分析。已知极体与胚胎的最终发育无关，且无功能，故可分两次取之作为活检材料。减数分裂Ⅰ时排出的第一极体，可在24h内进行PCR或FISH检测，从中确定卵子的基因型；减数分裂Ⅱ时排出的第二极体，可通过杂合子极体，检测单基因遗传病。在蜜蜂上，这类样本可以是产雌性卵的工蜂(尤其是海角蜂)，也可以是处女蜂王、产卵蜂王和老蜂王。

2. 卵裂球活检 由于卵裂球带有父母亲本全套的基因组，所以可用PCR或FISH方法进行比较全面的检查，包括线粒体遗传病筛查。但需要注意的是，对于嵌合体胚胎，单个卵裂球的检测可能无效。虽说卵裂球具有全能性，移出一个或两个用于活检不会影响胚胎的进一步发育，但要掌握适当的时机，尤其不能过早，因为那时胚胎的卵裂球还较少，相对地单个卵裂球含有的核质更多一些(图4-3A)。否则，会刺激分化中心指导剩余胚胎加紧生成新的卵裂球，这对胚胎的储能耗损较大，会降低胚胎的发育潜能，会增加较小个体发生的风险。但也不能过迟，会增加异常个体产生的风险。在蜜蜂上，这个操作的可行性最强，样本可以是受精的二倍体卵，也可以是核移植或胞质互换后的受精卵，还可以是未受精的单倍体卵。

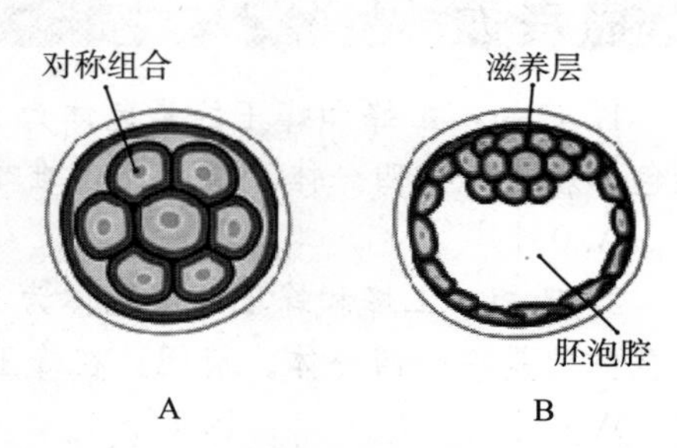

图4-3 卵裂球和滋养外胚层活检
A. 卵裂期胚胎 B. 囊胚

3. 囊胚期活检 卵裂球继续分裂进入桑葚期，尔后，卵裂球向周边分布，形成中空的囊胚。这一时期的活检也称滋养外胚层活检，是用显微操作法吸取5～10个卵裂球来进行的(图4-3B)。优点是无碎片也无降解细胞，不影响以后组成胚胎的内细胞团，故不会累及胚胎发育。如：从处于前囊胚期的西方蜜蜂胚胎(8.5～9.0h)前部，提取少量的卵细胞质进行活组织检查后，几乎60%的晶胚仍可孵化成幼虫，45%的这些幼虫仍能羽化成蜂王，甚至取出高达80%的胞核物质后仍不会引起其在成虫蜂王上任何形态学的或行为学的异常，但超出这个数目，胚胎的存活率快速下降。

通常，在卵裂期，胚胎嵌合体发生率较高，而嵌合体囊胚包含两种及以上不同染色体成分的细胞系，因而对这些取样细胞进行活检，能保证做出比较全面的筛查和具有较高的可信度。在蜜蜂上，这类样本既可以是未受精卵，也可以是受精卵，以对远缘杂交的配子亲和程度检测最为直接。

知识点补缺补漏

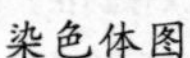
染色体图

胞质隔离

Contig N_{50}

端粒

延伸阅读与思考

卵裂的类型

调整型发育与镶嵌型发育

染色体镶嵌与线粒体镶嵌

半同卵双胞胎

思考题

1. 已知：工蜂和蜂王的染色体为 $2n=32$，雄蜂的染色体为 $n=16$，一对联会的同源染色体就是一个四分体。请问：在雄蜂的精子形成过程中，能出现几个四分体？（　　）

A. 0 个　　B. 4 个　　C. 8 个　　D. 16 个

2. 已知：工蜂和蜂王的染色体为 $2n=32$，雄蜂的染色体为 $n=16$，一对联会的同源染色体就是一个四分体。请问：在蜂王的卵子发生过程中，能出现几个四分体？（　　）

A. 0 个　　B. 4 个　　C. 8 个　　D. 16 个

3. 蜜蜂在进行减数分裂时，染色体数目不减半的是（　　）。

A. 工蜂　　B. 二倍体雄蜂　　C. 蜂王

4. 想一想蜜蜂上的“大头儿”和“小头儿”的异常个体，可以在生产上有什么用？

参考文献

Chen H，Einstein L C，Little S C，et al.，2019. Spatio-temporal patterning of zygotic genome activation in a model vertebrate embryo. Developmental Cell，49（6）：852-866.

Jukam D，Shariati S A M，Skotheim J M，2017. Zygotic genome activation in vertebrates. Developmental Cell，42（4）：316-332.

Lago D C，Martins J R，Dallacqua R P，et al.，2020. Testis development and spermatogenesis in drones of the honeybee，*Apis mellifera* L. Apidologie，51（2）：935-955.

Wallberg A，Bunikis I，Pettersson O V，et al.，2019. A hybrid de novo genome assembly of the honeybee，*Apis mellifera*，with chromosome-length scaffolds. BMC Genomics，20（4）：275.

Wang Z L，Zhu Y Q，Yan Q，et al.，2020. A chromosome-scale assembly of the Asian honeybee *Apis cerana* genome. Frontiers in Genetics，11（2）：279.

Yan L，Chen J，Zhu X，et al.，2018. Maternal Huluwa dictates the embryonic body axis through β-catenin in vertebrates. Science，362（6417）：eaat1045.

Yang Y，Wang L，Han X，et al.，2019. RNA 5-methylcytosine facilitates maternal-to-zygotic transition through preventing maternal mRNA decay. Molecular Cell，75（6）：1-15.

Zhang B J, Wu X T, Zhang W H, et al., 2018. Widespread enhancer dememorization and promoter priming during parental - to - zygotic transition. Molecular Cell, 72 (4): 673 - 686.

Zhang M, Skirkanich J, Lampson M A, et al., 2017. Cell cycle remodeling and zygotic gene activation at the mid - blastula transition. Advances in Experimental Medicine and Biology, 953: 441 - 487.

（王丽华）

第五章 蜜蜂的性别决定与行为遗传 >>

在蜜蜂上，不同性别、同一性别不同级型或者有王群和无王群中雌性级型的个体，其行为表现是完全不同的。这与发育生物学中的配子发生和胚胎发育理论息息相关，从配子（精子和卵子）发生到胚胎发育的生命过程里，重点是基因在何时被激活、基因产物在何时起作用、基因产物在不同水平上如何起作用以及基因产物在何处表现作用结果等。

第一节 蜜蜂的性别决定与级型确定

蜜蜂个体发育的开始是卵（受精的和未受精的）经过卵裂、囊胚形成、原肠形成、器官形成等一系列变化后，逐渐发育为成体。这其中包含许多发育过程，最受关注的当属性别决定和级型确定。

一、蜜蜂的性别决定

昆虫的性别决定是发育和进化生物学以及动物行为学的一个重要研究领域，而膜翅目的蜂类又都是雌性二型和单倍-二倍性的，因此其性别决定机制一直都受到关注。

（一）蜜蜂性别决定理论的发展史

布里吉斯（1932）在研究果蝇的性别决定时提出了基因平衡学说，随后就有人将它套用在蜜蜂上，但是有些解释不通。怀廷（1933）在研究膜翅目寄生性麦蛾茧蜂（*Bracon hebetor*）时提出了互补性性别决定假说，并在1943年证明了蜜蜂和麦蛾茧蜂一样有性别决定的单个位点（X）系统，性别是由复等位基因中的一对决定的，杂合为雌，纯合或单个为雄。

麦肯森（1951）用兄妹交配（处女王和雄蜂都由同只蜂王产生）实验，发现蜂群内有一半的封盖子是“插花子脾”，推测是性位点纯合导致的二倍体雄蜂卵无法孵化而产生的。沃尔克（1963）证明“插花子脾”留下的空巢房是由于幼虫在孵化后几小时内被工蜂吃掉所造成的。沃尔克（1986）把孵化后72h以内的幼虫移出蜂箱，放在CO_2孵箱中人工饲喂，结果幼虫发育成为可存活的但无生殖力的二倍体雄蜂（组织学是雄性，细胞学是二倍体）。亚当斯等人（1977）通过检测西方蜜蜂幼虫的性表型，获得了二倍体雄蜂数据，进而估计了性等位基因数（18.9个）和蜂王的交尾数（17.3个）（图5-1）。

（二）蜜蜂性别决定基因的研究史

1. 性位点基因的发现 亨特和佩奇（1994）让单雄授精蜂王的子一代进行兄妹交配，得到二倍体雄蜂（在X位点是纯合的）和蜂群低幼虫存活力性状。提取父系的那些单倍体雄蜂DNA，用相同引物进行扩增，结果有多只雄蜂共享一个RAPD标记片段。将这个片段克隆并部分测序后，再针对它的序列标签位点（sequenced-tagged site，STS）设计

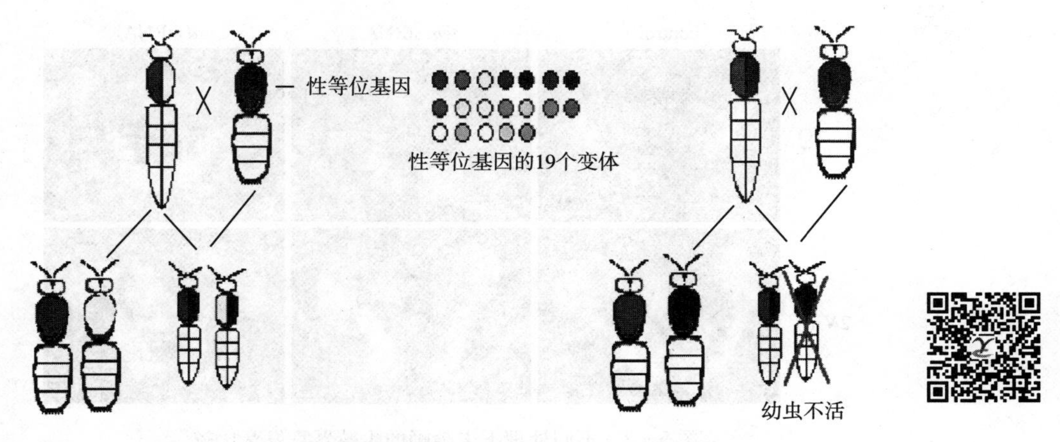

图 5-1　蜜蜂的性等位基因 *csd* 至少有 19 个复等位基因
一种颜色代表一个复等位基因（颜色可见二维码）；×表示蜂子不可活

特异性引物，结果也扩增出了那个标记片段，显然 RAPD 和 STS 标记是共分离的。再用另一组与低幼虫存活力蜂群后代一致的蜜蜂进行分离测试，结果二倍体雄蜂的这些标记都是纯合的，工蜂的这些标记几乎都是杂合的（3/181 除外），因此算出位点间的基因连锁图矩（RAPD-STS 1.6cM，X-STS 6.6cM）。哈塞尔曼等人（2001）用精细比例尺作图法分离蜜蜂的互补性性别决定基因（complementary sex determiner，*csd*），用染色体步移法分离出这个性位点区域。

2. 性位点周围基因的发现　拜厄等人（2003）用 RNAi 实验证实 *csd* 基因有 11～19 个复等位基因，编码一个富含精氨酸-丝氨酸活性的 SR 蛋白或无活性的 CSD 蛋白，杂合时开启雌性发育，纯合/半合时默认雄性发育。拜厄（2004）发现，*csd* 等位基因的性别决定机制在膜翅目一些昆虫（黄蜂、叶蜂、蚂蚁、蜜蜂）中早已明确，但在蜜蜂中却是最近才被鉴定的。哈塞尔曼和拜厄（2006）发现，在性别决定位点（sex-determining locus，SDL）周围，*csd* 的内多态性和重组率都相当高。格丕等人（2009）发现，基因 *fem*（feminizer，雌性化）位于 SDL 上，比较保守，编码产物也属于 SR 蛋白类型，当转录本的外显子部分拼接时，就转录出 1 个完整的开放阅读框，并翻译成活性蛋白（含 403 个氨基酸），启动雌性发育；当转录本的外显子完整保留时，因为里面包含 1 个终止密码子，转录就提前终止，无法产生功能性蛋白，开启雄性发育。杂合的 *csd* 通过指导 *fem* 的 mRNA 来诱导雌性通路，并使得对 *fem* 的抑制决定由 *fem* 的正反馈拼接回路所控制和在双性者的镶嵌结构中维持（图 5-2）。尼森等人（2012）发现，*Am-tra2* 基因是果蝇变形基因 *tra2*（transformer 2）在蜜蜂上的一个直系同源物，是 *fem* 和 *Am-dsx*（double sex，双性基因）转录本在雌性剪接上的一个重要组分，其转录本的剪辑可变但却是非性别特异性的，可翻译成 6 个蛋白亚型，全部共享基本的 RNA-结合域/RS 结合域结构。RNAi 表明，*Am-tra2* 基因可以作为 *fem* 前体 mRNA 剪接的基本调节子，在 *fem* 的雌性或雄性可变剪辑中必须存在。

（三）蜜蜂性别决定理论的实践意义

蜜蜂的性别是由 *csd* 基因位点上的一对等位基因所决定的，纯合时就发育成雄性，杂合时则发育成雌性。未受精卵是单倍体，在 *csd* 位点上就相当于纯合的，所以发育成雄蜂。

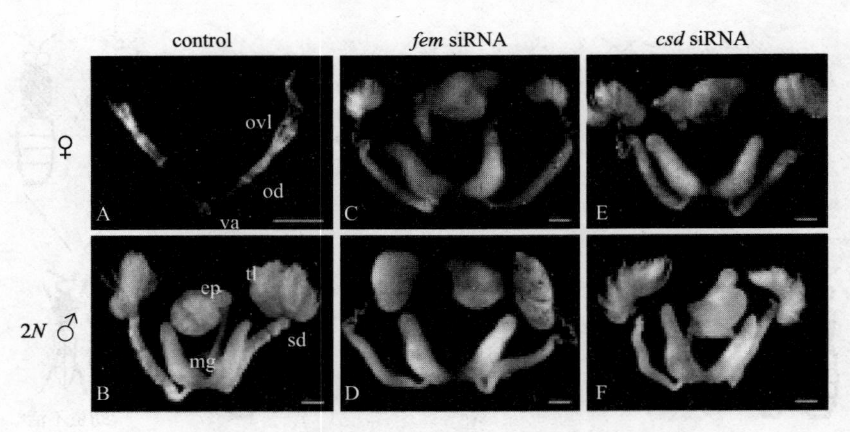

图 5-2 不同处理下末龄蛹的生殖器官发育比较

A. 工蜂正常发育的卵巢、侧输卵管（od）和阴道（va），卵巢由不多于 5 条的卵巢小管（ovl）组成 B. 二倍体雄蜂正常发育的睾丸、射精管（sd）、黏液腺（mg）和内阳茎（ep），睾丸由几百个高度折叠的精小管（tl）组成 C 和 E. 分别注射了 *fem* siRNA 或 *csd* siRNA 的雌性上出现的雄性生殖器官，C 的睾丸体积缩小，仅由几条缩短的精小管组成；E 的睾丸体积和结构正常，似乎与 B 中的等大 D 和 F. 分别注射了 *fem* siRNA 或 *csd* siRNA 的雄性上出现的正常分化的生殖器官

刻度棒 1mm，乙酰-安赛因（aceto-orcein）染色

(Gempe et al.，2009)

根据这个理论，在蜜蜂育种和养蜂生产的实践中，蜜蜂亲本的杂交组配式可以理解为：一只蜂王（csd^1csd^2）与一只无血缘关系的雄蜂（csd^3）交配，所产生的受精卵后代在性位点上都是杂合的（csd^1csd^3、csd^2csd^3），所以都是雌性蜂。同样，蜜蜂亲本的近交组配式可以理解为：一只蜂王（csd^1csd^2）与一只有血缘关系的雄蜂（csd^1）交配，所产生的受精卵后代在性位点上有一半是杂合的（csd^1csd^2），有一半是纯合的（csd^1csd^1），所以雌雄性各半。这种情况也可能发生在杂交的 F_1 组配里，即：姐妹处女王与它们的兄弟交配（简称兄妹交）或与亲本之一回交（简称母子交或女父交）。由于二倍体雄蜂的幼虫存活率为 0%，所以一半蜂王的受精卵发育成的幼虫存活率为 100%，另一半蜂王的受精卵发育成的幼虫存活率为 50%。

请注意，这只是以最简单的蜂王交配形式为例来阐述其幼虫存活率，而实际上每一只蜂王的自然多雄交尾结果都比这个要复杂得多，里面会含有不等量的近亲雄蜂，这样，每一只蜂王所产生的幼虫存活率都是不同的。可见，交尾王的后代存活率除了父本雄蜂的血缘影响最大以外，还有参与交尾的雄蜂数量。因此，可以用这个理论来指导并进行如下的工作。

1. 标记蜂王的交尾类型 蜂王的交尾类型指的是用具体的符号系统来对近亲交尾加以标识，让内行人一眼就能粗略地推断出在隔离交尾场的蜂王自由交尾（或父本使用）情况和预测其后代工蜂的存活率。理论依据就是，已知蜂王所有交配类型的概率分布可用二项式 $Q=(p+q)^k$ 表示。这里，p 为蜂王所携带的性等位基因数占群体总性等位基因数的比率；q 为群体中剩余（除去蜂王所携带）的性等位基因数占群体总性等位基因数的比率；k 为交配次数，也即与该只蜂王成功交配的雄蜂总数（因为雄蜂交配的一次性）。因为一只蜂王只具有全部性等位基因（N 个）中的 2 个，所以当蜂王与跟它具有相同性等位基因的某只雄蜂交配时，属于 2 个等位基因间的交配（biallelic mating)，也称同质交配，$p=2/N$；当蜂王与跟它具有不同性等位基因的某只雄蜂交配时，属于 3 个等位基因间的交配（triallelic mating)，也称异质交配，$q=(N-2)/N$。于是，$Q=(p+g)^k$ 可以写为：

$$\begin{aligned} Q &= \{(2/N)b+[(N-2)/N]t\}^k \\ &= C_k{}^y[(2/N)b]^y\{[(N-2)/N]t\}^{k-y} \\ &= [k!/y!(k-y)!][(2/N)b]^y\{[(N-2)/N]t\}^{k-y} \end{aligned}$$

式中，b 为同质交配次数；t 为异质交配次数；k 为参与交配的雄蜂总数；y 为参与同质交配的雄蜂数；$k-y$ 为参与异质交配的雄蜂数；$k\geqslant y$，$N\geqslant 2$。

由这个等式，可以在不同的前提下，得出几种结论。

(1) 当交配次数（k）一定时，蜂王可有几种交配类型。上式先不考虑前面的系数，将有：

$$\begin{aligned} Q &= \{(2/N)b+[(N-2)/N]t\}^k \\ &= b^k+b^{k-1}t+b^{k-2}t^2+b^{k-3}t^3+b^{k-y}t^y+\cdots+b^yt^{k-y}+b^2t^{k-2}+bt^{k-1}+t^k \end{aligned}$$

也就是说，交配次数（k）固定不变的前提下，蜂王的同质交配次数和异质交配次数都是可变的，都有一定的概率。就单只蜂王而言，只有同时也固定了同质交配的次数，蜂王的交配类型才能彻底固定。例如：当一只蜂王与雄蜂交配 7 次（$k=7$），其中同质交配 3 次（$y=3$）时，则这只蜂王的交配类型 $Q=\{(2/N)b+[(N-2)/N]t\}^k=C_k{}^y[(2/N)b]^y\{[(N-2)/N]t\}^{k-y}$ 可以记为：b^3t^4。因为同质交配的幼虫存活率为 50%，异质交配的幼虫存活率为 100%，所以，它所产生的幼虫存活率

$$\begin{aligned} S &= [0.5y+1.0(k-y)]/k\times 100\% \\ &= (0.5\times 3+1.0\times 4)/7\times 100\% \\ &= 78.57\% \end{aligned}$$

但是，在一个蜂场里面，出现这种交配类型蜂王的概率有多大呢？这就需要知道全蜂场里总共有多少个性等位基因数了。当一个蜂场中拥有的性等位基因数 $N=10$（为便于计算）时，产生交配类型为 b^3t^4 蜂王的概率为：

$$\begin{aligned} Q &= [k!/y!(k-y)!][(2/N)b]^y\{[(N-2)/N]t\}^{k-y} \\ &= [7!/3!(7-3)!][(2/10)b]^3\{[(10-2)/10]t\}^{7-3} \\ &= [7\times 5](1/5^3)(4^4/5^4)b^3t^4 \\ &= 0.115b^3t^4 \end{aligned}$$

也就是说，有 11.5% 的概率。当在一个蜂场中拥有的性等位基因数 $N=20$ 时，产生交配类型为 b^3t^4 蜂王的概率为：

$$\begin{aligned} Q &= [k!/y!(k-y)!][(2/N)b]^y\{[(N-2)/N]t\}^{k-y} \\ &= [7!/3!(7-3)!][(2/20)b]^3\{[(20-2)/20]t\}^{7-3} \\ &= [7\times 5](1/10^3)(9^4/10^4)b^3t^4 \\ &= 0.023b^3t^4 \end{aligned}$$

也就是说，有 2.3% 的概率。这样，在一个群体中，每只蜂王与雄蜂交配的总数 k 不变且同质交配数 y 也不变时，则总的性等位基因数 N 越大或越小后，所产生同一交配类型蜂王的概率会减少或增加。

(2) 当总的性等位基因数 N 一定时，蜂王交配类型随交配次数增加而增多。先不考虑前面的系数，将有：

$$Q=\{(2/N)b+[(N-2)/N]t\}^k$$
$$=b^k+b^{k-1}t+b^{k-2}t^2+b^{k-3}t^3+b^{k-y}t^y+\cdots+b^yt^{k-y}+b^2t^{k-2}+bt^{k-1}+t^k$$

交配1次（$k=1$）时，可能有2个类型（b 或 t），幼虫存活率要么为50%，要么为100%；交配2次（$k=2$）时，有3个类型（b^2，bt，t^2），幼虫存活率分别为50%、75%和100%；交配3次（$k=3$）时，有4个类型（b^3，b^2t，bt^2，t^3），幼虫存活率分别为50%、67%、83%和100%……交配 k 次就有 $k+1$ 个类型（b^k，$b^{k-1}t$，$b^{k-2}t^2$，$b^{k-3}t^3$，$b^{k-y}t^y$，…，b^yt^{k-y}，b^2t^{k-2}，bt^{k-1}，t^k）。也就是说，总的性等位基因数固定不变但蜂王的总交配次数有变时，则随着交配次数的增加，同质（b^k）和异质（t^k）交配类型蜂王的出现概率会逐渐减少，而混合交配类型蜂王（$b^{k-1}t$，$b^{k-2}t^2$，…，$b^{k-y}t^y$，b^yt^{k-y}）的出现概率会逐渐增多。这样，在一个群体中，当总的性等位基因数 N 一定，与蜂王交配的雄蜂数 k 变大（或变小）时，产生极端交配类型蜂王的概率会减少（或增多），群体总的幼虫存活率会增加（或下降）。

(3) 当交配次数等于总的性等位基因数（$k=N$）时，群体中幼虫存活率计算公式由此推导出来。即：

$$S\%=[(N-1)/N]\times100\%$$

式中，$S\%$ 为群体的幼虫存活率；N 为群体中性等位基因数。

2. 指导蜜蜂引种实践 如果由这个幼虫存活率公式作图，则在群体中，当性等位基因数从1增加到5时，幼虫存活率的增幅是陡峭的（每增加一个等位基因，存活率即增加5%～17%）；当性等位基因从5个增加到8个时，幼虫存活率的增幅仍是爬坡的（每增加一个等位基因，存活率增加接近3.5%）；当等位基因数再增加时，幼虫存活率的增幅将少于1.5%，爬坡变得极度缓慢。因此，在一个群体中，当性等位基因数增至10个以上时，群体幼虫存活率的增加趋于平缓或是相对无效的（等位基因数为20、50和100个的幼虫存活率分别是95%、98%和99%）。这提示，一个原种场、一个种蜂场或一个生产性蜂场，蜂群可以拥有很多，但品种不宜太多。否则，除了引起血统混杂以外，对幼虫的存活率或群势增长率贡献不大。同样，引种时也要理性引进自然交尾蜂王，因为成功交尾蜂王体内贮存大量的雄蜂精子，就相当于携带了当地蜂种中相当数量的性等位基因，所以一个地方的一次性引种数量也不宜太多。

3. 指导养蜂生产实践 主要与蜂王的使用和选留有关。

(1) 保证种群的雄蜂数量。养蜂人在本场都不要无故滥杀种群里的雄蜂蛹，要尽量保留本场雄蜂到本地处女王交尾季节结束。

(2) 控制种群的换王频率。为避免蜂群看似无病实则已经患有遗传病（性等位基因纯合），蜂场不能任意自繁自育蜂王，更不能长期自留自用蜂王。除非是近交育种，否则，育种场不能连续两年采用同一父群中的蜂王，也不能用当年产生的子蜂王换掉父群的蜂王。

(3) 择机育王或选留种王。到临近蜂场（最好是远道转地而来的蜂场）去挑选强群，移取卵虫回来育王；或者自己事先在本场移取卵虫育王，带到转地放蜂场地去交尾。如此做法，就等同于引种，增加了本场蜜蜂群体中性等位基因的总数。

（4）变相延长种王的使用年限。由于外界雄蜂的数量和质量有限，致使交尾不足的蜂王会被蜂群过早交替，特别是在秋季。所以，可以采取提供雄蜂脾的办法，促使老蜂王大量产生雄蜂卵，供交替季节使用。这样，无形中将种王的血统给保留下来，群体中的性等位基因数量没有发生全部丢失。

二、蜜蜂的级型确定

蜜蜂的级型确定是发育生物学里的特例，因为它是多种生殖方式并存的生物，也会展示出对它们的生物学来说是至关重要的和异常的非遗传多型性。所以，理解环境诱导的漂变是如何在级型确定的发育轨迹中发生的，对进行遗传育种至关重要。

海角蜂由于雌性二型的生殖性分工剥离不完全而处于进化链上不完善的链条，它的工蜂幼虫通过多食来跳回到无性生殖模式，并以此将命运掌握在自己的手中。所以，它的存在或许可以为两性生殖的蜜蜂物种提供环境胁迫下的某种解决方案。这里涉及两个概念：级型确定和级型转变。

（一）蜜蜂级型确定的竞争

真社会性昆虫的一个典型特征就是雌性个体级型间的生殖分工，也即生殖型-劳动型的二型性，通常是由雌性幼虫的选择性饲喂引起的，注定要发育为生殖型的幼虫和注定要发育为劳动型的幼虫，由于所吃的营养物的量不同，于是就形成了一种可育的级型和一种不育的级型。蜜蜂蜂王-工蜂的二型性确定可由以下几个原因所主导。

1. 低糖食物的大量摄入　一般认为，蜜蜂的雌性幼虫对级型确定没有影响力。然而，海角蜂的雌性幼虫却可以在寄主群中通过不停“嗷嗷待哺”做到“会叫的孩子有奶吃”，这种能力在其所入侵的其他亚种（如东非蜂）蜂群中具有“恶鸟杜鹃”的作用。当欧洲类型的蜜蜂照料海角蜂幼虫时，工蜂投喂的食物量比给予本种幼虫的还多，也比海角蜂工蜂给予的多。而且，食物成分有点像蜂王浆，糖分含量更低，糖分中又以果糖含量为最低。这直接导致在欧洲类型蜂群里长大的海角蜂工蜂，其基跗节上花粉梳和花粉筐之间的刚毛数量、羽化鲜重、受精囊的体积和卵巢小管总数都增加了，但封盖历期却缩短了。也就是说，其工蜂特征是下降的，但其蜂王特征是增加的。

2. 幼虫哺育的连续性　蜂王-工蜂的二型性发育既取决于幼虫性状的营养可塑性，又取决于幼虫哺育的是否连续性。即小幼虫组分和哺育蜂组分都是决定组分。分两个阶段来完成：首先是营养偏好发育阶段，此时幼虫仍然可以通过差异性的喂养而转向其他级型；其次是营养特定轨迹阶段，此时幼虫通过连续性哺育才开始特化级型。对第 4 和第 5 日龄初期的蜂王幼虫和工蜂幼虫卵巢基因的微阵列分析表明，日龄越大，差异表达的基因越多。在工蜂中多是功能酶基因，在蜂王中多是信号通路基因。

3. 窗口期的细胞凋亡　蜂王幼虫高表达基因多为产生能量的基因，工蜂幼虫高表达基因多为引发细胞凋亡的基因，导致卵巢小管原基 95%～99% 的降解。荧光原位杂交显示，抑制细胞凋亡的 *buffy* 基因和激活细胞凋亡的 *ark* 基因在两种级型蜜蜂的卵巢中直到第 5 日龄（决定卵巢小管数量的时间窗口期）都是特异表达的。在蜂王的卵巢小管发育增强时，*Ambuffy* 的转录本水平是上升的；当工蜂的卵巢小管自噬增强时，*Amark* 的转录水平是上升的。实际上，在较早期的胚后发育里，蜜蜂雌性幼虫都有一对卵巢，每个卵巢都由近 200 个卵巢小管原基所组成，但在注定要发育成为蜂王的幼虫里它们继续发育，而在注定要发育成为工蜂的幼虫里它们程序性死亡。

（二）蜜蜂级型转变的进化

通常，蜂王垄断着蜂群内的生殖权力，有王群工蜂放弃自己的繁殖也压制其他工蜂的繁殖，更愿意抚养蜂王的儿子而不是姐妹工蜂的儿子。由于有工蜂监督的存在，产卵工蜂的雄性后代在蜂群中仅占0.1%，这与失去了蜂王没能找到替代者的蜂群形成了鲜明对比。在失王群中，已经发育为不育性级型的工蜂，会转变为可育型的产卵工蜂，并以孤雌生殖的方式产下许多卵，让它们在这个蜂群灭亡之前发育成最后一批雄蜂。值得注意的是，对这最后一代雄蜂做出贡献的是无王群里特有的一些亚家系的成员（共享同一个父系的工蜂），它们比另一些亚家系成员的后代更多。可能的原因是，信息素的复杂互作导致生殖层次的进化，并对规范生育机会起一定作用。在无王群里，为了获得超过同伴的信息素优势并进而是生殖优势，工蜂们（确切来说父系们）会为此进行激烈的竞争，主要是在腺体分泌物里加进带有个体遗传差异的成分以影响其他个体的行为或生理反应，并最终成为新一任的生殖权利享有者。

1. 上颚腺信息素的差异 气相色谱分析发现，卵巢失活的工蜂，其上颚腺物质以王浆酸前体物质（10-HDAA）和王浆酸（10-HAD）为主，而卵巢激活的工蜂，其上颚腺物质以蜂王物质前体（9-ODA）和蜂王物质（9-HDA）为主，并且其上颚腺物质总量两倍于卵巢失活工蜂的上颚腺物质总量。蜂王上颚腺信息素抑制工蜂的生殖（图5-3），可能与Notch信号通路有关（Dearden，2018）。

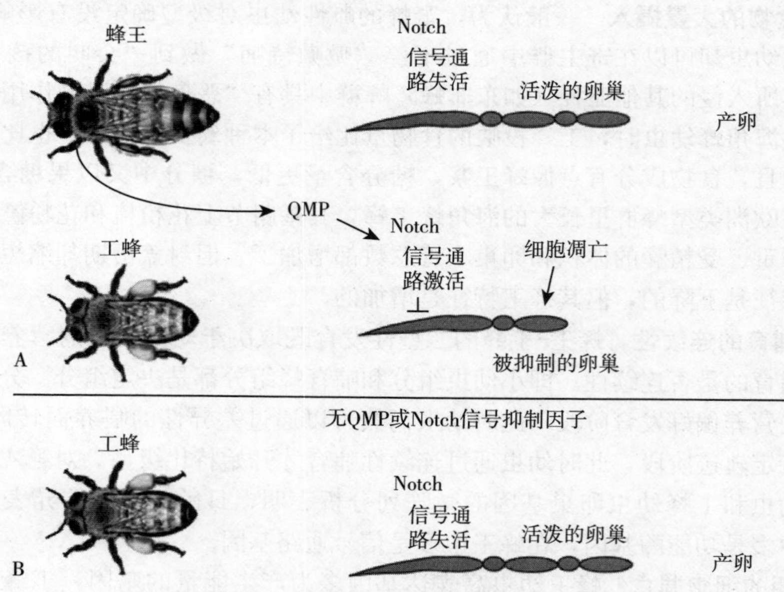

图5-3 蜂王上颚腺信息素抑制工蜂生殖的分子机制

蜂王上颚腺信息素（queen mandibular pheromone，QMP）可能是通过卵巢末端的Notch细胞信号通路，诱导或封闭了生殖器官的细胞凋亡。A. 当有QMP存在时，蜂王的Notch信号通路是失活的，但卵巢是活泼的，产卵发生。工蜂的Notch信号通路是活泼的，卵巢发育是受到抑制的，细胞凋亡发生 B. 当无QMP（Notch信号通路抑制剂）存在时，工蜂的Notch信号通路是失活的，卵巢是活泼的，产卵发生

（Dearden，2018）

2. 背板腺信息素的差异　背板腺分泌物是蜂王信息素的一部分，能控制工蜂的繁殖。海角蜂无性繁殖系工蜂（假蜂王）有受精囊，从失王的第 4 天开始卵巢即被激活，属于生殖优势型的，背板腺分泌水平较高，腺体分泌物为独有化学物。东非蜂工蜂没有受精囊，从失王的第 7 天开始卵巢才被激活，处于生殖从属型的，背板腺分泌水平较低，腺体分泌物为共有化学物。海角蜂工蜂的腺体（上颚腺和背板腺）分泌物混合物可以充当触发信息素（releaser pheromone，促使同伴或异性产生立即的行为改变）和启动信息素（primer pheromone，先改变生理进而影响到行为），对东非蜂工蜂产生抑制卵巢激活的效应，并迫使被寄生群的工蜂去供养它孤雌生殖产生的雌性幼虫。

（三）蜜蜂级型转变的意义

在全球一体化的今天，人类的足迹、化学药品及杀虫剂的广泛使用，以及由此带来的必然的恶劣环境和气候变化，致使社会性劳动分工越来越细的蜜蜂，在群体数量的维持和健康体质的保持方面都遭受着严峻的考验，甚至是达到濒临灭绝的境地。这或许意味着在新的选择压力之下，一个进化程度较高的蜜蜂物种会突然地或渐进式地表现出无奈而折中的自然返祖现象，即恢复到海角蜂那样仍保留着的无性繁殖模式。

在海角蜂以外的蜜蜂物种上，经常可以看到，当失王群里没有适龄幼虫可以紧急育王时，部分工蜂的卵巢就开始发育并产出一些未受精的卵，卵孵化长成雄蜂后投靠到有王群，这显然不啻是对血统延续的一种补救。尽管孤雌生殖产雄的基因池容量有限，但暂时躲过物种的灭顶之灾还是可行的。如果是孤雌生殖产雌甚至还比有性繁殖更有效，无疑可以作为在新的进化压力下有性繁殖的预备或替补。这种孤雌世系（parthenogenetic lineages）往往是进化的死胡同，但这种自体受精的不可逆性也是建立在自交系适应能力丧失和遗传退化导致灭绝的假设基础之上的，当系统发育研究依赖于祖先交配系统的重建时仍有考虑的必要。

第二节　蜜蜂的表观遗传学基础

表观遗传学（epigenetics）是指在基因序列未改变前提下的基因表达水平的改变。最简单理解就是基因组完全相同的两个个体，在两个完全不同的环境下可能会有不同的表型，例如蜜蜂分级巢房养育的雌性幼虫、人类分开家庭养育的同卵双胞胎等。这里所说的环境可以涵盖很广，衣食住行和生老病死等方方面面都可构成表观遗传的环境，其中以胁迫最为常见。因为它涉及个体间在行为、食性、食量、过敏、感染、疾病和衰老等的差异性，是遗传学的分支学科，所以在目前属于比较热门的领域。

一、蜜蜂的表观遗传学

真核生物的一切皆由基因组（genome）和表观基因组（epigenome）共同建造和相互控制。其中，基因组犹如地基，而表观基因组好似栋梁。虽然表型都是基因型与环境互作的结果，但它是在配子发生和胚胎发育过程中重新编程了表观遗传学状态，如甲基化修饰、组蛋白修饰和非编码 RNA 介导的调控等，并以有丝分裂的方式进行继代遗传，具有细胞、组织、器官或个体变异的独特性，这种表观遗传现象也称后生现象或后生效应，与遗传学所指的基于基因序列改变（如基因突变、基因杂合丢失和微卫星不稳定等）所致的基因表达水平变化刚好不同。

（一）蜜蜂表观遗传学现象

人们已经知道，蜜蜂雌性幼虫的级型确定，秘密在于幼虫期被饲喂蜂王浆的连续性。如果一直都在享用新鲜蜂王浆的饕餮盛宴，则注定会发育成蜂王；如果孵化3d后就“断奶”而改吃蜂粮（花粉和花蜜的发酵物），则注定要发育成工蜂。但是，被投喂已贮存一段时间或已去除有效成分的蜂王浆后，则注定发育成为蜂王-工蜂的中间体，起因是其中的王浆素（royalactin）活性发生了改变，可见蜂王浆的新鲜度很关键。更不可思议的是，当雌性的果蝇幼虫以鲜王浆为食后也能发育成为“蝇后”的模样（图5-4）——体型增大、育性增加、寿命延长、发育期缩短。已有的认知是，果蝇属于非社会性的双翅目，除了具有明显的雌雄性二型以外，没有同性别间的级型差异。

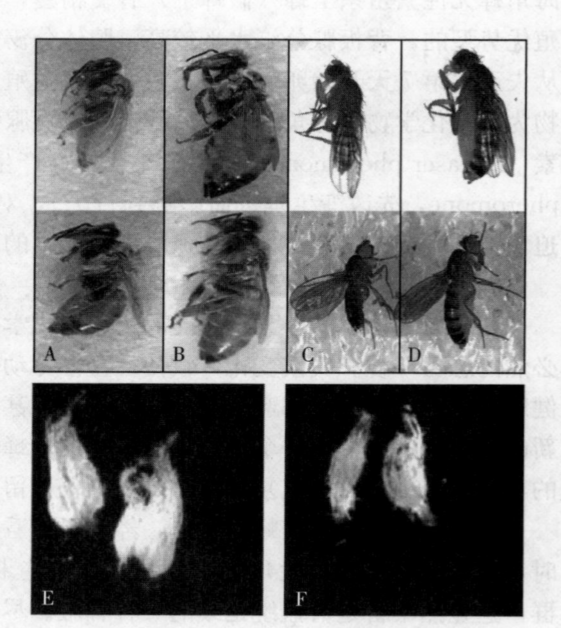

图5-4　王浆素活性影响的昆虫表型
A. 蜜蜂的工蜂　B. 蜜蜂的蜂王　C. 果蝇的“工蝇”
D. 果蝇的“蝇后”　E. 蜂王的卵巢
F. 蜂王样的卵巢
（Kamakura，2011）

通过比较基因组发现，蜂王和工蜂的基因组是一样的。也就是说，无论是同母同父、同母异父还是异母异父，它们各自从父母那里继承的DNA序列在其短暂的一生中几乎不会变化，反倒是DNA之外的信息却在随时随地变化着。可见，由生物活性食物成分和营养产生的差异就是表观遗传修饰，是它改变了蜜蜂的命运：一样的基因，有的成为蜂王，有的成为工蜂，有的成为间型体。

（二）蜜蜂表观遗传学机制

在蜜蜂上，由功能性食物组分和营养引发的不改变核苷酸序列而改变基因表达的表观遗传学机制可能有：DNA甲基化（DNA methylation）、组蛋白修饰（histone modification）、非编码RNA（non-coding RNA，ncRNA）和激素水平（hormone level）。甲基化修饰可以引起RNA剪接变异体的产生，有DNA甲基化和组蛋白甲基化之分，后者对前者有指导作用；组蛋白修饰指的是在相关酶的作用下，组蛋白末端出现一些不稳定的修饰和去修饰方式（如甲基化、乙酰化、磷酸化、腺苷酸化、泛素化、ADP核糖基化等），进而引起蛋白质构型的变化和影响基因的转录活性，在蜜蜂上以组蛋白乙酰化（histone acetylation）居多；非编码RNA既包括已知功能的RNA，也包括未知功能的RNA，其共同特点是都能从基因组上转录而来，但是不翻译成蛋白，在RNA水平上就能行使各自的生物学功能（如转录沉默、转录激活、染色体修饰与重塑、核内运输等），蜜蜂上更常见小RNA分子调控（small RNA molecule modulation）；激素水平调控生长发育、变态滞育与生殖繁衍，蜜蜂上以保幼激素和蜕皮激素的影响为最大。

1. DNA 甲基化　是表观遗传学的一种常见的可逆修饰，由 DNA 甲基转移酶（DNA methyltransferases，Dnmt）负责，作用在 DNA 胞嘧啶上，涉及重金属修饰、基因表达的调控、蛋白质功能的调节以及核糖核酸（RNA）的加工等。蜜蜂组织特异性表达基因和级型特异性表达基因都与 DNA 甲基化有关。

蜜蜂的 Dnmt 有 3 个，但仅有 2 个活跃（Dnmt1 和 Dnmt3），其中 Dnmt3 专管级型确定。蜂王浆能够抑制蜂王幼虫体内的 Dnmt3，据此来提高基因表达水平。Dnmt3a 和 Dnmt3b 是重新甲基化酶，它们使去甲基化的 CpG（cytosine - phosphoric acid - guanine，胞嘧啶-磷酸-鸟嘌呤）岛重新甲基化，即参与 DNA 的从头甲基化。通过大规模的去甲基化和接下来的再甲基化过程发生重编程，从而产生具有发育潜能的细胞，例如蜜蜂的育性就可由 CpG DNA 的甲基化表观修饰来诱导。在蜜蜂上，超级甲基化的短基因较少，轻度甲基化的长基因（有特别高的 CpG 岛）较多。通过基因组对环境因子做出的发育响应，在基因型-表型间以及基因型-环境间建立联系，调控发育可塑性和表型多型性。

将工蜂卵或小幼虫移植到王台里育王，结果移虫养育的蜂王比移卵养育的蜂王、移大虫养育的蜂王比移小虫养育的蜂王，在体型和体重方面都有所下降。基因表达分析显示，移虫育出蜂王的基因表达涉及免疫系统、级型分化、身体发育和寿命，不同于移卵育出蜂王的基因表达；在 3 日龄蜂王幼虫中，移虫养育的比移卵养育的 DNA 甲基化水平更高。这提示我们，由商业性育王法所诱导的环境（营养和空间）的改变，可以改变蜂王的体质及其表观遗传。所以，现有的移虫育王实践，很有可能导致了一个未达最佳标准的蜂王表型，致使向蜂群介绍蜂王或蜂群接受蜂王的失败率在全球一路飙升，进入一个频繁地育王-售王和购王-换王的怪圈。

（1）上游基因 *Dnmt3* 敲低实验的功能验证。对工蜂幼虫 *Dnmt3* 的 RNAi 后，结果即使它不吃蜂王浆，也一样能发育成为蜂王。说明蜂王浆是通过 DNA 甲基化作用，关闭了往工蜂方向发育的基因，开启了往蜂王方向发育的基因，如 *dynactin p62* 基因（饮食改变响应基因），借此完成蜜蜂界“灰姑娘”的华丽转身，与食用蜂王浆长大的几乎没有区别，如初生重、体长、第 3 背板长、卵巢小管数（有 120～190 条）等。

（2）下游基因 *Egfr* 敲低实验的功能验证。在蜜蜂和果蝇中进行 *Egfr*（epidermal growth factor receptor，表皮生长因子受体）基因的 RNAi 后，结果也可以产生与饲喂蜂王浆等效的表型：身体硕大、卵巢组织快速增生、发育期缩短。由此推测，在幼虫的脂肪体（类似于哺乳动物的肝）中，可能有如下两种机制：第一，王浆素通过 Egfr 调节的信号通路激活了丝裂原激酶（主管增加身体大小），激活了促使 20 -羟基蜕皮酮（hydroxyecdysone）合成的蛋白激酶（主管缩短发育期）；第二，在响应王浆素的胰岛素代谢通径中，激活了保幼激素的合成（主管发育卵巢），激活了随后的卵黄原蛋白（Vg）合成（主管增加育性）。但是，分析发现，蜜蜂 *egfr* 基因是从不会被甲基化的，Egfr 蛋白的背景依赖性调控在西方蜜蜂、黑腹果蝇和佛罗里达弓背蚁（*Camponotus floridanus*）中也是相互矛盾的，因此上述推测是否成立和是否有根据受到质疑。

2. 组蛋白乙酰化　是表观遗传学的常见修饰之一。正常情况下，组蛋白的乙酰化和去乙酰化在细胞核内是处于动态平衡的，由组蛋白乙酰转移酶（HAT）和去乙酰化酶（HDAC）协调进行，组蛋白的乙酰化或去乙酰化与激活或抑制基因的表达有关。组蛋白的HAT和HDAC可被打靶到基因组的特殊区域并显示不同程度的底物特异性，维护动态中的角色一致性以及获得基于乙酰化的表观遗传密码。同时，组蛋白去乙酰化酶抑制剂（HDACi）通过提高染色质特定区域的组蛋白乙酰化，调控细胞分化或细胞凋亡。

（1）王浆酸的HAT功能。蜜蜂幼虫吃蜂王浆时，其有效成分之一的王浆酸（10-羟基癸二烯酸，10-HDA）引发了幼虫体内的分子级联反应，最终调控了级型分化。当用不同王浆酸含量的饲料养育意大利蜂雌性幼虫时，结果成虫在形态学和组织学上差异较大。在王浆中占比高达5%的10-HDA，实际上起着HAT或者HDACi的作用，重新激活表观遗传学上已经沉默的基因再表达。

（2）王浆酸的Dnmt3功能。在食用不同占比的10-HAD的实验组，新羽化工蜂的初生重大幅减少，*HDAC3*基因的表达水平明显上调，*Dnmt3*基因的表达水平初始下调但随后上调（10-HDA浓度依赖性）。可见，10-HDA激活了控制表观遗传学改变的HDAC3和Dnmt3，组蛋白基因家族的甲基化与蜜蜂的发育有关。

3. 小RNA分子调控　一般以表达量相对较高的微小RNA（miRNA）、小干扰RNA（siRNA）、小核RNA（snRNA）、核仁小分子RNA（snoRNA）、长链非编码RNA（lncRNA）和环状RNA（circRNA）等作为研究热点。核酸长度有的小于50nt，如miRNA（22nt左右）和siRNA（20～25nt）；有的介于50～500nt，如snRNA（60～300nt）、snoRNA（60～300nt）和lncRNA（大于200nt）；有的大于500nt但小于1 000nt，如circRNA（530nt左右）。小RNA与其目标转录物之间的相互作用形成了高度互联的网络，似乎偏向于调节参与神经元分化、细胞信号传导和形成级型特异性结构的细胞过程，尤其是通过对在新生幼虫中表达的基因的甲基化来沉默和干扰胰岛素代谢途径的基因表达。

真社会性的蜜蜂使用差异性饲喂和单倍-二倍性性别决定系统来从相同基因组中产生雌性级型二型和雌雄二型的独特个体，因此，小RNA在育性级型和雌雄二型的决定和分化中，可能提高了所需要的发育灵活性的显著水平。

（1）蜜蜂级型间的发育可塑性。小RNA的伴生级型分化发育的动态表达和miRNA在某个时间点上的级型特异性表达，表明它们与工蜂幼虫和蜂王幼虫的差异性发育有关。在生殖性工蜂卵巢转录组数据库里，大多数差异表达的miRNA与卵巢生理或卵子发生有关。

（2）蜜蜂育性等级间的差异性。在幼虫向蛹过渡的关键时期，繁殖上不同的二倍体雌蜂（蜂王和工蜂）和单倍体雄蜂之间的miRNA和mRNA转录谱都有显著差异：蜂王和雄蜂显示出生理代谢途径的基因富集，而工蜂表现出与神经元发育、细胞信号和级型结构差异等有关的基因富集。

4. 激素水平　昆虫体内的激素调节系统由促前胸腺激素、蜕皮激素和保幼激素等组成。促前胸腺激素是一种昆虫脑肽，当虫体受到刺激后，由脑分泌适量来刺激前胸腺分泌蜕皮激素或促进咽侧体分泌保幼激素。蜕皮激素既能诱导幼虫蜕皮、变态，又能对胚胎发生及其成虫滞育、生殖等生理过程起一定调节作用。保幼激素能保持幼虫的特性、维持前胸腺和促进卵巢成熟，调控昆虫的发育、变态和生殖等过程。在蜕皮激素和保幼激素的共同作用下，昆虫各龄期的蜕皮过程进展顺利；到了最后一龄幼虫，由于保幼激素量不足而蜕皮激素量相对增多，昆虫蜕皮后就化蛹（完全变态）或直接变为成虫（不完全变态）。

（1）蜕皮激素与级型分化。蜕皮激素的合成与胰岛素信号相关联，协同调控昆虫的发育时间和生长速率以及个体大小。在蜜蜂中，蜂王幼虫比工蜂幼虫更早出现蜕皮激素峰，蜂王蛹期的蜕皮激素滴度一直都比工蜂蛹期的高。

（2）保幼激素与级型转化。保幼激素可以让幼虫"维持原状"或阻止幼虫变态的发生，可以通过抑制卵黄生成来刺激胰岛素分泌，进而对蜜蜂寿命起到调节作用。已知在蜜蜂胰岛素/胰岛素样生长因子（IIS）的信号通路上有两种多肽基因（*AmILP－1* 和 *AmILP－2*）和两种受体基因（*AmInR－1* 和 *AmInR－2*），其可能参与的调控有：PI3K/PKB（磷脂酰肌醇 3 激酶/蛋白激酶 B）途径和 Ras/MAPK（P21 蛋白/丝裂原活化蛋白激酶）途径。

二、蜜蜂表观遗传的可能诱因

个体受环境影响而发生的 DNA 和组蛋白的一系列化学变化会被表观基因组记录下来，成为表观遗传学修饰，并可以传递给子代或固化为子代的一种生存本能。表观遗传修饰一直以来都被认为是社会性互动和基因表达之间的重要中介，特别是在核转移期间会不同程度地影响营养外胚层和内细胞团衍生组织的基因表达模式。

（一）基因组印记的亲缘关系理论

两性生殖时，父母双亲各将一对等位基因（母系基因和父系基因）中的一个带进一个共同繁衍的个体中，然后在这个后代中再同等地把它表达出来并获得平等收益，虽然贡献这对等位基因的双亲毫无血缘关系，但这对基因却表现出近乎完美的合作，这就是经典的孟德尔遗传理论。然而，有些时候，母系基因和父系基因在其后代中出现的概率是不等同的，母系基因往往要与倾向于获取更多母亲资源的父系基因发生互作，最终双亲之一的一个等位基因就要发生部分的或完全的沉默（印记），这种双亲间的生殖利益竞争就是基因组组内冲突，这种冲突的结果会导致对后代基因组的表观遗传修饰，并以特定的亲本源效应方式而非孟德尔遗传形式改变着基因在后代中的不同等表达，这就是目前被广泛接受的基因组印记的亲缘关系理论。

汉密尔顿（1964）认为，一个亲属所能复制基因的比例，实际上就是将达尔文适合度（Darwinian fitness）特性最大化成为一个具体的量值，称作"包容性适合度（inclusive fitness）"。遵循这种模式的物种，就会倾向于行为的进化，在将其包容性适合度最大化的同时，也对自私的竞争行为和有限的自我牺牲加以限制，使得不育的级型可以通过亲缘选择来进化，即：当利他主义足以使携带该基因的亲属受益时，一个利他的不育的基因就是有利的，这样真社会性昆虫的不育级型的进化难题也得以化解。

黑格（2000）提出，一个等位基因的包容性适合度效应可分为由母系衍生而来的母系家族效应和由父系衍生而来的父系家族效应。对父系家族效应的选择不会影响到母源等位基因的适合度，同样，对母系家族效应的选择也不会影响到父源等位基因的适合度。于是，自然选择可能有利于那些带有不同亲本源效应的等位基因。在常染色体位点上，当由单亲遗传而来时，等位基因会沉默。在易随机失活的 X 连锁的基因位点上，当由双亲遗传而来时，等位基因会存在偏父的或偏母的表达量差异，但不会完全沉默，此时称为亲本特异性基因表达。

（二）亲本源效应基因的形成

亲缘选择理论预言，社会性昆虫中应该存在广泛的亲本特异性基因表达，因为其父母可以通过在雄性后代中沉默双亲的等位基因但在雌性后代中竞争表达双亲的等位基因而获得包容性适合度的收益。具体分为先天形成和后天形成两种。

1. 先天形成 因为膜翅目社会性昆虫（蚂蚁、胡蜂、蜜蜂）的DNA甲基化修饰似乎在引起不同级型发育过程中起到一个中心作用，因而蜂王和雄蜂可能会以某些有利于双亲包容性适合度的方式，在配子基因组进行DNA甲基化印记，进而来操纵它们雌性后代的生殖潜能。支持这个理论的证据可以在行多雄交配物种的后代中看到，因为某些代价已经落在一些不共享父系基因的半同胞姐妹身上。例如，在海角蜂与其他亚种蜜蜂的正反交试验中，其孤雌生殖产雌的性状都强烈表现出亲本源效应。已知海角蜂雌性的产生，要么是蜂王通过两性的有性生殖（受精卵，双亲基因组，有父亲），要么是工蜂通过单性的产雌生殖（未受精卵，单亲基因组，无父亲）。

2. 后天形成 社会性昆虫的差异性基因内甲基化被誉为由环境驱动的生物可塑性的一个原动力，甚至作为基因组印记的一个证据。蜜蜂甲基化组学发现，单倍体全基因组甲基化程度最低的是精子，最高的是未受精卵，下降明显的是成年雄蜂。在精子上，与运动相关的基因存在着地理差异性，表明在繁殖、传播和抗病方面，有一个对气候变化做出反应的基因组印记框架。在个体发生期间，特别是在工蜂免疫系统的发育期间，父母特有的表观遗传标记又有一个甲基化损失和收益的动态循环，表明进化上不会出现驯化瓶颈。在新孵化的蜜蜂幼虫中用小干扰RNA沉默*Dnmt3*基因的表达，结果产生了蜂王浆般的效果，所有被处理的个体都有发育完全的卵巢，表明DNA甲基化被用于存储表观遗传信息，而这些信息的使用可以通过营养的输入来差异性地更改。DNA的甲基化水平在已经决定的级型之间（如工蜂和蜂王）将无法逆转，但在已经决定的亚级型之间（如哺育蜂和采集蜂）却可以成功逆转。也就是说，如果让采集蜂转回去变为哺育蜂，则其体内大部分基因的甲基化水平会重新建立。因为在哺育蜂向采集蜂的转变过程中，*dnmt*基因（*dnmt1a*，*dnmt2*，*dnmt3*）发生了从有到无的表达改变，显然是受到了社会性互作的影响，开启了有表观遗传特征的复杂调控机制。可见，表观遗传修饰既能改变幼虫的发育轨迹，也能转变工蜂的工作性质，还能影响尔后的生殖和行为状态。

（三）蜜蜂基因组组内冲突

根据黑格理论，蜜蜂双亲来源的等位基因虽是特异性地表达的，但却是基因组组内冲突（图5-5）和亲代偏颇表现或偏差（图5-6）的结果。通常，后代对于母源的等位基因比对于父源的等位基因的遗传相关性更高。因此，雄性除了需要付出比同性竞争者更大的第二性征的选择代价以外，还需要付出比异性交配伙伴更大的亲本源效应基因的选择代价。例如，如果繁殖性状存在双亲源效应，则雄性在其雌性后代中必须修饰与雌性功能相关的一些基因的表达。因为一个等位基因的表型在发生亲本源效应时取决于它是遗传于母亲还是遗传于父亲，所以为了增加个体从双亲那里得到的资源分配进而增加后代的包容性适合度，育种前要对双亲（父系、母系）的遗传效应加以了解，必要时还要对父系进行选择。

1. 父本源效应 一般经由祖先的暴露或经历而来的获得性性状或特征可以作为表观遗传信息借由诸如父本的精子记忆（精子RNA和精子RNA修饰）等得到遗传，这种遗

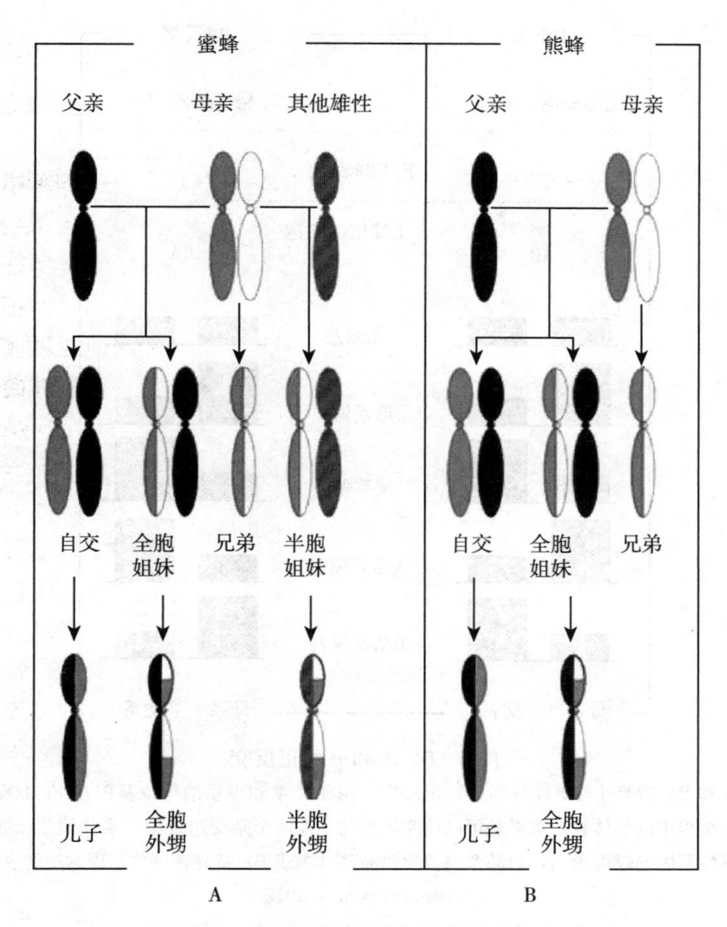

图 5-5　蜂类基因组组内冲突的遗传基础

A. 全社会性的蜜蜂（*A. mellifera*）蜂王与多只雄蜂交尾后，产生了半胞姐妹和全胞姐妹，半胞姐妹的后代间是半胞外甥，全胞姐妹的后代间是全胞外甥　B. 半社会性的熊蜂（*B. terrestris*）蜂王与一只雄蜂交尾后，产生了全胞姐妹，全胞姐妹的后代间是全胞外甥　它们之间的区别在于蜜蜂有半胞姐妹和半胞外甥

（Pegoraro et al.，2017）

传被称为继代表观遗传或代际表观遗传。

当海角蜂蜂群的蜂王被人为去除后，工蜂在培育急造王台中的表现有：工蜂确实在失王不久立即在王台中产了卵，表明有些工蜂或者在蜂群有王时就有激活的卵巢，或者在蜂群无王时极快地激活了卵巢；工蜂对引进的蜂王卵虫在失王后几天就不关注了，表明当有一个选择的时候，工蜂并不喜欢从蜂王产的卵虫中培育新的蜂王；在紧密排列的和分开摆放的蜂群中都有王台中卵虫为非本群蜂王所产的现象，表明海角蜂的某些基因型已经特化为专在王台中寄生的性状。可见，海角蜂工蜂的父系印记总是趁机表达的。因而可以预测，其实早在有性生殖过程中，父系就将孤雌生殖产雌的表型作为一个相关个体之间的私有资源来竞争，为了让自己的生殖利益最大化，也为了让自己的后代在同母异父后代中的利益最大化，就将其印记在女儿的基因组中，通过女儿的上位（蜂王）或级型转换（产卵工蜂）来赢取竞争。例如：父亲是海角蜂的工蜂比父亲是东非蜂（*A. m. scutellata*）的工

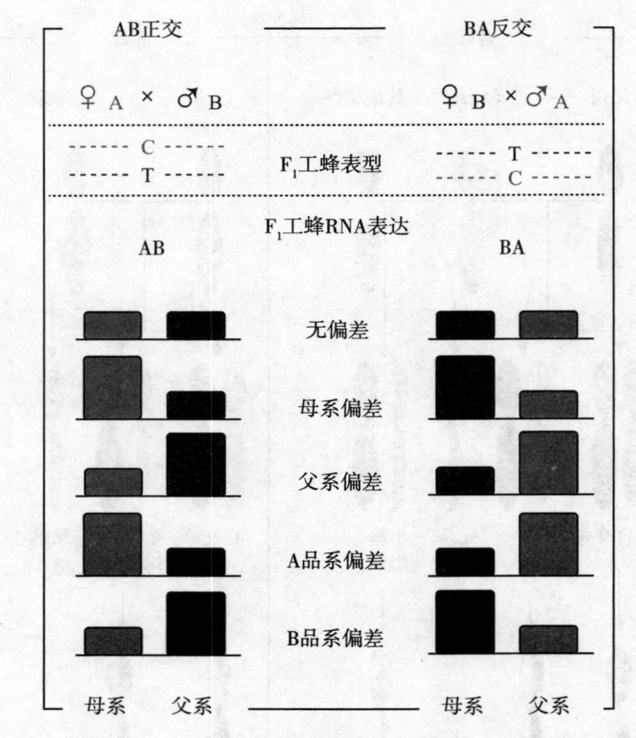

图 5-6 A和B的正反交

两个品系（A和B）的雌性与雄性分别进行正反交。由于父系和母系的等位基因在 F_1 工蜂表型中是可识别的，所以其在某个组织中的整体表达水平是可以检测得到的。在两个杂交组合中，亲代偏差，如母系偏差或父系偏差，导致亲代等位基因的过度表达，而品系偏差导致品系（A或B）特异性等位基因的过度表达

（Pegoraro et al.，2017）

蜂有多出30%的卵巢小管。由于海角蜂产卵工蜂可以与其老蜂王一道成为一批新蜂王的母亲，所以海角蜂雄蜂可以通过加强女儿工蜂生殖能力的印迹基因来提高其自身的生育成功率。这样，在工蜂生殖性状上（如卵巢大小、受精囊有否）就具有强烈的亲本源效应或表观遗传效应，而不是或者较少是细胞质母系效应。比较海角蜂二倍体雌性胚胎（母亲蜂王所产、女儿工蜂所产）的基因组甲基化模式后发现（图5-7），与受精胚胎相比，未受精胚胎有更少的高甲基化的基因，表明父本基因组比母本基因组存在更多的印记基因，这与基因组印记亲缘关系理论的预测相一致。

在海角蜂和另一个亚种进行的正反交配结果中，发现在以海角蜂为父本的蜂群里，有21个基因显示出偏向于父本的等位基因表达，有另外6个基因与雌性的生殖有关，都对父亲等位基因的表达显示出一致的偏向，没有一个母本等位基因是过度表达的。在2个不同品系的9个正反杂交里，杂交工蜂都显示出它们父系的繁殖性状的特征性，而且父系基因比母系基因的表达更强。同时，在生殖性工蜂上偏向父系基因的表达也显著增加了，表明工蜂的繁殖更多地是由父系基因所驱动的。

2. 母本源效应 母亲是海角蜂的工蜂拥有受精囊，母亲是东非蜂的工蜂没有受精囊。可见，海角蜂的雌性可以通过母性细胞质遗传效应来强化女儿的受精囊。在欧洲蜜蜂和非洲化蜜蜂之间的正反交中，有46个转录本的表达都有显著的亲本源效应，其中的许多还

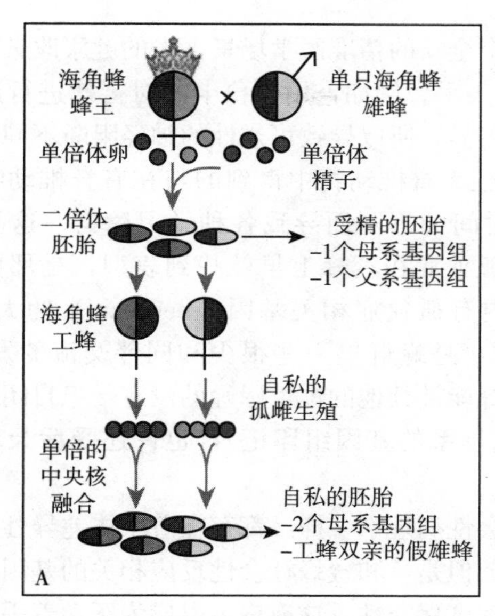

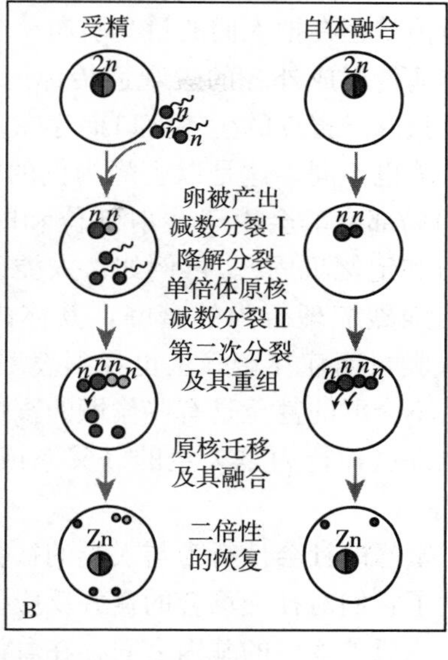

图 5－7　蜜蜂生产二倍体雌性卵的实验设计及其理论依据

A. 用海角蜂的单只雄蜂精液给海角蜂的单只蜂王人工授精。一部分受精卵用来产生胚胎甲基化组（受精的雌性），另一部分受精卵用来羽化为成年工蜂。移走蜂王，让女儿工蜂开始产生未受精的二倍体卵，把这些卵也用于产生胚胎甲基化组（未受精的雌性）　B. 受精的和未受精的二倍体卵的减数分裂早期都遵循着同样的过程，第一次减数分裂发生在卵被产出之后。如果卵受精了，则会有 3～7 个精子中的 1 个变成雄原核；如果卵未被受精，则 2 个母原核发生融合并形成 1 个二倍体核（Verma and Ruttner，1983）

（Remnant et al.，2016）

是过度表达的母系等位基因，说明这种非互惠效应不大可能是由于杂交不亲和性所驱动的，而更可能是由于亲本源效应用来调节包容性适合度收益的。

在病原体攻击中存活下来的雌性昆虫，其体内的卵黄蛋白原能将病原体细胞的碎片运送到卵中，从而为孵化前免疫防御的唤醒奠定基础，于是在这个称作继代免疫诱导的过程中产生更多的抗病原体的后代。蜜蜂的继代免疫诱导是在群体水平上运作的，工蜂代谢卵黄蛋白原以合成蜂王浆喂给蜂王和小幼虫，正常工蜂经由蜂王浆将肠道里的病原体片段传递给蜂王或幼虫进而参与了继代免疫诱导，而在通过 RNA 干扰沉默了卵黄蛋白原基因表达的工蜂咽下腺分泌物中却检测不到该免疫诱导物。

三、蜜蜂表观遗传学与人类医学

由于表观遗传信息是真核生物中基因型和表型间相关的重要中介，所以近年来，对于不同模式系统里大量的表观遗传学调控基因的鉴定，是在为将不同表观基因组与模式生物相关疾病加以关联做准备。但是，社会性的高等动物种群和人类在无症状下很难找到表型样本或者可供研究的表型样本数量较少，这就需要用具有社会性的低等生物的比较基因组学来检验社会性行为生物学的理论。可喜的是，真社会性的蜜蜂以其独特的日龄、形态学和社会性背景的行为可塑性表现，已经作为研究动物社会性行为遗传和表观遗传基础的新兴模型出现了。

（一）蜜蜂的印记基因与人类的健康

表观遗传学正在把人们的目光引向一个全新的精准医学场景，人的健康改进随后会从刻入生物体遗传组成外缘的表观遗传标记入手。例如：用普鲁卡因对蜜蜂进行局部麻醉后，由于每只麻醉蜜蜂的生效窗口期存在差异，所以导致可逆性的神经阻断不同，进而产生的记忆缺陷也不同，这是以蜜蜂为例的在无脊椎动物中得到的与在有脊椎动物中的一致结果，即局部麻醉会由于注射部位和时间的不同而导致各种学习障碍（这里是损害蜜蜂的学习和记忆巩固）。再例如：人类孤独症在蜜蜂上早就找到表型，是那些对瓦螨寄生表现出强烈梳理行为的蜜蜂，其体内有孤独症相关基因（neurexin）的大量表达。再例如：人类自闭症在蜜蜂上也找到表型，是蜂群里一些很少和同伴交流的发呆蜜蜂。这些看上去不合群的甚至是有些偷懒的蜜蜂能被其他的忙忙碌碌的没有罹患自闭症的蜜蜂所耐受，也许这种行为是天生的（父系或母系的基因组印记），也许还受后天环境影响（表观遗传学）。

总之，蜜蜂的社会性行为与人类的社会性病理学一样，都存在着个体差异性，而这种差异性影响了它们对社交场合的良好反应。但是，和蜜蜂社会性反应相关的基因与涉及人类自闭症（或孤独症）的基因之间存在着深度保守性，这或许可以成为医学着手选择的基因靶点。目前的研究已知，蜜蜂的认知和社交行为受到其体内肠道定殖的某个（些）微生物群落的调节，而这个（些）菌群与已经在人类自闭症微生态临床治疗试验中所用的移植粪菌类同，因此利用蜜蜂作为粪菌移植效果及安全性评价、肠道菌群的药物开发、自闭症基因靶点的精准筛选开始变得直接或可行了。

（二）蜜蜂的外泌体与人类的健康

外泌体（exosome）一般被认为是细胞特异性分泌的微小膜泡，由细胞内的一种溶酶体分解了外源的物质或者消化了内源的细胞质和亚结构后内陷形成内体（endosome），再形成多囊泡体分泌到胞外。外泌体目前已经被用来开发新药，如以色列在研的吸入式外泌体药物（EXO-CD24），以外泌体搭载 CD24 蛋白治愈新型冠状病毒感染重症者。万钢等人发现，液滴细胞器在时间上出现和在空间上排列的顺序甚至也能经由 RNA 介导途径影响细胞的继代表观遗传。

根据定义，蜜蜂的外泌体应该包括血淋巴、唾液、腺体分泌物和粪便等含有 mRNA 成分或蛋白质的物质，通常会包含在其产品，如蜂蜜、蜂粮、蜂王浆、蜂蜡、蜂胶、蜂毒等里。蜜蜂外泌体的作用之一应该是在工蜂将花蜜加工成蜂蜜、将花粉加工成蜂粮、从腺体分泌蜂王浆再喂哺幼虫的过程中（图 5-8），即哺育蜂吃了花粉或花蜜后，分泌带有植物 RNA 的蜂王浆或工蜂浆喂给小幼虫，待幼虫长大后，哺育蜂再把混有唾液的花粉发酵物（蜂粮）喂给它们，幼虫带着这些植物 RNA 进入蛹期，蛹体内的血淋巴充满植物 RNA 足以让蛹的器官长成，出房后的成蜂体内遍布了已经消化的植物 RNA。相对于蜂王浆而言，工蜂浆里 miRNA 的复杂性和丰富度要高出蜂王浆 7～215 倍。在幼虫发育的第 4 天和第 6 天，两种浆在 miRNA 含量上都显出动力学改变。这样，这种外泌体通过小幼虫的营养感应途径转化为生理的和表观遗传的变化，调控了新生代的级型并供其产生儿时的食物记忆。可见，外泌体所携带的 mRNA 成分进入细胞质后可以被翻译成蛋白质，尤其是在进入靶细胞后，可以靶向调节细胞中的 mRNA 水平，形成一种全新的细胞-细胞间信息传递系统。

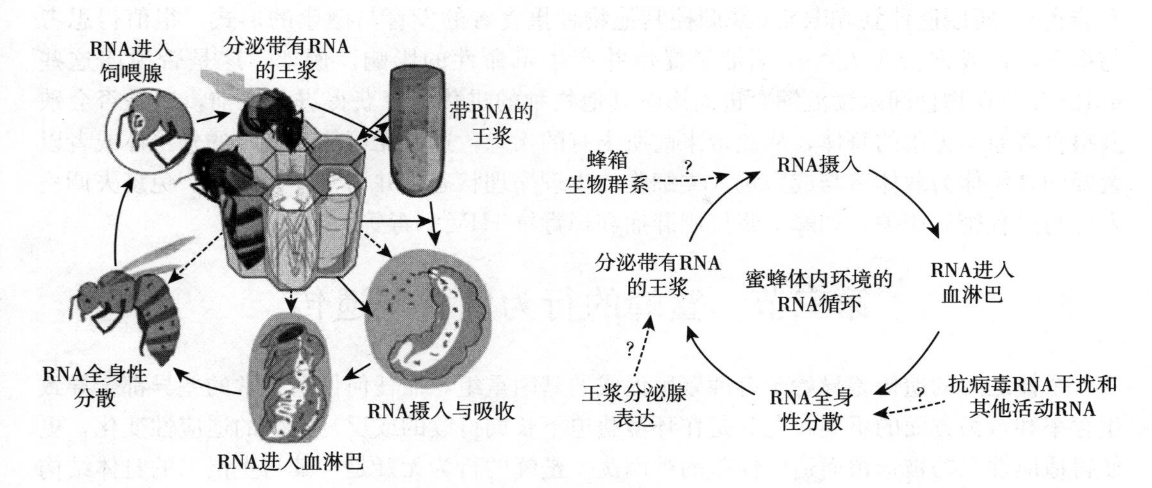

图 5-8　蜜蜂体内可传播的 RNA 路径工作模式

蜜蜂能够通过取食从环境中摄入 RNA，被摄取的 RNA 从消化系统中通过肠细胞转运到循环系统——血淋巴。在血淋巴里，被摄入的细胞外 RNA 与蛋白质复合物一道，被系统地扩散到全身包括产生王浆的咽下腺和上颚腺，然后所摄入的 RNA 和其他 RNA 一道会被分泌在蜂王浆和工蜂浆里，一个新的环境的 RNA 循环就通过摄取含有 RNA 的王浆而启动了。一些潜在的 RNA 来源，包括系统性抗病毒的 RNA 干扰、内源性的多变 RNA 和分泌王浆的腺体转录过程以及蜂巢环境里的 RNA（如植物、真菌和细菌），或许都参与了这个可遗传的 RNA 通路

（Maori et al.，2019）

将添加了植物 miRNA 的蜂王浆喂给社会性的蜜蜂幼虫后，会延迟幼虫发育，会阻止幼虫向蜂王方向分化，会诱导幼虫发育为工蜂，会减小成熟个体的体型和卵巢（图 5-9）。同样，喂给非社会性的果蝇幼虫后，也会引起发育期延长、体重和育性下降、体型和卵巢变小。表明植物 miRNA 与王浆酸（素）在级型调控中应该是同一结果的两个不同路径，物种间借由食物中存在着的 miRNA 可以进行跨界互作和协同进化。

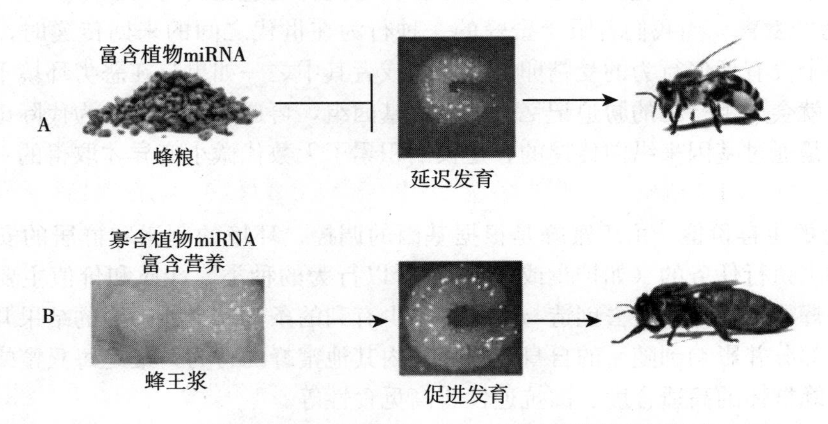

图 5-9　幼虫食物中的植物 miRNA 调控蜜蜂的级型发育

蜜蜂幼虫靠吃富含糖和蛋白质的食物长大。A. 吃富含植物 miRNA 的蜂粮（花蜜和花粉混合物）就延迟发育，变成不能生育的工蜂　B. 吃寡含植物 miRNA 的蜂王浆则促进发育，变成可育的蜂王

（Zhu et al.，2017）

由于外泌体内含有母细胞的多种重要信息（如复杂的 DNA 和 RNA 以及多种蛋白质

和脂类），所以这种以 miRNA 来调控其他物种摄食者的发育与健康的形式，很值得思考与探索，这或许会为人类医学带来提示并产生革命性的影响。例如，这是否说明这些 miRNA 会在物种间永续流动，进而影响其他物种的进化；在获得进化之前，这是否会殃及摄食者原本无恙的身体，从此带来前所未有的疾患；这有无可能让蜜蜂的外泌体或者以蜜蜂的外泌体为载体参与或影响人类细胞的生理病理状态，并与营养代谢病、免疫失调病发生与进程密切相关，如蜂王浆抗肥胖症和蜂毒抗 HIV 病毒等。

第三节　蜜蜂的行为发育与遗传

个体之间的遗传差异始于有性繁殖促成的基因重组，而任何偏离正常的差异都会导致生存率和行为方面的不同，尤其是在环境胁迫下长期持续的或反复发生的适应性变化，更使得适应性强的被选留而适应性差的被淘汰。蜜蜂的行为无疑是与其与生俱来的身体结构一样进化而来的，而且还是营高度社会性生活的。因此，在探索其真社会性的行为遗传时，要从遗传基础、照料水平和表现形式等多方面进行整合并综合分析。

一、蜜蜂行为学研究的理论框架

在研究蜜蜂等物种的社会性行为时，一般要以行为生物学研究的四问假说为理论框架，即行为的动因、行为的发育、行为的生存价值和行为的进化。因为蜜蜂的社会性行为在进化中起着特殊作用，必定经常引领进化。

1. 行为的动因　由于在血缘相关性、合作性和级型选择之下，蜜蜂个体的基因型表型往往还取决于同群内的其他个体，这就使其行为更为复杂。如果它们没有群居，寿命就会缩短。所以，当它们外出迷巢或处在无王群时，都会努力去寻找能够接受自己的有王群。可见，蜜蜂的行为是其基因型、生理学环境、生态学环境以及群居性环境等相互作用的产物，其中的群居性环境更可能是驱动涉及社会性行为进化的动力。

2. 行为的发育　当我们着眼于蜜蜂的一种行为在世代之间的来回传递时，焦点难免要归结到一个没有任何行为的受精卵上。双亲或者其中之一如果是在恶劣环境下艰难度过一段时间，就会产生行为的胁迫记忆并蚀刻进基因组，再通过受精卵转为代际记忆。由此可见，行为是通过基因来纵向传递的，是长期积累了无数代微小变异才取得的一定适合度的保留结果。

3. 行为的生存价值　由于蜜蜂是根据基因的调控、环境的刺激和群居的安排而按照行为的顺序来执行任务的（如护巢或采蜜），所以行为的种类、性质和价值主要取决于个体的行为为蜂群的生存发展去创造与提供了多少有利的条件，个体行为的结果几乎都会变成环境的一部分并影响到随后的自身行为和群内其他蜜蜂的行为，最终每只蜜蜂的个体行为汇聚成蜜蜂群体的高适合度、高抗逆性或高觅食性等。

4. 行为的进化　一定程度的环境胁迫可促使物种在行为上做出环境应激适应和应激记忆，进而固化由此引起的遗传变异，成为物种适应逆境、获得优势生态位的重要策略。这种逆境效应在每个物种中都一直存在着，尤其是在社会性的物种中，真可谓是“顺境产数量，逆境造质量”。

二、蜜蜂行为发育的照料效应

由于适应性是行为最典型的特征，行为因此从形态学特征、生理学特性或生活史性状中被分割出来，并将影响行为的环境分为自然的和社会的。然而，社会性行为的适应性潜力既要在环境胁迫下的适应性行为框架之内，又要受制于遗传效应共同体的多种方式的约束，包括合子基因、在社会性伙伴（尤其是母亲和兄弟姐妹）中表达的基因以及基因间的互作，具体表现为后代在发育过程中所得到的照料方式如何。

（一）双亲照料（parental care）

群体行为发育的表现形式首先要从行为上的双亲照料（如养育后代）上谈起，这在二倍-二倍性生物中是广泛存在着的，涵盖各种各样的行为和相关特征，包括非行为性状的配子供应、孕育和筑巢，还有出生后对后代的食物供给（饲喂）、敌害防御等。早年环境因素（包括非生物的和非社会性的以及社会性的）对父母造成影响，使得父母的行为带有基因-环境的互作性和表型可塑性，同时也因为烙印在其基因组里而带有遗传的可能性，尤其是对环境具有敏感性和依赖性的时候。于是，在双亲的生命阶段，在影响后代性状的性状上会有相应的适应；在后代的生命阶段，个体处于父母预先提供的双亲照料之下以适应选择。可见，双亲照料既有先天的行为也有后天的行为，而且还有先天的和后天的交织在一起的行为。从遗传和发育的角度来看，社会性行为不仅是照料行为受益者的先天获得性的，也是具有社会基因组学和行为生态学效应的，因为先天性的是本能行为，获得性的是学习行为。双亲照料促进了社会性行为转变的遗传学效应，而遗传学效应则是对照料行为先导者的行为预测。

（二）母系照料（maternal care）

真社会性进化的一个首要促进因素就是单倍-二倍性，因为它由此引起了亲缘关系的不对称性，存在着如母系照料等诱发因素以及偏向于对母系照料的进化偏差，可能会导致在这些分类组群中对真社会性的进一步偏差，因而扩大母系照料范围是真社会性进化的前提条件，理论上，母系照料更容易在单倍-二倍体的近交中进化，亲缘选择理论和双亲操纵理论把它解释为：以双亲操纵方式表达的母系效应基因和以控制后代方式表达的合子基因一道参与了真社会性的进化。母系照料是根据行为表达时间的改变，特别是异时发生基因引起母系在生殖前对同胞而不是在生殖后对后代表现出的照料行为，具有行为发生的异时性。母系照料的幼虫与种群的生产力直接有关，提示母系照料是与自然选择相伴相生的，可以帮助理解行为发育是如何受制于身体或生殖成熟元素的，也可以说明行为就是打靶发育路径后的进化漂变。蜜蜂的母系照料主要体现在蜂王产卵的单倍-二倍性上，因为它既是卵子携带者也是精子决定者，它对环境里社会性的和非生物性的因素的反应都被蚀刻在它所产生的配子上，其余的则由与蜂王互动的工蜂们通过母性本能引发的对同胞的照料，主要是社会性辅助来完成。

（三）同胞照料（sibling care）

同胞合作性的幼子照料（简称同胞照料），是通过改变基因表达时间而从母系照料中进化衍生出来的，由于和母系照料享有相同的基因基础，因而在行为表型上是相关的，但却具有行为发生的即时性。同时，和母系照料一样，对发育的影响成为级型相关行为的主要驱动力，是真社会性的一个决定性特征，可以阐明经同胞照料过的某个性状是不

是一个物种所独有的或者是否在它近亲物种中有事实上的初期发育形式。然而，同胞照料的投入会受到父系基因的影响。如：家系内裙带关系的存在，特别是在进化程度较低的海角蜂产卵工蜂的产生上，某一家系就特别容易胜出。可是，在由几个年轻的蜂王中间决定哪一个会成为下一任蜂王的致死性决斗期间，工蜂间的照料行为［以血缘来划分的偏袒性行为（拉偏架）］却不存在。

(四) 母系加同胞照料（maternal and sibling care）

母系照料和同胞照料的社会性效应在塑造真社会性特征的进化轨迹中非常必要。如在黑毛蚁（*Lasius niger*）上，将蚁后照料的与其第一代工蚁和第二代工蚁照料的幼虫进行比较，结果发现蚁后照料的与其第一代工蚁照料的成正的表型相关，表明由蚁后提供的母系照料和由第一代工蚁提供的同胞照料，具有更强的行为相似性。后代基因型对似母系照料行为的影响，表现在可以优化似母系照料与后代恳求之间的双向适应性。如：海角蜂幼虫在东非蜂蜂群中，既有幼虫的恳求行为，也有工蜂的似母系照料的响应。黑毛蚁和海角蜂的例子表明，虽然从独居性的祖先进化而来的这种发育可塑性与邻近基因型的效应（在基因型与表型时空关系中的邻近性作用）是否有关还不得而知，但由同胞照料和似母系的照料所决定的级型偏向确实需要通过对社会性背景做出敏感响应的竞争来达到。

由于有上述一种或几种照料方式的存在，所以在相同或相近的环境熏陶渐染中、在一脉相承的亲代生存策略下，后代得到并保持了本族群的食物偏好或特异食欲，进而产生并发展着本族群的共通特质或特异生理，并渐渐发生各自族群行为的个性分化。总之，对蜜蜂行为发育的遗传分析，是一个较新的研究领域，人们将从进一步探索行为特性表型的预期中获益，进而有助于解释那些没有得到解释的变异，有助于进行更多的关于拟境饲养下的选择育种试验或实践，以及关于设计逆境的行为抗性品种的培育或筛选。

三、蜜蜂群体行为遗传的表现形式

一般来说，在真社会性昆虫的行为遗传中，某些特性比其他特性更（或更不）连续可变，因为它们有特殊的群体生活方式和复杂的行为指令系统。尽管个体间的特征特性没有明显的相关，但群体间经常有，说明群体与分类单元（物种）的变异一致性是发育稳定性的遗传基础。

行为遗传成功的一个根本原因就是群体内出现了劳动分工，即一小部分的生殖性剥削者（蜂王、蚁后）和一大部分的非生殖性劳动者（工蜂、工蚁）之间对所有涉及维持种群（蜂群、蚁群）生活的任务分工。这种生殖性和日常性的劳动分工以适应性为中心，包括个体的任务偏爱或逃离、遗传上的任务特化、年龄上的任务特化以及生理形态上的变异等。现以舞蹈语言和音频信号为例，说明蜜蜂群体如何在采集与加工食物、筑巢弃巢、宣布蜂王就职和督促蜂王婚飞等方面来表现行为遗传的或产生遗传机制的。

(一) 舞蹈语言的行为遗传

采集蜂会用一种象征性语言——编码距离和方向的摆尾舞（waggle dance）来交流她们在哪里找到了好的蜜源或好的家园。转圈和摆尾是这个舞蹈的两个组分，舞者会多次（少则 1 次，多则 100 次以上）重复它们，但摆尾的幅度和转圈的次数会由于蜜源或家园的质量和远近而有所不同。

1. 觅食舞蹈　跳舞时头部与重力线的角度变化会由于一天之中以家为中心轴的蜜源与太阳的方向变化而有所变化。当采集蜂在跳摆尾舞时，舞蹈追随者会截停舞者并把触角搭到舞者头上，产生一种振动性信号，以求从舞者那里分到食物样本。

（1）颤抖舞（tremble dance）。在表演这个舞蹈的时候，采集蜂会前后摆动，同时也旋转身体（大约 50°/s），慢慢地跳遍整个巢脾（过程持续约 30min），意思是“我找到了一个丰富的蜜源，很值得去采集，但是有太多的花蜜进入蜂巢了，目前花蜜接应者已经忙不过来了”，于是，蜂群的花蜜接收和加工能力迅速升高而招募更多蜜蜂到蜜源地的行为急剧下降，表明颤抖舞有两层意思：对于内勤蜂而言，“我该去接收和加工花蜜了”；对于外勤蜂而言，“我该忍住不为我发现的蜜源招募更多的采集者了”。此时舞蹈追随者不再做出分享食物的交哺反应了，摆尾舞者也陆续离开舞池了，直到平衡被恢复。也即花蜜的加工速度与涌入速度大体相当。

（2）舞蹈方言（dance dialect）。早在蜜蜂物种的形成和分化之前，它们一直都在使用由祖先物种留下来的表示距离和方向的摆尾舞舞蹈语言。但是随后，不同物种或亚种的通信联络就都有了不同的舞蹈方言，而且亲缘关系较远的物种或地理起源距离较远的亚种，舞蹈方言上的差异越大一些。例如，把意蜂和卡蜂混合饲养以后，因为意蜂跳的摆尾舞在旋律上要比卡蜂的慢一点，所以当把离巢 100m 处有蜜源的消息告诉对方时，它们会因为舞蹈方言不同而发生误会。意蜂跳舞后卡蜂将飞到 120m 处去，卡蜂跳舞后意蜂只飞到 80m 处去。可是，经过一段时间的相处磨合，误会会减少许多。例如，在中蜂和本地意蜂的混合蜂群中，工蜂们都对跨物种的舞蹈方言进行了专心解读并都照样传达了由每个物种摆尾舞编码的拥有有限准确度的信息。

2. 迁徙舞蹈　在洞穴筑巢的蜜蜂中，侦察蜂在各个方向和高达几千米的距离上都能找到可能的巢址，然后会用摆尾舞蹈发布十几个巢址的广告。在新家选择的这个过程中，每天都有舞者放弃执着度而退出，也有舞者改变热衷度而转向，当所有舞者在一定时间内（＜1h）都为一个最初非选定的（不一定是最先发布的）巢址跳一段渐强的舞蹈到一起停止舞蹈就表明已经建立共识了。可见，一个分蜂团的整体决策是通过在许多蜜蜂中分配评估替代巢址的任务和从这些巢址中鉴定最好的任务完成的，这个经过权衡的策略是最准确的但也是最苛求的。

在开放筑巢的蜜蜂中，小蜜蜂的分蜂舞蹈会汇聚到一个较小的区域，但不会都聚集到一个巢址上，甚至在起飞之前，仍有蜜蜂在几个不同的方向上跳舞。于是，分蜂群直接飞向起飞前 0.5h 内由大多数舞蹈所表明的大致的方向，或者沿着舞蹈所指示的大致方向进行迂回前进。而这个方向通常是食物的大致方向，表明在决定迁入时饲料植物的可用性确实会成为小蜜蜂蜂群的第一考量因素，并兼顾使用它们环境中的可利用资源。大蜜蜂舞者对新家的位置也是只发出指示方向的信号，而不是像去觅食地的舞蹈那样既有方向又有距离。当许多舞者改为按照一致同意的舞蹈方向为一个非偏爱的位置起舞直至都聚集到一个大致的方向时，表明这就是分蜂舞蹈（巢址选择），在决定要搬家到就近环境去；如果侦察蜂都在跳舞而且这些舞者并没有集中在一个特定的距离上，表明这是迁徙舞蹈（巢址回迁），要去远方。大蜜蜂和黑大蜜蜂在分蜂期间，蜂群不会直接飞到季节性迁徙时的筑巢地，只有弃巢时才会。

在大蜜蜂夏季和冬季的筑巢地之间的季节性迁徙中，蜂王们似乎总是回到之前所占据的地方。虽然灵活性明显不足，对新环境的适应性也不算太高，但是这个迁徙前后的工蜂已经不是同一拨工蜂了，表明目前分蜂群里的工蜂应该是被引导而来的，而非依靠环境线索找来的。它们这种对旧家园的忠诚度（home-site fidelity）必定带有某种形式的遗传机制，或者一个家族“在合适时间到合适地方去”的迁徙记忆。

（二）音频信号的行为遗传

昆虫的高级社会性活动是从原始社会性祖先的同伴互动演变而来的通信信号系统的组织活动（如遭遇攻击时做出的重复身体动作），随后祖先物种可能就把它仪式化了进而变成了一些音频信号（如摇晃信号和振动信号等），成为一种交流行为，并在社会性的重大事件要发生时起着引领出征的作用。

1. 摇晃信号（shaking signal） 蜂箱内工蜂最显著的活动之一就是对其他蜜蜂持续1～2s快速摇晃身体，同时它的足会抓住被摇晃者（蜂王或工蜂），做出摇晃、推搡和拉扯等动作，其生物学作用会根据信号接收者的不同而有所不同。当作用于蜂王时，是催促处女蜂王起飞离巢去交尾。这种动作在蜂王每次婚飞之后都会有所减弱，但在下一次飞行之前会再次增加，直到蜂王开始产卵才会最终停止。当作用于工蜂时，是激发工蜂为更大的活动（如大流蜜期）做准备。

2. 振动信号（vibration signal） 当处女王被养来用于繁殖性分蜂或蜂王交替时，蜂群中就会发生暂时的多雌现象，这时会有两种振动信号产生：来自蜂王的和来自工蜂的。蜂王在王台里和羽化后所发出的振动信号，因为个体差异而频率不同，但却与它们的行为和成功有关，王台内发出哔哔声的次数越多或羽化处女王振动的频率越高，则存活的时间越长，消灭的竞争对手越多，成为蜂群新蜂王的可能性越大。工蜂在王台上和羽化的蜂王旁边发出的振动信号都有相似的频率，与蜂王羽化的成功无关，与蜂王羽化的顺序也无关，或许可以在一定程度上控制羽化处女王的行为并影响蜂王竞争的结果，也可能是宣布哪个处女王成为蜂群里的新蜂王。蜂王振动信号和工蜂振动信号的效果差异，可能反映了蜂王和工蜂在减少多雌冲突时的时间耗费和结果取得的程度差异。从分蜂群中移走表现有振动信号的蜜蜂，然后观察对蜂群巢址选择和寻找的影响。结果发现，分蜂团有明显更长的起飞准备时间，有更大的放弃出发可能，有更大的升空迷航可能。表明这一去除可能引发了集体的“选择困难症”，因为该信号的一个主要功能就是在工蜂中增强和协调对其他刺激的反应。当蜂群永久失王时，工蜂行使振动信号越早，其卵巢越快被激活，卵巢被激活越快者越易受到同伴的撕咬性攻击，表明展示振动信号一定与宣誓生殖（统治）竞争有关。

四、蜜蜂个体行为遗传的表现形式

个体行为具有遗传性，但并不否认行为具有社会性。也就是说，个体潜能是能够遗传的，但何时表现和发挥不是由遗传决定的，而是由表观遗传因素来激发或遏制的。此外，处于社会性群体里的个体蜜蜂，其行为表现还可以通过应激反应性增加（对内部或外部的强化物）或认知能力下降（对消退性或厌恶性的刺激物）等条件反射的训练学习而发生改变，如若再通过配对学习，将会发生较长时间的行为改变或训练结果的保持阶段。今后在双亲上施加人工选择的压力进行行为塑造，以将调控某一目标行为的亲本源效应基因蚀刻进蜜蜂基因组，可能是不久以后就会成功发生的事件，实现从变化到演化的快速进化。

（一）工蜂产卵的行为遗传

1. 孤雌生殖产雄　通常，当蜂王存在时，产卵工蜂产的不多的卵会被工蜂警察清理或者蚕食。然而，出现了一个极度罕见的行为表型，即：尽管有蜂王存在，工蜂还是发育了功能性的卵巢并产了大量的雄蜂卵，但却从未发现蜂群里有工蜂监督现象。通过后裔分析发现，大都属于同一个亚家系。很明显，这个亚家系的这些产卵工蜂从亲自的繁殖中受益了，而这种行为遗传于它们共同的父系。相对于蜂王利他的产雄孤雌生殖（arrhenotoky）表型而言，这个属于工蜂自私的产雄孤雌生殖表型。

2. 孤雌生殖产雌　在南非的海角蜂中，工蜂会无视蜂王的存在并开始自己繁殖。在这个遗传欺骗过程中，自私性表现出的等位基因（*Th*）不是隐性的而是显性的。当两个自私基因纯合时是有害的，甚至是致命的。所以，这个自私基因需要有利他基因作为伴侣。可以说，它们只是经过选择而能相互合作的“自私的合作者”。与蜂王普遍的产雌有性生殖相比，工蜂这种独特的产雌孤雌生殖（thelytoky）表型现称为产雌孤雌生殖综合征。

（二）失去螫针的行为遗传

螫针自身体分离之后，工蜂通过跟随和打扰潜在的掠夺者来继续参加蜂群的防御活动。例如：追赶人的蜜蜂，很可能是先前已经在巢门口行刺了的蜜蜂。从翅膀磨损程度和其他特征来看，追人的蜜蜂是守卫蜂，而不是采集蜂或内勤蜂。一只或多只蜜蜂行刺后，其他守卫蜂产生了增强的行为反应，但采集蜂或内勤蜂则不会。经冷昏迷被移去螫针的蜜蜂，也会产生追人的行为，但可能不单是因为螫针缺失，还有其他的生理刺激和受控于已有的遗传编程。

（三）学习与记忆的行为遗传

在蜂群中，蜜蜂很容易对新采进来的花蜜获得化学感应信息，这种感应（蔗糖反应阈值）在很大程度上取决于遗传因素，不同日龄和不同任务的工蜂会根据味觉和嗅觉的体验不同而不同。蜜蜂的触角和口器对蔗糖最为敏感（图 5－10），因而在实验室里可以很容易对特定的气味与随后的蔗糖奖赏一道做出巴甫洛夫条件反射训练。这种伸吻反应（proboscis extension reflex/response）是由生理和神经所调节的蔗糖反应，可以精确化研究学习和记忆的行为特征。

图 5－10　蜜蜂行为学习中的伸吻反应
糖水（葡萄糖、果糖、蔗糖）奖励类型会影响蜜蜂的长久记忆
（王丽华拍摄）

蜜蜂获得并保持这种学习的能力受到行为发育（日龄）阶段的影响，直到蜜蜂出生 6d 后，才能获得可靠的学习和保留学习的成果；到第 10 天的时候，其学习和记忆能力才能与采集蜂的相当。如果让哺育蜂过早地去采集，则这些蜜蜂能够很好地获得和保持条件反射。哺育蜂（6～9d）的味觉反应评估缓慢，加工食物的蜜蜂（12～16d）的味觉反应评估快速，有经验的老蜂对不同浓度的蔗糖溶液既有味觉反应也有气味反应，表明当对资源信息的波动做出反应时，年长的蜜蜂比年轻的蜜蜂有更高的可塑性，特别是当有香味的食物在巢中传递时，交哺事件（trophallaxis events）频发。当用葡萄糖或果糖奖赏时，蜜蜂会学习；当用果糖奖赏时，蜜蜂会学习但是不能记忆；只有用葡萄糖或蔗糖奖励时，蜜蜂才能形成强大的长期记忆。当受到单色光（最大吸收峰在 435 和 528nm）刺激后，工蜂都能把它和是否有糖水奖励建立起联系，尽管在蜂种（西方蜜蜂和东方蜜蜂）中会有所差异。荷兰的波尔［WHM（Wim）van der Poel］教授在 2021 年 3 月已经宣称，他们团队能让蜜蜂在无条件刺激物和有条件刺激物中建立起联系，进而引起行为发生暂时的被动性改变。即：对蜜蜂进行奖励糖水的嗅觉训练后，其可以有效识别糖水样本里新型冠状病毒感染（COVID－19）的元凶新冠病毒（SARS－CoV－2），准确率为 95%。

知识点补缺补漏

表型模写

表观遗传印记

细胞凋亡

王浆素

生理性变异品系

延伸阅读与思考

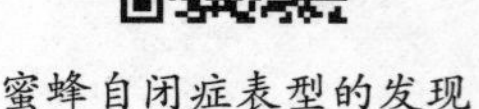
蜜蜂自闭症表型的发现

表观遗传与人类寿命

基因里的“Y——亚当，M——夏娃学说”

思考题

1. 表型模写在蜜蜂上可以找到例证吗？

2. 如何理解品种的拟境饲养？

3. 由表型模写的定义联想到实验室内育王（也称离体育王），你能想到的是什么？可查找的文献很多哦！

4. 已知把在模式生物中发展起来的遗传育种技术直接应用到蜜蜂上会有许多障碍，你能想到的主要是哪一点？

5. 请自查何为正向选择、中性选择和平衡选择，然后分析蜜蜂的性位点进化是什么选择。

参考文献

Arber N，2021. Evaluation of the safety of CD24－exosomes in patients with COVID－19 infection. https：//clinicaltrials. gov/ct2/show/study/NCT04747574.

Cardoso－Júnior C A M，Eyer M，Dainat B，et al.，2018. Social context influences the expression of DNA methyltransferase genes in the honeybee. Scientific Reports，8（1）：11076.

Dearden P K，2018. Evo－devo lessons learned from honeybees//Laura N R，Müller G. Evolutionary developmental biology. Springer, Cham: 1 - 12.

Fewell J H, 2019. Division of labor//Choe J C. Encyclopedia of animal behavior. 2nd ed. Academic Press: 674 - 681.

Kapheim K M, 2019. Synthesis of Tinbergen's four questions and the future of sociogenomics. Behavioral Ecology and Sociobiology, 73 (1): 186.

Lichtenstein L, Brockmann A, Spaethe J, 2019. Learning of monochromatic stimuli in *Apis cerana* and *Apis mellifera* by means of PER conditioning. Journal of Insect Physiology, 114 (4): 30 - 34.

Maori E, Garbian Y, Kunik V, et al., 2019. A transmissible RNA pathway in honeybees. Cell Reports, 27 (7): 1949 - 1959.

Moore A J, Benowitz K M, 2019. From phenotype to genotype: the precursor hypothesis predicts genetic influences that facilitate transitions in social behavior. Current Opinion in Insect Science, 34 (4): 91 - 96.

Okosun O O, Yusuf A A, Crewe R M, et al., 2019. Tergal gland components of reproductively dominant honeybee workers have both primer and releaser effects on subordinate workers. Apidologie, 50 (2): 173 - 182.

Royle N J, Moore A J, 2019. Nature and nurture in parental care//Hunt J, Hosken D J, Wedell N. Genes and behaviour: beyond nature - nurture. Wiley Online library: 131 - 156.

Simcock N K, Gray H, Bouchebti S, et al., 2018. Appetitive olfactory learning and memory in the honeybee depend on sugar reward identity. Journal of Insect Physiology, 106 (4): 71 - 77.

Smith N M A, Yagound B, Remnant E J, et al., 2020. Paternally - biased gene expression follows kin - selected predictions in female honeybee embryos. Molecular Ecology, 29 (8): 1523 - 1533.

Walsh J T, Signorotti L, Linksvayer T A, et al., 2018. Phenotypic correlation between queen and worker brood care supports the role of maternal care in the evolution of eusociality. Ecology and Evolution, 8 (21): 10409 - 10415.

Wan G, Fields B D, Spracklin G, et al., 2018. Spatiotemporal regulation of liquid - like condensates in epigenetic inheritance. Nature, 557 (7707): 679 - 683.

Zhang Z, Mu X, Cao Q, et al., 2022. Honeybee gut lactobacillus modulates host learning and memory behaviors via regulating tryptophan metabolism. Nature Communication, 13 (1): 2037.

Zhang Z, Mu X, Shi Y, et al., 2022. Distinct roles of honeybee gut bacteria on host metabolism and neurological processes. Microbiology Spectrum. https: //www. doc88. com/p - 03247077668572. html? r=1.

（王丽华）

第六章 蜜蜂的异常遗传 >>

蜜蜂异常遗传的结果就是产生异常蜂，异常蜂包括嵌合体（同性嵌合体、两性嵌合体）、过渡形（无父亲的工蜂、有父亲的雄蜂）和异形体（各种基因突变型）蜂等。本章节主要从各种异常蜂的概念、化学和遗传学基础、遗传学途径等方面进行介绍，期望从中学会判断一个异常的蜜蜂个体及其背后产生的机制，掌握模型（或观赏）蜜蜂的细胞学成因和诱导制作方法。

第一节 蜜蜂的嵌合体

动物界广泛存在着雌雄性二型现象，即：雌雄异体生物所表现出来的外部形态随性别而异，有时也包括声音、香味、发光性等生物性状的差异。例如蜜蜂的雌雄二型表现非常明显：蜂王体形修长，腹部末端窄尖，有蜂王物质（气味）发散出来抑制工蜂卵巢发育和对雄蜂有性引诱力；雄蜂体形圆阔，腹部末端宽平，有雄蜂信息素发散出来吸引其他雄蜂远道而来组成雄蜂聚集区和一同吸引等候处女王进行交尾飞行。可是，有时也能见到嵌合体的存在，数量为百分之几。

一、嵌合体发生的遗传学基础

常见的嵌合体有雌雄同体、雌雄镶嵌（mosaic）和奇美拉（chimera），有人把这种现象比喻为大自然时不时地抛出来的一个曲线球。

（一）嵌合体的表现类型

嵌合体是在原有正常个体的衬托下所表现出来的异于野生型的两性性别性状呈现斑块分布的个体，通常表现为以下 3 种类型。

1. 雌雄同体现象 是指在一个动物体中雌、雄性状都存在外显的现象。通常有两种情况：一种是真雌雄同体，全套的卵巢和精巢都得到正常发育，呈现身体上的均匀或不均匀分布；另一种是双侧雌雄同体，半套的卵巢和精巢都得到正常发育，并在原位规则地相对分布，外观上左雌右雄或左雄右雌。如果突然发生或罕见发生在一般的或较为高等的生物上，这时可能会打破人们心中固有的经典生殖规律，甚至还会影响到物种的灭绝。其先天性发育缺陷有性征转换、不育型和性别特异性致死，其繁殖能力是否有以及有多大等还不清楚。

雌雄同体现象在各种低等动物中为数很多，一般被认为是环境敏感型的雌雄异体的转性类型。特别是在没有性染色体的单倍-二倍性物种（如胡蜂、蚂蚁、蓟马和螨）中，当被沃尔巴克氏菌（*Wolbachia*，简称沃氏菌）和微孢子虫（*Microsporidia*）等内共生微生物寄生后，可有产雌孤雌生殖和雌性化等异常生殖与表现，虽然没有雄性致死作用但却可影响宿主的适合度。例如：在独居性阔颚隧蜂（*Halictus eurygnathus*）上，存在寄生性去雄效应，并存在雌雄嵌合现象。在火神心结蚁（*Cardiocondyla kagutsuchi*）上，雄性也会发生雌性化，两性嵌合体将近三分之一。

2. 雌雄镶嵌现象　是指在一种生物上至少有两个不同的部位是属于不同性别的现象（也称两性嵌合体、雌雄嵌体或假雌雄同体现象）。这些不同性别的组织或器官，可能是也可能不是成套地出现在生物体上的，但都独立存在并呈对称或嵌合分布。通常有两种情况：一种是雌雄间性体，具有不均匀分布的中等发达程度的雌雄结构（镶嵌性），但雌性部分与雄性部分以明显的界限合生在一起，或者同一器官出现不同的性别性状；另一种是外生殖器畸形体（变形或错位）。

雌雄嵌合体在膜翅目昆虫上发现较多。例如：在火神心结蚁上，有蚁后的偏雌嵌合体（gynandromorphs，蚁后和有翅雄性嵌合），也有工蚁的偏雄嵌合体（ergatandromorphs，工蚁和无翅雄蚁嵌合），多数个体的雄性部位比雌性部位还多，但其行为表现更符合它们脑中的性别而不是生殖器官的性别。在蓝莓壁蜂（*Osmia ribifloris biedermannii*）上，有一个雌雄嵌合体，其头部是雄性的但身体却是雌性的，它总是试图与雄性壁蜂交配，但终因其雌性的吸引力不够而一直没有婚配成功。在黑毛长舌花蜂（*Euglossa melanotricha*）上，有一个雌雄间性体，除了左侧的三个足，虫体的大部分器官均为雌性表型，而且还有一个螫针。在褐芦蜂（*Ceratina binghami*）和竹木蜂（*Xylocopa nasalis*）上，也分别有一个雌雄嵌合体都仅在头部区域表现雌雄混合特征。

3. 奇美拉现象　是指外表上是非常正常的雌性或雄性，但内部的某些组织或器官却是孪生子的异源嵌合体（twin chimerism）或四配子的异源嵌合体（tetragametic chimerism）的现象。在蜜蜂上有一些，不过不叫奇美拉，统称为嵌合体，既有同性镶嵌，也有异性镶嵌。例如：蜜蜂的嵌合雌性，带有拼缀的斑点；嵌合雄性，两只眼睛不同颜色等。

（二）嵌合体的发生机制

具有雌雄特征的雌雄嵌合体在昆虫纲的许多目中都有出现，包括膜翅目。通常，人们只研究了外部形态和行为方面，对于其发生机制的研究却是不久前的事，也是现在越来越热门的课题。嵌合体的发生机制是进行异常蜂鉴定与研究的理论基础，也是从事特色品种培育实践的理论指导。对于发生机制的推测，可以视研究者观察或关注角度的不同而不同。

1. 冲突机制　是指胚胎发生时由于存在以生殖为目的的性伴侣表观基因组组内冲突、互动和合作平衡，导致全局性或区域性的发育基因的错时错量表达甚至“打架”或者性别决定基因表达混乱、性染色体缺失等，例如在单性个体内正常对称部位的不对称发育或偏侧增生、奇美拉等。

2. 形成机制　就是在合子核形成以后，多余配子不发生降解而独立发育，导致由遗传上染色体组合决定的雌体发育与雄体发育合生于一个个体内。在膜翅目中，引起上述异常的原因分别为：①两个精子进入一个卵细胞，一个与卵核受精，另一个与极核受精，最终分裂发育为嵌合雌性；②两个精子进入一个卵细胞，两个精子以及卵核都单独发育，最终分裂发育为嵌合雄性；③两个精子进入一个卵细胞，一个精子与卵核受精，另一个精子则单独发育，最终分裂发育为雌雄嵌合体；等等。

3. 分布机制　按照嵌合体散发的情况，可有单嵌合体分布和多嵌合体分布。例如：正常受精核与两个极核融合的异常核共存；多精入卵前，卵核先行分裂了一次，发生了双核卵的双受精；多精入卵后，多余精原核不降解。

4. 分离机制 按照染色体分离错误假说，可有减数分裂错误和有丝分裂错误之分。一般来讲，减数分裂错误（如染色体分离错误），可导致多倍体的发生；有丝分裂错误（如染色体不分离、后期延迟和核内复制），可导致嵌合体（普通嵌合体、雌雄嵌合体）或多倍体的发生。

（1）染色体不分离。由于姐妹染色单体没有分离，最终整个染色体（包括两条染色单体）都被牵引到一个细胞内，结果有丝分裂过后，一个细胞呈单体性而另一个细胞呈三体性。此时嵌合体产生的类型视不分离何时发生而定：如果在细胞分化之前，通常形成普遍嵌合体；如果在分化之后的滋养层细胞，胚盘将包含嵌合细胞系。

（2）后期延迟。由于染色单体在有丝分裂后期没有附着于纺锤体或者附着后没有进入细胞核，导致一个细胞里该染色体是单体性而另一个细胞里是二体性。此时嵌合体产生的类型视后期延迟何时发生而定：如果在分化前，将包含两种细胞系，导致普遍嵌合；如果在分化后的滋养层细胞，胚盘将包含正常的和单体性的细胞系。

（3）核内复制。由于细胞周期在有丝分裂后出现功能障碍，致使子代细胞内某一条或某几条染色体再次发生复制，但是随后却没有胞质分裂，于是出现了内多倍性。

（三）嵌合体的利用价值

在雌雄异体的动物中偶尔出现的雌雄嵌合体，由于同时具有雌雄两性的特征，长期以来引起了胚胎学家和遗传学家的兴趣。

1. 绘制胚盘命运图 斯特蒂文特（1929）在拟果蝇（*Drosophila simulans*）上，利用雌雄嵌合体做出了囊胚层胚盘命运图［也称胚胎预定命运图，即胚胎早期（通常是囊胚期）各胚层和主要器官的发育趋向分区］。首先，他让一只带有环状X染色体但两个X染色体均为野生型的雌蝇与一只带有三个隐性基因（白眼 *W*、黄体 *Y* 和分叉刚毛 *bi*）的雄蝇杂交，产生了带有一个正常X和环状X的雌蝇。因为环状X染色体常在第一次有丝分裂时丢失，所以在第一次分裂后就产生了一只有清楚分界面的雌雄嵌合体：一半带有XX野生型性状的雌性部分，另一半带有XO突变型性状的雄性部分。然后，他根据带有不同遗传标记的两个构造在嵌合体上出现的百分比，绘制了一个形态发生的胚盘命运图。

塔克（1958）在西方蜜蜂中，诱导了嵌合体发生并进行了基因分离实验。结果发现，*i*（ivory，象牙白眼）和 ch^2（chartreuse－2，黄绿色眼）基因位点与着丝粒的重组率分别为7.2%和57.5%，表明 *i* 和 ch^2 基因位点与着丝粒的相应图距是3.6和28.8个单位。

贺田和本兹尔（1972）认为，通过制作遗传嵌合体并构建胚胎预定命运图，有可能找到影响行为异常的解剖学部位。

米尔恩（1976）用先前发表的40个蜜蜂雌雄同体的数据也制作了一个胚盘命运图，并将几个可能的成年结构的相对位置标示其上，结果与果蝇的胚盘命运图大体相似。

贺田和本兹尔（1976）用嵌合体命运图来定位决定果蝇交配行为的性别特异性步骤的性兴奋点，并由此观察这个复杂行为顺序中雄性和雌性性兴奋点的相互影响。

吴永兴等人（1993）用所发现的首例雌雄间体蜉蝣，进行了雌体部分和雄体部分在体内的镶嵌分布检查，阐述了其存在与被发现在遗传、进化和发育研究中的意义和特有作用。如：可以推测嵌合体的成因以及了解卵裂球在形态生成时的迁移和排布，测算形成成体某一特定结构的原始细胞的数目等。

2. 补充生物新标本馆藏 米切斯等人（2009）对蜜蜂总科（Apoidea）下6个物种的

雌雄同体新标本进行了分类描述，分别是准蜂科的红腹准蜂（*Melitta haemorrhoidalis*）和沙地毛足蜂（*Dasypoda hirtipes*），蜜蜂科的毛跗黑条蜂（*Anthophora plumipes*）、高山熊蜂（*Bombus monticola rondoui*）、短熊蜂（*Bombus vestalis vestalis*）和高粱短熊蜂（*Bombus vestalis sorgonis*）。同时还附有 2 个雌雄同体者被捕之前在自然条件下的行为观察记录，还列出了已经建档的 109 个蜜蜂雌雄同体，解析说明了新发现标本的特征，理论推测了雌雄同体的起源。

杨和阿卜哈夫（2011）在大头蚁属（*Pheidole*）中发现了雌雄同体蚂蚁，其双侧头部镶嵌现象在很多种类的蚂蚁中都反复出现过，因而认为，如此多的雌雄性组织或细胞群相互镶嵌的昆虫个体，一百多年来从未间断地出现过，不管是独居的还是群居的，其存在的意义可能远不止于为人类研究形态特征的模块化和可进化提供新视角。

伊诺霍萨·迪亚兹（2012）发现了 2 个新的雌雄同体蜂：一个是三齿长舌花蜂（*Euglossa tridentata*），近乎两侧的雌雄同体；一个是显切叶蜂［*Megachile*（*chelostomoda*）*otomita*］，完全混合的雌雄同体。在过去，仅有先前未知的 15 个物种和已知的 5 个属中超过 20 个雌雄同体被记录在案，然而今天仅在蜜蜂科就有来自所有 29 个属 113 个种的雌雄同体的记载。过去大多数雌雄同体蜂都记录于长舌的蜜蜂科（Apidae）和切叶蜂科（Megachilidae）下，今天有很大一部分物种来自非常多样性的切叶蜂科（占比 23%）和地花蜂科（占比 14%）。雌雄同体生物在世界上所有主要的生物地理区域都有记录，但大部分（79%）在全北极地区。

3. 推测细胞发生机制　维斯罗等人（2004）发现了隧蜂亚科（Halictinae）绿汗蜂族（Augochlorini）下的一种夜行性兼真社会性的颊汗蜂（*Megalopta genalis*）的雌雄同体标本，这种蜂的脑发育可以经由社会性来诱导，应该是由于病理性的性发育转换机制才产生出类似于寄生性性状综合征（syndrome of brood parasitic traits）的新结构性状。

杜巴塔等人（2012）对日本冲绳岛上的海南大聚纹猛蚁（*Diacamma* sp.）的雌雄嵌合体进行了家系鉴定，雌性器官的等位基因与双亲的相一致，而雄性器官的多数与父系的相一致（即雄核发育），表明由雄核发育生成雄性的这个机制可能与膜翅目社会性昆虫中性别镶嵌现象的细胞发生机制相同，即多精入卵并随后多余的精原核独自卵裂，再加上卵受精后母体基因组的消除。

宇贺神（2016）等人发现了中国红光熊蜂（*Bombus ignitus*）的一个雌雄嵌合体，其外部的性征几乎是双侧分布的，左侧是雄性特征，右侧是雌性特征。而且，这个雌雄嵌合体从未对新蜂王展示过性行为。性别决定基因 *doublesex* 的组织表达模式显示，其雄性类型表达模式仅限于左脑半球，而雌性类型表达模式都在其他组织（脂肪体、后肠和卵巢等）中，表明该雌雄嵌合体具有外部特征和内部器官的性别不统一性。

4. 作为观赏物种展示世人　常言道，半雄半雌坎坷多，雌雄同体能在自然界存活实属不易。由于数量少，可以用来作为观赏物种标本或活体加以经济利用（如蝶蛾、锹甲、虾蟹、猫等）。克里希斯基等人（2020）在南美洲热带雨林里发现了一种夜行性的丽汗蜂（*Megalopta amoena*）的左雄右雌嵌合体（图 6-1）。用一个自主活动激光探测监测器，连续观察了这只嵌合体、1 只雌蜂和 1 只雄蜂的昼夜节律模式。结果发现，这只嵌合体夜里 12 点准时开始工作直到正午，那只雌蜂早上 6 点准时开始忙碌直到正午，那只雄蜂下午 6 点准时开始活跃直到凌晨。可见，这只嵌合体拥有完整的觅食神经通路，但在活动传导上存在着延迟，导致其行为学上的表现亦雌亦雄。可能是它的性别分割的大脑在形态上的差异，引起了两种信号发生冲突，左侧雄性脑让它休息，但右侧雌性脑让它工作，结果它在昼夜节律上发生了混乱并进而可能影响到它的筑巢能力、合作强度、求偶魅力、生物钟节律等。

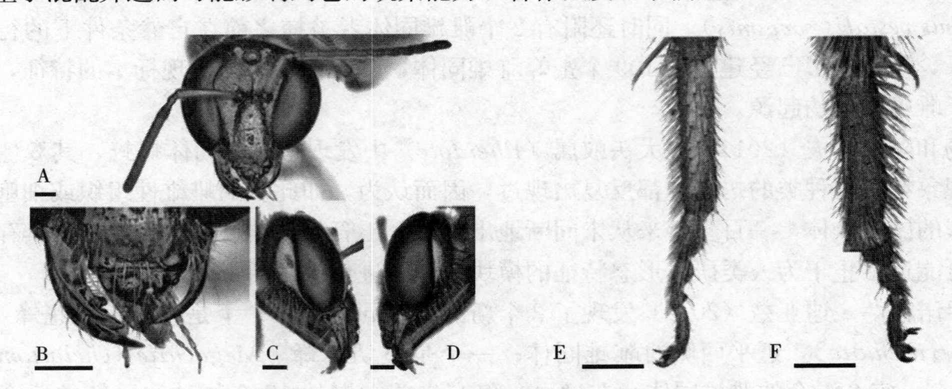

图 6-1　雌雄嵌合体汗蜂的形态学特征

A. 头部正面照，左半边触角较长（11 小节），右半边触角较短（10 小节）　B. 上颚及上唇的局部图，左上颚平滑小巧，右上颚具齿强壮　C. 雄性颊部和上颚的侧视图　D. 雌性颊部和上颚的侧视图　E. 雄性后足股节、胫节和股节端刺的局部图，少毛，纤细，端刺直挺　F. 雌性后足股节、胫节和端刺的局部图，多毛，粗壮，端刺弯曲

（Krichilsky et al.，2020）

二、蜜蜂嵌合体的类型

由于嵌合体具有以上所述的利用价值，如预测胚胎命运、归类多型成虫、研究发生机制和作为种质资源等，所以蜜蜂上的嵌合体研究也渐渐引起关注。

（一）嵌合体发现史

许多人试图将雌雄嵌合体（或两性体）归入形态学类群，但因为雄性的和雌性的组织结合在一起的比例不同而无法进行，于是罗森布勒（1958）建议，在称呼上以嵌合成分多的那个性别为主，因为最早在 1766 年就有人报道过“刺雄蜂”。据说在 1860 年，也有人说在德国发现过嵌合体蜜蜂，但距今有资料可查的却是恩格尔哈特（1914）、摩尔根（1916）、诺斯克维茨（1923）和斯托克特（1924）等人的报道，不过对嵌合体蜜蜂的长相不详。

塔克（1958）用前人的方法诱导孤雌生殖产生嵌合体：连续 2d 用二氧化碳麻醉 6 日龄处女王（10min）促其开产；选择含有工蜂蛹的子脾（包括平的雄蜂封盖房），当蜜蜂出房时马上进行表型分类。结果发现，处女王的后代有 1%左右是异常的，其中 1%（3 只）是嵌合雄蜂，2%（5 只）是雌雄嵌合体。这 5 只雌雄嵌合体中，有 2 只仅有较少的雌性组织，更偏于嵌合雄性；有 3 只只有眼睛是雄性的，更偏于嵌合雌性。同时发现，对处于开产盛期的蜂王给予一个突然的限制或中止产卵处理，则蜂王再开产时也容易产出嵌合体胚胎。

德累斯彻（1975）对西方蜜蜂 185 个雌雄同体的两性组织的空间分布和比例分布进行了研究。把整个身体表面细分为 50 个器官或器官部分，每一个器官或器官部分作为一个分类单位。在性别归类时，雄性组织记为 0，嵌合体组织记为 1，雌性组织记为 2；遇到性别分类困难的器官，如翅膀和生殖腺时，其形状及其附属物（表面的鬃毛分布）有时表明是不同的性别起源，就用胚胎早期和性别定型期的受精与非受精的活质体比例数来权衡。结果发现，从总的混合度来说，有更多的标本表明雄性结构的比例更高，但也发现了看起来几乎完全像雄蜂或工蜂的雌雄同体，其上只有极小块的异性组织；几乎所有的50个器官或器官部分都显示了在两性之间的相似的统计学分布，只有复眼和单眼具有更高的雄性倾向。

布罗克曼和布鲁克纳（1999）发现过由雌雄组织组成的嵌合触角蜜蜂：两个触角像雄蜂的“长触角工蜂”；两个触角像工蜂的“短触角雄蜂”；一个触角像雄蜂而另一个触角像工蜂的“长短角蜜蜂”。

维斯罗等人（2004）对64个雌雄同体蜜蜂进行偏离雄性野生型的或偏离雌性野生型的统计学定义时发现，在身体主要部位（头、胸、腹）都可发生性状的异常表达（以大约相同的频率），跨性别性状在雌性身上（即类雄性特征）比在雄性身上（即类雌性特征）发生更多。

艾米窦（2018）在对11只疑似雌雄同体的同群幼蜂进行组织的性别评估和基因分型时发现，有10只蜜蜂都是同母的，却分别带有1～3个明显是父系来源的组织，竟然还有1只蜜蜂没有携带母系的等位基因但全身都是雌性器官，显然是从2个精子核的融合中产生的（产雌孤雄生殖）。通常，蚂蚁的一些种类在开拓新生境时才行孤雄生殖。蜜蜂的这种孤雄生殖表明，卵细胞受精后膜上的化学阻断发生了异常以及基因组融合非常灵活。或许这种极其罕见的灵活性早就存在于蜜蜂单倍-二倍性的繁殖与进化中，只是我们对于群体内潜在的新阶层构成及其功能的认知还相当缺位而已。

（二）嵌合体分类学

前面已经说过，要以嵌合成分多的那个性别为主进行定性，这里应该补充为以下几类。

1. 组织形态学特征上的雌雄嵌合体　根据雄性的和雌性的组织的嵌合外观加以认定，这是主要的也是最初发现判断雌雄嵌合体的依据。

2. 发育生物学性状上的雌雄嵌合体　根据雌雄嵌合体的发育时间来认定，从卵到成蜂所需的发育时间应该介于工蜂的和雄蜂的发育期（21～24d）范围之间。

3. 生理解剖学特征上的雌雄嵌合体　根据行为的性别特异性表现来认定。有时，要确定雌雄嵌合体的生物学性状，必须要和解剖学的特征相联系。因为内部组织不总是对应于外部表层。例如：头部表面是雄性的而脑部具雌性特征的“奶爸雄蜂”。

由于蜜蜂群体的高度优生学（eugenetics）特性，再加上雌雄嵌合体产生的概率较小，所以，要在密集分布的个体间发现特异类型相当困难，故现有类型不是很多（图6-2）。

图6-2　蜜蜂雌雄嵌合体已有类型

A. 长有白色工蜂眼的雄蜂　B. 长有黑（雌）白（雄）眼的雄蜂　C和D. 长有雄蜂眼的工蜂　E. 长有雌（左）雄（右）眼的工蜂　F. 长有蜂王翅膀的雄蜂　G. 长（右）短（左）触角工蜂　H和I. 嵌合雌性

（H和I由张为露拍摄，2015）

（三）嵌合体病因学

细胞质不成熟、细胞质过早熟、极体不退化、精核不降解等都可以是成因。通常，卵的细胞质条件决定多核的命运，二者同步发育很关键。在消除多余的细胞核之前，细胞质没有达到必需的阶段，因而，不成熟的细胞质让多余的细胞核发育起来；在消除多余的细胞核之前，细胞质已度过了所需的阶段，因而，过早熟的细胞质让多余的细胞核发育起来。理解单倍-二倍性的细胞遗传学机制可以使得认识包括雌性克隆、雄性克隆和雌雄同体（两性嵌合体）在内的显著现象成为可能，虽然实际上就是来自不同的细胞系所致。

1. 可能的表现结果 嵌合组织的性别由原核的融合与否及其融合结果来决定。一般用 2N 表示来源于二价体的二倍体，N 表示来源于四分体的单倍体；b 表示来源于双亲的（biparental），m 表示来源于母亲的（maternal），p 表示来源于父亲的（paternal）。分为未受精卵、单精入卵和多精入卵 3 种情况，分别形成不同的嵌合体。

（1）来自未受精卵时。①两个卵原核分别发育，形成 Nm－Nm 型的嵌合雄性；②两个卵原核融合，形成 2Nm 型的孤雌生殖雌性；③两个卵原核在融合前发生分裂，然后，两个融合，另两个分别发育，形成 2Nm－Nm－Nm 型的雌雄嵌合体（孤雌生殖的雌性组织，母源的雄性组织）。

（2）来自单精入卵时。①父母双方的性等位基因纯合，形成 2Nb 型的二倍体雄蜂；②双核卵中，一个核受精，一个核不退化，形成 2Nb－Nm 型的雌雄嵌合体（两性生殖的雌性组织，母源的雄性组织）。

（3）来自多精入卵时。①两个精子融合，卵原核未受精，形成 2Np－Nm 型的雌雄嵌合体（父源的雌性组织，母源的雄性组织）；②一个精子参与受精，额外的精子不退化，形成 2Nb－Np 型的雌雄嵌合体（两性生殖的雌性组织，父源的雄性组织）；③不同父本的两个精子分别与两个卵原核融合，形成 2Nb－2Nb 型的嵌合雌性（两性生殖的雌性组织）；④两个卵原核分裂后成四个卵原核，两个受精，两个融合，形成 2Nb－2Nb－2Nm 型的嵌合雌性（两性生殖的雌性组织，母源的雌性组织）。

2. 可能的诱导途径 现在，科学家们认为嵌合体是一种基因突变。那么，既然是基因突变，就可以由环境（体内的和体外的）诱导产生，实际上也正是如此。

将产卵蜂王装入王笼，让卵在卵巢里无限期地变老，使减数分裂停留在后期Ⅰ，抑制纺锤体的正常重新定向。这样，蜂王一旦解除囚禁，其所产的卵立即进入减数分裂Ⅱ，出现无父雌性和嵌合体的概率马上增大，因为细胞学事故已经在减数分裂Ⅰ发生过了。

如果蜂王是老龄的，更容易出现减数分裂错误，就有可能是嵌合体胚胎的生产者。据估计有可能产生此种特例的比率（即囊胚细胞活检中非整倍体细胞的比率）在 1%到 2%。如果蜂王产卵时受到温度、药物、惊吓等干扰，容易出现多精入卵，胚胎就有可能变成多倍体或雌雄嵌合体。如果蜂卵产出后受冻，也有可能变成雌雄嵌合体。

用二氧化碳处理处女王。找一些表型明显的突变体处女王，如象牙白眼突变体 i、黄绿色眼突变体 ch^2 和红眼突变体 ch^r，经二氧化碳麻醉，诱导其孤雌生殖产雌。结果发现，所产出的嵌合体都来源于相似的遗传机制。某些雌雄嵌合体和嵌合雄蜂很像，更多地是来自 i/i^+ 型蜂王而不是来自 ch^2/ch^r 型蜂王。在 5 只有嵌合眼的蜜蜂中（2 只雌雄嵌合体，

3只嵌合雄性），有3只是 i/i^+ 型，有2只是 ch^2/ch^r 型。即：一个象牙白的复眼和一个正常的复眼，表明来自 i/i^+ 型蜂王；两个雄性的复眼中含有红色和黄绿色的条纹和斑块，表明来自 ch^2/ch^r 型蜂王；雄性复眼和雌性复眼都是黄绿色的，表明来自 ch^2/ch^+ 型蜂王。3只嵌合雄蜂是 i/i^+ 型蜂王和 ch^2/ch^r 型蜂王的后代，但与它们的杂合子母亲两个等位基因相比，有不同的复眼眼色表型。

用冷冻精子给蜂王人工授精后可以诱导产生嵌合雄蜂，因为解剖的三个疑似嵌合体都有嵌合性的睾丸，表明嵌合雄蜂存在产生两种类型精子的可能。用突变标记确认这些嵌合体起源及其配子基因型后发现，这些嵌合体或许由精子进入卵后没有发生融合的单个卵原核和单个精原核发育而来，结果是两个原核独立地产生了单倍体组织。

第二节　蜜蜂的过渡形

一般情况下，未受精卵只能发育成为雄蜂而受精卵只能发育成为雌蜂。但是，也存在着未受精卵发育成为雌蜂和受精卵发育成为雄蜂的现象，这种蜜蜂分别称为无父亲的雌性（impaternate females，简称无父雌性/工蜂）和有父亲的雄性（paternate males，简称二倍体雄蜂）。它们都是蜜蜂单倍-二倍性繁殖与进化中的过渡形。

一、无父亲的雌性

无父工蜂可能都是正常的二倍体，因为它们在外形上和行为上无异于杂合的工蜂。最早的资料报道始于19世纪末的叙利亚蜂，最流行研究的年代是在20世纪前半叶，有海角蜂、意蜂、卡蜂、高加索蜂和欧洲黑蜂。意蜂和高加索蜂分别有9%和23%的处女王可产生少于1%的无父工蜂；海角蜂和欧洲黑蜂的工蜂产未受精卵成雌率分别为70%和1%左右。这一特征经选择后，蜂王产的未受精卵发育成为工蜂的概率会有所提高。

（一）无父雌性的生产方法

用标准方法育王，让其在哺育群的王笼里出台；在出房后第六和第七天，每天用二氧化碳麻醉10min，对其单边剪翅处理后诱入核群，加上巢门栅，避免一切可引起工蜂产卵事件发生的条件（如失王和无子）；让处女王在巢脾上产卵，将4～5日龄的幼虫拿到无王的强群中去化蛹；将所有老熟的未凸起的封盖房都打开，将子脾放进限王框里，拿回到33.3℃的 CO_2 孵箱中羽化；当有工蜂出房时马上分类，里面可能有无父雌性、雌雄嵌合体、嵌合雄性。

在1个欧洲黑蜂的布朗品系（Brown）、3个高加索蜂品系、4个皮革色的意蜂品系和2个黄色的意蜂品系中，选取红眼 ch^r（chartreuse-red）、黄绿色眼 ch^2（chartreuse-2）、象牙白眼 i（ivory）和皮革色 cd（cordovan）的突变体，诱导处女王孤雌生殖产雌。结果发现，无父工蜂在各个受试品系的处女王中都有产生，其中皮革色的意蜂品系产生了最多的无父雌性（37只），其次是黄色的意蜂品系，产生了不等的无父雌性（5～13只）。其中 ch^2/ch^r 型蜂王的纯合子工蜂数两倍于 i/i^+ 型蜂王的纯合子工蜂数，表明 i/i 型工蜂是近亲的雌性后代或者是无父雌性。

把非洲类型以外的、欧洲起源的西方蜜蜂的处女王用二氧化碳麻醉或用生理盐水注射后，可以发生产雌孤雌生殖的诱导变异。

用二氧化碳麻醉处理未交配的海角蜂的处女蜂王，可以诱导产生高比例的孤雌生殖雌性卵。此外，还发现海角蜂人工授精的蜂王产生了三倍体的后代，这是两个卵原核和一个精核融合的结果，但不是由于蜂王二氧化碳麻醉而引发的，因为仅对产卵蜂王麻醉不能诱导其孤雌生殖产雌或产出三倍体的后代。

（二）无父雌性的可能成因

关于未受精卵发育成雌性蜂的细胞学机制已有许多学者在探讨，现已明确，未受精卵发育成雌性蜂是由于两个单核卵融合而成的。

用实验得到的突变基因分离率推测出隐性纯合的无父雌性似乎是杂合的未受精蜂王的后代，因为一只杂合子蜂王只能产生杂合子或二倍体的嵌合体，然而实验中却有二倍的纯合子存在而无二倍的嵌合体存在，也没有多倍性起源或雄蜂二倍性的存在，表明所观察到的基因分离与预期的雌性二倍性和雄性单倍性一致，与中央融合的遗传预期一致，也即在减数分裂期间所发生的等位基因分离和重组是由于融合的（automictic）而不是无融合的（apomictic）孤雌生殖。因而，其可能的成因就是纺锤体定向错误（spindle disorientation）。即：产雌孤雌生殖的蜂王或工蜂，其刚产下的未受精卵，在减数分裂的末期Ⅰ，其纺锤体应该旋转90°，从平行于变为垂直于卵的表面。但是，该旋转却没有发生。这样，在减数分裂Ⅱ后，两个纺锤体彼此平行地都垂直于卵的纵轴了。然后，四个核就沿卵轴方向一线排列，朝向卵内的两个核结合，朝向周质的两个核降解。这种恢复二倍体状态的方式，只有中央两个核的融合（中央融合）才能保持杂合性（但在交叉期间转移的染色体片段又成为纯合体了），任何就近与端部核的融合（端融合）都将恢复纯合性（除了经过交换的位点外）。这就是著名的纺锤体定向错误假说（spindle disorientation scheme）。

给未成熟的处女蜂王分两批注射低浓度的秋水仙碱溶液。结果发现，每批中各有一只蜂王分别在第5天和第12天开始产卵，从产出3d和5d内的未受精卵中总共培育出雌性蜜蜂（工蜂）18只，虽然它们是从房盖突起的蛹房中羽化而出的，但体型与正常工蜂无异，而且体色分离现象明显，疑似由经过减数分裂的单倍体卵细胞发育而来。

2年间用未受精卵培育了28只雌性蜜蜂（3只蜂王＋25只工蜂），但是同一只蜂王产下的未受精雌性后代间却出现体色分离现象，推测其可能源于纯合子，也即胚胎发生始于已经过了正常减数分裂阶段的次级卵母细胞。

对海角蜂产雌孤雌生殖的细胞学观察发现，减数分裂过程中，纺锤体的位置始终没有发生旋转，都是平行于卵表面的矢状面。在减数分裂Ⅱ中，两个纺锤体呈直线排列，结果四个单倍体核排成一直线，平行于卵的纵轴，其中三个核为极体核，中间的一个较大，是卵原核。中间的两个核，即卵原核和第一极体的后代核（第二次分裂的非姊妹核）融合形成合子核，另两个端核发生降解。就是说，海角蜂产卵工蜂在减数分裂期间确实发生了减数分裂，但随后的自体融合（automixis）又恢复了无父雌性的二倍性。

对海角蜂产雌孤雌生殖的卵，在产出4.5～5h后进行了原核融合观察（图6-3），结果直接为早年的细胞学理论提供了遗传学证据。即两个母原核融合使合子的二倍体得以恢复，该合子实际上是减数分裂Ⅰ的两种单倍体核的后代核的自体融合：保持杂合性的中央融合和导致纯合性的端融合（图6-4）。在这一事件中，这两种类型的融合都出现了，对海角蜂产卵工蜂孤雌生殖产雌的异常遗传机制完美地做出了解释（图6-5）。

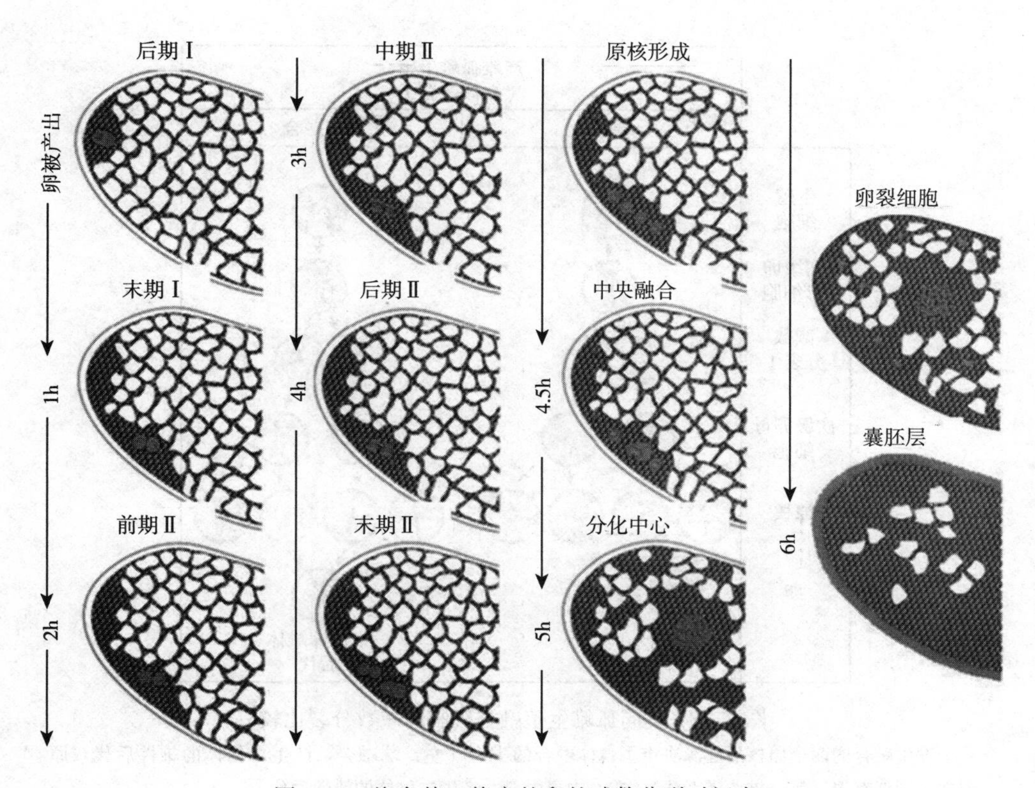

图 6－3　海角蜂工蜂产的卵的减数分裂时间表

左 1 列：新产下的卵处于细胞核分裂的后期Ⅰ，1h 后进入细胞有丝分裂的末期Ⅰ，2h 后进入细胞核分裂的前期Ⅱ　左 2 列：3h 后进入细胞核分裂的中期Ⅱ，4h 后进入细胞核分裂的后期Ⅱ和末期Ⅱ　右 2 列：4.5h 后原核形成、中央融合事件发生，5h 后分化中心出现　右 1 列：6h 后卵裂细胞到完全的胚盘层形成

（Cole－Clark et al.，2017）

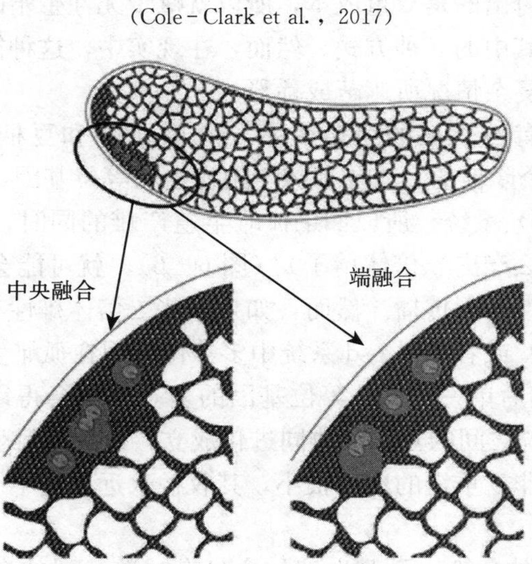

图 6－4　中央融合和端融合过程中预期的原核直线排列

上：直线排列　下左：中央融合　下右：端融合

（Cole－Clark et al.，2017）

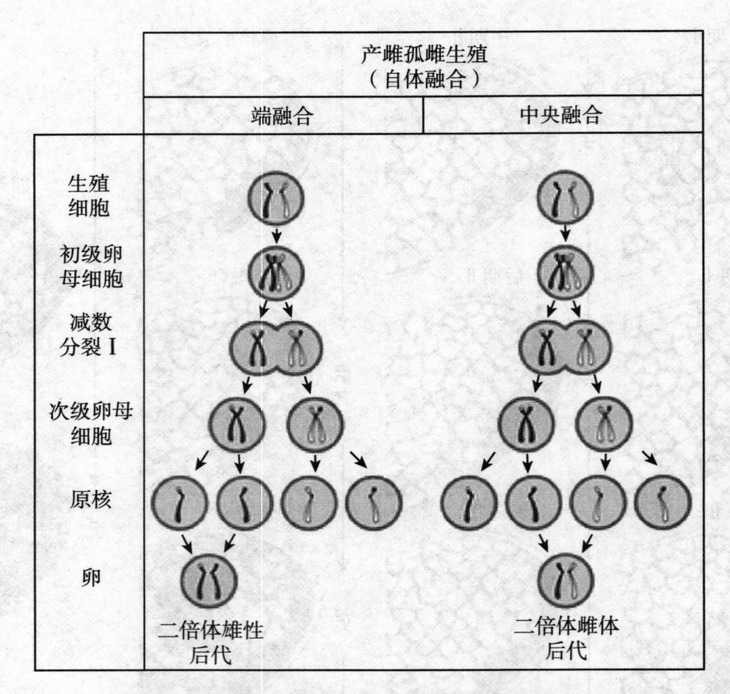

图6-5　不同孤雌生殖融合机制的减数分裂比较

发生融合的两个原核的起源决定了自体融合的类型［左：端融合，产生二倍体的雄性后代（原图文字疑似有误，雌→雄，译者注）。右：中央融合，产生二倍体的雌性后代］

（Cole-Clark et al.，2017）

（三）自体融合的意义

由于有性生殖需要付出的是双重成本，所以就赋予无性生殖的基因在有性生殖中要快速传播，自体融合便是其中的一种方式。然而，在现实中，这种简单的预设常常会被在自然系统中观察到的几种复杂情况所遮蔽或稀释。

1. 补偿/拉低不了有性生殖的生殖成本　在海角蜂和豆柄瘤蚜茧蜂（*Lysiphlebus fabarum*）上都存在一个隐性的、诱导孤雌生殖发生的等位基因，由于膜翅目中广泛存在着互补的性别决定（csd）系统，所以如果孤雌生殖产雌的同时，也产生等量的二倍体雄性后代（要么致死，要么产出二倍体精子）（图6-6），就可能会阻止这种诱导孤雌生殖的等位基因经由这些雄性往下传播。然而，如果这些二倍体雄性有部分是可活可育的，则这种灭绝效应就会减弱；或者如果csd系统中多等位基因在孤雌生殖过程中发生退化（纯合时有一个失活），则随后单一的csd等位基因的多态性就会得以维持。所以，即使自体融合诱导模式与csd系统之间的互作或协同进化成立，这种孤雌生殖产生二倍体雄性的传染性也依然存在，哪怕非零重组的比率很小，其收益永远补偿不了也永远拉低不了有性生殖的最终损失。

2. 平息了一个世纪的争论　孤雌生殖包含带有减数分裂的自体融合生殖和不带有减数分裂的无融合生殖，不同模式的孤雌生殖有非常不同的遗传和进化的后果，但是很难区分。在南非开普敦地区，对2个邻近亚种海角蜂（孤雌生殖产雌）和东非蜂（孤雌生殖产雄）设计了1个回交，并在49个回交的雌性后代里寻找与孤雌生殖产雌共分离的遗传标

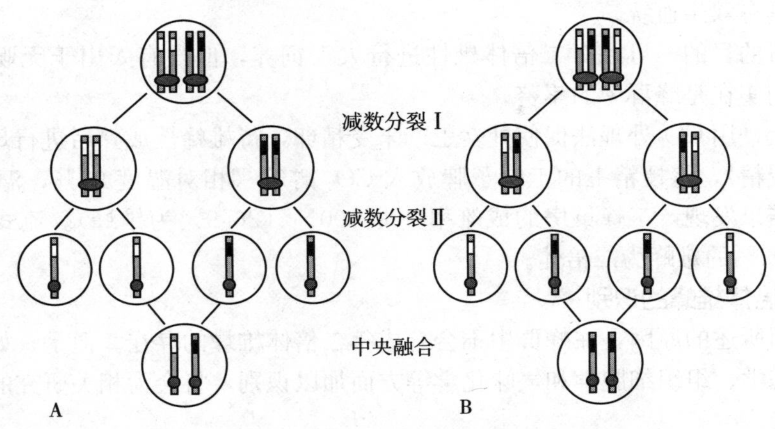

图 6-6 自体融合事件中的中央融合说明

矩形为基因位点，椭圆为着丝粒

A. 无重组。减数分裂Ⅰ后，一对带有一个杂合位点的染色体各自复制了一次。减数分裂Ⅱ后，四分体中的两个发生中心融合形成一个二倍体细胞，表现杂合性 B. 有重组。在前期Ⅰ，基因位点和着丝粒之间发生过交叉。减数分裂Ⅱ后，四分体中的两个发生中心融合形成一个二倍体细胞，表现纯合性。如果基因位点换作 sl-csd 系统中的性别决定因子，那么在B中的合子就会发育成二倍体雄性

(Engelstädter et al.，2011)

记。结果发现，控制海角蜂孤雌生殖产雌的基因（*GB*45239）就在第 11 号染色体上，其上有与该基因相关的标记，此标记可以在蜂群间共分离，在海角蜂基因组中都存在，但在包括东非蜂在内的其他蜜蜂基因组中都没有，表明工蜂孤雌生殖产雌的能力仅限于海角蜂亚种。海角蜂被连续闭锁繁育 100 代后二倍体仍是杂合子，而这些杂合子水平的维持牺牲了纯合子的适合度。由于自体融合时染色体内交叉所致的杂合性是从近着丝粒区域的克隆到近亲繁殖的一种过渡形式，与远着丝粒区域的自体受精相似，因此，这种机制也为对比无性行为和近交遗传的后果提供了新的途径，而膜翅目单倍-二倍性性别决定系统正是物种的一种扩展适应，以便进化出新的无性生殖形式，包括产雌孤雌生殖。所以，所有这些就很好地解决了动物上关于孤雌生殖产雌发生后为何仍不绝种的近一个世纪的争论。

二、有父亲的雄性

罗森布勒（1957）发现，西方蜜蜂高度近交会产生插花子脾，有时空房率高达 50%左右，疑似近交产生了致死基因或致死效应。

沃尔克（1963）发现，西方蜜蜂工蜂房里有些新孵化幼虫（6h），其体表会产生一种称作同类相食物质（cannibalism substance），这种外激素足以引诱工蜂的母源性同类相食性。所以，自然状态下，这些幼虫不能生存到大幼虫期及其以后的发育阶段。

沃尔克（1966）把西方蜜蜂高度近交群工蜂房里的小幼虫提前拿出，进行组织学和细胞学的研究。结果发现，它们是雄性幼虫，也是二倍体，表明它们是由受精卵发育而来的，是有父亲的雄性。

（一）二倍体雄蜂的培育

如果将卵先放在恒温培养箱内孵化，孵化出的幼虫放置在王浆上仍置于恒温培养箱内饲养 2～3d，然后再将幼虫移到蜂群中按通常方法饲养，就可以饲养出许多二倍体雄蜂，

并且它们都具有双亲血统。

出于科研的目的，可以对二倍体雄性进行人工饲养，但没有人出于无聊而单纯地繁殖，因为它们实在是蜂群中的累赘。

在中蜂上，用CO_2处理法促使处女王产未受精卵，待雄蜂性成熟后进行母子回交（多雄单雌人工授精），将授精王的工蜂子脾放入CO_2孵箱（相对湿度95%，温度35℃）中人工饲养。结果发现，工蜂巢房的成雌率并非100%（26.9%为雄蜂）。流式细胞仪鉴定后发现，有92%的雄蜂为二倍体。

（二）二倍体雄蜂的识别

由于前面所述的原因，在蜂群中不会有成年二倍体雄蜂的存在。但是，如果能在发育的早期从形态学、组织细胞学和气味化学等方面加以识别，将会为相关研究的顺利进行带来便利。

1. 形态学识别 这是采用活体鉴别的方法，对幼虫伤害较小。

（1）体色识别。让单只的野生型黑体色雄蜂分别与纯合的皮革色（cordovan）蜂王和纯合的柠檬黄色（chartreuse - limão）蜂王（杂合突变的母亲和突变的父亲的杂交后代）进行兄妹交配（人工授精），蜂王开产后测试幼虫存活率；选择幼虫存活率低的蜂王（4只），将它们产下的卵放在孵化器中孵化长大（321只），倍性以出自工蜂房和雄蜂房来划分。结果发现，皮革色蜂王和柠檬黄色蜂王的二倍体雄蜂蛹都显示出了父亲的遗传特征，表明由幼虫存活率低的近交蜂王（无论是皮革色还是柠檬黄色）产在工蜂房中的卵孵化出的雄蜂幼虫，是由受精卵发育而来的。

（2）肛上板识别。在蜜蜂里，很难识别第一日龄幼虫的性别。对于工蜂幼虫和单倍体雄蜂幼虫，可以不经过性别检查就直接从巢房类型中区分开来。但是，对于工蜂幼虫和二倍体雄蜂幼虫，就不能根据巢房大小进行取样。于是，可以用幼虫第10腹节（也称肛门节）的肛上板（epiproet）表观轮廓和大小比例来快速区分幼虫的性别。在体视显微镜下，工蜂幼虫的肛上板褶皱处以上部分高过第9腹节背面轮廓，肛上板褶皱处以下部分很长。这样，就可以从近交蜂群的子脾中准确无误地收集活的二倍体雄蜂1日龄幼虫样本了。

（3）翅脉识别。根据翅膀形状即翅脉模式的差异性来鉴别二倍体雄性。用在熊蜂（*Bombus terrestris*）上，区别度很高。

2. 组织细胞学识别 这是采用活体解剖的方法，直接导致幼虫死亡。

（1）生殖腺位置。雌性幼虫在第10～12腹节侧面有3对成虫盘，背侧生殖腺锥形较小，仅延长至第10腹节；雄性幼虫仅在第12腹节侧面有1对成虫盘，背侧生殖腺锥形较大，可延长至第12腹节。

（2）染色体数量。对西方蜜蜂35只二倍体雄蜂蛹和15只单倍体雄蜂蛹的精子发生过程进行了比较研究，其中，对25 013条染色体进行记数，对不同精子发生阶段的1 200个精细胞进行测量。结果发现，二倍体的精母细胞含有2倍的染色体，是单倍体染色体的2倍大；染色体在中期Ⅰ（前中期）没有配对或分离，那时只有一个胞质芽形成；在中期Ⅱ染色单体分离，在后期可见有1套二倍体染色体；1个精母细胞只形成1个精细胞和1个带染色质的质体。精细胞核和质体的大小分别是单倍体的2倍。

西方蜜蜂二倍体雄蜂比单倍体雄蜂寿命更长，体重和体型更大，但睾丸更小（大约只有单倍体雄蜂睾丸的1/10），精巢小管数量更少，精巢长度更短。二倍体精子头部的

DNA 含量是单倍体精子的 2 倍，精子头部长度（7.4μm）比单倍体精子头部（4.8μm）更长，精子全长（312μm）比单倍体精子全长（242μm）更长。染色体没有发生配对也没有发生减半，始终都是 32 条。因此，最终产生的精子，其染色体数还是 32 条。

3. 气味化学识别 这是采用活体气味收集的方法，只需要标记采样巢房而不会导致幼虫死亡。

选取二倍体雄蜂、二倍体工蜂和单倍体雄蜂的刚孵化幼虫，在第一龄幼虫未被饲喂前分别提取表皮物质，将提取物用气相色谱质谱仪进行分析。结果发现，所有幼虫中的主要成分都是四种烷烃和角鲨烯，但从总量上看，雄性幼虫的大于雌性幼虫的，单倍体雄蜂的略大于二倍体雄蜂的。将假蜂模型分别在可区分 3 类幼虫的 5 种主要成分的定量模拟混合物中浸渍一下，放进相应的幼虫巢房（用石蜡做成）中，结果有二倍体雄蜂气味的假蜂模型被最快清除。这提示人们，可以用收集巢房中幼虫气味的方法进行识别。

（三）清除有父雄性的意义

有父雄性与无父雌性不大一样，因为在蜂群中不能自然发育到成虫，除非在蜂群外躲过有食卵癖（ptyalophagy）的工蜂才可少量存活。否则，如果将工蜂子脾放入蜂群中，则二倍体雄蜂幼虫在孵化后会被工蜂清除掉。工蜂的这种性别特异性清除应该是在进行蜂群内的性比调整。其中，东方蜜蜂的窗口期在孵化后 2～3d，西方蜜蜂的窗口期在孵化后 1～2d。因为受精的二倍体雄性应该与未受精的二倍体雌性一样，是进化过程中蜜蜂物种与自然选择之间的错造物或是廉价货，所以这种杀婴行为应该对超个体蜂群的包容性适应度有利，也应该对维持蜜蜂单倍-二倍性生殖机制有利（二倍体雄蜂的后代应该是三倍体），还应该对与膜翅目性别决定有关的进化有利。

第三节 蜜蜂的异形体

近年来，科学技术的发展使人为控制产生相应的目标突变体成为可能。通过对一些模式昆虫进行人为诱导产生一些不同于野生型的异形体（单基因突变体或多基因突变体），有利于人们对其遗传发育机制等进行更细致的研究和利用。

一、突变和突变型

在生物学上，遗传物质的含义一般是指 DNA 或 RNA，包括细胞核与线粒体中的（对动物而言），还包括叶绿体中的（对植物而言）。如果细胞中的遗传物质发生永久性的和可遗传性的改变，那就是基因突变。携带突变性状的生物就是突变体，该突变体的表型就是突变型，其对照物是同种的野生型。突变和突变型都会受到内在环境和外在环境的影响。

（一）突变的种类

突变是生物变异的根本来源，如果影响了单个基因的序列和/或表达，就可以改变一个种群的生殖模式（如海角蜂的孤雌生殖产雌性），就会引发新的选择压力和一些恶劣特征的进化（如社会性寄生、侵染性和社会性癌症等）。以突变对基因表型影响来做分类的话，可分为以下两种：结构型突变和功能型突变。此外，还有一些中性突变，对生物体的生存既没有好处也没有害处。换句话说，就是生物的适合度不受影响，自然选择也不起作用。

1. 结构型突变（structural mutation） 肽链合成时单碱基识别错误、碱基插入或缺失、合成提前终止或肽链任意延长等，都能引起野生型正常肽链的微突变或宏突变，进而影响到蛋白功能。

（1）微突变。是指发生在DNA或RNA的单个碱基或核苷酸上的突变，也称单碱基突变。通常有两种情况：一种是替换，包括转换（嘌呤与嘌呤或嘧啶与嘧啶的互换）和颠换（嘌呤与嘧啶的互换），但不是所有的替换都引起三联密码子的编码改变；另一种是插入或缺失，可引起三联密码子的编码改变。常见的突变类型有错义突变、沉默突变、无义突变和移码突变。

（2）宏突变。是可能涉及整个基因以至多个基因的一长段DNA序列的改变，或是更为严重也更为复杂的染色体变异。所包含的情况有片段丢失、片段插入、染色体重排（缺失、重复、倒位、易位）等。

2. 功能型突变（functional mutation） 以野生型的正常功能为基准，就会有失去功能或获得功能的突变，于是表型会发生相应改变。

（1）失去功能的突变。是指所发生的突变会造成基因的活性或基因产物的功能完全丧失，又称敲除突变或无效突变，如隐性突变。

（2）获得功能的突变。是指所发生的突变让原本应该不表现的基因产生活性，如显性突变。

通常，突变可由遗传漂变、人为干预和不经意间的诱变等所引起，一般都具有重演性（可逆性）、多方向性（复等位基因半显性）、有利（害）性和平行性。其中又以结构性的微突变和宏突变的表现不同而利用率不同，虽然宏突变的性状表型效应大，微突变的性状表型效应小，但一般微突变中的有利突变率大于宏突变的。

（二）突变型的分类

实际上，能够出现自发的和回复的突变型较少（如不育系恢复为可育系），能够发生诱发的突变型较多（如温敏型、感病型），它们常常由于诱因不同而表型不同，也因此具有某种不定向性、多害性、可逆性和可利用性等。突变型大致可以分为形态突变型、生化突变型、致死突变型和条件致死突变型。

1. 形态突变型（morphological mutant） 指肉眼可见的突变型，即有关形状、大小、生育状态、颜色、颜色分布等表型出现强弱变化的突变型。其中，以基本形态突变型为标准，表型介于其左右的，又可有超形态突变和次形态突变。形态突变型的个体能够生存，但往往生活力较低，难以保证真实遗传，尤其是在讲究优生优育的真社会性蜜蜂群里，常常惨遭驱逐。然而，某些奇异的突变型可用于遗传机制的研究及其观赏品系的培育。

2. 生化突变型（biochemical mutant） 由于基因突变，导致参与代谢通径上的酶活性降低或缺失，进而导致某种特定生化功能的改变，有行为表现但通常没有形态效应，这种突变型称为生化突变型。代表性的例子有营养突变型、呼吸突变型、抗药突变型、离子通道突变型等，广泛用于遗传学分析、活体内代谢途径的研究、生物活性测定和行为育种等，以及还有许多其他未知用途。

3. 致死突变型（lethal mutant） 是导致个体死亡的纯合体突变型，尤其是在性成熟前。致死突变可发生在任何染色体上，发生在常染色体上的称为常染色体致死，发生在性染色体上的称为伴性致死。致死突变型对于纯合子个体来说是不利的，但对于维持自然群体的杂合状态是有利的。某些致死突变型品系可用于个体发育研究及其育种实践，但是，由于纯合体不能生存或生活力较低，一般都难以保持真实的遗传品系。蜜蜂上近交系的嵌合保种法是个很好的解决方案（详见后续章节）。

4. 条件致死突变型（conditional lethal mutant）　这是相对于非条件致死（在已知任何条件下都有致死效应）而言的。基因突变后，在某种条件下可正常地生长、繁殖并呈现其固有的表型，而在另一种条件下却无法生长、繁殖，如配子致死、合子致死、胚胎致死和幼体致死等。对于这类突变型，一是可以用来作为设计相关研究的实验材料或对照材料，二是可以用来筛选抗性品系或品种，三是可以提供适宜的或改良现有的饲养条件，先天不足后天补，作为保证福利的科普动物使用。

（三）突变的意义

实际上，自然界中的生物也在不断变化中。如受到自然力的胁迫后、生物体自身的适应性发生变化等。经过物竞天择，对物种有利的突变被保留下来，对物种生存没有影响的中性突变得以逐代累积和发展。

1. 作为物种进化的推动力　达尔文学说认为，大多数新种都是从按照父系地理分区处在边缘上被隔离的孤立小种群中形成的，而在这孤立小种群中产生的突变，不至于因基因交流而失去特性，虽然其中多数被淘汰，但仍有少数被选择保留下来而形成新种。这里，形成新种的原料是个体突变，形成新种的前提是突变无定向。只要对适应无害（或中性），就有可能闯过自然选择关而形成新种。间断平衡论认为，一个谱系在其长期所处的静止或平衡状态里面，存在着稳定与剧变交替的可能，是停滞与跳跃相间、渐进与跃进并存的过程，这个间断平衡可被一个短期的、暴发性的大进化或大灭绝所打破，同时伴随着大量新物种的产生或大量旧物种的消失（图 6－7）。

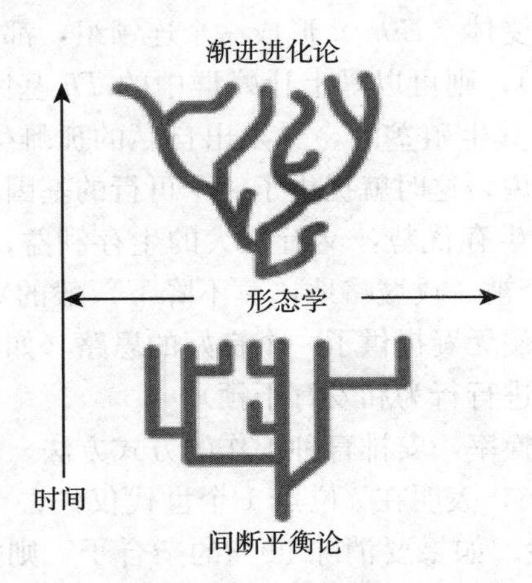

图 6－7　物种形成的时间-形态学坐标

上：渐进进化论（phyletic gradualism），物种形成是在自然选择下种系的渐进进化过程，性状演变呈斜线的形式　下：间断平衡论（punctuated equilibrium），物种形成是在选择作用下谱系在一个地质上可忽略不计的短时间内完成的突变与渐变的结合，性状演变呈折线的形式

（Eldredge and Gould，1972）

2. 为人类提供了选择育种的机会　通常，当一个基因作用于一个性状时，单基因完全显性，比较好选择；当一个基因作用于多个性状时，发生一因多效，不完全显性，比

较难选择；当多个基因作用于一个性状时，出现多因一效的镶嵌显性，难于进行淘汰选择；当两个基因作用于一个性状时，存在基因互作，选择前需要先行判断。如果连锁基因的交换值小，则后代中重组型就少，给予人们的可选择机会也小，可先将连锁基因打散（通过辐射、诱变、远缘杂交等），利用重组缓解连锁基因之间的潜在冲突。当生产上与淘汰杂合子相结合时，所需要使用的育种群体的数量却较大，需要提前做好规划和准备。

（1）根据后代纯合子比例，推测基因连锁的程度。例如：在西方蜜蜂中，用眼色突变体（红眼 ch^r、黄绿色眼 ch^2、象牙白眼 i）和体色突变体（皮革色 cd）进行处女王诱导产雌后的基因分离和分析实验。结果未受精的 cd/cd^+ 型蜂王产出了 cd/cd 型工蜂，i/i^+ 型蜂王产出了 i/i 型工蜂，ch^r/ch^+ 型蜂王产出了 ch^r/ch^r 型工蜂，ch^2/ch^+ 型蜂王产出了 ch^2/ch^2 型工蜂，并且纯合子 ch^r 和纯合子 ch^2 的百分比很高（12.4%和 19.6%），表明 ch^r 和 ch^2 位点都与着丝粒的连锁不紧密；纯合子 i 的百分比很低（1.8%），表明 i 位点与着丝粒的连锁比较紧密。将两个 i/i^+ 型的姐妹蜂王分别与一只象牙白眼色的雄蜂远交，结果产生了 47.4%和 48.2%的 i/i 型工蜂；让第三只 i/i^+ 型姐妹蜂王与其所产的白眼雄蜂母子交（也称自交），结果也产生了 48.7%的 i/i 型工蜂。也就是说，后代都完全符合 50%（i/i）的死亡率预期，表明 i 位点与致死性等位基因连锁。

（2）根据基因连锁的程度，同时筛查或改良性状，提高选择结果。例如：蜜蜂上，黄绿色眼（*ch*，chartreuse）和无毛（*h*，hairless）的交换值为 4.1%；珍珠色眼（*pe*，pearl）和奶油色眼（*cr*，cream）的交换值为 0.33%；石榴红色眼（*g*，garnet）与小翅（*di*，diminutive）的交换值为 14.5%。但凡有一个性状出现，就可以判定其必同时伴有另一个连锁性状，即可做出淘汰选择。再例如：海角蜂的自私基因（*Th*）是一个隐性的单基因突变，与促蜕皮激素受体（*Ethr*）形成一个连锁组，都位于第一号染色体上。一旦蜂王出现意外（被杀或失踪），则可以马上让蜂群中的 *Th* 基因携带者快速变态发育为社会性种内寄生者，再来逆转其生殖垄断，暴发出自私的孤雌生殖产雌行为，这些假蜂王（产卵工蜂），对于海角蜂来说，这时就提供了一个可行的基因库，有效地代表了老蜂王血统的持续存在，既有潜在的生存优势，又有强大的生存利益；但对于海角蜂以外的蜂种（如东非蜂）来说，则是一个被“攻城略地，莫不降下”般的灾难。这个基因连锁组的发现，对于人们治理海角蜂入侵无疑提供了一个良好的思路（如用蜕皮激素颉颃剂或保幼激素类似物对假蜂王及其卵虫进行行为和发育干预）。

（3）根据连锁基因的交换率，安排育种工作的方式方法。例如：在塔克的实验中，蜜蜂纯合子 i 的比例仅为 1.8%，表明在 i 位点 1 个世代仅失去 3.6%的杂合性，12 个世代以后也才失去 35%的杂合性。如果要消除 90%的杂合子，则需要经过 67 个世代（大约 5.5 年）。假设 1 年消除最初的 99%，则全同胞交配 1 年才可产生 5 代，而自体融合 1 年却可以产生 12 代。可见，在打破蜜蜂的基因连锁方面，自交不如全同胞交，全同胞交不如自体融合。

二、蜜蜂常见突变型

威瑟艾尔和莱德劳（1977）认为，蜜蜂精子本身老化可能增加精-卵受精的阻尼性或受精胚胎的致畸性。另外，污染、细菌滋生等环境压力也可能导致贮存的蜜蜂精子发生突变。也有人在蜜蜂冷冻精液中检测到病毒序列，所以认为曾经报道过的蜜蜂冷冻精子对其子一代、子二代有致死、致畸、致突变的遗传危害可能与此有关。

蜜蜂在自然进化的过程中产生了很多的突变，并且突变型大多是隐性的。至今共发现32种突变，有的突变已不存在，有的已被传代并保存了下来，如白眼蜜蜂（图6－8）。大多数情况下蜜蜂的这些基因突变是有害的。

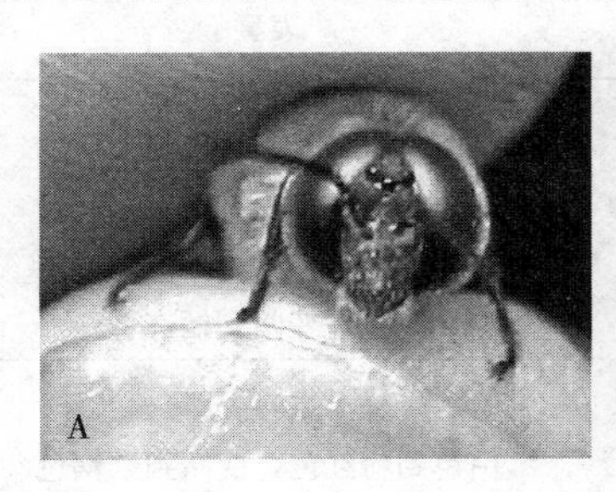

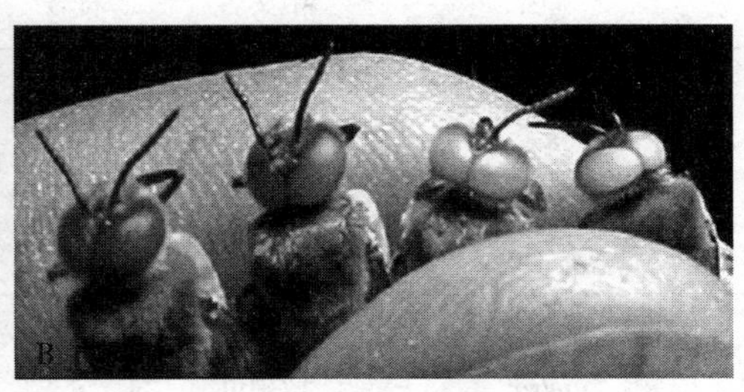

图6－8　蜜蜂雄蜂复眼的颜色

A. 野生型，褐色眼　B. 突变型，玫瑰红色-白色眼

（一）眼色突变

眼色突变指眼睛颜色的突变。通常眼色素形成越少的蜜蜂，越少外出，若有飞出，能返巢的也较少，并且寿命也较短。眼色突变型黄绿色眼（*ch*）和雪白色眼（*s*）这两个基因具有多效性，在纯合突变型蜜蜂中，能引发较短的神经肌兴奋，在飞行中无法定向，舞蹈通信和采集都被抑制，飞翔速度也不如正常蜂。例如：柠檬黄（*chartreuse－limão*，ch^{li}）眼色突变的杂合子（$ch^{li}/+$型）工蜂在蜂箱内行为正常，但与ch^{li}有关的眼色素异常影响着蜜蜂的定向和飞行，因而纯合子（ch^{li}/ch^{li}型）工蜂箱外正常活动受阻，寿命变短。柠檬黄眼色突变的塞内加尔蜂工蜂（受到^{60}Co辐射），对蜂箱和饲喂地点的定向力较差，飞行速度和蜂舞速度也比表型正常的蜜蜂慢。红眼（*chartreuse－red*）突变的雄蜂，其生命周期与正常雄蜂的一样，飞出去后能正常返巢，但还是较少飞出巢。正常雄蜂的飞进飞出比率为0.962，而眼色突变体的却是从0.271（*tan*，棕褐色）到0.983（*chartreuse－cherry*，樱桃色）不等。正常雄蜂在大约21.2d的一生时光中平均飞行25次，如果能活到40d的甚至可以飞行62次，但携带各种突变的雄蜂平均寿命多数情况下明显少于正常雄蜂的，终生的飞行次数也是从1.0（无眼）到21.2（金黄体色）不等。

在近亲交配的蜂群里出现白眼突变的概率较大，并且这一性状是可遗传的。例如：在卡蜂的一个品系中有雄蜂的白眼突变体，用产白眼雄蜂的卡蜂蜂王（白眼杂合子）作母本，产出子一代的雄蜂和处女王。然后，让子一代处女王（白眼杂合子）和子一代白眼雄蜂进行兄妹交配。结果授精王产下的子二代雄蜂和工蜂各有50%是白眼突变体，这些突变体似乎没有视力，出巢后不能返回蜂巢。让子二代白眼处女王孤雌生殖，其后代雄蜂全部为白眼，说明该处女王为白眼纯合子。此外，喀阡黑环系人工授精蜂王、授精王的子一代和子二代蜂王都可产生白眼突变的雄蜂，但是白眼突变的蜜蜂视力较弱，出巢即迷巢，几乎不能参与自然交尾，而且寿命较短。

蜜蜂眼色突变基因已有不少报道（表6－1），这些突变表型明显，容易分类，并且不受已知的修饰所影响。其中，ch^{r}、ch^{2}和i是隐性基因，ch^{r}和ch^{2}是等位基因，杂合的

ch^2/ch^r型工蜂眼色是粉红色的，纯合的ch^r/ch^r型工蜂眼色是红色的，但在粉红色到红色中间还有一些过渡色的表型。

表 6-1　蜜蜂眼色突变基因

（Tucker，1986）

基因分组	基因	中文名	符号	表型	活力
snow	*snow*	雪白色	s	白色	3
	tan	棕褐色	s^t	白色，变暗到棕褐色	4
	laranja	金白色	s^{la}	淡橙汁色，变暗到红褐色	3
	bayer	红陨石色	by	白色，变暗到橘红色	3（?）
ivory	*ivory*	象牙色	i	白色	4
	umber	琥珀色	i^u	白色到粉红色，变暗到红褐色	4
	rose	玫瑰色	i^{ro}	淡玫瑰色，变暗到深玫瑰色	?
cream	*cream*	奶油色	cr	白色	4
	pearl	珍珠色	pe	白色	4
	brick	砖红色	bk	橙红色，变暗到红褐色	2
	spade	铁锈红色	sp	玫瑰红，变暗到红色	?
chartreuse	*Benson green*	珐琅绿色	ch^B	绿黄色，变暗到微红色	4
	chartreuse-2	黄绿色	ch^2	黄绿色，变暗到红褐色	3
	chartreuse	黄绿色	ch	黄绿色，变暗到红褐色	4
	chartreuse-1	黄绿色	ch^1	黄绿色，变暗到红褐色	4
	chartreuse-limão	柠檬黄	ch^{li}	淡黄色，变暗到红褐色	4
	red	红色	ch^r	紫红色，变暗到红褐色	3
	cherry	樱桃色	ch^c	易变的，红色和黄色，变暗到深红或棕红色	4
	modifier（with ch^1）		m	加深ch^1；粉色变暗到棕色	4
garnet	*garnet*	石榴红色	g	深红棕色，变暗到野生型	2
unassigned	*ocelos claros*	豹猫色	oc	复眼玫瑰色变暗到棕色；单眼玫瑰色变为玻璃白色	2
	pink	粉红色	p	粉红色	1
	white	白色		白色	4
nonmutant	*wild type*	野生型	mut^{+d}	深棕色到黑色	3

注：基因名字后的上标表示突变基因产生的效果，如：i^{ro}——象牙白上带点玫瑰色。数字代表雄蜂显著的亚生存能力（subviability），如：1——总是有；2——经常有；3——有时有；4——还没有；？——缺乏数据。

在代谢通径上，距离产生眼色素越远，眼睛的颜色越浅，视力越差（图 6-9）。当这个色氨酸到眼色素的生物合成途径完全不通或部分不通时，眼色突变体依次呈现雪白色（s）、金白色（s^{la}）、琥珀色（i^u）、奶油色（cr）、黄绿色（ch）和石榴红色（g）。

眼色突变在单倍体的雄蜂中出现居多（图 6-10），因为外显率高，淘汰起来比较容易，但却始终无法根除。曾有人推测蜜蜂的眼色基因属于细胞质遗传，这样就比较好理解了，雄性细胞质的遗传几乎没有可能性甚至仅有微小的可能性（假如有渗漏的话），所以只要生出它的蜂王存在，则母系细胞质就一直存在，而带有细胞质基因突变的蜂王可能不表现性状，所以不会被淘汰。

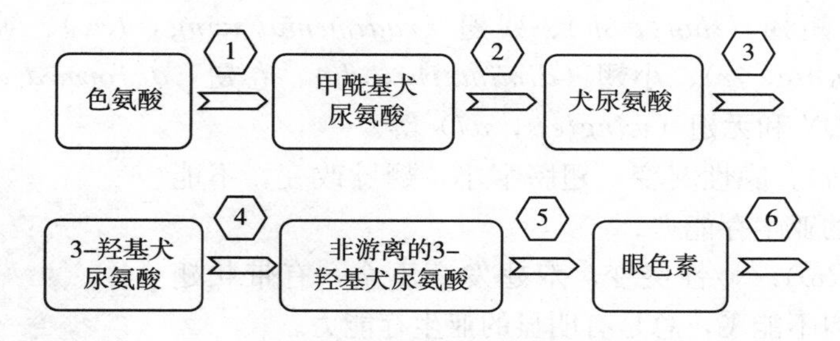

图 6-9 色氨酸到眼色素的生物合成途径

1. 雪白色 2. 金白色 3. 象牙琥珀色 4. 奶油色 5. 黄绿色 6. 石榴红色

（Shukolyukov et al.，1987）

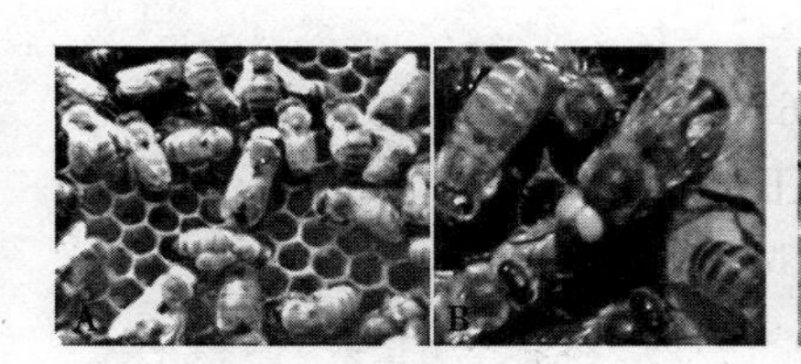
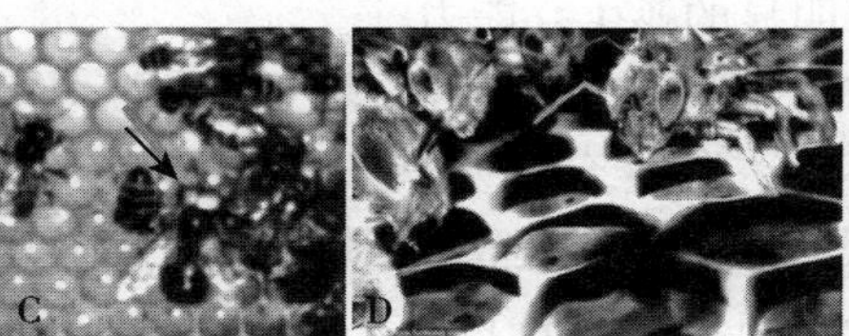

图 6-10 蜜蜂雄蜂的眼色突变体

A 和 B. 白眼雄蜂 C 和 D. 黄绿眼雄蜂 E. 红眼雄蜂

（二）眼型突变

眼型突变指复眼形状的突变。由于复眼是由许多小眼组成的，每个小眼的视觉成像构成了整个复眼的嵌合成像。小眼越多，复眼越饱满，嵌像越清晰。蜜蜂眼型的突变有无眼（*eyeless*，*e*）、无小眼（*facetless*，*f*）、小眼减小（*reduced facet number*，*rf*）、独眼畸形（*cyclops*）和独眼（*einaugig*）等。

（1）无眼（*e*）。隐性突变，小眼面发育不全。雄蜂头小偏三角形，多毛，缺精巢。

（2）无小眼（*f*）。隐性突变，小眼面发育不全，复眼外观呈金鱼样的水泡眼。雄蜂头小偏三角形，多毛，精巢小，无精子。

（3）小眼减小（*rf*）。小眼数少，复眼外观呈哑铃形。

（4）独眼畸形。复眼在头顶合并。

（5）独眼。一只复眼缺失。

此外，还有一种异位眼突变，目前尚未见到蜜蜂表型。但是，在工蜂幼虫眼睛中眼肌震颤基因 *so*（*sine oculis*）是高度表达的，在 3 日龄雄蜂幼虫眼睛中眼缺失基因 *eya*（*eyes absent*）是高度表达的。*eya* 和 *so* 是果蝇的异位眼诱导基因，突变后可以导致果蝇复眼长在腿节上或触角尖上。因为鼓膜听器就在腿节那里，所以可以推测 *eya* 突变个体是半聋半瞎的、非聋即瞎的或又聋又瞎的；因为触角是嗅觉和触觉甚至还是听觉器官，一旦其突触端被异位眼所遮蔽，则可以推测 *so* 突变个体是半呆半瞎的、非呆即瞎的或又呆又瞎的。

(三) 翅形突变

翅形突变指翅膀形状的突变。翅形突变会影响飞行能力，例如蜜蜂翅的增大表明其飞翔能力的增强，从而对零散蜜源的采集和寻找能力加强，对恶劣环境的适应性增强。常见翅形的突变型有短翅（*short*，*sh*）、残翅（*rudimental wing*，*Rw*）、皱翅（*wrinkled*，*wr*）、截翅（*truncate*，*tr*）、小翅（*diminutive*，*di*）、卷翅（*deformed wing*，*dw*）、低垂翅（*droopy*，*D*）和无翅（*wingless*，*wl*）等。

（1）短翅（*sh*）。隐性突变，翅膀窄小，翅脉改变，不能飞，总是有明显的亚生存能力。

（2）残翅（*Rw*）。显性突变，双翅发育不全，有带状翅痕，雄蜂有精子但不能飞，总是有明显的亚生存能力。

（3）皱翅（*wr*）。隐性突变，翅膀末梢起皱（图 6-11），翅脉扭曲，不定的外显率，飞行颠簸。

（4）截翅（*tr*）。隐性突变，翅小，末梢截短（图 6-11），翅脉压缩，总是有明显的亚生存能力。

（5）小翅（*di*）。隐性突变，翅小，蜂王不能飞（图6-12），但工蜂和雄蜂能飞。隐性突变型工蜂翅只有正常工蜂的62.9%大。通常，具有这种突变型的工蜂，由于翅面积减小导致采集力降低，振翅频率比正常工蜂多 5.4%，携蜜返巢所需要的时间比正常工蜂多 35.6%。并且，离巢时携带较少的食物，返巢时携带较少的花蜜。同时小翅突变型的声音频率也增加了但声音信号的振幅却减少了，导致摆尾舞跳过后招募成功率直接少于 50%。

图 6-11　意大利蜂雄蜂的翅形突变

A. 皱翅突变　B. 截翅突变

（王丽华拍摄，2000）

（6）卷翅（*dw*）。隐性突变，翅小，翅膀展不开，不能飞，有时很像是瓦螨寄生的结果。

（7）低垂翅（*D*）。显性突变，翅膀拖拉着，不能上举或不能向后折叠，雄蜂是致死的但杂合的工蜂可活。

（8）无翅（*wl*）。翅基部不见组织器官芽（图 6-12）。

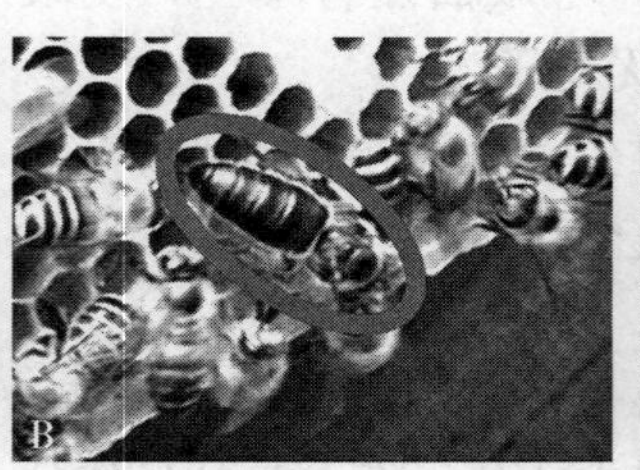

图 6-12　中华蜜蜂蜂王的翅形突变

A. 小翅突变　B. 无翅突变　C. 无翅突变

（王丽华拍摄，2002）

(四) 胸足突变

蜜蜂上尚未见到此突变，但在家蚕上，无足的 *ap*（*apodal*）基因一旦突变，将具有胸足发育缺失和雌性生殖系统异常等多重突变性状。

（五）体色突变

体色突变指几丁质骨板颜色的突变（图 6－13）。蜜蜂的体色变异很大，头部颜色的突变型有黄色的唇基、上唇和颊的黄脸（*yellow face*），腹部颜色的突变型有黑色（*black*，*bl*）、部分黄色（*yellow*，bl^{+}）、雄蜂黑色而工蜂部分黄色（*abdome castanho*，bl^{ac}）、棕色替代了黑色的皮革色（*cordovan*，*cd*）和既无色素又未硬化的白化（*albino*，*a*）等。

图 6－13　蜜蜂体色突变型

A. 工蜂腹节背板变红　B. 二色中蜂　C 和 D. 红背中蜂

（A 为网络截图；B、C、D 由廖文新拍摄，2018）

如果把王台放在比育子温度低的恒温培养箱中培养，羽化的蜂王体色就会稍黑。虽然这种由外界环境因素造成的体色变化不能遗传给下一代，但有可能说明体色发育是温敏型的。

（六）体毛突变

体毛突变指身体覆毛的突变。突变型有无毛（*hairless*，*h*）、毛茸茸（*haarlos*，*H*）、光溜溜（*schwarzsuchtig*，*S*）、白化（*albino*，*a*）。

（1）无毛（*h*）。隐性突变，绒毛磨损，蜂王易丢失跗节梳。

（2）毛茸茸（*H*）。显性突变，长毛丢失但绒毛存在，雄蜂致死，工蜂花粉梳易脆断。

（3）光溜溜（*S*）。显性突变，长毛丢失，绒毛多数缺失，雄蜂皱翅，工蜂后跗节梳断裂。

（4）白化（*a*）。绒毛颜色过度淡化。

（七）螫针突变

螫针突变指螫针形状的突变。如开裂螫针（*split sting*，*sps*），也称螫针分叉，在蜂王中常见。最早发生在针对塞内加尔蜂小种群长期暴露于^{60}Co下引起的黄绿色眼突变而进行的杂交中，工蜂螫针的两根锯齿针从针端处分开，导致失去合力的螫针无法行刺或刺入性差。人们第一次观察到这个新表型时，它在蜂群里的频率是 3.5%，但经过选育之后，发生率上升至 62.0%。蛹期低温（20℃）也可诱导产生。

（八）体型突变

体型突变指体型大小的突变。中蜂会在形态大小上发生相应改变以适应所处环境，而诱导产生这种变化的原因有局部区域内的海拔、温度、地理距离、蜜源植物丰富度以及人为活动等。可能是温敏型和营养突变型研究材料的来源。

（九）生育型突变

生育型突变指可育个体的育性突变。有雌育性改变，也有雄育性改变。

（1）自私基因（*Th*）。显性突变，当个体携带一个这样的基因时，个体就表现孤雌生殖产雌的表型。它位于第一染色体上，为单碱基突变，在外显子 7 中，编码一种受体蛋白，突变后极性苏氨酸变为非极性异亮氨酸。

（2）无政府主义（anarchist）。非常罕见的蜂群表型，在蜂王存在下许多工蜂的儿子被饲养。在英国的一个蜂群里，总共有 16 个父系，但至少有 7 个父系的 19 只工蜂在隔王板上方的继箱里产下了几乎百分之百的（95/96）雄蜂。而在澳大利亚的 2 个蜂群里，大多数产卵工蜂都是一个父系的后代。

（3）自育（autogeny）。幼虫期营养积累储备高，平均体重高，中性脂肪多。营养越好，卵泡数量越多，自育率越高。有专性和兼性两种品系表型，是遗传决定的，但受到自身营养储备和发育环境等其他非遗传因素的影响。专性自育表现为快型，无滞育期，饥饿状态对自育性无影响，如海角蜂的产卵工蜂；兼性自育表现为慢型，有滞育期，饥饿状态对自育性有影响，如有王群里的潜在产卵工蜂。

（4）育性基因。与动力蛋白（dynein）和动力激活蛋白（dynactin）相关的基因突变，会导致细胞质动力蛋白病的发生，会引起精子发生不同阶段的缺陷，甚至最终导致雄性不育。果蝇上常见，蜜蜂上存在大量雄蜂无精症现象，只知道是幼虫期蛋白质进食不够和蛹期保温不够，但遗传机理尚未发现。

知识点补缺补漏

镶嵌显性

线粒体基因

沃尔巴克氏菌

沉默突变

交换值

体细胞突变

延伸阅读与思考

外显率和表现度

忠诚、花心基因

雄核发育

奇美拉现象

思考题

1. 嵌合体的识别要点有哪些？

2. 嵌合体培养技术措施由哪几部分构成？

3. 蜂王应该是雌雄两性机能或性状同时存在的个体，如何理解？想一下，如果把蜂群作为一个雌雄嵌合体的话，里面是雄性先熟还是雌性先熟？

4. 简述变异研究的意义。（可以从何时出现、如何出现、出现后会怎样等方面来考虑）

5. 如何区分和研究以下两类变异：①环境条件一致下的变异；②遗传基础一致下的变异。

参考文献

Aamidor S E, Allsopp M H, Reid R J, et al., 2020. What mechanistic factors affect thelytokous parthenogenesis in *Apis mellifera caponises* queens? Apidologie, 51 (1): 329-341.

Aamidor S E, Yagound B, Ronai I, et al., 2018. Sex mosaics in the honeybee: how haplodiploidy makes possible the evolution of novel forms of reproduction in social Hymenoptera. Biology Letters, 14 (11).

Aumer D, Stolle E, Allsopp M, et al., 2019. A single SNP turns a social honeybee (*Apis mellifera*) worker into a selfish parasite. Molecular Biology and Evolution, 36 (3): 516-526.

Gloag R, Remnant E J, Oldroyd B P, 2019. The frequency of thelytokous parthenogenesis in European-derived *Apis mellifera* virgin queens. Apidologie, 50 (3): 295-303.

Krichilsky E, Vega-Hidalgo Á, Hunter K, et al., 2020. The first gynandromorph of the Neotropical bee *Megalopta amoena* (Spinola, 1853) (Halictidae) with notes on its circadian rhythm. Journal of Hymenoptera Research, 75 (1): 97-108.

Oldroyd B P, Aamidor S E, Buchmann G, et al., 2018. Viable triploid honeybees (*Apis mellifera capensis*) are reliably produced in the progeny of CO_2 narcotised queens. G3: Genes, Genome, Genetics, 8 (10): 3357-3366.

Prashantha C, Lucia M, Belavadi V V, 2019. Two new cases of gynandromorphism in Xylocopinae bees (Hymenoptera: Apidae) from India. Oriental Insects, 53 (2): 291-297.

Smith N M A, Wade C, Allsopp M H, et al., 2019. Strikingly high levels of heterozygosity despite 20 years of inbreeding in a clonal honeybee. Journal of Evolutionary Biology, 32 (2): 144-152.

Tucker K W, 1958. Automictic parthenogenesis in the honeybee. Genetics, 43 (3): 299-316.

Yagound B, Dogantzis K, Zayed A, et al., 2020. A single gene causes thelytokous parthenogenesis, the defining feature of the Cape honeybee *Apis mellifera capensis*. Current Biology, 30 (12): 2248-2259.

（王丽华）

第三部分
蜜蜂育种学理论

第七章　蜜蜂的选择育种 >>

外界环境对生活在其范围以内的生物具有“适者生存”的重要影响，达尔文称它为自然选择。人类在培育动植物的过程中，将那些对人类有利的性状保留下来，将那些对人类不利的性状予以淘汰，达尔文把这个过程称为人工选择。

选择育种（简称选育）是目前应用最广泛的遗传改良方法，是蜜蜂育种的基础。育种是人为干预下催生的物种变异与进化，是对野生物种或现有品种进行的定向改造，其中所用到的引种、驯化、杂交育种、品种的提纯和复壮等育种手段与途径都要以选择育种为基础。由于育种学是在遗传学理论指导下进行的实践科学，专门研究如何培育改良品种，因而遗传学是育种学的理论基础，育种学是遗传学的应用实践。可以说，即使是将来，生物技术得到广泛应用，也离不开选择育种。

第一节　人工选择

子代继承父母的基因，并在环境中优化基因和产生更加优秀的后代，而这既可以经过自然选择也可以经过人工选择来实现。只不过，人工选择的导向作用在改变物种种群的基因频率和引起物种个体类型的改变方面更大一些，定向性更准一些。

一、人工选择育种

育种者和养蜂者都希望选育出具有繁殖力强、产量高、节省饲料、抗病等综合优良性状的蜂种，因此不仅育种者在努力，用种者也在努力，表现在见到良种就引进，期望能使用或者育成这样的良种。但是在当前，靠现行的育种、育王方法有时是难以实现的。

（一）人工选择的范畴

世界知名的育种家路德·伯班克曾说：选择既是育种的一个理想，也是实现这一理想的每一个具体步骤，是需要大量时间和极度耐心的工作。所以，由选择起始、有选择贯穿、经选择敲定的品种选育，牵涉很多特征的挑选和判断以及丰富的细节记载和惯用的育种模式。大致涵盖选种、选配和选育三个方面。

1. 选种　是根据育种目标的要求，对育种材料从表型上决定去留，也就是选优去劣。可从两方面来看：一是创造和发现有利变异；二是在群体中扩散这种有利变异。选种是否科学与准确直接影响育种的成效。它是所有育种途径中不可缺少的基础环节，也是贯穿育种中自始至终的主要步骤。

通常，遗传因素引起的变异是不连续的，而环境因素引起的变异是连续的。因此，选择时要注意对性状的甄别，尽量选出正确的素材。在大多数的实际案例中，不良的特质也会在近亲繁殖中得到加强。所以，有不良特质的应尽量少选或者不要复选。

自从有人提出可以利用覆盖全基因组的高密度分子标记进行选择育种这一概念以来，

人们开始根据全基因组估计育种值进行个体的预测和选择，使种用动物选择的准确度、选择强度和遗传进展都得到大幅提高，做到了早选和准选。

2. 选配 是指人为确定个体或群体间的交配体制，即有目的地选择父母亲本的配对。选配是选种的延续，可验证和巩固选种的效果，选配后还要继续选种。由于蜂王和雄蜂们是在空中交配的，完全控制交配几乎不可能，混合进来非种用的雄蜂一旦参与交配，则变成混合交配（大动物上的混群交配），就会延长选择年限（育种进展）和选育效果，所以要慎选和实行清零策略（周边飞行范围内不许有）。从交配双方的品质、血缘、血统、性状等对比情况来考虑，选型交配有表7-1中显示的类型，通常采用蜂王人工授精技术。

表7-1 选型交配的分类

	相同	不同
品质	同质选配	异质选配
血缘	近交（亲缘选配）	远交（非亲缘交配）
血统	纯种繁育（本品种选育）	杂交繁育
性状	个体选配	群体选配

当然，通过全基因组选配，每个世代所能得到的遗传进展必定具有可持续性和可预测性。它利用待选种用个体的全基因组信息实施优化选种和选配，既注重目标性状的遗传进展，也注重配种亲本个体间的遗传关系，因而对于后代近交程度的增加、有害基因的纯合以及遗传多样性的降低等问题可以及时管控，更适合于现代动物育种，尤其适用于地方品种的保护和遗传改良。

3. 选育 就是选定一对顶级的配对，然后构建一个家族或家系，按照选中的超级特质进行定向改变。随后，继续寻找跟这个顶级配对具有相同特质的相同血源的其他杰出个体进行组配，努力将最优秀的基因特征固化为纯正的状态，造就一个纯正的近亲的有价值的种系。选育是蜜蜂选择育种里的终极方法，也是终极目标。选育是否标准与纯粹直接影响育成种的品质。

近交是定向选育的最好组配方式，其极端形式就是自交或同胞交配，可以尽快地纯合、固定和发展目标基因型。例如，中国农科院对金色卡蜂（旧称喀尼阿兰蜂，现为卡尼鄂拉蜂）的培育过程，浙江省对王浆高产蜜蜂的选育过程，以及国外对抗壁虱蜂种的选育过程等。

自蜜蜂基因组草图公布之后，蜜蜂科学家就开始竞相研究有助于蜂业发展的优势基因了，他们以良种化为重点目标，依据测试结果决定让哪些纯种组配在一起以便定向发展。可以说，开展全基因组选择育种，实现内源优良性状基因的人工定向聚合和定向进化来创制新品种，将会成为世界上蜜蜂人工育种300年来最重大的事情。毕竟，饲养管理再怎么改进也抵不上一个先天性的好品种的投入使用。所以，如果仅在饲养管理上给予投资，可能会一蹴而就，快速见效，但必须年年投资或者每个采蜜季节前都要投资；而如果在选育良种上舍得投资，可能开始见效缓慢，但最终必定会多次见效，较长时间段内可以一劳永逸。

（二）人工选择与自然选择的区别

自然选择控制着生物变异发展的方向，从而导致了适应性状的形成，是按生物适应环境的方向进行的。例如非洲的蜜蜂就是在被引入南美洲新环境后扩散和适应而发展成为非洲化蜜蜂的，在种内变异范围内，那些最优者和最劣者都惨遭淘汰，而那些最适者都得以保留。

人工选择直接反映了动植物种养者兴趣焦点的恒定所在，其成果一定已在某些驯养驯化动植物中达到了某种巅峰，结果通常是最好的父本配最好的母本，某种程度上加快了某些驯养驯化动植物向着某个方向上的进化。虽说是最优者创造历史、最劣者被历史淘汰，但不排除最优者有一定的概率造就出平庸的后代。然而，在长期的设计、挑选、迭代、发展中和高强度的选育下，这些平庸者不会有很大的机会被人为留下来繁衍后代，这是与自然选择的不同之处。

如果人工选择和自然选择的方向一致，则很容易选出性状优良、抗逆性强的个体。在实际选择育种中，人工选择应当充分利用自然选择创造的条件，以提高选择效率（如抗病性选择及抗逆性选择）。例如，在卡蜂闭锁种群育种计划中，第一年先把基础种群选出，全程都不准治疗壁虱，第二年起再对壁虱抗性性状进行连续选择，结果蜂群感染程度逐年降低直到稳定遗传，表明抗性或耐性品系已经获得良性发展。

（三）人工选种的注意事项

牲畜经过数千年的人工驯化及品种选育，已经形成了大量的适于不同纬度不同生境的且具有单一或混合抗性的优良品种。再加上目前所提倡的“拟境饲养”以适应环境胁迫的理念和举措，也确保了物种间同域共生、寄生、竞争和捕食等关系的稳定，同时还形成了与动物福利相配套的养殖模式与技术。

1. 动物福利（animal welfare）**的概念**　是动物的一种康乐状态，也即动物与其环境协调一致下的精神和生理完全健康的满足状态。由生理福利、环境福利、卫生福利、行为福利和心理福利五个基本的自然需求所组成。也就是，动物要被善待。动物福利得到保障，就是人类的公共卫生安全有了保障，就是动物产品国际贸易壁垒的良好规避。动物福利已经在新的兽医誓词中得到明确：从业者要用良心、用生命伦理诠释兽医工作者的责任与担当。蜜蜂学科处于畜牧学科之下，蜜蜂的表现和潜能可以被视为农场动物（产品提供者）、实验动物（模式生物）、工作动物（排雷先锋）、娱乐动物（斗蜂王、抓雄蜂）、伴侣动物（宠物饲养），甚至是野生动物（悬崖取蜜观赏和驯养），因而蜂学从业者理应遵循兽医誓言来饲养管理蜜蜂。

2. 蜜蜂福利（honeybee welfare）**的解读**　模仿畜牧农业的养蜂农业，支撑和促进了养蜂产业的繁荣，但有些做法还并不十分适合或者还没有引进到驯化尚未完全的、福利尚未得到充分保障的蜜蜂养殖。在养蜂业上与动物福利遥相呼应的蜜蜂福利就是：①生理福利，享受不受饥渴的自由：保证提供蜜蜂保持良好健康状态和精力所需要的食物和干净水，不吃“隔夜粮”（花粉饼、饲料糖浆、饮用水），少用兽药、饲料添加剂和激素等。②环境福利，享有生活舒适的自由：被打搅的开箱操作越少越好，提供足够的空间、适当的设施以及每个蜂种偏爱的具有色差的蜂蜡巢脾，能够得到舒适的睡眠和休息，长途运输时要给予定时卸载放飞与及时喂水遮阴。③卫生福利，享有不受痛苦、伤害和疾病的自由：提供干净无味的蜂箱场所，保证蜜蜂不受额外的挤压疼痛和碾压伤害等粗暴对待，预防疾病并对患病蜂群进行及时的治疗。④行为福利，享有生活无恐惧和无悲伤的自由：保证蜜蜂避免遭受精神痛苦的各种条件和处置；远离敌害、噪声、农药、光污染、“不夜城”

等不良的生存环境，保证蜜源充足和有花可采。⑤心理福利，享有表达天性的自由：保证与足够的同类伙伴待在一起，包括性伴侣。对工蜂，要给予合作的快乐，非必要不得剥夺跳舞、交哺、群居等；对处女王，要允许性成熟后自由出巢，非必要不得使用囚王笼或巢门栅；对雄蜂，要保证有参与婚飞的权利，非必要不得割蛹脾和使用驱杀器。总之，要保证“拟境饲养”以及和自然选择相一致的人工选择。特别是将我国土生土长的中蜂饲养回归到生态区划和生境筛选，都“模拟”野生的甚至是原始的生境但又不是简单的仿野生生长，其间应允许有偶尔的人工干预。

3. 选种过程中的福利保障　人工选择下的近亲繁殖和同系繁殖，使得经济性状的改进显著、进程快，但常导致物种适应性降低和自然基因库的贫瘠化、种群窄缩等，有时甚至是很惨烈的事实或结果。例如，过分强调蜂种的高产，可能该蜂种的抗病抗逆性状就被压制或者弄丢了。如果关注了蜜蜂福利，就是善待活着的蜜蜂，给蜜蜂留足饲料，在很大程度上预防了蜜蜂的疫病疫情。蜂群少生病和不生病，就不用给蜂群选药喂药，更不用花大力气进行人为定向选育抗病品种了。如果确有必要使用兽药，也严格控制使用剂量和执行休药期制度（《养蜂管理办法（试行）》第二十一条）。目前，一些地方的有识之士已经注意到并正在往这个方向努力。在打造蜜蜂生态品种的品牌时，主动遵循生态畜牧农业的相关规范，体现出优化“天地人蜂合一”的区域特色特点。

4. 选种过程中的其他保障　即蜂群保障、程序保障和大环境保障。把亲本连同所在的蜂群（蜂王、雄蜂和工蜂）作为一个整体来看待，以全面鉴定为准。同时注重根据选优程序稳步推进，包括目标制订、试点启用、实测汰选、复选调整、亲本敲定和种源保存等。特别是基因检测应该从蜜蜂育种产业和用种从业者的一个梦想成为一个可操作的现实。例如：一个顶级的用于配对的处女王、一个完成了顶级配对的授精王、一个顶级配对的后代处女王，其概念是不一样的，其本质也是不一样的，其结果更是不一样的。再例如：合理利用种王使用年限，出租种王进行育种（租借种王、租用卵虫），获得一定的育种收益。如：退役的种王，血统优良，可转入供种生涯，专门提供优质卵虫给用户自主繁育。要按照全国各地的气候、蜜源和生产目标来选择蜂种，并坚持引种、用种向因地制宜、科学区划的方向发展。目前，制种（包括育种者制种和用种者制种）过程尚需要广大蜜蜂育种工作者（包括专业育种者、种王生产者、养蜂用种者）的共同努力，逐渐形成大区域小蜂场联合的、小区域大蜂场带动的用种自控体系。

二、人为干预

在国家级自然保护区内，主要是让受保护物种进行自然演替而禁止进行人工干预。然而，在保护区以外，生物的和非生物的因素都对自然物种的进化加以驱动，人类的干预更甚。即人类主动改变和调控自然物种的属性，包括对物种从原有生存状况、原有群落、原有基因三个层次上施加影响，在生态特征、遗传特性和适应能力等多方面改变着物种的多样性、完整性和差异性。

（一）人为干预的表现

对于自然物种的人为干预，从主观意愿上看，可有以下四种：一种是故意破坏其稳定，另一种是有意维持其稳定，第三种是特意辅助其稳定，第四种是善意改造其稳定。例如，在蜜蜂上的一些做法。

1. 破坏自然物种的稳定 滥杀、盲目引种或混养等，都是破坏稳态或致紊的推手。例如：养蜂生产上常常割杀雄蜂蛹，殊不知，这样做会导致有的家系惨遭人为淘汰或者消减，而勉强活到性成熟期的雄蜂又不一定都来自好的家系。直接后果是：能够赶去雄蜂集结区与处女蜂王交尾的适龄雄蜂数量少，蜂王有效交尾差，蜂王交尾成功率低。间接后果是：近亲婚配的可能性大，蜂王后裔的多样性小，蜂群的抗病抗逆性能差，蜂王的使用年限短，等等。

2. 维持自然物种的稳定 既然坏的影响已经产生，那么，好的干预和帮助有何不可？特别是建立保护区和禁止外来种群进入，可以缓解由同种的或近缘种的生物驱动所产生的生存和进化压力。例如：为避开与西蜂（尤其是意蜂）的生存（生境、饲料、进化）竞争，多地进行围山（地方性生境）和圈地（特色蜜源地）保护中蜂活动。

3. 辅助自然物种的稳定 从物种进化与选择的结果来看，蜜蜂这个物种可以被定义为由一个蜂王领导的有单倍性和二倍性成员的母系社会。在这个群体里，如果不是分蜂或弃巢，蜂王婚飞后将不再飞出巢外。所以，蜜蜂自然的母子回交已然不可能。同时，蜜蜂这个物种还可以被定义为一群父系的雌性后代。但这些父系进化的步履有点大，是以性命为代价来换取适合度的，以至于不能享有与子代共处的天伦之乐。所以，蜜蜂自然的父女回交也已然不可能。可是，母子交配和女父回交可以帮助人们加速近交系培育、杂交制种和种性提纯，所以实践上，以蜂王人工授精为辅助的生殖技术会介入进来。

4. 改善自然物种的稳定 有时，现有物种的品质无法与理想品种的品质比肩。于是，人们就尝试进行多水平的改良活动。例如：改善生境、保证福利、引种与复壮、提高异常淘汰、减少自然淘汰、改良遗传特性等（包括抗病选育、高产选育、基因转入与敲除等）。

（二）人为干预的伦理

人为干预可能会涉及诸如伦理等一系列的问题，所以要对干预的定义及其尺度做出思考和判断，特别是对于干预自然和利用自然要有清晰的界限。例如：在自然选择下，某个蜜蜂物种部分的或多数的个体适合度过低或未育先亡；某个或某几个蜜蜂物种的基因库逐步丢失或过度强化（狭义上），对濒危物种（如西域蜜蜂）的迁地保护和近交繁殖是协助、拯救还是干预；某个或某几个蜜蜂物种的基因库过早地消失或兴旺地繁衍，在时间的长河中（广义上），不过度干预和节制的干预能不能保证物种的可持续发展，一些必需的干预还要不要有等。

和其他家畜相比，蜜蜂是全球分布的微型牲畜，更容易暴露于环境压力。那些最有可能干扰自然选择的因素（养蜂方法和育种方法），往往是影响蜜蜂福利甚至严重损害蜜蜂健康的重要养蜂因素（如蜂群管理、蜂种定向选育）。因此，在经过几个世纪的密集繁殖后，还是要回归到达尔文的自然选择疗法（图 7－1）。只有在以蜂群健康为中心的管理-自然选择框架下采取措施，才能实现养蜂业的可持续发展。

三、选择育种的原则

我国是世界上最早对蜜蜂进行定向选择的国家之一。为了弥补人工选择造成的遗传基础窄化问题，在大规模开展蜜蜂良种选育之初，应当重视育种资源的分类搜集和补充。蜜蜂的各种性状，归纳起来可分为质量性状和数量性状，有的可能是细胞质母系遗传的，有的可能是伴性遗传的。

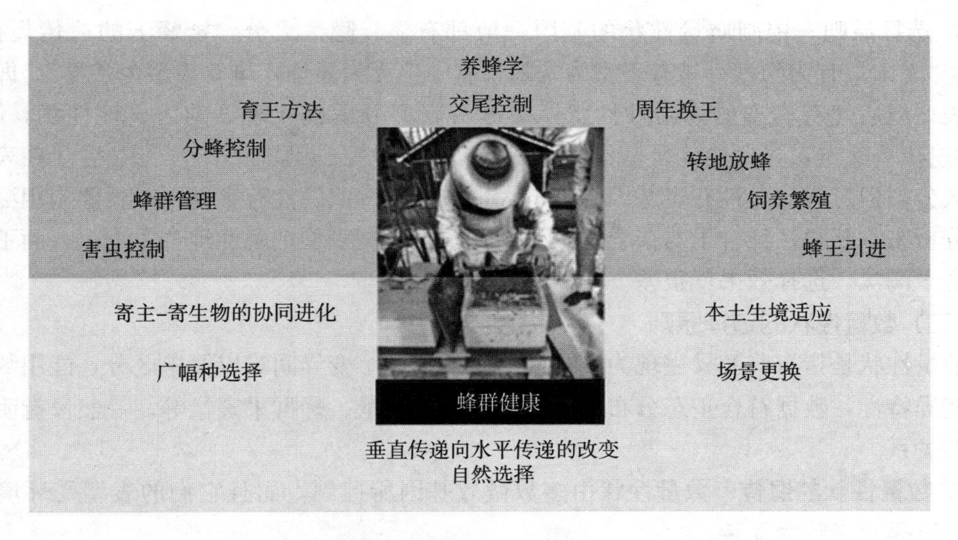

图 7-1　以蜂群健康为中心的管理-自然选择框架

深色区内特殊的养蜂方法可能干扰了自然选择，浅色区内的因子可能对自然选择有影响

（Neumann and Blacquière，2017）

（一）质量性状的选择原则

质量性状是指有些变异表现为不连续的性状，各个变异间区分明显，能用一般形容词来描述变异特征。如蜜蜂腹部几丁质的黄色或黑色（图 7-2）、绒毛的白色或灰色等。

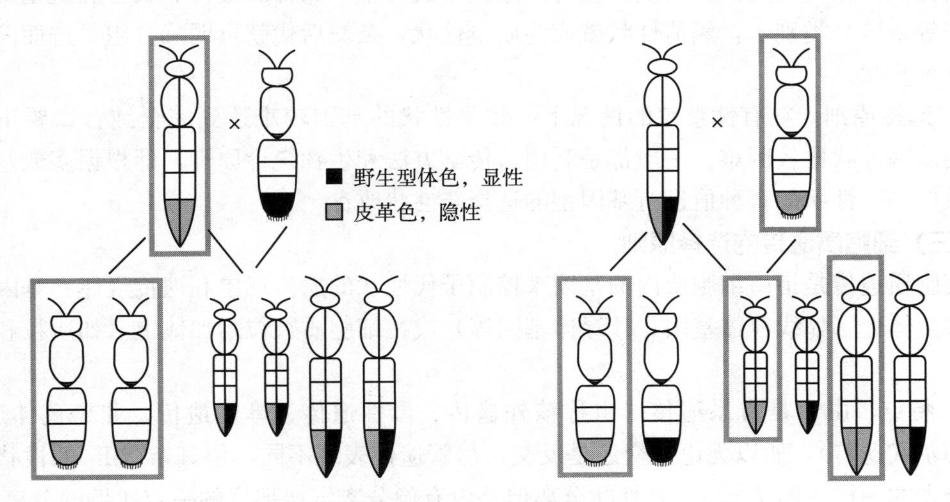

图 7-2　蜜蜂的体色遗传

方框里的蜜蜂显示皮革着色

1. 质量性状的遗传　质量性状一般由一对或几对基因所控制，而且其表型受环境影响不大，选择起来比较简单。

（1）基本特征。比较稳定，对环境影响不敏感，分布是不连续的。

（2）遗传分析方法。杂交后代的个体可以明确地分组，可以计算杂交子代各组个体数目的比率，可以分析基因分离、基因重组以及基因连锁等遗传行为。

2. 选择原则 控制质量性状的基因一般都有显、隐性之分，蜜蜂上的遗传规律是：第一，“无中生有为隐性，雄有表型为常隐；有中生无为显性，雄有表型为常显”。即：父母无表型但后代有表型的为隐性性状；父母有表型而后代无表型的为显性性状。第二，“隐性遗传看父本，显性遗传看母本”，在完全显性的情况下显性纯合子与杂合子在表型上不能区分，但对淘汰显性有害基因影响不大，如果要淘汰隐性有害基因，就要利用测交或系谱分析来判断显性纯合子与杂合子，否则，若只根据表型把隐性纯合子淘汰，而不同时将杂合子淘汰，选择效果就很差。

（二）数量性状的选择原则

数量性状是指有些变异表现为连续性的性状，各个变异间难以简单区分，能用数字来表述变异特性，数据符合正态分布规律。如蜂王产卵量、蜂群采蜜量等。一般没有明显的显隐性关系。

1. 数量性状的遗传 数量性状由多数微效基因所控制，而且它们的表型受环境影响很大，选择起来较为复杂。

（1）基本特征。个体间差异需用度量值表示；变异呈连续性；常受多基因控制；易受环境条件影响，杂交后的分离世代不能明确分组。

（2）遗传分析方法。个体间的差异是连续的，包括子一代和子二代的个体，因而无法求出分离比，只能测量性状的表型值，再用统计学方法分析差异的显著性。

（3）可转为质量性状。当把连续变异以某个阈值给强行分开时，这时的数量性状就变为阈值性状。在这一阈值的两侧，就可以用正常或异常、高种和矮种、长型和短型、高产和低产等来区分类别了，阈值性状就成为质量性状，杂交后代就可明确分组，进而简化了某些育种步骤。

2. 选择原则 在有性繁殖的情况下，数量性状的基因较难达到完全纯合，要正确判断这类基因性状比较困难。一般都是利用遗传学方法和生物统计原理，即根据多数基因的加性效应——性状的育种值进行基因型的选择与性状改良。

（三）细胞质遗传的选择原则

细胞质遗传是指由细胞质内的基因来控制子代性状的遗传现象和遗传规律。基因在细胞器共生体上（如线粒体基因、叶绿体基因等）或在细胞质颗粒附加体上（如质粒和卡巴粒等）。

1. 特点 由于是母系遗传（也称核外遗传、母性遗传、母体遗传、非染色体遗传、非孟德尔式遗传），所以无论正交还是反交，尽管遗传表现不同，但其杂交 F_1 的性状通常都跟母本的一样（图 7－3），有性状分离但是没有像分离定律那样的一定比例的分离。

2. 产生原因 受精卵中的细胞质几乎全部来自卵细胞；配子发生时，细胞质随机分配不均等。但细胞质遗传不完全是母系遗传，也有父系遗传的时候（比如细胞质渗漏）。

3. 选择原则 注意是母系遗传，不是母性影响，母性影响是受母本核基因控制的。如果核基因的产物积累在卵细胞中，则会出现短暂的母性影响和持久的母性影响，遗传效应与细胞质遗传类似，但也不属于细胞质遗传的范畴。因为母本的核基因在连续回交后能近乎全部被替代，但母本的细胞质基因及其所控制的性状却不会。

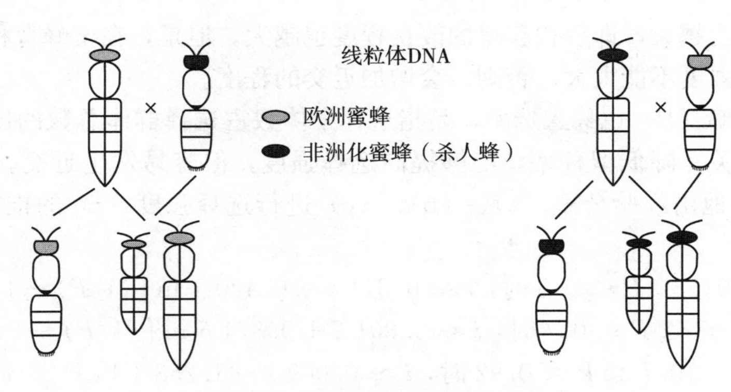

图 7-3　蜜蜂眼色的线粒体遗传

眼色的正反交结果都遗传自母亲

(四) 伴性遗传的选择原则

伴性遗传（sex-linked inheritance）是指在遗传过程中的子代部分性状由性染色体上的基因所控制，又称性连锁（遗传）或性环连。蜜蜂没有性染色体，但是蜜蜂的性别基本上由单倍-二倍性所决定。狭义地讲，是由性位点上性别决定因子的纯合性与杂合性所决定的。所以，蜜蜂上伴性遗传的表型为父传女、母传子。

1. 特例　第一个是隔代遗传（atavism），是指第一代和第三代有表型而第二代未出现该表型的现象。蜜蜂上雄蜂的性状系外公传外孙，蜂王只是性状的携带者和传递者，但不是表现者。第二个是交叉遗传（criss-cross inheritance），是指雄性的基因必然来自母亲，以后又传给女儿，女儿必定传给他的外孙，如果是显性基因的话，则每一代都有表型，如果是隐性基因的话，则隔代会有表型。

2. 选择原则　在隐性的伴性遗传中，表型是“母有子必有，女有父必有”。因为母本有表型，其2条染色体都携带有隐性基因，其子一代雄蜂携带其中的一条，所以必有表型；同样道理，如果子一代工蜂有表型，其2个隐性基因中的1个肯定是由父本遗传而来的。总体说来，在雌性有隐性表型的这个系谱中，其父本和子一代雄性都应该有表型且比雌性的表型还多。在显性的伴性遗传中，表型是“子有母必有，父有女必有”。而且，在雄性有显性表型的这个系谱中，其母本和子一代女儿都应该有表型且比雄性的表型还多。

四、数量性状的选择方法

蜜蜂育种中所重视的蜜高产、浆高产和群势增长率等大多数经济性状都是数量性状，比起体色、畸形等质量性状，在遗传上更复杂，受环境影响更大。因此，选择起来需要考虑的因子更多，需要的步骤更烦琐。

(一) 影响选择效果的因素

在影响人工选择取得改良效果方面，选择差和性状遗传力是两个主要因素，其他因素（如世代间隔、性状数量、性状相关、近交程度、与环境互作等）的作用都是直接的或间接的。

1. 选择差（S）　选择差为入选个体平均表型值距原来群体平均表型值的离差（$S=P-\overline{P}=\Delta P$）。其大小取决于留种率和表型标准差。留种率小则选择差大；留种率一定时，标准差大则选择差也大。一般来说，在遗传力相同的情况下，亲本个体的选择差越大，其后代的选择反应也越大，即后代获得的改良程度也越大。但是，在蜜蜂育种中，留种率不能太小或者选择强度不能太大，否则，会增加近交的程度。

这里的留种率（P）也称入选率，是指选择个体数占选择群体总数的比例。与选种方案和选择强度有关，降低留种率，能够提高选择强度，但容易发生近交。一般从留种率（P）就可以简易地由经验公式（a）、（b）、（c）进行选择强度（i）的推算（曹胜炎等，1988）。

$$0.015 \leqslant P \leqslant 0.5 \text{时}, i \approx 0.8113 + 0.4201 \ln[(1/P) - 1] \quad (a)$$

$$0.35 \leqslant P \leqslant 0.7 \text{时}, i \approx 0.8012 + 0.3746 \ln[(1/P) - 1] \quad (b)$$

$$0.7 \leqslant P \leqslant 0.92 \text{时}, i \approx 0.0692 - 1.2581 \ln P \quad (c)$$

（a）的最大相对误差<2%；（b）的最大相对误差<3%；（c）的最大相对误差<3%。

2. 性状遗传力（h^2） 又称遗传率或遗传增益（ΔG），指遗传方差在总方差（表型方差）中所占的比值，或者说，是子女对双亲均值的一个回归系数，$h^2 = R/S = (O - \overline{O})/(P - \overline{P})$。遗传力高低代表了由遗传所造成的变异的相对大小。在不同的数量性状选择中，h^2是不同的，但是，高遗传力性状比低遗传力性状的选择反应大。也就是，遗传力越高的性状，表型选择的准确性越高。同时，性状遗传力的大小与环境条件的一致性有关，要受到群体总表型方差的影响，当环境变异大时，遗传力就会降低，此时通过表型选择难以奏效。

这里的选择反应（R）是指子代个体表型值与同世代群体均值之差，这种在下一代产生的反应也称选择效应或选择响应（$R = O - \overline{O}$），是种群经过一个世代选择后遗传改进量的衡量依据。公式为：$R = S \cdot h^2$。这样，用选择反应加上选择差，就可以预测下一代子女某一数量性状表型均值的水平。

由于不同性状的单位和标准差不同，在它们的选择差之间不能相互比较。为了统一标准，用各自的标准差作单位，这时可把各个性状的选择差除以各自的标准差（σ），这样所得的值称为标准化的选择差，也称为选择强度（i）。公式为：$i = S/\sigma = \Delta P/\sigma$。一般加大选择压力和选择差，可以提高选择强度。知道了选择强度，就可以计算预期的遗传进展。在大动物的实际育种工作中，单位时间的选种进展常以年改进量来衡量。年改进量主要受选育性状的遗传力、选择差和世代间隔所制约，即：

年改进量 =（性状选择差 × 遗传力 / 世代间隔）

3. 世代间隔 字面意义上是指两个相邻世代之间的时间距离，也称世代间距，实际上就是每繁殖一代所需要的时间，可以用双亲产生种用子女时的平均年龄来计算。在性状遗传力和选择差一定的情况下，世代间隔越短则年改进量越大，选种进展越快，育种进程越短。

由于蜂群里随时可以进行人工育王和培育雄蜂或者人工授精，所以蜜蜂正常的世代间隔可以人为地压缩到很短，也可以任其自然地保留很长。为了提高年改进量，既要注意种用蜂群的蜂王留种年龄，使世代间隔缩短，又要考虑在一年时间里的繁育世代数。所以，蜜蜂的选种进展可以将年改进量改为代次改进量，上面公式里其他项目不变，直接套用即可。

4. 性状数量 生产性能常常是由多个性状综合所决定的，但一次选择的性状又不宜过多，因为同时选择的性状越多，每个性状的改进量就会被相对地降低。

假设选择一个性状的选择反应为 1，如果同时选择 n 个性状，则每个性状的选择反应只有 $1/\sqrt{n}$。如果一次同时选择 2 个性状，则每个性状的选择反应为 $1/\sqrt{2}=1/1.414=0.71$；如果一次同时选择 3 个性状，则每个性状的选择反应为 $1/\sqrt{3}=1/1.732=0.577$。所以，为了加快选种进展，不使每个性状的选择反应打折太多，应突出对重点性状的选择。

5. 性状间相关　生物体一种性状的改变，必然也会引起其他性状的改变，这为相关选择提供了便利。因此，当选择 x 性状时，除了 x 性状得到改进（淘汰）外，与 x 性状相关的 y 性状也会同时得到相应的改进（淘汰）。利用性状间的遗传相关，可以制订相关性状的间接选择指数、预测良种引进或推广的效果、综合选择留种蜂群。例如，处女王初生重与卵巢小管数的关系、工蜂前翅面积与载重量的关系、第 3～4 背板长与蜜囊大小的关系、翅钩数与飞行力的关系、卫生行为与抗病力的关系等，都可以将数量性状变为阈值性状，进行间接选择，免去了蜂王产卵量、蜂群生产性能、生物学特性等要考虑环境一致性的麻烦。

6. 近交程度　通常在选择某一性状表现最优良的个体时，同时采用近交，以增加基因纯合率和尽快巩固性状。但蜜蜂的近交成本较大，会有“插花子脾”。所以，选择和近交之间存在着一定的矛盾。当只注意于对高表型值的个体选择时，就有可能将较多杂合子选留下来，因为杂合子通常比纯合子表现要好。如果亲本选择抓得准，能很快通过近交得到某一性状的纯合子，那么，纯化过程就被加快，选择效率就可提高。

7. 与环境互作　数量性状普遍存在着基因型与环境间的互作。例如：蜂群的某一性状在某种环境中表现最好，但在另一种环境下就不一定也能表现最优。所以，选择应该在与育成品种试养推广地区基本相似的条件进行，要立足于我国西方蜜蜂以良种跨区域化使用、中蜂以良种地方化保护的基本现实。同时还要注意，蜜蜂育种场的选育条件可以略微好些，但却不宜太优厚，否则，环境影响所造成的不真实遗传会使得选择育种的进展和效果大打折扣。

（二）蜜蜂选种的方式

通常会依据对被考察对象的遗传背景的关注度不同而有不同的选择方式。具体有：个体选择、家系选择和复合选择。它们都是把蜂群作为一个整体（个体）来进行考虑的，是完全根据单个蜂群的某一数量性状表型值的高低来选择的。理论依据是，一个个体的表型值（P）可以剖为两个部分：一是它的家系均值（P_f），另一个是该个体表型值离家系均值的偏差（P_w）。这样，一个个体的表型值：

$$P=k_1P_f+k_2P_w \quad (这里，k_1+k_2=1)$$

由于对 P_f 和 P_w 这两部分的注意或加权不同，就衍生出几种选择的方法。

1. 个体选择（individual selection）　也称单群选择，常用的方式是家系内选择（within-family selection）。它是对遗传背景关注度最低的选择，因为选择表型就是在选择基因型。优点是能够选出真正遗传基础优良的类型；对遗传力低的性状也适用。缺点是使群体的遗传基础变窄；在多世代育种中会加速近交；费时费力。

当对 P_f 和 P_w 这两部分予以同样重视或同等加权（$k_1=k_2=0.5$）时，以个体 P 值为基准线进行准入选择（个体选择）。然后，在相同条件下进行入选个体的混合饲养，任其交配，繁殖子一代，再从后代中选择表型好的个体繁殖子二代，如此进行反复选择，直至形成新品种。由于是在群体范围内挑选最优秀者，所以也称群体选择、混合选择、大群体选择，挑选符合人类当前养殖要求的群体选育，比较容易进行。适用于受一对基因或少数几对基因控制且遗传力较高的性状（如体色、蜜浆产量等）。选择反应公式：

$$R = i\sqrt{\sigma_A^2 h^2}$$

当不考虑 P_f 而只根据 P_w（$k_1=0$）时，以个体表型值与所在家系均值之差进行选择（家系内选择）。超过家系均值最多的个体就认为是最好的，被选来做种用群。家系间表型相关较大而遗传力很低的家系性状最适合用该种选择。每个家系都被关注，但关注的对象却是每个家系中表型值较高的个体而不是整个家系。因为同一个家系内的个体处于非常相似的环境中，它们之间的差异才是遗传上的真正差异，如此留种可以获得更好的选择效果。选择反应公式：

$$R_w = i\sigma_P h^2\left[\sqrt{\frac{n-1}{n(1-r)}}(1-r_A)\right]$$

2. 家系选择（family selection） 又称同胞选择，是对遗传背景关注度最高的选择。在这里，家系是指由共同亲本繁衍下来的若干世代。优点是整体遗传性好，缺点是把家系内个别较差的个体也选留下来了。

当只根据 P_f 却完全不考虑 P_w（$k_2=0$）时，在家系间进行选择（家系选择或家系间选择）。一般将平均值高的家系作为选择对象，将平均值低的家系中生产性能高的个体作为保持对象。最大的便捷就是可以减少接下来要进行的近交程序。以家系均值为标准进行持续多代系统定向繁育，积累、加强与扩大目标性状的变异遗传，进而增加（降低）群体内具有（没有）育种价值的基因频率，最终育成新品系、新品种和对退化品种或类群提纯复壮等。半同胞家系、遗传力低且受环境影响较大的性状、由共同环境造成的家系差异小或家系内相关小和家系大等条件最适合于家系选择。同胞选择和后裔选择是家系选择中的两种特殊形式，尤其是当所选的性状不能在个体上直接测量时，这两种形式就优于个体选择。选择反应公式：

$$R_f = i\sigma_f h_f^2$$

家系足够大时，选择反应为：

$$R_f = i\sigma_P h^2 \frac{r_A}{\sqrt{r}}$$

（1）家系选择无效。是指家系成员的共同环境使家系间环境差异很大时，需要进行家系内的个体选择，这些代表者可以是全同胞关系，也可以是半同胞关系，但不能是更远的亲属关系。从理论上讲，全同胞家系优于半同胞家系，因为全同胞的遗传相关比半同胞的大。但在实际中，全同胞的相关经常被共同环境所加大，并且全同胞家系通常要比半同胞家系小得多。

（2）蜜蜂同胞姐妹的划分。蜜蜂上，在近交程度度量时通常是指母本而不是指父本。工蜂同父同母者称为全同胞姐妹，同母异父者称为半同胞姐妹（母系家系）。此外，同父异母者也称为半同胞姐妹（父系家系），但这里的父本基本上不是单独的一个雄蜂个体（除非进行特殊的单雄人工授精），而是同一蜂群内的携带相同性等位基因的雄蜂个体。

3. 合并选择（combined selection） 也称复合选择或综合选择，是指对最优家系中最优单群的选择。是对遗传背景关注度可高可低的选择。优点是简单易行，节约蜂群、人力和蜂箱设备；一次能获得较多的蜂王个体，便于及早推广；能保持较丰富的遗传性，用以维持和提高品种种性。缺点是不能鉴别每一单群后代基因型的真伪优劣，可能错选或漏选；一次混选后，效果会逐渐降低。

当同时注意 P_f 和 P_w，但予以不同的加权（$k_1 \neq k_2$）时，以个体表型与家系均值的组合进行选择。从理论上讲，是将家系选择和家系内选择的信息合并了，以便最好地利用两种来源的资料。因此，它的准确性超过了前面两种选择方法。选择时既考虑家系均值，又考虑家系内偏差，但是会对二者给予不同的加权，合并成一个选择指数，即合并选择指数 I，公式为：

$$I = P + [(r_A - r)/(1 - r_A)] \cdot \{n/[1 + (n-1)r]\} \cdot P_f$$

式中，I 为合并选择指数；P 为个体表型值；r_A 为家系内遗传相关系数，全同胞时 $r_A = 0.5$，半同胞时 $r_A = 0.25$；r 为家系内表型相关系数，可用组内相关法求得；n 为家系内个体数。使用时，需要先求得家系内个体间的表型相关系数（r），才能得到合并选择系数。由于 $0 < r < 1$，所以，将其带入合并选择指数公式后，会得到一个具体的系数 k。

$$I = P + kP_f$$

这样，大大简化了计算手续，不用逐个进行每个家系内表型相关系数 r 的计算，实践上更好用。例如：任意指定一个合乎要求的系数（$0.3 \leqslant k < 1$，$k \neq 0.5$）即可。根据计算得到的这个选择指数，就可以从总体上选择出较好的种用蜂群了。当然，I 的数值越大，被选留的机会越大。依据选留样本数量的要求，由高到低依次选择。

（三）选择需要注意的问题

1. 阶段性留种率　在蜜蜂上，选种就是选蜂王（性能由蜂群体现），留种就是留蜂王。在每一阶段选择时，按照总的留种率要求进行选择，可使遗传进展最大化。一般初选留种的数量要比计划留种的数量多出 20%，以便在复选中进行去杂去劣的淘汰；复选留种的数量要比实际需要的多留出 10%，以便在精选时严格非典型性性状的淘汰；精选也是终选，是对选定的种群进行审核和筛选。由于蜂王会有一定的交尾损失率和介绍失败率，所以留种率还要再略有提高。

2. 亲本性比　自然交尾时，一只西方蜜蜂的处女王大概能接受 15 只左右雄蜂的精液，除去精液外排和转移损失，1 只刚交尾成功的蜂王受精囊内可有精液量 7μL 以上。蜂王人工授精时，每只雄蜂的采精量约为 1μL，但每若干只雄蜂中才会有 1 只雄蜂有精液。所以，种用蜂群（种用母群和种用父群）的性别比例，需要依据近交和杂交的不同用途而进行相应的标准化配备。母群和父群的分配比例宜高不宜低，至少为 1∶（5～6）。性比提高后有利于种王配种质量的提高，也即后代质量的提高，缩短选育年限。

3. 亲本性成熟期吻合　雄蜂的发育历期比蜂王的长，雄蜂的性成熟时间也比蜂王的晚，所以要注意雌雄的配种日龄，要提前培育雄蜂。

4. 选种效果　各种选择方法都有它最适合的条件，不同的选择方法要用在不同的性状上。否则，性状相同而选择方法不同，其选种效果有可能会大不相同。一般选种效果由选择反应来体现，选择反应大，则选种效果好。常以个体选择的选种效果作参照。

5. 间接选择　某个待改良性状的遗传力很低，难以精确度量或者在某种性别上没有表现时，直接选择将不会有明显效果或者根本没有效果。这时，不妨试一下间接选择（如

性状相关、基因连锁)、早期选择(如早期性状与终测性状间相关、早期表观选择与全期一致选择间相关)、提前选择(如基因的多效性)和经验公式选择(将实测数据建立回归方程)。

第二节　行为育种

行为育种是在自然选择的框架下,为了蜂群的健康,由养蜂学的方法介入管理不那么有效时而进行的以生理的或行为的表现为主的反向遗传学的筛选与应用。在过去 20 年里,全球对蜂群普遍使用杀螨剂的做法已经极大地弱化了蜂群对抗瓦螨选择压力的进化,但同时少数几个坚持自然选择的行为育种项目又明显地增强了蜜蜂对于瓦螨抗性的进化。可见,为了长期解决瓦螨问题,进行蜜蜂的行为选育是一个可行的定向干预办法。

一、蜜蜂抗螨行为的遗传

工蜂打开封盖巢房并从中清除死亡的、有病的(白垩病、美洲幼虫腐臭病)蜂子的卫生行为,是一种抗病机制。当然,从中移走寄生有瓦螨的蜂子的卫生行为,就是一种抗螨机制。

(一)卫生行为的遗传学基础

对暴露过美洲幼虫腐臭病致病菌孢子悬浮液中的实验幼虫(大约 2 900 只)和暴露过水中的对照幼虫(大约 2 600 只),每天观察其巢房被清理情况。在随后的 2 个星期里,4 个近交系中有美洲幼虫腐臭病抵抗史的 2 个近交系从巢房中移除了所有的感染死蜂子(只有 3 只没有被移除),而有美洲幼虫腐臭病敏感史的 2 个近交系让数百只死蜂子留在了巢房中。自此,蜜蜂卫生行为遗传的双位点模型被提出,即某些基因型的蜜蜂通过快速移走巢房中病死幼虫的这种卫生行为来抵抗美洲幼虫腐臭病,这成为孟德尔遗传基因作用于行为的典型例子。

这种卫生行为受到两对隐性基因的控制,一个是打开房盖的基因(uncapping,*u*),另一个是移走幼虫的基因(removal,*r*)。当在一个位点上的基因为隐性纯合时,就表现为开盖(*uu*)或移虫(*rr*)的半卫生行为;当在两个位点上的基因皆为隐性纯合时,就表现为既开盖又移虫的全卫生行为(*uurr*);当这两个位点上的基因具有显性基因不开盖(*U*)和不移虫(*R*)时,就表现为不具有卫生行为。

如果将具有卫生行为的纯系处女王(*uurr*,二倍体)与不具有卫生行为的纯系雄蜂(*UR*,单倍体)杂交,其子一代(F_1)雌蜂的表现型均为不具有卫生行为(*UuRr*)。将子一代杂种蜂王(*UuRr*)与纯系处女王(*uurr*)产生的雄蜂(*ur*)回交,则子二代(F_2)的雌蜂有四种表现型(图 7-4):不具有卫生行为(*UuRr*)、只移虫不开盖的半卫生行为(*Uurr*)、只开盖不移虫的半卫生行为(*uuRr*)和全卫生行为(*uurr*)。将讲卫生的处女王与讲卫生的雄蜂杂交,则得到完全讲卫生的后代(图 7-5)。

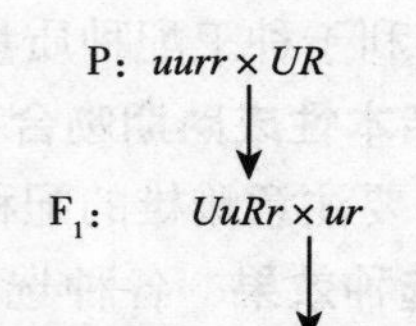

图 7-4　蜜蜂卫生行为杂交图
U. 不开盖基因　*u*. 开盖基因
R. 不移虫基因　*r*. 移虫基因
(Rothenbuhler et al.,1964)

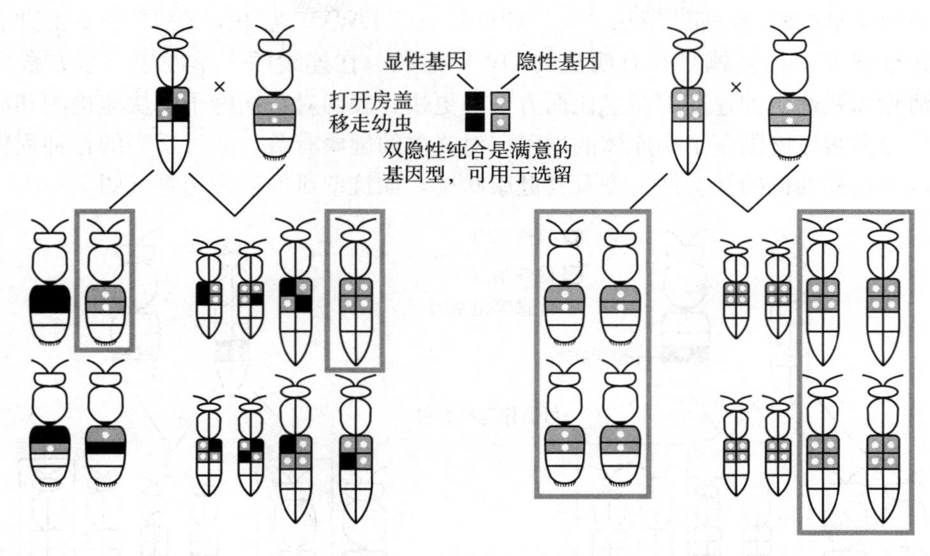

图 7－5　讲卫生蜜蜂的遗传选育

在把讲卫生的和不讲卫生的蜜蜂以一定比例混合后，当占比较少的讲卫生的蜜蜂在混合蜂群里一直努力干着开盖移虫的工作时，也会偷懒罢工：要么只开盖，要么只移虫。用不同比例的讲卫生和不讲卫生品系的蜜蜂建立起正常日龄结构的蜂群，然后对讲卫生的蜜蜂在这些蜂群中的行为进行观察。结果发现，蜜蜂卫生行为的最终执行视蜂群中讲卫生蜜蜂的比例而定。有25%讲卫生蜜蜂的蜂群中，讲卫生蜜蜂在中年以后很好地表现出这种行为，任务执行得更持久；有100%讲卫生蜜蜂的蜂群中，在完成任务方面效率更高，但任务执行缺乏坚持；在有50%和75%讲卫生蜜蜂的蜂群中，这种行为被分解为几个子任务，有些蜜蜂的子任务是以更高的频率打开房盖，而有些蜜蜂的子任务是移除巢房内容物，表明群体的基因型组成影响着子任务的细化和卫生行为的最终执行。可见，群体内的遗传多样性导致工蜂间的任务专业化，群体对特定任务的需求通过个别工蜂的反应阈值来调控或根据个体行为的发生率来确定。有5个与从事卫生行为有关的候选基因，其中4个与嗅觉、学习和社会性行为有关，1个与昼夜活动有关，这些候选基因都为分子标记辅助的选择育种提供了物质基础。有3个影响工蜂从事卫生行为能力的数量性状位点，其中2个会影响开盖行为、1个会影响移虫行为，三位点模型为解释蜂群中高达30%的可变性表型提供了行为遗传基础。

（二）蜜蜂抗螨的表现形式

东方蜜蜂具有先天的行为抗螨机制，西方蜜蜂具有进化的多元抗螨机制，主要包括行为抗螨、生活史抗螨和嗅觉抗螨等。

1. 行为抗螨　是指蜜蜂在行为上对螨寄生的不耐受，主要表现为卫生行为（hygienic behavior）和梳理行为（grooming behavior）。

（1）卫生行为。突尼斯蜂具有强烈的梳理和清虫行为，能在无任何处理情况下高度抗螨，成为重要的抗螨特征。首先在无蜂子的西方蜜蜂蜂群（共42群）中用草酸连续处理4次，每次都采样工蜂并量化瓦螨的寄生水平，然后对蜂群进行被冻死蜂子（freeze-billed brood，FKB）的移走试验观察。结果有14个讲卫生的蜂群（移走95%以上FKB）

都没有出现明显的畸翅病毒（deformed wing virus，DWV）症状，有 15 个不太讲卫生的蜂群（积聚有 43%的瓦螨）却有明显的 DWV 症状。在连续两个季度里，东方蜜蜂打开封盖和清除冻死幼虫的速度都明显比西方蜜蜂更快，表明对有病蜂子的快速检测和清除这样的卫生习惯很可能限制了病原体的增殖，对蜂群的健康有益。通过适当的育种程序，有望改善西方蜜蜂蜂群的社会性免疫及其健康状况，如抗壁虱的遗传选育（图 7-6）。

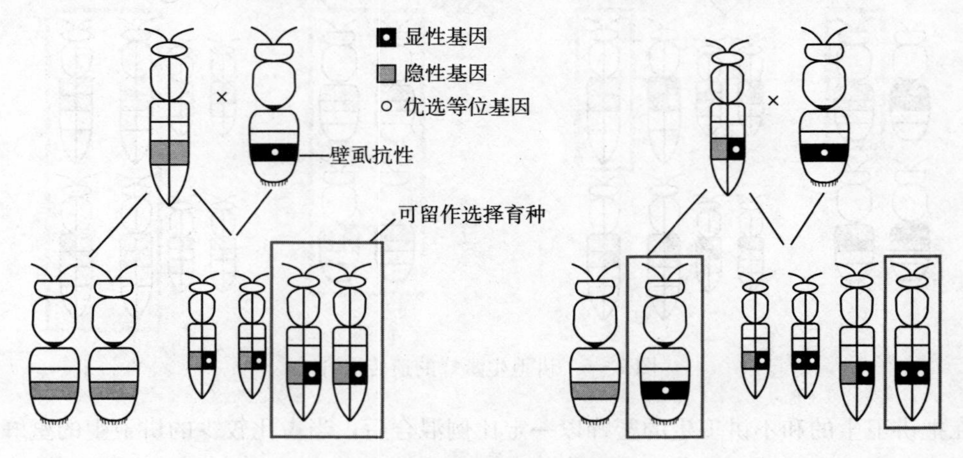

图 7-6　蜜蜂抗壁虱的遗传

（2）梳理行为。是指蜜蜂对身体的梳理，其行为组分包括自我清洁（self-cleaning）、跳梳理舞蹈（grooming dance）、同伴清洁（nestmate cleaning）和团体清洁（group cleaning）等。也即先用足定向地揩擦身体上有漫游螨栖息的部位，再用可侧向移动的上颚快速抓螨；如果感螨蜜蜂不能清除附着在其并胸腹节柄区的和翅膀基部的螨虫，它就可能给它的同伴跳一种特殊的摆尾舞，寻求同伴帮忙清理隐藏的螨虫；同伴于是过来为其查体、捉螨、咬螨、弃螨；这些螨虫随后被杀死并在几秒钟到几分钟内被内勤蜂从蜂箱中移走。总归为两大类：自我梳理（autogrooming）和相互梳理（allogrooming）。其中，相互梳理可以是一对一的，也可以是多个同伴共同合作的，甚至是一些内勤蜂的固化工作。早期对东方蜜蜂的观察，记录了自我梳理、一对一的和社会性的相互梳理行为，所有这些都导致在箱底板上的瓦螨数增加。后来发现，蜂种间有相似的梳理行为模式，但梳理效果大不一样。西方蜜蜂一般被报道为自我梳理和相互梳理的反应速度比东方蜜蜂的慢得多，对螨虫伤害的频率和程度也低得多，但对蜂子伤害的程度和清除的比例却大得多。其中，意蜂仅能清除 5.75%的螨（非洲化蜜蜂除外，达 38.5%）。

东方蜜蜂用上颚杀死螨的能力，在西方蜜蜂种的卡蜂亚种上同样也有。年平均受伤螨数低（＜30%）的蜂群，总感螨水平（64%）在 5～6 月最高；年平均受伤螨数高（＞40%）的蜂群，总感螨水平（10%）在 3 月最低。比起易感蜂群，抗螨蜂群的梳理行为更强（最多 4 倍），瓦螨寄生率更低（最低仅有 1/15）、伤螨率更高（最多 9 倍）。

将意蜂和非洲化蜜蜂分别放在培养皿里并在其胸背部放上一只螨虫，之后记录其行为，24h 后查看落螨数。结果个体水平上，非洲化蜜蜂比意蜂更抗螨；组群水平上，非洲化蜜蜂驱除的螨虫（65.9%±15.6%）高于意蜂（60.8%±20.0%），但差异不明显；蜂群水平上，非洲化蜜蜂蜂群里受伤螨虫比例（29.0%±8.6%）高于意蜂的（17.7%±

9.8%）。表明非洲化蜜蜂比意蜂拥有更强的梳理行为。

给意蜂、俄罗斯蜂和瓦螨敏感卫生蜂（VSH）的一个远交种（POL）都感染一两只怀孕的雌螨后，结果意蜂的畸翅病毒（DWV）水平比原来增加大约 10^3 或 10^5 倍而瓦螨敏感卫生蜂的一个远交种和俄罗斯蜂的 DWV 水平增长较低（均为 10^2 或 10^4 倍），表明意蜂的梳理行为较弱。

对卡蜂的两个品系（Kortówka 和 Dobra）、高加索蜂的一个品系（Woź nica）、欧洲黑蜂的一个品系（Augustowska）、海角蜂与卡蜂的一个杂交种进行梳理行为测试，结果黑蜂（98%）、高加索蜂（86%）和卡蜂 Dobra 品系（89.3%）的工蜂都有强烈的梳理行为；高加索蜂的清螨率最高（11%），卡蜂 Kortówka 品系的最低（1.5%）；在 180s 的试验里，黑蜂自我梳理时间（64.7s）花得最多，防御反应次数也最多（117）。

2. 生活史抗螨　是指蜜蜂在生活史上对螨寄生的不耐受，主要表现为封盖期缩短和遗弃封盖子等。

（1）封盖期缩短。瓦螨的繁殖仅限于在蜜蜂的封盖巢房内。在一个繁殖周期内，怀孕母螨的后代雌螨要能在幼蜂出房前完成与雄螨的交配，才是可育的受精母螨。因此，瓦螨的繁殖系数（即：繁殖期开始时的雌螨数/繁殖期终了时的雌螨数）受到寄主蜜蜂封盖期长短的制约。意蜂工蜂房封盖期长短的最大差异为 1.15d，海角蜂封盖期约比卡蜂短 2d。卡蜂、欧洲黑蜂和 Buckfast 品系间封盖期长度差异为 9h，经杂交组配后，封盖期缩短的性状能够遗传，而且是封盖期缩短 1h，感螨水平下降 8.7%。突尼斯蜂群内的不孕螨率（20%～50%）相当高，表明是蜜蜂已通过缩短封盖期来增加抗性的一个结果。但卡蜂群内的不孕螨率（13%）变低，表明瓦螨改为冬季也繁殖了而蜜蜂还不适应。欧洲黑蜂羽化时每房平均仅有 0.8 只女儿螨，若封盖期缩短 1h，女儿螨比率系数为 0.8，则可减少 0.9%的后代螨数，表明蜂子羽化几轮下来，这相对低的缩短可引起感螨水平的相当大的下降。当瓦螨进入巢房后，巢房立即被封盖的，瓦螨的重量增加相当大，能正常繁殖；但瓦螨进入巢房后，巢房延迟几个小时封盖的，瓦螨的正常繁殖受到抑制，后代螨的受精率大为下降。所以，蜜蜂封盖期平均长度的降低导致后代螨的受精率降低进而蜂群感螨水平也降低，可能是蜂群的一个间接抗螨特征。

（2）遗弃封盖子。在印度和尼泊尔，对大蜜蜂和黑大蜜蜂的封盖子用针扎死或用低温冷冻一下，看看工蜂是否与东西方蜜蜂具有同样的清虫卫生行为。结果发现，工蜂可以移走部分的被针扎过的死伤蛹（37%～73%）和很少量的被冷冻过的未受伤蛹（7%），但主要还是把封盖子留在废弃的巢脾里，表明这种行为与东、西方蜜蜂开盖移虫相比是更有效的预防疾病和阻断寄生虫传播的机制，可能有益于迁徙性的蜂种暂时停用巢脾子区的一部分，以封控那里的螨虫从而减少瓦螨种群的增长，真可谓是“无为而治”式的进化策略。蜜蜂育种家们能否从中得到启示，即在复脾蜂种中将爱弃巢的蜂群作为抗螨（抗病）选育的素材。

3. 嗅觉抗螨　用异常蜂子的气味结合伸吻条件反射研究对蜜蜂卫生行为的影响，结果来自两个遗传品系的蜜蜂（讲卫生的和不讲卫生的）都能很好地区分高浓度的两种花香，但对健康的和患病的蜂子气味却表现出不同的鉴别能力，讲卫生的比不讲卫生的蜜蜂能更好地区分出蜂子气味，表明个别蜜蜂可以凭借对病子的嗅觉反应来激起卫生行为。

二、蜜蜂抗螨行为的选育

已知蜜蜂不同种、亚种、生态型、品种、品系之间多存在着遗传变异，其实一个蜂群的不同成员之间也存在着遗传变异，真可谓“一母生九子，九子各不同”。因为一个自然蜂群是由多雄交配的蜂王、单性生殖产生的雄蜂（共同反映蜂王的基因杂合性）和有性生殖产生的工蜂（共同反映父系的遗传多样性）所组成的，这样，一个蜂群就是由几个“亚家系”而组成的一个“超家系”。因此，在进行社会性行为育种时需要清除由“亚家系”关系产生的遗传变异，而蜂王的人工授精（特别是单雄授精）可以帮助实现。由于雄蜂是单倍体，来自一只雄蜂的所有精子在遗传上是一致的，所以用一只雄蜂的精液可确保后代工蜂的一半基因是一致的。如果应用近交王与单只雄蜂交配技术就可以对全部蜂群的行为进行遗传上的分析，也可以进行蜜蜂品种的选育保繁。

（一）理论基础

卡蜂、欧洲黑蜂和 Buckfast 品系的封盖期长度和感螨水平间成正相关（$r=0.48$），田间条件下欧洲黑蜂受试蜂群封盖期长度的 $h^2=0.232$。卡蜂易感品系的高寄生螨率和抗性品系的低寄生螨率都可以通过累加遗传来进行逐代选育。西方蜜蜂伤害瓦螨（切断肢体和割伤躯体）的一般遗传力（h^2）为 0.16，清除染螨蜂子的遗传力为 0.18（±0.27），清除死蜂子的遗传力为 0.36（±0.30）；清理行为间的遗传相关（r_g）为 0.61（±0.51），表型间相关（r_p）为 0.11（$p=0.28$，$n=100$）。通过对灰色卡蜂三代蜂王的连续监测，用单亲子女回归估计法（也称母女回归法），得到了蜜蜂卫生行为的遗传力：子一代女儿蜂王（F_{1S}）与亲代种用母亲蜂王（P_S）间的遗传力为 0.63±0.02，子二代孙女蜂王（F_{2S}）与亲代种用母亲蜂王（P_S）间的遗传力为 0.45±0.01，子二代孙女蜂王（F_{2S}）与子一代女儿蜂王（F_{1S}）间的遗传力为 0.44±0.02。因此，非常值得通过选择育种来强化这些与抗瓦螨、抗美洲幼虫腐臭病和抗白垩病等有关的行为性状特征。

（二）选种实践

蜜蜂的卫生行为反映了对疾病和寄生虫的社会性免疫力，是一个复杂行为遗传学的重要模型系统。开发具卫生行为的原种作为育种素材，在养蜂业正变得日益重要。理论上，具卫生行为的蜂群应该接受并战胜接种瓦螨、美洲幼虫腐臭病病原或白垩病病原的挑战以确保抗性。但是实践上，往健康的蜂群里接种病虫病尸显然风险更大、成本更高。如果改用物理方法处理后的蜂群内可视性症状来进行有卫生行为的蜂种选择，无疑更简便和更安全。

1. 针刺蜂子　是指使用针刺方法致使蜂子伤亡来检测评估蜂群的卫生行为，并把它作为选种的一个标准。在卡蜂上，将那些在 24h 后移走多达 80%死虫的蜂群选来培育种用蜂王和种用雄蜂，然后再对新蜂群的卫生行为进行评估。结果在经过 4 年的选择后，蜂群里的卫生行为从最初的 66.25%上升到试验结束时的 84.56%，蜂子病的发生率较低。

2. 冷冻子脾　是指使用冷冻方法致使蜂子伤亡来检测评估蜂群的卫生行为，并把它作为选种的一个标准。在健康蜂群中，随机提出或切下（5cm×6cm）封盖巢脾，冰柜内或液氮中冷冻杀死蜂子后，放进试验群筛选蜂群的卫生行为。只有在两次重复试验中，于 48h 之内都移去＞95%的死蛹的蜂群，才被认为是卫生的。在连续 3 年（2016—2018）的大样本蜂群测试中，裁脾冷冻与整脾冷冻的群体效应相关性为 0.93，表型相关性为 0.64，遗传参数估计为0.23～0.24，卫生行为的平均遗传力为0.37。

3. 泼撒糖粉　是指使用撒粉方法刺激工蜂梳理来检测评估蜂群的卫生行为，并把它作为选种的一个标准。将不同剂量的糖粉（也可以是面粉或杀螨药粉）以不同频率泼撒在西方蜜蜂身体上以刺激其梳理行为，用箱底板上受伤瓦螨占瓦螨总数的百分比来衡量工蜂的梳理行为。结果这个百分比，在每个糖处理组的都显著高于两个阴性对照组的（不处理的和处理前的）；在阳性对照组（用虫螨脒处理过）的都显著低于阴性对照组的和所有糖处理组的。使用30～40g糖粉每隔3～7d处理一次的比每14d处理一次的（最不频繁的）可以显著提高清螨百分比。

4. 蜂子气味　是指使用讲卫生的蜂子信号通路复合物刺激工蜂清理来评估蜂群的卫生行为，并把它作为选种的一个标准。用未选择蜂群、卫生蜂群和瓦螨超敏感性卫生蜂群进行蜂子的交叉哺育，结果卫生蜂群的蜂子比未选择蜂群的蜂子更有可能被移走，表明对于卫生行为的选择除了育种史长短影响清虫率高低以外，也影响到了蜂子信号通路的进化。也就是说，不讲卫生的蜜蜂，其蜂子信息素中缺乏报告有病蜂子存在的组分，是讲卫生工蜂的超强嗅觉与讲卫生蜂子的气味触发共同构筑了这种社会性免疫机制。

5. 蜂群性情　是指使用异物耐受方法刺激工蜂清理来评估蜂群的卫生行为，并把它作为选种的一个标准。在1∶1混合的讲卫生的和不讲卫生的人工组合群里，性情凶猛的蜂群比性情温驯的蜂群对异物更加不耐受也更加讲卫生，混合群比单纯温驯的蜂群变得更凶猛并更加讲卫生，但比不上单纯凶猛的蜂群，工蜂间互作很可能对卫生行为有累加性效应。于是，在蜜蜂卫生行为的选择育种上又多了一个素材方法，即选择性情比较凶猛的蜂群。

（三）育种实践

当前，行体表寄生的瓦螨及其所携带的病原菌对蜜蜂的健康仍然是主要的威胁。养蜂人使用药物控制和杀灭螨虫后，关键还不是螨虫开始产生抗药性，而是因为这个养蜂实践随之也除去了螨虫给蜂群进化所带来的选择压力。显然，螨虫数量的急剧增加，意味着一个很快就会发展成严重感染并杀死蜂群的病毒传播机会以及蜂群群体免疫的机会也会增加，但是药物的快速介入耽误了或者阻断了蜜蜂的这种瓦螨抗性的进化，而这成为全世界养蜂业共同面临的最为严重问题。

1. 抗性蜂群的饲喂选择　东方蜜蜂高效的卫生行为机制对于西方蜜蜂抗病育种具有一定的启示，对此，国内外学者进行了许多高效抗螨蜂种选育的设计、计划、尝试和改良，并取得了阶段性的成果。在抗螨蜂种选育的探索实践中，不断思考和揣摩蜜蜂因何产生抗性，蜜蜂福利可否保障蜜蜂少生病或者不生病，福利保障下的蜜蜂选育能否稳操胜券等。

（1）营养杂交育种。用中蜂蜂王浆养育意蜂幼虫，然后测定工蜂世代的苹果酸脱氢酶Ⅱ（MDH Ⅱ）的基因型频率和基因频率以及抗螨性。结果发现，与原群工蜂相比，营养杂交工蜂的MDHⅡ基因型频率和基因频率有一些不同，抗螨性显著高于对照，表明营养杂交改变了工蜂代的生化特征，实现了营养杂交式的选育种。

（2）口服疫苗育种。把一段与以色列急性麻痹病毒（Israeli acute paralysis virus）同源的双链RNA（dsRNA）序列饲喂给蜜蜂后，蜜蜂就能免受该病毒性疾病的侵害。蜂群中的瓦螨吸食了蜜蜂血淋巴后，就把蜜蜂体内的病毒dsRNA转移到自身上，然后，再通过吮吸把体内的病毒dsRNA转移到新寄生的蜜蜂上，这种在蜜蜂和瓦螨间的跨物种

dsRNA相互交换造成了在后者体内目标基因的沉默，并导致瓦螨种群数量减少 60%以上。因而，有人利用这种在宿主和体外专性寄生虫之间的基因-沉默-触发的分子转移机制，开发了一种新概念治螨方法。即：让某种细菌选择性地生产出该病毒的 dsRNA，喂给蜂群后，可从蜜蜂体内转移到瓦螨体内，实现了疫苗接种式的选育种。

2. 抗性蜂群的自然选择 在没有养蜂人管理的年代里，自然的宿主-寄生虫的共同进化，已经使得欧洲的一些蜜蜂亚种种群幸免于螨虫的侵染，这为人们的选择育种提供了可能。

（1）项目管理蜜蜂的自然选择。北美的抗螨蜜蜂选育计划有两项开展得很成功，已经使得蜂群获得了抗性，不再使用杀虫剂就可以从事商业性的蜂蜜生产了，从而为瓦螨带来的生态经济问题提供了比较长久的解决方案。欧洲的抗螨蜜蜂选育计划卓有成效，首先得益于许多本土的亚种和欧洲类型的生态型提供了可选用的遗传资源，其次是先前在瓦螨感染压力下自然选择过的种用蜂群和雄蜂产生了延长效应。通常在抗性表型和耐力表型之间存在着混杂效应，而宿主对传染性病原体的耐受力与寄生生物赢得侵（感）染宿主的进程有关。作为遗传选择与改良的第一步，必须通过群体估计来获得耐力表型，说明在蜂场按部就班管理记录中就可以进行抗螨蜜蜂的选育种。

（2）粗放饲养蜜蜂的自然选择。在法国的阿维尼翁（Avignon）和瑞典的哥特兰岛（Gotland）上的两个天然蜜蜂种群，其瓦螨的繁殖成功率都降低了大约 30%。事实上已经进化出可以降低螨虫适合度（以繁殖成功率来衡量）的抗性特征，从而减少了蜂群内的寄生负荷并避免了明显的病毒感染发生。这两个种群在地理上和遗传上都存在不同，尽管都经历过类似的螨虫侵染的选择压力，但却偏爱不同的抵抗机制：阿维尼翁蜜蜂种群使得螨虫的不育水平较高，哥特兰岛蜜蜂种群使得螨虫的延迟开产比例较高。

从 1999 年开始，对欧洲蜜蜂进行完全放弃瓦螨治疗的田间生存试验。当原始蜂群（268 群）数失去 2/3 以上之后，新的蜂群就都是由幸存者组成的了。这些幸存者的后代（60 群）在 2002 年被培育成一个独立的品系，未经治疗的蜂群（519 群）内螨害已经相当低，在 2013 年都被用于商业养蜂。表明可用简单的顺其自然和不过多干预的方法来对蜜蜂进行抗螨选育种。

对生活在美国纽约州阿诺特森林（Arnot Forest）里的野生蜂群及其周围的管理蜂群进行了测试，以了解那些曾在欧洲和北美的野生欧洲蜜蜂群是否因被瓦螨所传播的病毒感染而绝迹了。结果发现，阿诺特森林里的蜜蜂，与来自森林中两个相距 6km 以内养蜂场的蜜蜂在遗传上是截然不同的。显然，阿诺特森林里的野生蜜蜂种群数的维持与附近管理蜂群的大量涌入无关，也就是说，尽管也暴露于瓦螨之下，但它是自我维系的，仍然坚强地生存着。表明这个封闭的蜜蜂种群已经很好地适应了当地的整体环境，并和病原体发展出一种平衡的关系。可见，人们完全可以通过改变养蜂实践方式来帮助蜜蜂更健康地生活或进行抗螨选育种。

（四）用种实践

大动物的实验已经表明，同胞种群经长期的分离或社群隔离后，其近交回避和亲属善待行为将会消失。本来蜜蜂有各种机制来预防近亲繁殖，可是在我国，用种者定点定期购进“成品蜂王”和定点定向输出“半成品蜂王”，如此这番折腾之后，西方蜜蜂尤其是本地意蜂想不近交都难。在对西方蜜蜂的制种用种上，欧美养蜂国家的种用蜂王多是由专业育王场直接供给用于生产蜂群换种、换王和分群的“成品蜂王”，养蜂者和用种者不需要自己培育蜂王。而我国市场上流通的“成品蜂王”，由育种者供应给用种者也就是养蜂者以后，却成了名副其实的“商用种王”。表现在：有的养蜂者为了追求购王的价格回报，甚至将现有蜂场变成了一个小型的种蜂场，很注重引进种王做母本，但也很忽视选择并利用父本的优势，只是一味地自己扩繁，结果把商用的“成品蜂王”变成了用于某种生产的地区性的“半成品蜂王”。

我国蜜蜂用种方式（育种者一次制种、用种者二次制种）的形成，与养蜂效益的快速性、生产习惯的传统性、养蜂规模的参差性和知识产权法的普及性等都有关。如果现行的育种措施仅注重眼前而不考虑长远的话，那么，西方蜜蜂特别是本地意蜂可能很快会面临种质全面近交衰退的危险境地。因此，必须把蜜蜂的保种、育种和用种的责权利明确分开，种用蜂王市场要向技术市场发展，养蜂者和蜂王经营者购买（或是引进）种蜂王就是购买（或是引进）专利技术成果，未经授权不得仿制和衍生；育王单位生产的蜂王也要向商品蜂王市场发展，确保一部分蜂场的生产需求。

第三节　蜂王种用价值的评定

选种的目的，就是要选出能够产生优良后代的种用蜂群，实际上就是选择种用蜂群的蜂王，通常是通过测定种用蜂王的后裔表现来评定种用蜂王的种用价值（或育种价值）。

一、种用蜂王的培育

种用蜂王的培育有先天组配的，更有后天养成的，但是在种用价值评定的实践操作中更需要关注后天的培育要求和交尾要求。

（一）胚后发育要求

蜂王培育质量必须要有适龄幼虫、蜂王浆、王台和哺育蜂等作保证。

1. 日龄要求　蜂王幼虫必须在3日龄以内，特别是提走老蜂王时的幼虫日龄。因为把蜂王每天都隔离在一张空脾上产卵，连续8d这样做以后，把蜂王从蜂群里提走，结果被选做蜂王（建造王台）的幼虫平均日龄是3.0d。

2. 营养要求　蜂王幼虫必须被喂以蜂王浆，而不是工蜂浆。因为相同日龄（2日龄、3日龄和4日龄）下不同级型幼虫的蜂王浆和工蜂浆样本间的含水量、蛋白质、10-HDA、果糖和葡萄糖水平存在着明显差异。

3. 巢房要求　蜂王幼虫必须要在王台里培育。否则，任何给雌性幼虫提供不相称的巢房和供应过于丰富的食物都会导致异常个体的生产。例如，把工蜂幼虫放在雄蜂房中去饲养，结果哺育蜂把更多的蜂王浆放了进去，最后产生了蜂王-工蜂中间体。

4. 蜂群要求　蜂王幼虫必须被养在有王群。因为将无王群和有王群的蜜蜂幼虫进行交叉哺育后，无王群的幼虫比有王群的幼虫被喂食得更少，无王群的哺育蜂似乎很差劲。

（二）交尾要求

蜂王交尾质量必须要有多雄水平和晴好天气作保证。

1. 精子数　蜂王只在生命早期的短暂几天进行交配来获取供终生使用的精子，其受精囊只是一个“精子储蓄的有限银行”，以后不会再有精子增量补充进来。因此，蜂王在使用这些精子时必须非常经济才能保证蜂群的适合度。因为精子存量是否充足和精子使用是否有效决定了蜂王的育性和寿命，所以，正常蜂王给每个卵仅用2个精子的中位数来受精，年长蜂王的精子使用率还会进一步下降。

2. 气候 多雄水平与蜂群密度或种群遗传多样性都不相关，但与地区降水量成显著相关，降水量越多，交尾频次越少。例如，在苏丹不同气候区取样的也门蜂，种群间就表现出蜂王多雄水平的高度差异。

3. 温度 由于热浪加重对生物多样性是一个威胁，热诱导会损失精子活力，热应激会杀死精子，所以热休克激活受精囊中特定应激蛋白的表达可以作为监测生育能力下降的分子生物标志物（环境监测指示物）。蜂王通常有两种潜在的温度应激途径：在蜂群内和在常规运输期间。数据显示，15～38℃的温度对蜂王来说是安全的，能承受11.5%的精子活力损失，这个阈值是与蜂王交尾失败有关的活力差异。

二、种用雄蜂的培育

种用雄蜂的培育质量既有先天的种王遗传因素影响，又有后天的蜂群环境影响，在蜂王种用价值评定中这两种影响都需要关注。

（一）胚胎发育要求

种用雄蜂的培育质量必须要有基本的条件（如种源、温度等）作保证。

1. 胚前发育 确保雄蜂的来源，也就是说，必须是蜂王的后代而不是工蜂的后代。工蜂的繁殖在某些单雄交尾的物种中很常见（如熊蜂和无刺蜂），但在多雄交尾物种的有王群中很少见（如蜜蜂和某些黄蜂），尤其是西方蜜蜂的工蜂监督成为制约工蜂繁衍雄蜂的一股有生力量（出错率仅为千分之一）。产卵工蜂群和有王群的雄蜂在体重、射精量、精子数、精子浓度和单位体重产生的精子数等方面都存在显著差异（表7-2），表明产卵工蜂群雄蜂将会比有王群雄蜂在交配竞争中占有更低的父权份额。

表7-2 有王群雄蜂与产卵工蜂群雄蜂精子特征的比较

(Gençer and Kahya，2011)

	有王群雄蜂	产卵工蜂群雄蜂	差值	差异性
体重	221.6mg	147.3mg	50.4%	$P<0.001$
射精量	1.01μL	0.66μL	53%	$P<0.001$
精子数	7.320×10^6个	4.425×10^6个	2.895×10^6个	$P<0.001$
精子浓度	7.256×10^6个/μL	6.661×10^6个/μL	5.95×10^5个/μL	$P<0.001$
以体重计的精子数	33.155×10^3个/mg	29.966×10^3个/mg	3.189×10^3个/mg	$P<0.05$

用高加索蜂有王群大型雄蜂和无王群小型雄蜂的不同比例的精液给Buckfast品系的蜂王人工授精，精液注射量相同（7.2μL），但精液组分不同。3个月后，对每只蜂王的女儿工蜂进行父系确认（表7-3）。结果发现，小型雄蜂的父系频率（39.53%）小于总体预期的父系频率（50%），少了10.47%；而大型雄蜂的父系频率（60.47%）大于总体预期的父系频率（50%），多了10.47%。可见，总体上父权份额明显地有所倾斜。

表 7-3 有王群与无王群雄蜂精子竞争力的比较

(Gençer and Kahya，2020)

雄蜂		后代中父系频率	
体型分组	精液处理	大型雄蜂	小型雄蜂
A：6大+6小	50%：50%	67.0%	33.0%
B：3大+9小	25%：75%	34.6%	65.4%
C：9大+3小	75%：25%	79.8%	20.2%

在相同时空条件下培育意蜂和高加索蜂的雄蜂，然后检测精液性状和射精能力特征。结果发现，在体重、射精量、贮精囊中精子数、射精数、射精比例、射精效率和精液收集效率方面，亚种间的差异显著。在贮精囊中精子数、射精比例和精液收集效率方面，蜂群间的差异意蜂显著而高加索蜂不显著。在精子浓度和精子活力方面，亚种间和蜂群间的差异都不显著。

2. 胚后发育 包括巢房和温度。

(1) 巢房。确保雄蜂的发育场所（也就是巢房）必须是雄蜂专用的。只有这样，培育出的雄蜂才会有非常高的射精质量，这是蜂王对交配前后的雄蜂竞争力进行极端选择的结果和精子在受精囊中存放多年后仍保有活力的绝对必要条件。不同巢房里长大的雄蜂，在初生重、黏液腺和精囊的重量、精子数、角囊的弯曲程度、后足跗节长度、后足的总长度和头宽等方面都有所不同，以在有王群雄蜂房出房的雄蜂上最大，在产卵工蜂群雄蜂房出房的雄蜂上居中，在产卵工蜂群工蜂房出房的雄蜂上最小，体型上因而分为大型、中型和小型。

(2) 温度。适宜的胚后发育温度对于保证雄蜂的体型和育性都很重要。将雄蜂幼虫暴露在41～45℃下若干小时后检查，结果41℃ 2h并不会损害雄蜂的生存能力和育性，但更高的温度或更长的时间都会杀死雄蜂的精子。在雄蜂巢房封盖后给予4个温度变化，即前期高温后期低温（35～32℃）、持续高温（35℃）、持续低温（32℃）和前期低温后期高温（32～35℃），结果表明可以通过在蛹期给予变温来获得雄蜂的最大体重。当然，封盖期变温对雄蜂蛹的死亡率也有影响（图7-7）。

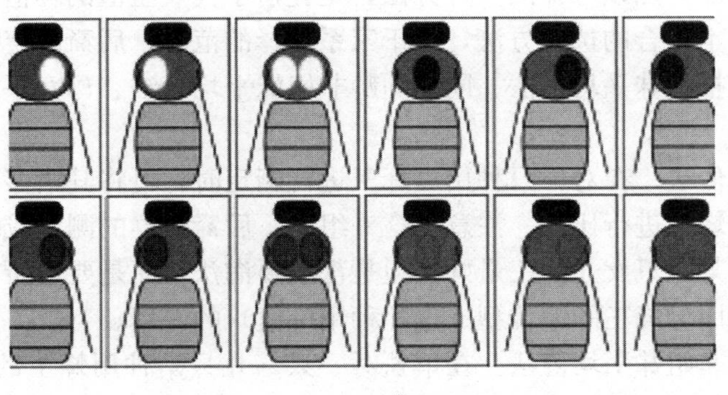

32℃，10.3%　　32~35℃，3.3%

35℃，22%　　35~32℃，2.3%

图 7-7 封盖期温度变化对雄蜂蛹死亡率的影响

(Czekonska and Tofilski，2020)

（二）饲养管理要求

蜜蜂有各种策略来将近亲交配概率降到最低，至少蜂王和雄蜂在蜂群内是采取了亲缘识别和繁殖抑制机制以及延迟性成熟而不进行同胞交配的。此外，其箱外飞行交尾机制和远距离迁徙的分蜂行为都相当于个体扩散和增加外群交配的机会。所以，在种用雄蜂的培育时，应注意时机把控和粗放饲养。

1. 培育时间 在种用雄蜂的培育时间上，要实行雄蜂优先制，宁可让雄蜂等蜂王，搞“老夫少妻”式组配。即见到雄蜂陆续出房时，再开始移虫培育蜂王，因为雄蜂的性成熟期和交尾高峰期加起来刚好足够处女王的发育期与性成熟期。

2. 培育数量 交尾季节到来前，不要割杀雄蜂蛹，尤其是种用父群更要“母以子贵”。对雄蜂滥杀无辜，将会剥夺处女王婚飞时的淘汰选择权，甚至是导致“皇帝的女儿”也愁嫁；处女王交尾数不够，就会过早产生未受精卵，这样，其作为种王的使用年限也就终止了。

三、蜂王种用价值的评定

作为蜜蜂选种工作中的一个重要环节，蜂王种用价值评定的可靠性相当高。但值得注意的是，它比较费时费事，所用的世代间隔较长，还有就是多数的育种场存在着“自育、自繁、自评定”现象。最好是建立全国联合的或地方性的种王性能（后裔）测定评估站，从顶层设计到遗传评定，以技术规范为指导，采取双盲或三盲的测试，以便做出无偏的评估与分析。

（一）蜂王后裔测定的方法

作为一只种用蜂王，不仅要求它本身发育健壮、体形好、种性纯，还要求它有良好的种用价值（或育种价值），其蜂群具有突出的生产性能或某种优良特性表现，这就涉及后裔测定（progeny test）。早前对喀尔巴阡蜂、高加索蜂和俄罗斯蜂进行研究的结果表明，在凡是利用经过后裔测定成绩选择的种用蜂王中，其所领导的后裔蜂群投入生产后，繁殖力和产蜜量都比普通蜂王所产生的后裔蜂群高出30％～35％。

1. 后裔测定的通用方法 是指通过蜂王后代的综合测定成绩对种用蜂王的遗传型或种用价值（育种价值）加以考评的一种方法，是凭借子代表型值的均值水平来确定并选留优良亲本和进行亲本组合的选育方法，属于家系选择的范畴。后裔测定结果有横向比较和纵向比较两种，包括姐妹平均值法、同期同龄非姐妹平均值法、母女平均值法和最优线性无偏预估法等。

（1）姐妹平均值法。在对一只种用母蜂王进行测定时，可将其诸多后裔女儿蜂群与普通对照蜂王的后裔蜂群进行比较。注意在这一组里，后裔蜂群的测定成绩可能某一只女儿蜂王最差，也可能某一只女儿蜂王最好，但是都不要淘汰，而是要取所有女儿蜂王的平均值来评定这一只种用母蜂王的遗传型（也即种用价值）的好坏。

（2）同期同龄非姐妹平均值法。在单独对一只（几只）种用蜂王的后裔进行测定时，可将其后裔蜂群与普通对照蜂王的后裔蜂群或与全场其他蜂群的平均值同时进行比较。如果其生产性能的平均值较高（较差），并在统计学上差异显著，就说明这一只蜂王的遗传型较好（较差）或种用价值较高（较差）。

（3）母女平均值法。将被测的种用母蜂王的一批后裔女儿蜂群与其母本蜂群的表现取均值，如果在生产性能上同样比普通对照蜂王的后裔（或全场其他）蜂群表现突出，就可以认为该种用蜂王具有较好的遗传型，具有较高的种用价值。

（4）最优线性无偏预估法。将蜂王后裔蜂群的测定值进行最优线性估计，当估计误差的方差最小时就得到一个无偏估计。即：任何一个随机变量的估计值或期望值都是它的真实值。用这种方法进行的蜂王种用价值评定，有比较理想的相对优势，但没有绝对优势。

2. 蜂王后裔测定的蜂群组建 根据蜂王所处的不同世代（如原代的种用蜂王和子一代的后裔蜂王）组建不同等级的蜂群，在程序上会略有不同。

（1）种用蜂王后裔测定的蜂群组建。组建这种用途的蜂群相对比较简单，只要等到种王在蜂群里的受精卵发育成为成年工蜂时，再根据育种计划进行某个性状的后裔测定即可。这个仅用于亲本选择之初。

（2）女儿蜂王后裔测定的蜂群组建。因为这个是要对种王的女儿王进行性能鉴定，所以需要先把女儿王培育出来，接着再进行组配（交尾场或人工授精室），待女儿王开产后才能进行蜂群组建。即：按母本系统把开产的女儿蜂王一一诱入事先组织好的试验蜂群（可用其他蜂群蜜蜂）里，并使这些蜂群在群势和质量上基本相等。待女儿王的受精卵发育为成年工蜂时，再开始后裔蜂群测定。这个可用于亲本的选配、组配和育成种的敲定。

（二）蜂王后裔测定应注意的问题

在进行后裔测定时，所测定的多数都是与生产性能相关的数量性状，而数量性状的表现受环境的影响较大。这样一来，工作性质中加进了长期性和连续性。如果是联合性质的测定或者是盲审性质的测定，可能还涉及广泛性和紧密性。所有这些都无形中拉大了世代间隔而减小了选择进展，所以，应从以下几方面给予注意，从而减少或尽可能消除环境条件的差异，确保测定数据进而是选种结果的准确可靠。

1. 母本培育条件要尽可能一致 种用蜂王的后裔处女王和对照蜂王的后裔处女王，应在同一个蜜源期、同一个育王群里培育。

2. 父本遗传背景要尽可能一致 由于处女王具有多雄交配的习性，为了使雄蜂对后裔的影响相同，应为被测蜂王的后裔处女王提供同一个（批）父群的种用雄蜂，以减少因与配雄蜂的差异而造成测定结果的误差。

3. 后裔测定条件要尽可能一致 后裔蜂群生产性能的表现，除了取决于亲本的遗传因素外，同时还受到气候、蜜源和饲养管理等条件的影响。所以后裔测定应在蜜源丰富的时期进行，为后裔蜂群的遗传性状获得充分表现创造条件。

（1）蜜源条件要尽可能一致。同时比较几只种用蜂王的种用价值时，必须将它们的后裔蜂群和对照组蜂群放在相同的蜜源条件下饲养。

（2）摆放条件要尽可能一致。每只种用蜂王的后裔蜂群按母本系统各分成若干组，再将各个被测蜂王的后裔蜂群相互交叉摆放，采用相同的饲养管理技术。

（3）蜂群数量要尽可能一致。后裔蜂群的数量越多，则测定结果的可信度越高，鉴定结果的准确性越高。

（4）后代日龄（开始时间）要尽可能一致。分为后裔蜂王日龄和后裔工蜂日龄等两种，从产育力等开始考量。由于后裔蜂群的真实生产性能要等到工蜂全部是种王的或后裔蜂王的真正后代时才能表现出来，所以测定应该在后裔基本同龄下开始。

4. 以生产性能鉴定为主 在后裔测定中，除了考察某项生产性能外，还可以同时考察适应性、抗病力、有无遗传缺陷等表现。当后裔蜂群数量较多时，测定工作也可以分在两个以上的蜂场内进行。

5. 进行数据的全面统计 在整理测定数据时，要把每只被测蜂王的后裔蜂群的数据都统计在内，防止有意或无意人为删减而造成测定结果的失真现象。

6. 要有后备蜂群 为了避免在测定过程中的意外损失，每只被测蜂王还应有后备的后裔蜂群，并提供相同的饲养管理条件，做好详细记录，以保证整体测定结果的完整性和可补充性。

知识点补缺补漏

个体选配

群体选配

营养杂交

微效基因

加性效性

蜜蜂性状遗传力估计

延伸阅读与思考

雄蜂的角色扮演

同质选配和异质选配

思考题

1. 蜜蜂的世代周期长，育种群体小，繁殖过程需要大量劳动力，请问你在进行育种设计时，如何克服这些问题？

2. 抗性性状通常应用在哪些方面？

3. 如何理解选择育种是个适应、调节、平衡、同化、顺化的过程？

4. 现在与育王和育种有关的问题是：①雄蜂聚集区是否常年固定不变？②雄蜂聚集区与交尾场的时间发生是否是有顺序的？如果问题①或者问题②成立，请预测一下对定地、小转地和长途转地蜂场中的群体选择会有怎样的影响。

参考文献

何俊，Fernando B Lopes，吴晓林，2019. 动物基因组选配方法与应用. 遗传，41 (6)：1-8.

Bastin F，Chole H，Lafon G，et al.，2017. Virgin queen attraction toward males in honeybees. Scientific Reports，7（1）：6293.

Czekonska K，Tofilski A，2020. Body mass of honeybee drones developing in constant and in changing temperatures. Apidologie，51（2）：510-518.

Facchini E，Bijma P，Pagnacco G，et al.，2019. Hygienic behaviour in honeybees：a comparison of two recording methods and estimation of genetic parameters. Apidologie，50（2）：163-172.

Gençer H V，Kahya Y，2020. Sperm competition in honeybees（*Apis mellifera* L.）：the role of body size dimorphism in drones. Apidologie，51（1）：1-17.

Kablau A，Berg S，Hartel S，et al.，2020. Hyperthermia treatment can kill immature and adult *Varroa destructor* mites without reducing drone fertility. Apidologie，51（6）：307-315.

Kahya Y，Gencer H V，2023. Reproductive quality in drones bred from Caucasian（*A. m. caucasica*）and Italian（*A. m. ligustica*）honey bee colonies. Apidologie，54（1）. https：//doi. org/10. 1007/s13592-022-00973-y.

McAfee A，Chapman A，Higo H，et al.，2020. Vulnerability of honeybee queens to heat-induced loss of fertility. Nature Sustainability，3（5）：367-376.

Neumann P，Blacquière T，2017. The Darwin cure for apiculture? Natural selection and managed honeybee health. Evolutionary Applications，10（3）：226-230.

Russo R M，Landi L，Muntaabski I，et al.，2022. Age-performance and intensity of grooming behavior toward *Varroa destructor* in resistant and susceptible *Apis mellifera* colonies. Apidologie，53（5）. https://doi. org/10. 1007/s13592-022-00971-0.

Villar G，Wolfson M D，Hefetz A，et al.，2018. Evaluating the role of drone-produced chemical signals in mediating social interactions in honeybees（*Apis mellifera*）. Journal of Chemical Ecology，44（12）：1-8.

Wagoner K M，Spivak M，Rueppell O，2018. Brood affects hygienic behavior in the honeybee（Hymenoptera：Apidae）. Journal of Economic Entomology，111（6）：2520-2530.

（王丽华）

第八章　蜜蜂的引种与复壮>>

蜜蜂良种是现代养蜂业生产的基础，每个养蜂者都希望自己饲养的蜜蜂产卵力强、产量高、盗性弱、能维持强群，并且抗病力强，便于饲养管理；都希望自己饲养的蜜蜂是优良蜂种，以使用最小的投入获得最大的经济效益。那么，如何获得蜜蜂良种？有了优良蜂种，怎样才能使其优良种性充分发挥出来而获得高产？又怎样才能使蜂种的优良种性代代相传下去而不至于很快退化？为什么同一个蜂种在不同的地区饲养会有不同的性状表现？等等。本章所要介绍的内容和上述这些问题有着密切的关系。

第一节　蜜蜂良种的引进与利用

一个蜜蜂种或亚种或品种的自然分布范围与其发生历史、适应能力和传播条件等密切相关。蜜蜂引种就是人为帮助蜜蜂克服在传播上的距离障碍，扩大其与许多同种个体的繁殖机会，在引入地完成建群、繁衍、适应与演化。与其他育种方法相比，引种所需时间短、见效快、简单易行、节省人力物力，是最简单、最经济、最有效的丰富本地蜜蜂种类与种质资源的育种方法和重要手段。世界各国在蜜蜂育种工作中的实践证明，及时引进和合理利用育种素材是提高育种效果的关键之一。我国的蜜蜂育种工作就是靠引种而获得成功的，通过引种可使品种在新的地区得到比原产地更好的发展或者用于杂交创造新品种。

一、蜜蜂引种的方向

广义的引种，是指把异地（外地或外国）的新物种、新亚种、新品种或新品系以及科研用遗传材料引入当地饲养区域或分布区域，无种间限制。狭义的引种是指物种内亚种间的生产性引种，即引入能供生产上推广使用的优良品种。在养蜂业上，把外地或外国的优良蜜蜂品种、品系或类型引进本地（自引种）或本国（他引种），通过简单的选择、驯化和适应性试养成功后，在生产上推广或作为育种素材的工作称作引种。引种的方向性要根据是从境外的还是从境内的来考虑，如从国外引种或从国内供种。引种前需要注意的问题如下。

（一）从国外引种

应该研究引进蜂种的历史生态条件，充分注意种内变异性，同时注意：气候比较温和的地区，容易接受来自气候因素变化剧烈地区的蜂种；地中海气候型蜂种很难适应大陆性气候条件，但大陆性气候区蜂种容易适应地中海气候或大洋性气候；高纬度、高海拔蜂种不宜搬迁到低纬度低海拔地区，反之亦然；但高纬度、低海拔与低纬度、高海拔间相互引种容易成功。从地形来讲，种源地与引进地的生境是渐进性过渡的还是突兀性隔离的，对引进种的生存力和新变异形成都有影响。从蜜源种类和分布范围来讲，每个适宜养蜂的地区都有大宗开花的和零星分布的蜜源，但一年中的开花期不同，所以，引进蜂种的发育期和采集偏好要与之吻合。

（二）从国内引种

在国内进行南北引种或供种时，从无风地区向有风地区引种或供种不易成功。我国内陆西北地区风大，沿海地区台风频发，都是地区性引种的一个重要障碍，需要考虑引进抗逆性强的蜂种。从气温来讲，一般南方追花夺蜜的蜂场或个体养殖户，在北方最后一个花季没采完就会赶在温度下降前撤场，因为他使用的蜂种是不耐低温的。一般北方的育种蜂群都会在冬季搬往南方，从事蜂王的北育南繁，但一定会在酷暑到来之前撤回主产地，因为他钟情的蜂种是不耐高温的。从日照来讲，纬度或海拔不同，光周期（日照长度和强度等）也随之变化，影响到蜜蜂的采集习性。因此，南蜂北引或北蜂南引时，要注意蜜蜂活动季节内的采集时长、个体抗寒性和耐热性。通常自 9 月下旬到次年 3 月下旬，由于纬度越往南日照时间越长（冬至日最大），南方的中蜂仍然比较活跃，仅在冬至前后歇息月余。从降雨来讲，由于雨天蜜蜂无法外出采集劳作，箱内湿度太大也影响蜜蜂健康，所以这些地区应考虑引进节省饲料的、抗病的蜂种。否则引入地的降水、湿度以及雨季偏移（提前或滞后）等都可引发蜜蜂的不适应性。

二、蜜蜂引种的原则

蜜蜂良种都是在特定条件下形成的，所以，引进时必须坚持“既积极又慎重”的原则，尤其要以生产需求为导向，按照一定的程序和方法，经过驯化也就是适养试验，同时充分发挥养蜂技术的作用，做到少量试引、全面鉴定、逐步推广，最后才能够在生产上应用。

（一）生态环境一致性

具有不同经济性状的蜜蜂品种都是在原产地特定环境条件下经长期自然选择而成的，这些品种对环境条件有着特定的要求。若不了解所引蜂种的特性，就会造成引种失败或减产。例如抗寒能力强的东北黑蜂能适应寒冷的天气，意蜂在东北寒冷的环境下适应性就差些。因此，引种地（输入地）生态环境要尽可能与原产地（输出地）生态环境相近。原产地和引种地的温湿度图像面积重合的部分越多，引种工作成功的可能性越大。例如：喀尔巴阡蜂原产于罗马尼亚等地，而罗马尼亚的地理纬度与我国的吉林省基本相同，两地的温湿度曲线图也基本相同。所以，喀尔巴阡蜂引进我国吉林后，很快就获得成功。

（二）科学有序，虚位以待

引种工作应在生产主管部门的领导下有计划分权限地进行，全地区一盘棋，统筹安排，科学有序，避免造成本地区蜜蜂品种血统的混乱。要依据引种的遗传学和生态学基础，充分认识每一个良种都有它的一定适应性，所以要有良种区域化概念和意识。但也不要一次性大量引和同地域反复引。可用简单引种和驯化引种等方式，前者自带环境适应性而不用改变其遗传性；后者需要改变其遗传性而产生新的生理适应性，如逐代杂交驯化和多代连续累加选育驯化。

（三）与当家蜂种保护并重

在选择引入蜂种时，最先要注意的是如何保护好引入地的原有蜂种资源。然后，还要充分考虑：①是否为引入地没有的新蜂种；②与引入地蜂种有无系统发育关系；③以往有无相关引种的技术记载；④对引入地蜂种是否可以提供新的基因资源等。由于杂种只是其第一代有优势，所以不能随意和随机引种杂交种，否则会引发蜜蜂的健康问题，但养蜂者往往对种业认知不足，结果引进中蜂带来中囊病、引进西蜂蜂王带来白垩病、引进蜂群带

来亮热厉螨。

三、蜜蜂引种的程序

蜜蜂良种引进工作必须按照一定的步骤进行，才能收到较好的效果。程序上包括引种材料的搜集、引种材料的检疫和引种试验。

（一）选择引进正式品种

当搜集到足够的引种材料后，要根据养蜂生产上亟待改良的主要性状并兼顾其他次要性状来确定拟引进品种。没有正式审定的品种，不要乱引，尤其是跨境引种，要有进境风险评估分析，避免将敌害［如壁虱（*Acarapis woodi*）、蜂箱小甲虫（*Aethina tunida*）和熊蜂短膜虫（*Crithidia bombi*）等］带入。当家品种的引用可参考小范围内适用原则。

（二）严格检疫引种材料

为防止危险性蜜蜂病虫害传播蔓延，确保养蜂生产安全，引种时必须遵照国家和地区检疫有关规定，对引入蜂种进行严格检疫，一般不从疫区引进。蜂种引入后要隔离饲养，经观察确无疫病后方可使用。从境外引种时必须按照动植物检验检疫程序办理，境内自引可基于委托人对受托人的信任保证。

（三）先试验后推广引进品种

所引蜂种最好来源于同品种的不同种群或蜂场，品种引进后要先在小范围内的蜂场进行试养观察和种源试验。根据品种试养结果，选择对当地生态条件比较适应的，并且表现优异的蜜蜂品种进行品种比较试验、多点试验、区域试验和生产试验，以进一步选择具有应用价值的品种。对试验表现良好、确有应用价值的品种，要按照繁殖程序选择、提纯、繁殖，为大范围繁育推广做好准备。

优良品种的引、鉴、繁、推，一定要少量引进、多地选择，在一定区域内推广使用，既要保证引进种的生态适合度，又要保证不会造成外来物种的大面积入侵。例如：以性位点丰富度来考量时，某地的一个单只交尾蜂王几乎可以携带当地的所有性等位基因种类，多引种就造成浪费。在推广过程中，要良种良法，使之充分体现并实现产量高、品质好等优良种性。

（四）引种成功的标准

从生态条件相似地区引入的品种，不加保护或稍加保护即能正常使用且种群生长良好（如：越冬或越夏）；从同纬度地区引入的品种，没有降低原来的经济性能或性状表现；纬度相近地区的引种，能够用原来的饲养繁殖方式进行正常的生产管理与分蜂换王；没有明显的或致命的病虫害不耐受性；无不良的生态后果（例如杀人蜂、海角蜂）。

四、蜜蜂引种的方法

养蜂生产中常用的方法有引进种蜂群和种蜂王两种，也可以引进优良品种的雄蜂精液、受精卵或幼虫。

（一）引进种蜂群

引进的种蜂群可以立即投入养蜂生产使用，但该方法成本较高，运输不方便，适于距离蜜蜂原种场、种蜂场较近的养蜂者引种。但是也有远距离引种成功的。例如：2006 年 4 月马来西亚砂拉越成功迎来从中国福州专机“飞”来的八百群西方蜜蜂。种蜂群运回场地后应单独摆放饲养，并做好标记。但要注意一些事项：蜜蜂有的寄生性敌害，在生活史的某一阶段，常爬出蜂群蛰伏，如蜂箱小甲虫，所以从疫区附近引种西蜂时要充分利用敌害在蜂箱外的这段蛰伏期。从山区引种中蜂时，特别是从海拔600m的河谷至1 200m的高山区域，要注意避开寄生于中蜂的斯氏蜜蜂茧蜂，其危害状仅在早春时节可见，待蜂群中约20%的被寄生蜜蜂被茧蜂幼虫蚕食殆尽后症状减轻，但它已在蜂箱内化蛹或羽化并开启下一个世代发育。所以要引进强群，因为在蜂群紧脾后可以热驱赶茧蜂出箱外。

（二）引进种蜂王

这是最常用的引种方法。任何育种机构、科研机构或养蜂者个人，都有可能考虑引进新品种种蜂王，从具有纯粹的蜜蜂体色到好的生物学特性，特别是具有好的蜂群生产性能（如蜜高产、浆高产等）。将种蜂王用特制的王笼走长途邮寄途径或走短途随身携带途径，是现行最方便、快捷和安全的引种方法。邮程或携程在5～7d内蜂王成活率最高。不过，在收到种蜂王或者将种蜂王带到指定蜂场后，都要马上带笼将其安全诱入无王群中。

（三）引进种雄蜂或精液

引进雄蜂时应选择10日龄以内的幼蜂，放入带有足量工蜂和饲料的采样箱或运蜂箱中运输，运输途中应注意通风和保温。运回场地后及时转移至强群中饲养。若蜂场具备蜂王人工授精条件，也可采用引入雄蜂精液的方法引种，返场后尽快给蜂王进行人工授精。

（四）引进受精卵或小幼虫

若蜂场需要在短期内引进大量种王，可从附近的种源蜂场引进卵虫脾，用以移取卵虫育王。卵虫脾的运输时间不宜超过4d，取回蜂场后应做好标记并尽快放入育王群里进行保温和孵化。

五、蜜蜂良种的利用

引进种饲养在不同于原产地的自然条件下，由于自身存在着的遗传可塑性、生理协调性和发育阶段性，必然会发生变异。这种变异潜力的大小取决于原产地和引入地自然条件差异的程度以及品种本身遗传性的保守程度。如在适应范围上是扩大的，则表现为适应性饰变（modification）；如在适应范围上是狭窄的，则表现为适应性形变（morphoses）。

（一）引种要结合选择来进行

引进种通过少量试养、观察、定性后，确认在当地的生产性和适应性都很好，即可按原交配方式或与当地其他品种组合直接参加实验室品种比较试验和新品种生产鉴定试验，以进一步确定引进种的生产价值。若引进品种单项性状很特殊，则可作为选育基础品种的育种素材。若引进种综合性状基本优良，仅需改进一两项缺点或者在新的环境条件下发生一些有利的变异时，则可采用系统育种法进行定向选择。经生产鉴定后，符合生产要求，就可以直接繁育推广利用。推荐采用“杂交保存法”（图8-1），反对“二步换种法”（图8-2）。

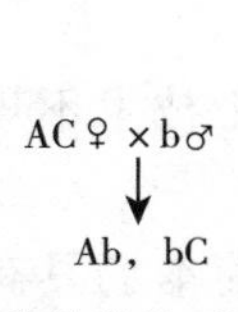

图8-1　引进品种的“杂交保存法”

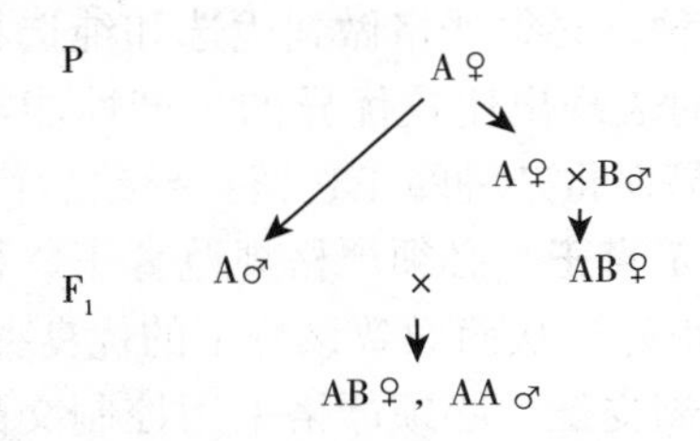

图8-2　引进品种的“二步换种法”

（二）我国引种利用的现状

尽管我国蜜蜂饲养历史悠久，但20世纪以前我国饲养的蜜蜂均是中蜂。20世纪初，我国首次从日本引进意蜂，之后又陆续从国外分别引进了澳意、美意、原意以及卡蜂、高加索蜂、喀尔巴阡蜂等多个优良西方蜜蜂品种或品系。经过多年的试养繁育试验，从中选出了适合我国各地饲养的一些品种或品系，对促进我国养蜂生产的发展和蜜蜂良种选育工作的开展起到极为重要的作用。目前，从引种方式看，84%是引进种王，12%是引进蜂群，4%是引进卵虫；从引种频率看，每年引种一次的大约占50%，每两年引种一次的大约占32%，很少引种或是不引种的大约占18%。

第二节　蜜蜂品种的复壮与推广

具备某些优良经济性状的蜜蜂良种在长期的繁育和使用过程中往往出现优良性状混杂退化现象，致使该蜂种在养蜂生产中失去使用价值或者虽能使用但收不到预期效果的现象。例如，很多养蜂者经常反映他们所饲养的蜜蜂普遍出现产卵力下降、不能维持强群、采集力减弱等现象，这就是蜜蜂良种种性退化的表现。为使其原有的经济性状重新表现出来，并恢复其原有的种用价值，就需要有针对性地采用适当方法进行品种的提纯复壮。

一、蜜蜂品种退化的因素

蜂种在推广过程中，应该保持一定的纯度，使其优良经济性状保持相对稳定。但是，由于各地用种者的疏忽或者不懂，导致种性退化严重。原因各种各样，但不外乎有以下几点。

（一）杂交性退化

在无隔离措施条件下随意杂交，或蜂王与本品种雄蜂随意交配，导致后代出现纯度降低、种性变异、蜜蜂良种原有形态特征和优良特性丢失、抗逆性和适应性减退以及产量降低、品质变劣等现象。

（二）近亲衰退

蜂场养殖规模较小，自繁自育蜂王，在远离其他蜂场的情况下，这种育王方式很可能会发生表兄妹交配甚至兄妹交配，从而导致近亲衰退，表现出蜂群生活力下降、插花子脾、优良经济性状丧失、蜂群生产力明显下降等现象。

（三）不科学的繁育技术

这里所涉及的繁育技术，主要是指选种、人工育王、控制交配和饲养管理措施等环节。

1. 选种　必须严格做到优选和纯选相结合。一些种性混杂的蜂群，由于杂种优势的缘故，有时表现出比较优异的生产性能，但其真实遗传性差。如果只注意优选而忽视纯选，就容易误将杂种蜂王选留，导致后代性状分离。

2. 人工育王　必须严格规范育王。种性虽好，但若育王技术不规范，育出的蜂王质量也不会很好，从而导致该蜂王的优良种性不能充分发挥。

3. 控制交配　必须严格采用控制交配措施。否则，即使本场具有所谓的“种用雄蜂优势”（数量多，质量好），也根本无法实现处女王只和本场种用雄蜂交尾的目的。

4. 饲养管理措施　必须采用良种配套饲养技术。每个优良蜂种都用相应的管理措施，才能保证其优良经济性状得以充分发挥。

二、蜜蜂品种复壮的方法

蜜蜂良种退化的原因不同，其复壮的方法也不同，一定要"对症下药"，采取相应的复壮措施。一般一个品种都有若干个品系，所以宜在品种的大概念下进行品系间的小范畴运作。即在具有独特性能的新品系间繁育，在具有综合特性的老品种内保存。

（一）品种内自交（或品系间近交）

对那些由生物学混杂而引起的种性退化，应采取同质组配的集团繁育方法来进行提纯复壮。即：用遗传性稳定、区域性优良的个体（品种内）进行自交或者用品种形成前的过渡类型（品系间）进行近交。参照该蜂种原有的经济性状和生产性能以及某些重要的形态特征，制订出近交复壮的具体指标。用闭锁繁育（其中不乏一代的单群繁育）结合单群选择的方法，每一世代都严格控制交配、纯选和优选种群，经过若干世代以后有望达成。

（二）品系间杂交（或品种内近交）

对那些因近亲繁殖而造成的种性衰退，可采用异质组配的集团繁育方法来进行选优复壮。即在经济价值较高的特有性状互补的品系间进行杂交或者在血缘关系比较远的个体间（品种内）进行近交。参照该蜂种应该具有（或一般具有）的原品种特征特性和生产性能，制订出杂交复壮的具体指标。用集团繁育（将两组或几组高产蜂群分别作为母群或父群）的择优选留结合从外引进同一品种远缘者（每隔3～4年）杂交（单杂交、三杂交、双杂交或回交等）的方法。

（三）注意事项

以上两种方法是对品种退化所采取的补偿性抢救措施，应重视优质蜂王和优质雄蜂的培育。在移卵虫育王时，优选小虫龄的个体，选择强群作为哺育群，并供给充足优质的饲料，育王过程中避免人为振动；在培育雄蜂时，要注意控制雄蜂的日龄，使雄蜂的性成熟与处女蜂王性成熟的日龄相吻合，还要特别注意保持雄蜂哺育群群势强壮、蛋白质饲料充足和保温良好，防止出现"无精症"雄蜂。同时，为了将居高的近交系数快速降下来，注意不宜再在同一家系内或已退化的群体中选择亲本近交。要根据不同品种蜜蜂的生物学特性，选择气候、蜜粉源条件相对适宜的场地进行科学的饲养管理，使蜂种的优良性状得以充分表现出来。

三、蜜蜂良种的培育

良种繁育是运用遗传育种的理论与技术，在保持并不断提高良种种性、良种纯度与生活力的前提下迅速扩大良种数量的一套完整的种蜂生产技术。良种繁育实际是育种的继续和扩大，是优良品种能够继续存在、恢复已退化种性和不断提高质量的保证，是实现养蜂业"优质、高产、高效、安全、生态"发展目标的保障和基础，是发展现代养蜂业的必然要求。所以，选育与推广适应生产发展和市场需求的蜜蜂良种基本上属于育种学的范畴，同时它也是育种和生产之间的桥梁。

（一）规划与建设

良种规划，也称良种定向，是建立蜜蜂良种繁育体系不可或缺的工作环节。包括蜂种资源的保护、育种繁育基地建设和蜜蜂良种区域化规划等方面。

1. 搞好蜜蜂良种区域化的规划 蜜蜂良种区划包括两个方面内容：一是蜜蜂品种对一定生态地区范围内的气候与蜜源条件有良好的适应性；二是不同生态地区在生产上要应用最适应的优良的蜜蜂品种。也就是说，要为一定的区域选择适宜饲养的蜜蜂品种，而一定的蜜蜂品种也要在它最适宜的地区里饲养。当前，实现蜂场良种化和良种区域化，是养蜂生产现代化、规模化的重要标志之一，也是利用地方品种搞好区域经济的手段之一。每个区域内一般要有两个品种，以便于在生产上配制和利用杂种优势。

2. 建立蜜蜂品种保护区 对我国现有蜜蜂遗传资源的保护，就是对我国蜜蜂基因库丰度的保护，使现存基因不至于混杂和丢失。从总体上来说，凡是具有重要经济价值的蜜蜂品种（或品系），都要在气候、蜜源条件对其相适应的地区建立保护区，使它们成为某一品种的良种繁育基地，严禁任何其他品种的蜜蜂入境。一般来说，良种保护区的范围越大（一个县至几个县连成一片），对良种繁育的蜂群的容量越大，对种系的保存与发展以及对蜂群的选育就越有利。例如：黑龙江省在饶河县一带建立了东北黑蜂保护区，新疆维吾尔自治区在伊犁地区建立了新疆黑蜂保护区，每年都可以为各地提供良种蜂王或种蜂群，使蜜蜂的良种繁育工作立于不败之地。我国境内的土著种中蜂，是广大山林地区不可取代的优良蜂种，由于生态类型众多，各地已经陆续建立起相应的保护区，严禁其他类型的蜜蜂引入或进入。在国外，也有蜜蜂品种保护区。例如：苏联曾在中俄罗斯高地、格鲁吉亚、哈巴罗夫斯克和外喀尔巴阡地区先后建立了四个不同品种的保护区，澳大利亚在塔斯马尼亚岛和坎加鲁岛分别建立了欧洲黑蜂和意蜂的纯种保护区，罗马尼亚、奥地利等国相当于是蜜蜂品种的一个保护区（只允许饲养单一蜂种）。

3. 加强蜜蜂良种繁育基地建设 一个国家或地区的专业性品种选育单位必须要有布局性的良种繁育基地。按其所承担的保种和选种工作任务，可分为国家级原种场和地区性种蜂场，它们的建立与存在是一个国家或地区养蜂发达的标志。我国各地先后建立的良种繁育基地，大多数归属县农业农村部门领导，其主要任务是：建立质量管理体系，突出特色蜂种；培育适地、适花的蜂种；加强与育种研究机构的合作，加强地区间协作，建立良种繁育网。

（1）蜜蜂原种场。原种场的主要任务是保存本地的特有蜜蜂遗传资源或引进的蜜蜂原种，面向全国各地的种蜂场和有关育种单位提供育种素材，有条件的蜜蜂原种场甚至也可进行新品种（或新品系）的培育。当某一个蜜蜂原种引进以后，应该选择在与原种生境相似的地方建立原种场或者将其就近拨给符合的原种场。简言之，就是要做品种审定那些事：特性的评价；比较性试验；区域试验和生产试验；审定和登录。为了确保原种的纯度，每个原种场通常只能保存一个蜜蜂原种，而且要建立一个蜂王人工授精操作间或者具有可靠隔离条件的交尾场，如辽宁省蜜蜂原种场在兴城市的菊花岛建有意大利蜜蜂交尾场。

（2）地区性种蜂场。种蜂场的主要任务是从相应的原种场引进原种作亲本，进行杂交组配，培育优质的杂交蜂王，向生产单位或养蜂者推广。当本地区养蜂生产上有大量用种需求时，就必须建立一个专业性蜂场。简言之，就是要走一些品种繁育程序：超级原种的生产和生产用种的繁殖。人们通常把经品种审定后用作第一批繁殖的种蜂称作超级原种，以超级原种为材料繁殖出来的才是本地的生产用种。在良种区域化推广过程中，要严把“三控制”（种源、生产过程、采收运输过程）质量关。

（3）协作攻关组。是指科研单位、教学单位和生产单位自发地或有组织地聚拢在一起，开展横向联合攻关，有针对性地解决养蜂生产上阶段性出现的疑难杂症。如20世纪末，对中囊病、瓦螨、白垩病等，全国紧急成立了蜜蜂育种协作组、蜜蜂工程育种联合体和华东六省联合攻关组等。进入21世纪，又成立了农业农村部蜂产业体系岗位科学家联盟，在全国范围内形成了一个具有专家团队指导、基层蜂场广泛参与的蜜蜂良种繁育体系，正处于生产需求、科研跟进和科普宣传的联动应急和发展完善中。

（二）组织与管理

新选育出来的蜜蜂品种，或者新引进的蜜蜂品种，它们的蜂群数量开始往往很少，如果饲养管理不当，良种不能很快地繁育推广和普及，就不能很快地在生产上发挥作用。因此，必须做好蜜蜂良种的科学饲养、规范管理工作。

1. 合理选址 蜂场的选址要科学，蜂场周边千米范围内要有充足的蜜粉源，同时要注意选择地势高燥、通风良好、背风向阳、场地开阔的地方，凡是地势低洼、空气流通不畅、光照不足的位置都不适合建立养蜂场。养蜂场的位置普遍远离交通要道，但是要交通便利，便于采购饲料和销售良种。蜂场还要远离工厂、矿场、畜牧场以及居民区等，附近要有良好的水源，水质要符合国家要求的养殖用水标准，以为蜂群提供良好的饲养环境。

2. 精心饲养 应为良种蜂群提供充足的糖饲料和蛋白质饲料等，以满足蜜蜂生长发育过程中的能量，特别是蛋白质、矿物质、脂类、维生素等营养物质的需求，蜜蜂饲料的原料必须优质、安全、可靠，不使用来历不明和发霉变质的原料。调制饲料时应根据饲料原料特性科学控制糖蜜、花粉或人工代用品、水等原料的比例，以确保配制好的蜜蜂饲料易消化、适口性好。

3. 科学管理 应根据当地的四季气候变化、蜜粉源条件、蜂群本身状态、蜂种特性、病敌害发生情况等，及时采取相应的管理技术，正确处理蜂群与气候、蜜粉源等之间的关系，做好蜂群四季管理工作，科学引导蜂群活动，以确保促进良种蜂群健康快繁。

4. 疾病预防 做好良种蜂群的疾病防治工作，以免影响蜜蜂体质和群势，甚至导致种蜂王的繁育性能降低或死亡。做好环境卫生的清理和定期的消毒工作，增强种蜂群的抗病能力。蜂群发生病害后要及时对蜂群隔离治疗，防止病害蔓延，并对蜂机具及蜂场环境进行彻底消毒。

5. 溯源管理 各个蜜蜂育种单位都必须建立一套完整的育种档案，积累有关资料，为现代育种工作提供不可缺少的科学依据，使良种选育工作有计划、有步骤地进行。蜜蜂育种档案主要有种群档案、种群系谱档案和种蜂供应档案。

（1）种群档案。也称种用蜂群档案，是育种档案中最基本、最重要的资料之一。为了便于观察、记录和归档，应对引进的原种蜂王和育成蜂王进行标记和编号（图8-3），编号的含义要明了详尽。编号方法可用$\frac{\text{蜂种}+\text{世代}}{\text{年份}+\text{群号}}$的形式。

在图8-3编号中，E、D、K、G和A分别代表意蜂、东北黑蜂、卡蜂、灰色高加索蜂和安纳托利亚蜂；P代表亲代，1、2、3和4分别代表子一代、子二代、子三代和子四代；2001001、2002004、2003006、2004008和2005010分别代表在2001、2002、2003、2004和2005年培育的第1、第4、第6、第8和第10号蜂群。这种编号方法简单，品种及其亲代、子代关系一目了然。将上述号码写好后，钉在某一蜂王所在的蜂箱前壁右上角

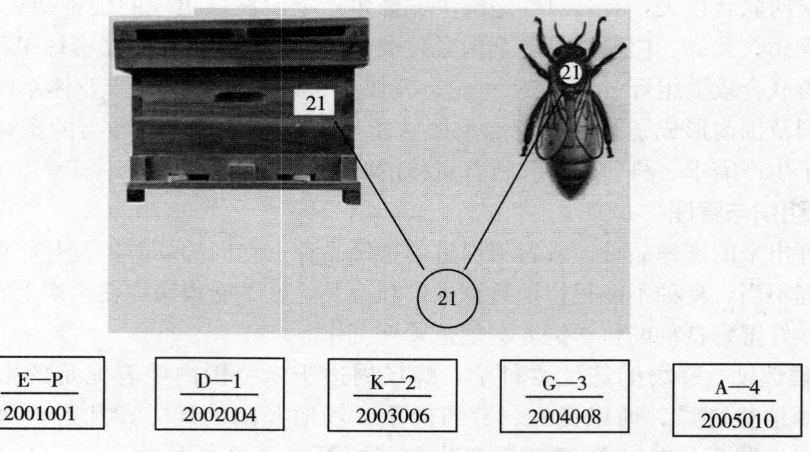

图 8-3　优良原种蜂王标记和蜂群编号

即可。

每个种用蜂群及其后代都要设立档案，记录各自的形态特征、经济性状、生产力和生物学特性等鉴定内容。

在形态特征鉴定记录表中，要记录与种用蜂群生产性能相关的形态学特征（表 8-1）。

表 8-1　蜜蜂形态特征鉴定记录表

长度单位，mm；角度单位，°

样品序号	吻长	右前翅			第 3、4 背板			肘脉指数			跗节指数			细度指数			角 B_4	角 I_{10}
		长	宽	面积（mm^2）	第 3 背板长	第 4 背板长	总长	a	b	a/b	长	宽	宽/长	长	宽	宽/长		
1																		
2																		
3																		
⋮																		
50																		
S																		

蜂群编号________　　　鉴定人________

在经济性状考察记录表中，要记录与种用蜂群产育力（表 8-2）、采集力和抗病力（表 8-3）以及群势发展（表 8-4）等有关的生物学特性。

表 8-2　种用蜂群产育力考察记录表

蜂群编号________

观测日期
卵虫数 封盖子数

表 8-3　种用蜂群主要经济性状考察记录表

蜂群编号__________

群势增长率			分蜂性			采集力		抗病力									
试验开始时蜂量	试验结束时蜂量	群势增长率（%）	维持群势（框）	分蜂次数	分蜂率	零散蜜源	大宗蜜源	美洲幼虫腐臭病	欧洲幼虫腐臭病	囊状幼虫病	白垩病	爬蜂病	孢子虫病	麻痹病	死蛹病	卷翅病	其他

表 8-4　种用蜂群冬夏时节群势发展考察记录表

蜂群编号__________

越冬（夏）性能							
外界情况				群势变化			饲料消耗（kg）
最低气温（℃）	平均气温（℃）	越冬方式或蜜粉源情况	越冬（夏）时间（天）	进入越冬（夏）期群势	越冬（夏）后群势	蜂群下降率（%）	

在生产力考察记录表中，要记录与种用蜂群的蜂箱产品种类等有关的生产性能（表 8-5）。

表 8-5　蜂群生产力考察记录表

蜂群编号__________

蜂产品	采收次数及产量（kg）										
	1	2	3	4	5	6	7	8	9	10	合计
蜂蜜											
蜂王浆											
蜂花粉											
蜂蜡											
蜂胶											
其他											

在其他生物学特性考察记录表中，要记录种用蜂群的一些与蜂箱操作管理等有关的生物学表现（表 8-6）。

表 8-6　蜂群其他生物学特性考察记录表

蜂群编号______

生物学特性	与本地原使用群相比
温驯性	
定向性	
盗性	
防卫性	
采胶习性	
蜜房封盖类型	
其他	

在种用蜂群鉴定记录汇总表中，要能综合体现种用蜂群的特征、特性与性能（表 8－7）。

表 8－7　种用蜂群鉴定记录汇总表

蜂群编号________

<table>
<tr><td rowspan="7">形态特征</td><td>蜂王</td><td colspan="2">体色</td><td></td><td>毛色</td><td colspan="2"></td></tr>
<tr><td>雄蜂</td><td colspan="2">体色</td><td></td><td>肘脉指数</td><td colspan="2"></td></tr>
<tr><td rowspan="5">工蜂</td><td colspan="2">体色</td><td></td><td>肘脉指数</td><td colspan="2"></td></tr>
<tr><td colspan="2">吻长（mm）</td><td></td><td>跗节指数</td><td colspan="2"></td></tr>
<tr><td rowspan="3">右前翅</td><td>长（mm）</td><td></td><td>细度指数</td><td colspan="2"></td></tr>
<tr><td>宽（mm）</td><td></td><td>第 3、4 背板总长（mm）</td><td colspan="2"></td></tr>
<tr><td>面积（mm^2）</td><td></td><td>$\angle B_4$（°）</td><td>$\angle I_{10}$（°）</td><td></td></tr>
</table>

<table>
<tr><td rowspan="9">经济性状</td><td colspan="3">考察结果</td><td>与原蜂种相比</td><td colspan="3">考察结果</td><td>与原蜂种相比</td></tr>
<tr><td rowspan="3">有效产卵量</td><td>总量（$\times10^2$ 个）</td><td></td><td></td><td rowspan="8">抗病力</td><td>美洲幼虫腐臭病</td><td></td><td></td></tr>
<tr><td>日平均（$\times10^2$ 个）</td><td></td><td></td><td>欧洲幼虫腐臭病</td><td></td><td></td></tr>
<tr><td>日最高（$\times10^2$ 个）</td><td></td><td></td><td>囊状幼虫病</td><td></td><td></td></tr>
<tr><td colspan="2">群势增长率</td><td></td><td></td><td>白垩病</td><td></td><td></td></tr>
<tr><td rowspan="2">采集力</td><td>大宗蜜源</td><td></td><td></td><td>爬蜂病</td><td></td><td></td></tr>
<tr><td>零散蜜粉源</td><td></td><td></td><td>孢子虫病</td><td></td><td></td></tr>
<tr><td colspan="2">越冬群势削弱率（%）</td><td></td><td></td><td>麻痹病</td><td></td><td></td></tr>
<tr><td colspan="2">越夏群势削弱率（%）</td><td></td><td></td><td>死蛹病</td><td></td><td></td></tr>
</table>

<table>
<tr><td rowspan="5">生物学特性</td><td colspan="2">考察结果</td><td>与原蜂种相比</td><td colspan="2">考察结果</td><td>与原蜂种相比</td></tr>
<tr><td>温驯性</td><td></td><td></td><td>采胶习性</td><td></td><td></td></tr>
<tr><td>定向性</td><td></td><td></td><td>蜜房封盖类型</td><td></td><td></td></tr>
<tr><td>防卫性</td><td></td><td></td><td>蜜蜂寿命</td><td></td><td></td></tr>
<tr><td>盗性</td><td></td><td></td><td>其他</td><td></td><td></td></tr>
</table>

<table>
<tr><td rowspan="4">生产力</td><td colspan="2">考察结果</td><td>与原蜂种相比</td><td colspan="2">考察结果</td><td>与原蜂种相比</td></tr>
<tr><td>蜂蜜（kg）</td><td></td><td></td><td>蜂蜡（kg）</td><td></td><td></td></tr>
<tr><td>蜂王浆（kg）</td><td></td><td></td><td>蜂胶（kg）</td><td></td><td></td></tr>
<tr><td>蜂花粉（kg）</td><td></td><td></td><td>其他（kg）</td><td></td><td></td></tr>
<tr><td>评语</td><td colspan="6"></td></tr>
</table>

（2）种群系谱档案。种用蜂群系谱档案包括原种蜂王系谱卡和系谱图两部分。原种蜂王系谱卡（表 8－8）记载原种蜂王的编号、品种（品系）、原产地、培育单位、培育时间、引进日期及备注等；系谱图（图 8－4）记录和表示子代同亲代的血缘关系。如果引进同一品种的蜂王进行蜂种复壮，也应在系谱图中反映出来。

表 8－8　种蜂王系谱卡

蜂王编号		背部颜色标记	
体色		始工群品种	
毛色		完成群品种	
授精日期		卵虫移植类型	
授 精 量		移植日期	
产卵日期		出房日期	
母本		箱外温度	
		箱内相对湿度	
父本		主要蜜粉源	
		培育基地	
代次		系祖	

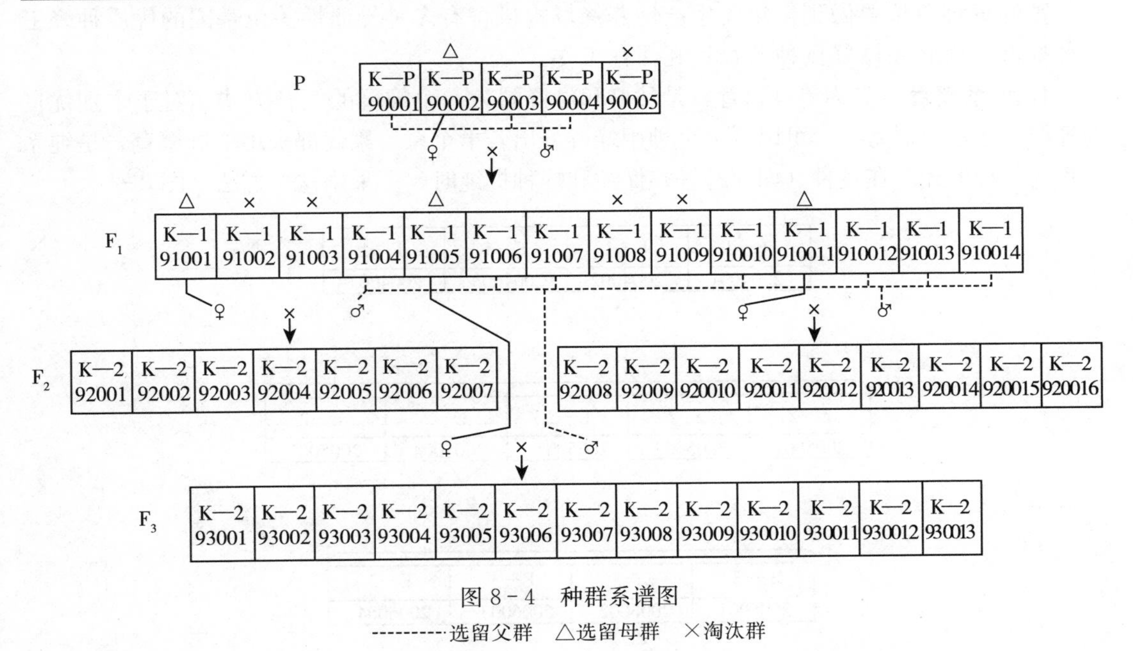

图 8－4　种群系谱图

---------选留父群　△选留母群　×淘汰群

（3）种蜂供应档案。育种单位提供给生产性蜂场或种蜂场的优良种蜂王，都应设立供种档案，如种蜂王供应卡（表 8－9），记录该蜂王的有关资料。除种蜂档案以外，育种单位还应该有育种计划（批次、数量）、育种日记（管理处置）以及种蜂王供应登记表（表 8－10）等备查。

表 8-9　种蜂王供应卡

<table>
<tr><td>蜂王编号</td><td></td><td rowspan="2">母本</td><td rowspan="2">品种群号</td><td rowspan="2"></td></tr>
<tr><td>出房日期</td><td></td></tr>
<tr><td>交尾日期</td><td></td><td rowspan="2">父本</td><td rowspan="2">品种群号</td><td rowspan="2"></td></tr>
<tr><td>产卵日期</td><td></td></tr>
<tr><td>地址</td><td colspan="4"></td></tr>
<tr><td>邮寄日期</td><td colspan="4"></td></tr>
</table>

表 8-10　种蜂王供应登记表

序号	用户姓名	邮编地址	联系方式	品种	数量	发货形式	备注
1							
2							
3							
⋮							
20							

（三）繁育与保存

蜜蜂育种单位要做到年年向生产性养蜂场提供含有多种异质性等位基因的优质种蜂王或种蜂群，就必须做好良种的繁育和保存工作。

1. 纯系繁育　又称单群繁育，是父群和母群同为一个蜂群的繁育方式。对于个别优良的蜂群，通过单群繁育，可以从一个种用蜂群分出若干个系。累代都采用单群繁育，是纯系繁育的一种形式。在良种（如原种等）保纯和蜂种提纯时，多采用这个方法（图 8-5）。

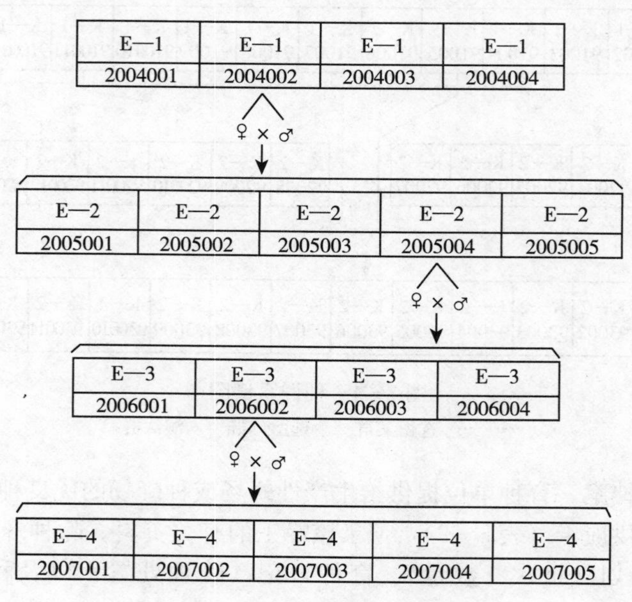

图 8-5　纯系繁育示意图

2. 集团繁育　若选择出来经济性状表现良好的蜂群数量较多，即可采用集团繁育。将优选出来的蜂群分为两组，一组作为母群，利用它们的受精卵或小幼虫培育处女王；另一组作为父群，利用它们的未受精卵培育种用雄蜂。然后，将所培育的处女王和种用雄蜂一同送到有可靠隔离条件的交尾场进行自然交配（或用人工授精）。在以后的每个世代中，都从当代的蜂群中如法进行选择和繁育，从中选出与亲代具有相同优良性状的子代蜂群作为继代种用蜂群。集团繁育的组配形式有同质组配和异质组配两种。在良种保存和对混杂种性提纯的过程中，多用同质组配；在种性复壮和对近交后代生活力提升的过程中，多用异质组配。

3. 闭锁繁育（closed population breeding）　是根据蜜蜂群体有效含量，选择数量足够、无亲缘关系（或亲缘关系尽可能远）的优良蜂群组成闭锁种群组（‘blocks’ population）。种群组内的所有蜂群既作父群又作母群，使培育出来的处女王和雄蜂在隔离交尾场自然交配或用混合精液人工授精或采取顶交等，继代蜂王的选择可视种群组的大小而采用母女顶替或择优选留。实施蜜蜂闭锁繁育方案，有三个取得成功的要点：一是种群组要大；二是遗传变异性要高；三是要有顺序地进行连续选择。

（1）闭锁种群组的构成要大。由于蜜蜂的经济性状主要取决于它的 15 对常染色体，它包含有蜂群全部遗传特征的 15/16，所以组成种群组的基本种群应该包含有多种优良性状和特性。按单个性状分别选择某项性状突出的基本种群，可以使所组成的种群组质量达到较高的水平和具有较广泛的遗传基础。种群组闭锁以后，必然也会发生一定程度的近交，所以幼虫的成活率取决于闭锁群体中性等位基因的数目。一个大小一定的闭锁群体，在一定世代里能够保持或丢失的性等位基因的数目取决于选择、突变率、迁移和群体有效含量（N_e）的大小。群体有效含量是指近交程度与实际群体相当的理想群体的成员数。当群体有效含量越大时，因遗传漂变使基因丢失的概率越小。同样，近交除能引起衰退外，在选择和漂变的共同作用下，也能使基因丢失，而且群体有效含量越小，近交系数的增长越快，近交效应越明显。

群体遗传学的研究指出，在一个含有 N 个个体的大群体中，在随机交配下，杂合性减少的速率为 $1/2N$。也就是说，在这个理想群体中，任何配子都有 $1/2N$ 的机会和一个带有与其相同的等位基因的配子结合，因此，每代的近交系数的增量 $\Delta F=1/2N$。在单倍-二倍性类型的生物里，$1/2N_e=1/9N_f+1/9N_m$。这里，N 表示理想群体的成员数；N_f表示参加繁殖的雌性（female）数，这里指蜂王数；N_m表示参加繁殖的雄性（male）数，这里指雄蜂数。

在非理想群体中，N 以 N_e代之，这时，

$$N_e = 9N_mN_f/(4N_m + 2N_f)$$

因为每只雄蜂与蜂王交配一次就死亡，假设每只蜂王的平均交配次数为 n，则 $N_m=nN_f$，所以，

$$N_e = 9N_mN_f/(4N_m + 2N_f) = 9nN_f/(4n + 2)$$

对方程两边取极限：

$$\lim_{n\to\infty}N_e = \lim_{n\to\infty}9nN_f/(4n + 2) = 9N_f/4$$

可见，群体有效含量（N_e）的大小随着群体中参加繁殖的蜂王数目的增加而直线上升。当每只蜂王交配次数（n）一定时，群体有效含量（N_e）的大小取决于蜂王的数目。

假设当交配次数 $n=7$ 时，在不同大小的闭锁群体里40个世代内基因变化的情况见表8-11。

表8-11 闭锁群体固定交配（每代7次）40个世代以内的基因变化

（Woyke，1986）

闭锁种群组亲本数	群体有效含量	可保留异质性等位基因数	产生的二倍体雄蜂（%）
5	11	2.0	50
20	44	3.0	33
30	66	3.7	27
40	87	4.3	23
50	109	4.9	20
80	175	6.3	16
100	219	7.0	14
150	328	8.7	11
200	437	10.2	10
250	546	11.4	9
288	629	12.3	8
330	830	12.6	8
400	874	14.7	7
500	1 092	16.5	6

从表8-11可以看出，如果用50个基本蜂群组成的种群组进行闭锁繁育，就相当于有109个参与繁殖的理想群体。这样，在40个世代内，仍可以保存5个异质性等位基因，后代蜂群的幼虫成活率（b^2t^5交配类型）在85.7%（6/7）的概率为95%。这在我国的北方地区，基本上每年培育和更换1～2代蜂王，就可以连续繁育20～40年。在我国南方，基本上每年培育和更换2代蜂王，也可以连续繁育20年。因此，采用闭锁繁育，能够在较长的时间里，培育出具有多个异质性等位基因的优良蜂王提供给养蜂生产者使用，使蜂种的优良性能能够在较长的时间内稳定地保持在一定的水平上。

（2）闭锁种群组内的遗传变异性要高。闭锁种群组内的蜜蜂交配应在有良好隔离条件下进行，为避免种性退化，其交配方式可分为随机自然交配、混精授精和顶交三种。随机自然交配就是在育王季节，将种群组每个基本种群同期所培育的处女王和种用雄蜂，放在具有良好隔离条件的交尾场进行随机自然交配。混精授精就是用漂洗法或其他人工采精法将种群组内每个基本种群所培育的种用雄蜂的精液收集起来，将其集中并充分混合均匀，给种群组内每个基本种群所培育出来的处女王进行授精。顶交就是在种群组内确定一只优质蜂王（又称顶交蜂王），用该蜂王产生的大量雄蜂，与各个基本种群培育的处女王，在有良好隔离条件的交尾场进行随机自然交配。或者，用该蜂王所产生的雄蜂精液，按一定比例与各基本种群的雄蜂精液混合，给各基本种群培育的处女王进行多雄人工授精。一只蜂王只能做一次顶交亲代，并且顶交方法不能在小于50个基本种群所组成的蜂群内使用。

（3）要有顺序地进行继代蜂王的连续选择。继代蜂王的选择方法，视闭锁种群组的大小，可采用母女顶替或择优选留。

母女顶替就是当种群组小于或等于25个基本种群组成时，只能用母女顶替方法来选留继代蜂王。即每个基本种群至少要培育出3只处女王和大量的种用雄蜂，隔离交尾场随机自然交配或用混精授精。子代蜂王产卵后，对各个基本种群的子代蜂王进行考察，选出表现最好的一只，作为各个基本种群的继代蜂王（图8-6），实际上，这是一种家系内选择。

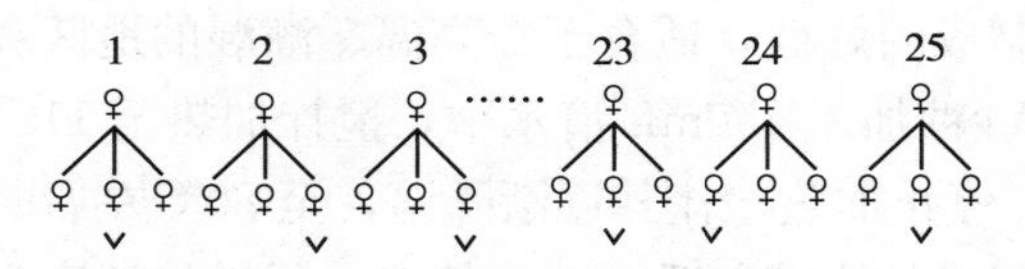

图8-6　母女顶替选留继代蜂王示意图

∨为中选子代蜂王

择优选留就是当种群组等于或大于35个基本种群组成时，可以在种群组内所有的子代蜂王中择优选出与种群组的基本种群数相等的子代蜂王，作为继代蜂王（图8-7），实际上，这是一种个体选择，但实行该选择系统的基本步骤与母女顶替系统相似。

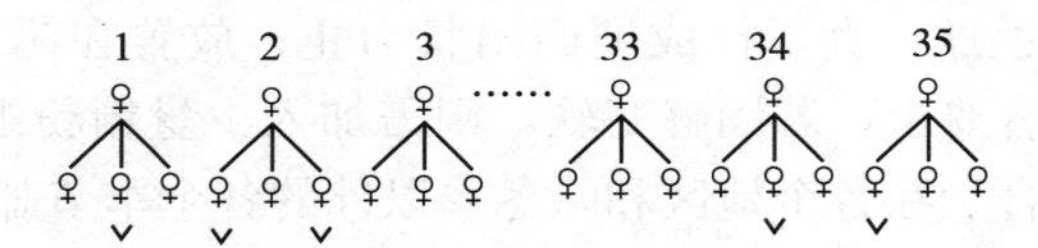

图8-7　择优选留继代蜂王示意图

∨为中选子代蜂王

总之，实行蜜蜂闭锁繁育方法，必须是每一世代种群组的大小保持不变，每一世代的组配方式和既定顺序保持不变，每一世代的选择内容和认定方法保持不变。此外，每个基本种群都要有贮备蜂王以预防不时之需，有效保证闭锁种群组的完整性。

（四）供应与推广

良种的供应是蜜蜂良种繁育、推广和增殖蜂群的重要手段，蜜蜂育种单位要做到年年向生产性养蜂场提供优质蜂王或种蜂群，就必须做好良种的生产供应工作。蜂王邮寄是目前我国远距离引种、推广良种的最常用方法。

1. 邮寄蜂王　是将蜂王装入有炼糖饲料和哺育蜂的特制邮寄王笼内，以便进行邮寄或携带的方式。

邮寄王笼内壁应平整光滑（必要时可涂抹一层熔化了的蜂蜡），以免在运输过程中划伤蜂王；在将蜂王装入邮寄王笼前，先将炼糖装进饲料室，用手将炼糖压平整，使其紧贴在邮寄王笼中；然后在炼糖上覆盖一小片塑料纸或蜡纸。邮寄或携带前，将种蜂王从未装炼糖的一端放入，再由蜂王所在的交尾群中取10只左右的青幼年工蜂装入邮寄王笼内作为蜂王的侍卫蜂，然后将邮寄王笼封好，以免蜂王或工蜂飞出。必须注意的是，切勿将邮寄王笼存放在有农药或其他杀虫剂的场所，以免导致蜂王中毒死亡。

2. 制作炼糖　炼糖主要由优质白砂糖、成熟蜂蜜和水调制而成，它是蜂王在邮寄或携带途中的干粮或饲料。早先，磨制糖面、过筛糖面（100目筛）、和糖面（加蜂蜜或滴水）、揉糖面团、醒糖面团和让炼糖团成形，是世界上通用的制作步骤。

因为炼糖团的质量影响着蜂王邮寄的成功率，所以在不同温度和不同湿度下，糖面、蜂蜜、清水的配比会有所不同，原则上高温水多、低温蜜多。它决定着伴随蜂（或侍卫蜂）取食的难易性和适口性，也决定着炼糖团遇温（湿）的形变性和与邮寄器逃脱孔的贴合度。主要制作方法有以下几种。

方法 1：将 500g 白砂糖加入 125mL 清水中，搅拌加热至 112℃；再加入 150g 成熟蜂蜜，搅拌加热至 118℃；停止加热，让其逐渐降温，至 80℃左右时，搅拌，直至成为乳白色糖团为止。用此方法制成的炼糖，适合于在高温、潮湿的地区和季节邮寄蜂王使用。

方法 2：将 500g 白砂糖加入 250mL 清水中，搅拌加热至 112℃；再加入 225g 成熟蜂蜜，搅拌加热至 118℃；停止加热，让其逐渐降温，至 80℃左右时，搅拌，直至成为乳白色糖团为止。用此方法制成的炼糖，适合于在低温、干燥的地区和季节邮寄蜂王使用。

方法 3：将 500g 白砂糖加入 250mL 清水中，搅拌加热至 112℃；再加入已预热至 60℃的成熟蜂蜜 100g，搅拌加热至 118℃；停止加热，让其逐渐降温，至 70℃左右时，搅拌，直至成为乳白色糖团为止。用此方法制成的炼糖，适合于在高温、干燥的地区和季节邮寄蜂王使用。

方法 4：取 500g 白砂糖，用粉碎机磨成粉末；向糖粉内逐渐加入成熟蜂蜜（需要 180～200g），边加边用手揉，直至揉成硬面团状为止；放置在阴凉处，数小时后，若无潮解变软现象，则已符合要求，若潮解变软，则需加入少量糖粉继续揉，直至符合要求。用此方法制成的炼糖适合于在各个地区和除冬季以外的各个季节邮寄蜂王使用，尤其适合于在低温、潮湿的地区和季节邮寄蜂王使用。

知识点补缺补漏

品种审定

品种权

品种区域化

延伸阅读与思考

何为引种三阶段？

品系培育与品种培育的区别

思考题

1. 蜜蜂良种引进要掌握的原则、方法、程序是什么？

2. 在我国，蜜蜂品种如果南种北引与北种南引，应分别采取何种饲养管理措施？

3. 蜜蜂良种应如何进行科学规划？

4. 根据母女顶替与择优选留的区别，想一下蜂群中自然交替、自然分蜂、急造王台和处女王错投各属于上述哪一种。

参考文献

陈国宏，王丽华，2010. 蜜蜂遗传育种学 . 北京：中国农业出版社 .
陈盛禄，2001. 中国蜜蜂学 . 北京：中国农业出版社 .
黄文诚，2009. 养蜂技术 . 北京：金盾出版社 .
刘先蜀，2002. 蜜蜂育种技术 . 北京：金盾出版社 .
邵瑞宜，1995. 蜜蜂育种学 . 北京：中国农业出版社 .
吴杰，2012. 蜜蜂学 . 北京：中国农业出版社 .
张林萍 . 蜜蜂种业突围的路径在哪里？——与吉林省养蜂科学研究所副研究员王志一席谈 . http：//www. farmer. com. cn/2021/06/28/99873238. html.

（王颖　胥保华　王丽华）

第九章 蜜蜂的近交育种 >>

在蜜蜂的交配系统里，有一种形式是近交。畜牧学中，通常简单地将那种到共同祖先的距离在6代以内的个体间的交配称为近交（其后代近交系数大于0.78）。近交是蜜蜂良种选育过程中的最基本方法之一，通常被用于固定优良性状和培育近交系——一种通过累代近交可形成的遗传性状非常稳定、纯度很高的品系。近交育种是培养杂交种蜂种的基础，只有在种性较纯的蜂种之间杂交才可产生明显的杂种优势。因此，近交育种首先要解决的问题是根据蜜蜂近交的遗传效应，提高近交繁育的质量。

第一节 近交育种理论与形式

近交一般是为了建立纯系（近交系）时使用，而纯系是为杂交育种提供亲本。因为后代可继承的部分比较多，所以育成种的使用年限会更长久一些。只有近交系杂交产生的杂种优势才能更好地为养蜂生产服务。

一、近交育种理论

近交可分为亲子交配、全同胞交配、半同胞交配、姨甥交配、祖孙交配等方式。近交的关键在于评价亲缘关系的疏密程度，即近交程度。在育种工作中，不同近交方式的近交程度不同。

（一）近交程度的度量

通常用近交系数（F，$0 \leqslant F \leqslant 1$）作为衡量个体间亲缘关系的有无和远近的尺度，即该个体的双亲产生配子的基因效应间的相关系数，是指近交个体的等位基因来自共同祖先的概率，也即该个体成为纯合子的概率，是衡量近交效应的指征，也是推断近交衰退的指征。

1. 单个祖先的近交系数计算 以图9-1为例说明计算过程。图中X为半同胞D和E交配所生的近交个体，求X的近交系数F_X。

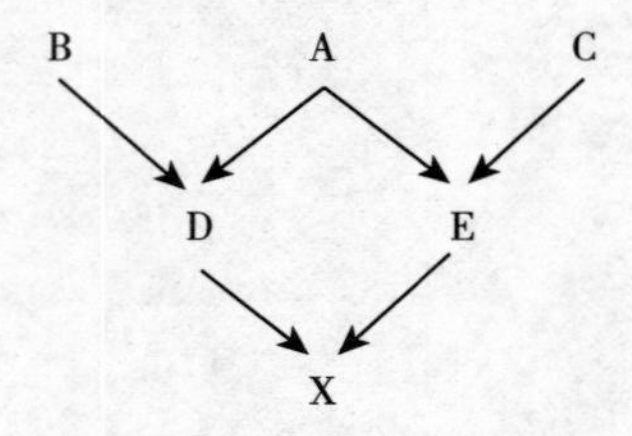

图9-1 半同胞近交

令A_1和A_2表示A个体任一基因位点上的两个等位基因，A_1通过AD、DX、AE、EX四条通径的概率均为1/2，所以X为A_1A_1的概率为$(1/2)^4=1/16$；同样，X为A_2A_2的

概率也为 $(1/2)^4$。所以 X 为纯合子的概率为 $2\times(1/2)^4=1/8$。如果祖先 A 因为之前的近交也是纯合子，则 X 即使基因型为 A_1A_2 或者 A_2A_1，也是纯合子，同如上推导，X 为 A_1A_2 或者 A_2A_1 的概率也为 $(1/2)^3$。假设 A 为纯合子的概率为 F_A，那么因为之前的近交使 X 成为纯合子的概率就额外增加了 $F_A\times(1/2)^3$。将两部分近交放在一起得到 X 的近交系数为：

$$F_X=\left(\frac{1}{2}\right)^3+F_A\times\left(\frac{1}{2}\right)^3=\left(\frac{1}{2}\right)^3(1+F_A) \tag{9-1}$$

式中，指数 3 是指连接两个亲本 D、E 和共同祖先 A 的通径链中的个体数。

2. 多个祖先的近交系数计算　如果个体系谱比较复杂，则亲本就有可能通过更多的共同祖先，或者虽有一个共同祖先，但却通过更多的通径。此时，每个共同祖先和每个通径都为后代成为纯合子额外增加一定的概率，因此，近交系数等于导致亲本相关的每条通径链的概率之和。根据通径系数原理，推导出计算近交系数的公式为：

$$F_X=\sum\left[\left(\frac{1}{2}\right)^n(1+F_A)\right] \tag{9-2}$$

式中，F_X为个体 X 的近交系数；n 为个体 X 的一个亲本通过共同祖先 A 到另一个亲本所经过的所有个体数；F_A为共同祖先 A 本身的近交系数；$\sum$ 为所有共同祖先计算值的总和。

此处值得注意的是，式（9－2）是从二倍体生物推导出来的近交系数的计算公式。

吴宝鲁（1986）认为，经典方法的迭代公式有很大的局限性，当代数多时又带来烦琐的计算工作，且较难得到精确的计算结果。于是，某世代中诸个体与诸公共祖先的血缘关系相同就可对它的近交系数予以分段迭代算法。这里，祖父辈诸个体的公祖度及近交系数均相等，大大提高了近交系数的计算速度。此外，对于多始祖（每个子谱里最初的那个种畜）大系谱的近交系数给出分解算法，某个公共祖先可能属于若干个子系谱，这里让每个公共祖先只属于一个子谱中，而在其他的子系谱中只能作为一个普通的非公共祖先来使用，使得查找通径和计算工作极易进行。

有人也提出了一种迭代算法。先利用亲代的近交系数和亲代间的亲缘系数，计算出子代的近交系数。然后再利用亲代的近交系数、亲代间的亲缘系数和子代的近交系数，计算出子代间的亲缘系数。适用范围突破了连续全同胞、半同胞等有规律系谱的限制，拓宽到了对任何无世代交叉的不规则系谱的近交系数与亲缘系数的计算。

3. 蜜蜂的近交系数计算　因为雄蜂个体是由未受精卵发育而成的单倍体生物，因此，蜜蜂近交个体只与其母亲有直接的通径关系。根据定义，不存在雄蜂个体的近交系数。所以，蜜蜂个体的近交系数实际上就是雌性蜜蜂个体的近交系数。根据通径系数原理，同样可以推导出计算蜜蜂个体的近交系数的公式为：

$$F_X=\sum\left[\left(\frac{1}{2}\right)^{N-M}(1+F_A)\right] \tag{9-3}$$

式中，N 为个体 X 的一个亲本通过共同祖先 A 到另一个亲本所经过的通径链上所有个体数；M 为这条通径链上所有雄蜂的个体数。

下面举例说明根据系谱计算蜜蜂近交系数的方法。

例 1. 根据图 9－2，分析并计算个体 X 的近交系数。

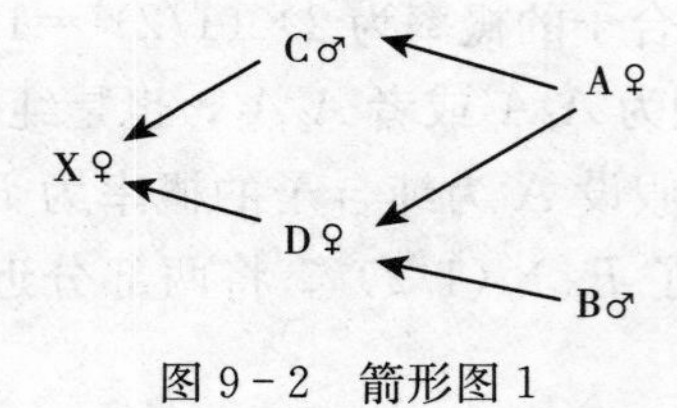

图 9-2 箭形图 1

在例 1 中，表面上看是兄妹交配，但由于雄蜂是由未受精卵发育而来的，它在遗传结构上相当于母本的配子，所以这一例子实质上是母女交配。为了便于计算，可用简单的箭形图展示系谱关系，然后再进行计算。在此例中，个体 X 的父亲 C 和母亲 D 的共同祖先是 A，而 A 属于非近交个体，所以 $F_A=0$，从父亲 C 经共同祖先 A 到母亲 D 共包含有 3 个个体，其中雄蜂 1 个，代入式（9-3），得到个体 X 的近交系数（F_X）：

$$F_X=\sum\left[\left(\frac{1}{2}\right)^{N-M}(1+F_A)\right]=\left(\frac{1}{2}\right)^{3-1}(1+0)=0.25$$

例 2. 根据图 9-3，分析并计算个体 X 的近交系数。

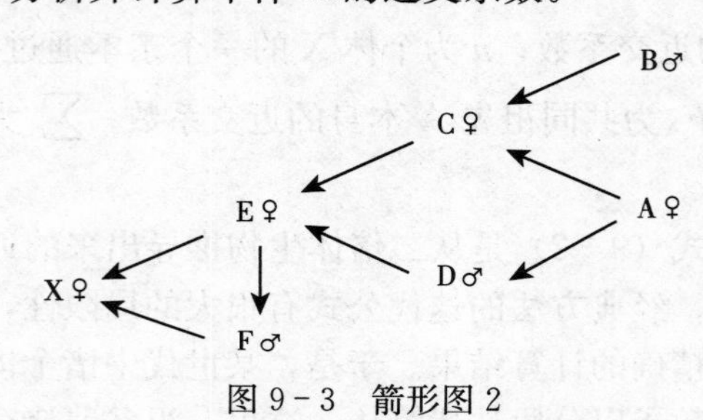

图 9-3 箭形图 2

在例 2 中，个体 E 和 F 以母子交配方式产生了个体 X。在通径 E→F 中，E 为近交个体。所以应先计算出 E 的近交系数（F_E），然后再计算个体 X 的近交系数（F_X）：

$$F_E=\left(\frac{1}{2}\right)^{N-M}(1+F_A)=\left(\frac{1}{2}\right)^{3-1}(1+0)=0.25$$

$$F_X=\left(\frac{1}{2}\right)^{2-1}(1+F_E)=\frac{1}{2}(1+0.25)=0.625$$

对于蜜蜂的几种有规则的近亲交配的近交系数可由表 9-1 查得。

（二）近交效应的预测

近交效应也称近交的后果。一般认为，近交引起物种的适应性衰退，其中以自交为最快。具体表现如下。

1. 增加纯合子的频率 现以一对等位基因（Aa）的自交为例来说明。二倍体 Aa 型蜂王孤雌生殖后产生单倍体 A 型雄蜂和单倍体 a 型雄蜂，其自交（母子交）形式可有 $Aa\times A$ 和 $Aa\times a$。由于蜂王产生这两种雄蜂的概率相等，均是 1/2，因此蜂王与这两种基因型雄蜂交配的概率也相等，所产生的后代将出现 $1/4AA$ ∶ $1/2Aa$ ∶ $1/4aa$，即有一半是纯合子，另一半是杂合子。相比于二倍体亲代杂合子的概率为 1 而言，F_1 杂合子的频率减少了一半，但减少的一半并不是消失了，而是均等地分离成两种纯合子。当继续自交时，纯合子产生纯合子，而杂合子又分离出一半的纯合子和一半的杂合子。这样，每自交一代，杂合子的数目就减少一半，纯合子就相应地得到增加（表 9-2）。

表 9-1　蜜蜂有规世代闭锁近交系统的近交系数

（邵瑞宜，1995）

近交系统	世代																	
	1	2	3	4	5	6	7	8	9	10	15	20	25	30	35	40	45	50
自交	0.500	0.750	0.875	0.938	0.969	0.984	0.992	0.996	0.998	0.999	1.000	1.000	1.000	1.000	1.000	1.000	1.000	1.000
配子回交	0.500	0.750	0.875	0.938	0.969	0.984	0.992	0.996	0.998	0.999	1.000	1.000	1.000	1.000	1.000	1.000	1.000	1.000
似母的母女交	0.250	0.375	0.500	0.594	0.672	0.734	0.785	0.826	0.859	0.886	0.961	0.986	0.995	0.998	0.999	1.000	1.000	1.000
似父的母女交	0.250	0.375	0.438	0.469	0.484	0.492	0.496	0.498	0.499	0.500	0.500	0.500	0.500	0.500	0.500	0.500	0.500	0.500
超姐妹-超姐妹交	0.375	0.562	0.703	0.797	0.861	0.905	0.935	0.956	0.970	0.979	0.997	1.000	1.000	1.000	1.000	1.000	1.000	1.000
全姐妹-全姐妹交	0.250	0.375	0.500	0.594	0.672	0.734	0.785	0.826	0.859	0.886	0.961	0.986	0.995	0.998	0.999	1.000	1.000	1.000
半姐妹交（父本蜂王超同胞）	0.219	0.328	0.438	0.526	0.602	0.665	0.718	0.763	0.800	0.832	0.929	0.970	0.987	0.995	0.998	0.999	1.000	1.000
半姐妹交（父本蜂王全同胞）	0.188	0.281	0.375	0.457	0.527	0.589	0.642	0.689	0.729	0.764	0.883	0.942	0.971	0.985	0.993	0.996	0.998	0.999
半姐妹交（父本蜂王半同胞）	0.125	0.219	0.305	0.381	0.449	0.509	0.563	0.611	0.654	0.692	0.827	0.903	0.946	0.970	0.983	0.991	0.995	0.997
姑侄交（单雄）	0.188	0.281	0.375	0.457	0.527	0.589	0.642	0.689	0.729	0.764	0.883	0.942	0.971	0.985	0.993	0.996	0.998	0.999
姑侄交（多雄）	0.125	0.188	0.250	0.312	0.367	0.418	0.465	0.508	0.547	0.584	0.726	0.820	0.882	0.922	0.948	0.966	0.978	0.985
祖孙交	0.125	0.250	0.281	0.359	0.430	0.476	0.527	0.575	0.614	0.651	0.789	0.873	0.923	0.953	0.972	0.983	0.990	0.994

表 9-2 一对异质基因（Aa）连续自交若干代的基因型频率

世代	基因型		
	AA	Aa	aa
0	0	1	0
1	0.250 0	0.500 0	0.250 0
2	0.375 0	0.250 0	0.375 0
3	0.437 5	0.125 0	0.437 5
4	0.468 75	0.062 5	0.468 75
5	0.484 375	0.031 25	0.484 375
6	0.492 187 5	0.015 625	0.492 187 5
⋮	⋮	⋮	⋮
n	$\frac{2^n-1}{2^{n+1}}$	$(\frac{1}{2})^n$	$\frac{2^n-1}{2^{n+1}}$

因此，杂合子的比例为 $1/2^n$，其中 n 为自交世代数，而纯合子的比例为 $1-1/2^n$。当 $n\to\infty$ 时，Aa 的频率趋于 0，但在群体中仍然含有少量的 Aa 个体。也就是说，一个由杂合子 Aa 产生的自交群体，如果不经过选择，即使自交很多世代，也不可能变成绝对的 AA 或 aa 纯合子群体。

上面的例子是一对等位基因自交产生纯合子的情况。当具有多对等位基因时，假设各对基因之间无连锁现象，均是独立遗传的，并且各种基因型后代繁殖能力相同时，其后代群体中的纯合子比率可用下式计算：

$$x\% = \left[1-\left(\frac{1}{2}\right)^n\right]^r \times 100\% \qquad (9-4)$$

式中，$x\%$ 为纯合子在群体中的百分率；n 为自交代数；r 为杂合子的等位基因对数。

2. 导致纯系产生 同样以 Aa 基因型自交为例。该基因型自交后可产生两种纯合子：AA 和 aa，群体中的性状即出现分离。若两对基因 $AaBb$ 通过自交，将分离成四个纯合子系：$AABB$、$AAbb$、$aaBB$ 和 $aabb$。以此类推，如果有 n 对等位基因，近交后将产生 $2n$ 个纯系，不同的纯系表现出不同的性状。随着近交代数的增加，群体的杂合子频率逐代减少，最后趋向于 0，而纯合子的频率逐代增加，所以整个群体最后分离成几个不同的纯合子系，即纯系。除发生突变外，纯系遗传性状较稳定，且表型趋于一致，这在育种中就称为性状的固定。

值得指出的是，在蜜蜂育种中，性状的同质选配也有纯化基因和固定优良性状的作用，但和近交相比，其固定速度要慢得多，而且只限于少数性状。同质选配大多只在生产性能和形态特征上要求同质，而难以保障遗传上的同质性。

3. 导致近交衰退 近交使基因纯合，基因的显性与上位效应减少，而且平时被显性基因所掩盖起来的隐性基因得到表现。由于有害性状大多数是由隐性基因控制的，随着近交程度的增高，隐性有害基因不断纯合与累积，这样就有可能引起整个群体的衰退。

从遗传机制上讲，近交导致群体的平均杂合效应值减少，从而导致群体均值降低，这也是近交衰退的主要原因之一。假设一对基因 A 和 a，A 基因频率为 p，a 基因频率为 q；

AA 的基因型频率为 D，基因型值为 $+a$；aa 的基因型频率 R，基因型值为 $-a$；Aa 的基因型频率为 H，基因型值为 $+d$。显然基因频率和基因型频率存在特定的数学关系，即 $p=D+\frac{1}{2}H$，$q=R+\frac{1}{2}H$。则群体均值：

$$
\begin{aligned}
M &= Da + Hd - Ra \\
&= a(D-R) + Hd \\
&= a\left[\left(p-\frac{H}{2}\right)-\left(q-\frac{H}{2}\right)\right]+Hd \\
&= a(p-q) + Hd \qquad (9-5)
\end{aligned}
$$

从式（9－5）可见，$a(p-q)$ 的部分来自纯合子，Hd 的部分来自杂合子。如果基因频率不变，H 减小，群体均值也就降低；H 增大，群体均值也就提高。因此，近交使杂合子频率减少，导致群体均值下降。杂合子减少程度与近交程度成正比，近交程度越高，杂合子频率减少越多。在一个原始群体中，假设其杂合子频率为 H_0，近交程度为 F（近交系数），经过近交，这个群体的杂合子频率就减少了 H_0F，那么，群体均值的总改变量则为 $-H_0Fd$。当原始群体为一个平衡群体时，根据群体遗传平衡定律可知 $H_0=2pq$，则群体均值的改变量为 $-2pqFd$。因此，近交对群体均值的影响大小由三个因素决定：基因频率、近交程度、显性程度。在平衡群体中 $p^2+2pq+q^2=1$，当 p 和 q 为 0.5 时，$2pq$ 为最大值，所以基因频率相等时，近交衰退最严重。在一个理想的纯系中，$p=1$，$q=0$，或 $p=0$，$q=1$，则 $2pq=0$，这样就不存在近交衰退现象。

近交衰退在性状上通常表现为生活力下降。例如：与非近交系的蜜蜂相比，近交系蜜蜂对温度的调节能力和自身的繁殖力都明显降低；清巢能力降低，易感染疾病，并且痊愈较慢；近交的纯度越高，适应性、抗逆性越差，体质越弱，个体采集力降低，优良经济性状丧失，蜂群生产力下降明显。最容易看得见的近交衰退现象就是蜂群里的插花子脾，是由近交导致的蜜蜂性等位基因纯合，产生的二倍体雄性，在幼虫阶段即被工蜂蚕食。尽管外表上蜂王产卵正常，蜂群无病，但由于蜂子总的出房率下降了，致使蜂群的群势发展受到限制，严重影响蜂群独立生存的能力。所以，近交系蜂群不能直接用于生产。

4. 引起群体均数增加　事实上，当优良的纯系根本不含或少含不良隐性基因纯合体时，在有人工选择的情况下，即使近交也不会发生衰退。甚至当隐性度 $\gamma<0$ 或者 $s>2pqFH/[d(q+pF)]$ 时，还会引起近交优势，也即群体均数的增加。这里，s 为对隐纯个体的选择系数（某一不利于生存和繁殖的基因型个体在群体中的百分比或相对程度），p 为群体显性基因的频率，q 为群体隐性基因的频率，F 为近交系数，h 为显性值，d 为纯性值。

二、近交形式

蜜蜂具有单倍体-二倍体的生殖特性，具有与其他膜翅目昆虫相同的性别决定机制，从这一点来看，蜂王是具有功能性的雌雄同体的个体，因此蜜蜂的近交形式有很多，包括母子交配、父女交配、兄妹交配、表兄妹交配、超姐妹交配、姨甥交配、舅甥女交配等（图 9－4）。

（一）母子交配

母子交配就是处女蜂王产下的未受精卵发育成的子代雄蜂，与亲本蜂王交配的近交育种方法（图 9 - 4A）。这是蜜蜂育种工作中最常用的近亲交配形式之一。在组织母子交配前，可以用二氧化碳气体处理性成熟的处女王，以刺激其提早产未受精卵。二氧化碳处理方法，一般为每次处理 10min，隔天处理 1 次，连续 2～3 次。处女王产卵后，将这种未受精卵培育成雄蜂。在该雄蜂性成熟后取其精液，通过人工授精方法给该处女王进行授精。因为雌雄配子均来自同一只蜂王，所以这种母子交配形式，就相当于自交。授精后蜂王产生的 50%后代是可以成活的二倍体雌性，而另外 50%后代是过早夭折的二倍体雄性。在蜜蜂中，采用母子交配的近交形式，其后代工蜂个体间的遗传相关比其他二倍体生物的大。如果从随机群体开始连续进行母子交配，则其后代工蜂纯度达到 0.96 时，只需要 5 个世代，因此可以大大缩短纯系培育的时间，提高蜂群的纯度。采用母子交配，每一个世代因基因纯合而被固定下来的遗传成分，可以来源于外祖父，也可以来源于外祖母，其概率相等。

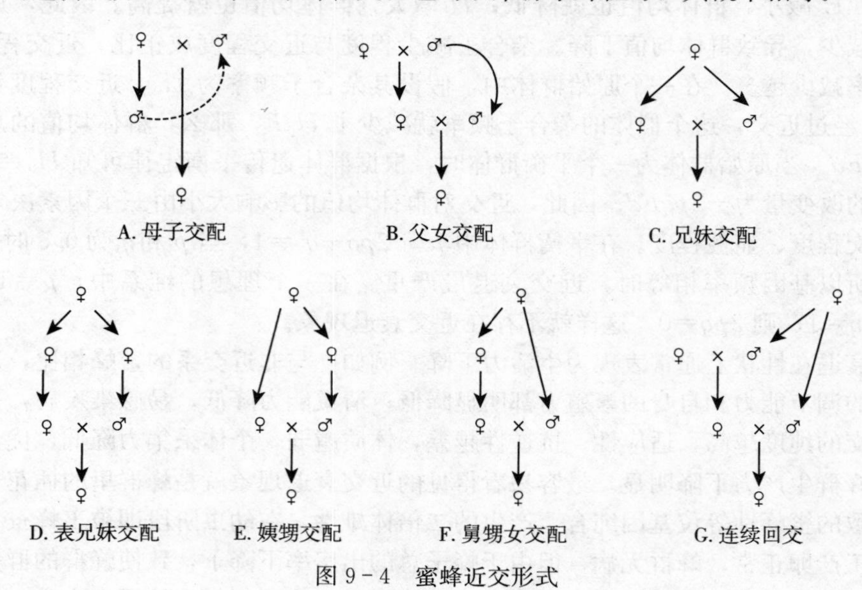

图 9 - 4　蜜蜂近交形式

（二）父女交配

父女交配也称女父回交，是用父本雄蜂精液给母本蜂王授精后，待母本蜂王产下的受精卵发育成女儿蜂王时，再用父本雄蜂精液给这个女儿蜂王进行人工授精的近交育种方法（图 9 - 4B）。如有可能，这只雄蜂的精液还可为子二代蜂王甚至子三代蜂王授精。这种连续几代的近亲交配形式，实际上是对父本配子的回交，可以导致后代遗传成分的迅速纯合，其后代工蜂个体间的遗传相关也比其他二倍体生物的大。如果从随机群体开始连续进行女父回交，则其后代工蜂的纯度达到 0.96 时，也只需要 5 个世代（但不包含预备世代）。

由于雄蜂的原始生殖细胞在精子发生的过程中，没有进行减数分裂，这样，在同一只雄蜂体内产生的百万个精子之间没有遗传上的差异。所以采用连续女父回交时，在其后代中凡是因基因纯合而被固定下来的遗传成分必然来自父本。后代纯度达到最高限时，只有极少量来自母本的遗传成分作为蜜蜂染色体上必须保留的异质性等位基因而存在之外，母本的遗传成分绝大部分已被父本的遗传成分所取代，也即父本所携带的特性基本已成为一个纯系的遗传特性。这期间，只要确保雄蜂是和与它本身有亲缘关系的女儿进行组配即可，否则后代中的纯度累积无法达成或者根本无效。如果是从母本蜂王的受精囊中取出父本雄蜂精液为女儿蜂王授精，则关键在于每一次或者说每一代如何有效地用注射针头穿透受精囊肌肉壁尽可能多地抽取精子，但由于精子数量会逐代次减少，所以可连续进行的近交世代不多。如果是将单雄精液分成几个等份保存起来，每次只用一个等份给一个世代的处女蜂王注射，则可持续的近交世代会更多一点。

（三）兄妹交配

兄妹交配是指由同一只蜂王所产生的处女王和雄蜂之间进行的近交育种方法（图 9-4C）。在遗传学上，兄妹交配相当于母女回交，因为雄蜂是单倍体，其精子可视为母亲的配子。兄妹交配可以通过人工授精技术也可以通过隔离交尾场自然交配来获得。兄妹交配的近交系数比亲子交配的要小，基因纯合速度低于母子交配和父女交配，建立一个稳定遗传的、高纯度的近交系所需要的世代数比母子交配和父女交配要多。在兄妹交配最初的几个世代里，可进行系内选择。

（四）表兄妹交配

表兄妹交配是指由姐妹蜂王所产生的处女王和雄蜂之间进行的近交育种方法（图 9-4D）。在遗传学上，表兄妹交配相当于姨甥女回交。表兄妹交配也可以通过人工授精技术或隔离交尾场自然交配来获得。但如若进行由超同胞姐妹蜂王所产生的处女王和雄蜂之间的近交，则超同胞姐妹蜂王必须是某个单雄授精的后代。表兄妹交配的基因纯合速度低于母子交配和父女交配，也低于兄妹交配。获得一个遗传性能稳定、种性纯度高的近交系所需要的世代数比母子交配、父女交配和兄妹交配都多，但其近交衰退的速度却比兄妹交配慢。在表兄妹交配最初的几个世代里，也可进行系内选择。

（五）姨甥交配

姨甥交配是指处女王和由姐妹蜂王所产生的雄蜂之间进行的近交育种方式（图 9-4E）。在遗传学上，姨甥交配相当于姐妹交配，可有多种方式，如超姐妹-超姐妹交配、全姐妹-全姐妹交配、半姐妹-半姐妹交配。如果是超兄妹交配（相同母本蜂王的女儿与相同父本蜂王的雄蜂之间的交配），则需要事先用单雄授精来产生超同胞姐妹蜂王，该姐妹蜂王相继孤雌生殖产生雄蜂后才能进行姨甥交配。这样，其后代纯度达到 0.96 时将需要 8 个世代（表 9-1）。姨甥交配的基因纯合速度高于表兄妹交配。获得遗传性能稳定、种性纯度高的近交系所需要的世代数比母子交配、父女交配和兄妹交配都多，但少于表兄妹交配。近交衰退的速度比兄妹交配慢，可进行系内选择。

（六）舅甥女交配

舅甥女交配是指处女王与舅父雄蜂进行交配的近交育种形式，这种交配形式在遗传学上相当于外祖母与外孙女间的交配（图 9-4F）。舅甥女交配可采用严格控制下的自然交配和人工授精技术，其蜂种的纯合速度低于表兄妹交配。获得遗传性状高度稳定的高纯度的近交系所需要的世代较多，近交衰退的速度较慢，可在较多的世代中进行选择。

（七）连续回交

连续回交是指每一代处女王与同一只蜂王产生的雄蜂间的交配，在遗传上相当于与系祖回交（图 9-4G）。连续回交不能形成高纯度蜜蜂近交系。

第二节　近交系培育的技术措施

蜜蜂近交形式很多，每一种近交形式都有各自的特点。育种工作者往往根据近交目

的、育种素材的特点和技术手段等灵活运用各种近交形式，设计不同近亲交配系统，累代近交，以期快速建立蜜蜂近交系。近交系培育的快速手段是获得单一亲本的配子，即：从一个亲本身上取得两种配子，并使它们重新结合成合子，达到后代纯度的快速累积。这对于其他雌雄异体动物来说是十分困难的，但在单倍-二倍性的蜜蜂上却可以轻易做到。

一、近亲交配系统

在蜜蜂近交育种过程中，既可以用单一近交形式构成近亲交配系统，也可以由两种或两种以上的近交形式组合成各种各样近亲交配系统（图 9－5）。不同的近亲交配系统都有各自独立的特点，如后代纯度累积的速度不同、技术操作的难易程度不同等，这对近交系培育的影响极大，关系到成败与成效，必须结合纯度累积育种的目的对拟采用的近交系统加以选择。

（一）母子连续近交系统

它是培育蜜蜂近交系最迅速有效的方法。如果从随机交配群体开始，培育出纯系（纯合度达 0.96）只需要 5 代，大约一年时间。其中，每一世代纯合度的增加与当代的近交系数（F）有关。F 值越小，纯合度增加的潜力越大，到越接近于完全纯合的世代时，纯合度增加的量越少。当母子交配 n 代时，F 值为：

$$F_n = 1 - \left(\frac{1}{2}\right)^n + \left(\frac{1}{2}\right)^n F_0 \qquad (9-6)$$

当 $n \to \infty$，$F_n \to 1$。

就是说，同样基因的概率可以达到 1，纯合度达到 100%，即成为纯系。但蜜蜂的纯系概念却有别于普通遗传学，因为其性等位基因在雌性个体上必须保留杂合性，此外群体中雌性后代控制某个或某几个性状的基因再也不会出现杂合性（除了突变）。因为在近交过程中，每代都会分离出不同的纯合类型，直到 $F=1$ 为止。所以各个纯系性状的优劣，即纯系的基因型如何，可以在小型饲养的近交第三代或近交第四代中进行纯系鉴定，以确定其有无保留价值。

（二）父女（女父）连续近交系统

培育出纯系所需要的世代数与母子连续近交系统相同。但是，在组织连续女父回交之前，要先有一个预备世代，然后再进行连续父女交配，才开始进入纯度累积的进程。虽然使近交后代纯度达到最高限时所需要的世代数相同，但母子交配完成一个世代需 60～70d，而女父回交完成一个世代只需 30d。实际操作中，父女连续交配系统要比母子连续交配系统难度大得多。因为父女交配系统，父本始终是同一只雄蜂，一只雄蜂的精液量少而且有限，一次取精后即死亡，故存在一个父本雄蜂精液的基数问题，并且上下代之间只能单传，没有后备的余地，一旦某一环节出现问题就会前功尽弃。

（三）母子交与父女交相结合的近交系统

这个近交系统可先采用母子交，接着进行父女交，或者先父女交再母子交（图 9－5C）。在方法上是先让处女王产未受精卵，发育成的子代雄蜂的一半精液给该母本处女王授精（母子交），留下的另一半精液则给它的女儿蜂王授精（父女交）。这样，便构成了母子交与父女交相结合的近交系统。该近交系统可以获得与采用单独的父女交或母子交同样的近交效果或同样的后代纯合速度，而且在操作技术难度上又比单独的父女交要少得多（当然，连续父女交在转移累积父本基因上有其独到的用处）。

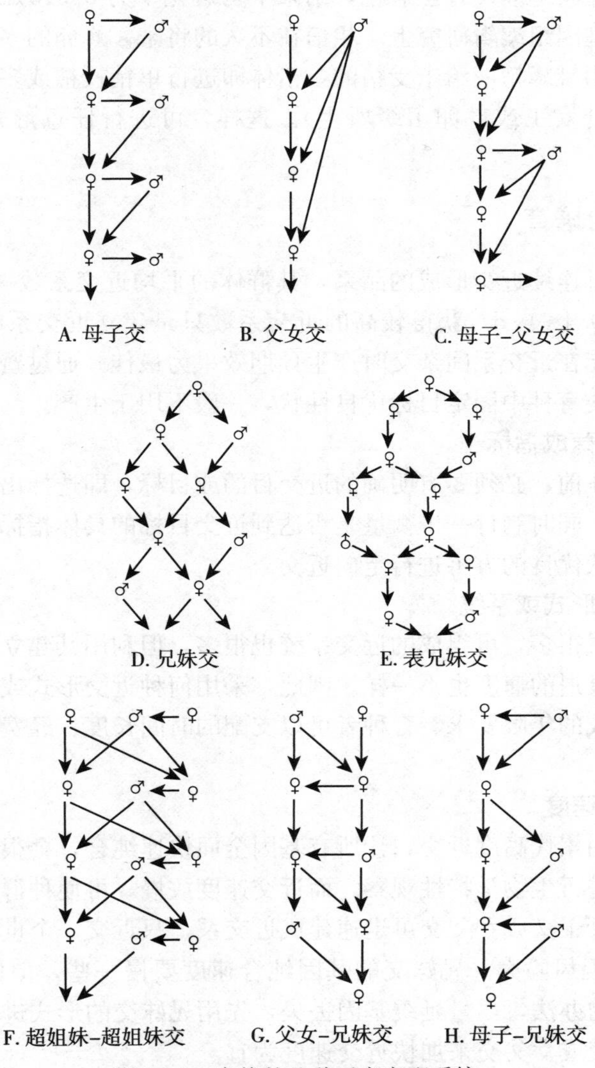

图 9-5　蜜蜂的几种近亲交配系统

(四) 父女交与兄妹交相结合的近交系统

这个近交系统可先采用父女交，接着进行兄妹交，或者先兄妹交再父女交（图 9-5G）。方法是第一步用一只雄蜂精液授精的蜂王（A）受精囊中的精液给其女儿蜂王（B）授精；第二步让女儿蜂王（B）产生的处女王（C）和雄蜂间进行兄妹交配；第三步是再提取出蜂王（C）受精囊中的精液给其女儿蜂王（D）授精。如此反复进行便形成了父女交与兄妹交相结合的近交系统。该近交系统只需 9 代即可使后代纯度达到 0.96。如果单纯地采用兄妹交配，若从 $F=0$ 开始，则需要连续兄妹交 15 代，其后代纯度才能达到 0.96，这在时间上似乎做不到快速高效育成交近系的目的。

(五) 由卵注射达成的任意形式的近交系统

在蜂卵注射技术方面，加拿大学者米尔恩等（1988）曾进行过意蜂卵显微注射研究，国内邵瑞宜等人（1998）应用显微注射技术给1日龄中华蜜蜂卵注射石蜡油，置于（34±1)℃恒温培养箱中让其继续发育至孵化，结果平均孵化率为35.13%。目前，蜂卵显微注射技术正用在蜜蜂基因组编辑研究上。相信在不久的将来，蜂卵的多精注射或单精注射也有望获得成功。即用雄蜂精液给未受精的单倍体卵进行单精授精或多精注射（雄蜂和单倍体卵可由交尾王、处女王或产卵工蜂所生）。这样，可进行任意形式的交互型连续近交组配。

二、近交系的培育

近交系是指通过连续近交形成的品系，其群体的平均近交系数一般应在0.375以上，也有人主张应达到0.4～0.5。获得较高的近交系数只是建立近交系的一个初步追求但不是终极目的，要以能在近交系间杂交时产生预期效果为最佳。通过蜜蜂近交繁育所建立的纯系，是为了在杂交育种中固定目标优良性状，一般不用于生产。

（一）确定近交育成指标

在开展育种工作前，必须要有明确的近交目的或目标，即选择出需要固定的一些优良性状作为近交目标，同时制订一个衡量是否达到近交目标的具体指标。用于近交的蜂群需通过实际观测，性状优良的方可进行定向近交。

（二）选择近交形式或系统

蜜蜂的近交形式很多，可组成的近交系统也很多，但利用其建立高纯度的近交系所需的时间不同，近交衰退的速度也不一样。因此，采用何种近交形式或系统，应根据所选择的性状、近交系育成的年限要求、育种者可以支配的时间长度、经费紧张和宽松程度等灵活地单选和多选。

（三）控制近交速度

一般来说，采用累代高度近交，让所有基因全面快速纯合，会很快造成蜂群近交衰退和基因丢失，很难进行生物学特性观察。而近交速度放慢，可使种群的隐性有害基因充分暴露出来。例如，母子交或女父交可迅速建成近交系，只近交一个世代，二倍体雄性卵的比率就高达50%，但风险大。兄妹交的基因纯合速度要慢一些，但风险小。许多试验证明，采用先慢后快的办法，尽量延缓基因丢失，先用兄妹交的形式进行探索，当发现效果良好时，再用母子交或女父交来加快近交速度为宜。

（四）严选近交后代

近交本身并不能改变群体的基因频率，只有辅之以严格的选择，才能使有害的或不良的基因频率不断下降，直到消失。近交的不良影响是逐代累积的，特别是体质、生活力和适应性等方面的衰退，往往在近交一代中表现得不十分明显，必定在随后的每个近交世代才会逐渐分化出各种各样的纯合子。所以，每一代都要做好不良表型的淘汰。

（五）加强饲养管理

由近交所产生的个体，其种用价值一般是高的，遗传也较稳定，但生活力较差，表现为对饲养管理条件的要求较高。如果能适当满足它们的要求，就可使衰退现象得到缓解、不表现或少表现。相反，饲养管理条件不良，衰退就可能在各种性状上相继表现出来。但需要注意的是，加强饲养管理应当辩证看待。在育种过程中，整个饲养管理条件应同具体生产条件相符。如果人为改善、提高饲养管理条件，致使应表现出的近交衰退没有表现出来，将不利于对隐性的或有害的基因的淘汰。因此，为了能准确地选出优良的近交系，并准确地预测选择的效果，必须要给予适当的和稳定的饲养管理条件。

三、近交系的保存

一个育种场往往需要数个不同种性的近交系，才能满足蜜蜂育种工作和养蜂生产实践的需要。由于近交系培育不易且近交往往导致后代衰退，所以需对近交系进行科学保存，以节约育种资源和成本，但具体操作上比较困难，需当成一个重要问题来看待。

（一）封盖子脾补入法

由于已经育成的近交系（纯系）经常是放在小核心群里饲养的，所以可适当地补充非近交系的哺育蜂以增强其生活力。即不定期从普通蜂群中抽出带青幼年蜂的封盖子脾补入近交系蜂群，以抵消近交系的高度纯合状态，并维持近交系的生存。这里需要说明的一点是，要的是能产出近交系工蜂的蜂王或者本身就是近交系的蜂王，而近交系工蜂的纯度已经在之前考察选留过了，所以调入非近交系的子脾或幼稚蜂，虽然无法从根本上解决近交系蜂群独立生存和发展的问题，但是却不会影响近交系蜂王的性能。

（二）嵌合蜂群保种法

由“蜜蜂嵌合育种法”设计而来。将近交系雄蜂的精液按比例与血缘关系较远的雄蜂精液混合后给近交系蜂王授精，这种方法就称为蜜蜂嵌合育种。由这个近交系蜂王所领导的蜂群就是一个嵌合蜂群，其中既有近交小家系，也有杂交小家系。利用近交小家系保存纯系，利用杂交小家系维持生存，可以较好地解决蜜蜂近交系的保种问题。

1. 原理　在多雄交尾的蜂王领导的蜂群中，工蜂间由于父系的不同，就出现了不同的小家系。有研究表明，交配伊始，每只雄蜂的精液在蜂王受精囊中并不是随机分布的，其后代各个小家系的工蜂数量在同一个时间内也是不相等的。蜜蜂嵌合育种就是根据蜂群中蜂王与工蜂间的亲缘关系、后代各个小家系工蜂间的亲缘关系以及各个小家系工蜂在蜂群内的数量变动情况等特点而设计的。

2. 条件　蜜蜂嵌合育种要有五个必备的条件：①蜂王必须是近交系纯种的后代；②与处女王交配的雄蜂必须含有与该蜂王同属于一个近交系的雄蜂；③各个小家系的工蜂数量比例在任何时候都保持不变，即在任何时候都有近交小家系的成员存在，以便在育王期间随时培育出近交系处女王；④近交小家系的成员与杂交小家系的成员从感官上容易区分，以便能从子代处女王中识别出近交小家系的处女王；⑤杂交小家系的工蜂数量必须占绝对多数，以便能够用杂种优势弥补因高度近交所造成的近交衰退的不良影响，从而使嵌合蜂群能正常生活和发展。

3. 父本的选择　包括主题父本和背景父本。用作近交小家系父本的蜂群，称为主题父本；用作杂交小家系父本的与近交系无亲缘关系的其他种系蜂群，称为背景父本。有保存价值的近交系蜂群既可以作主题母本，也可以作主题父本。而背景父本的选择，应满足两个条件：一是与主题父本蜂群无亲缘关系，二是与主题父本的后代有明显的区别。一般来说，背景父本多从体色上与主题父本相区别。例如，近交系是黄色蜂种，可选黑色的蜂种（卡蜂、高加索蜂、欧洲黑蜂、东北黑蜂、新疆黑蜂等）为背景父本；如果近交系为黑色蜂种，背景父本可选择黄色的蜂种（意蜂）。于是，由近交小家系产生的处女王，称为主题处女王；由杂交小家系产生的处女王，称为背景处女王。近交小家系的工蜂为主题工蜂，杂交小家系的工蜂为背景工蜂。

4. 嵌合精液的制备 分别采集主题父本和背景父本雄蜂的精液，并按1∶4的比例将这两种精液混合均匀，使两种父本雄蜂的精子在嵌合精液中呈均匀分布。这是蜜蜂嵌合育种法的技术关键所在。后来的微卫星标记试验表明，西方蜜蜂人工授精蜂王的精子使用时，不会发生特异性雄性的精子置换或精子优先，因为同一亚家系后裔工蜂出现的频率会随着月份的向后推移而明显下降。

5. 嵌合蜂群的组配 利用待保存的近交系蜂王作亲本，分别培育出主题父本雄蜂和主题母本处女王，再用背景父本蜂群培育背景父本雄蜂，待两种父本雄蜂性成熟时制备嵌合精液，按常规剂量给主题母本处女王进行人工授精，蜂王产卵后使其独立发展成大群，这样组成的蜂群即为嵌合蜂群：其蜂王是近交系的纯种后代，主题工蜂和背景工蜂同时存在，并且背景工蜂在数量上占绝大多数（约占80%）。主题工蜂或主题处女王在体色上与背景工蜂或背景处女王有明显的区别。

6. 子代嵌合蜂群的培育 用嵌合蜂群培育主题父本雄蜂，用背景父本蜂群培育背景父本雄蜂。待两种父本雄蜂即将出房或已经出房时，再用嵌合蜂群中的卵或小幼虫培育处女王，处女王出房后选择其与近交系体色一致的个体，这便是近交系的子代处女王（主题母本处女王），淘汰与近交系体色不一致的背景母本处女王（图9-6）。子代主题母本处女王性成熟后，再制备嵌合精液并进行人工授精。子代蜂王产卵后，独立发展成群，这样的蜂群便是子代嵌合蜂群。如此一代一代地繁育，就可妥善地将近交系的蜂种保存下来。

近交系♀$_{0}$　　　　非近交系♀$_{0}$

♂$_{1}$（主题父本1份）+ ♂$_{1}'$（背景父本4份）

♀$_{1}$　　×　　♂$_{1}$（嵌合精液）

↓（人工授精）

♀$_{2}$（嵌合蜂群）　　　　非近交系♀$_{1}$

♂$_{2}$ 主题父本+♂$_{2}'$ 背景父本

♀$_{2}'$　♀$_{2}''$　　×　　♂$_{2}$（嵌合精液）

（体色与近交系一致）　↓（人工授精）

♀$_{3}$（嵌合蜂群）　　　　非近交系♀$_{2}$

♂$_{3}$ 主题父本+♂$_{3}'$ 背景父本

♀$_{3}'$　♀$_{3}''$　　×　　♂$_{3}$（嵌合精液）

（体色与近交系一致）

图9-6　近交系的三群嵌合保种法图示

雌雄个体后的下标数字1、2、3分别代表其所在的世代，这些下标数字上面的撇号又分别代表同一世代的不同个体

知识点补缺补漏

超同胞姐妹

全同胞姐妹

半同胞姐妹

延伸阅读与思考

蜜蜂的交配系统

蜜蜂纯度累积育种法

思考题

1. 求下图中表兄妹交配得到后代F的近交系数。

(1) F个体的共同祖先分别是哪几位?

(2) 每位共同祖先的近交系数是多少?

(3) 个体F的近交系数是多少?

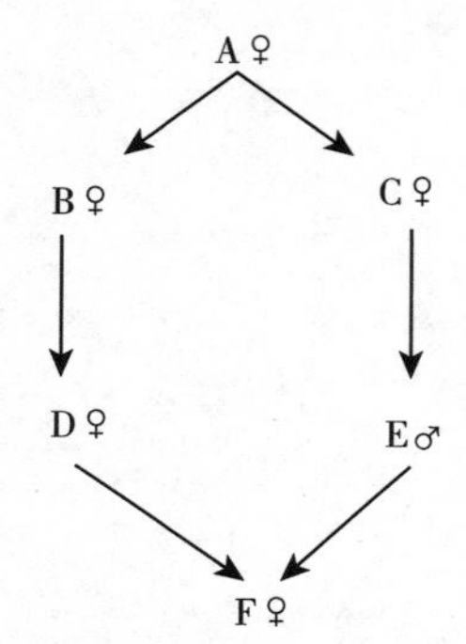

2. 请先画图说明什么是舅甥女交配，然后说出这种交配形式在下列哪种繁育类型中可能被采用：纯系繁育、集团繁育、闭锁繁育。

3. 请先画图说明什么是表兄妹交配，然后说出这种交配形式在下列哪种繁育类型中可能被采用：纯系繁育、集团繁育、闭锁繁育。

4. 如果从雄蜂的贮精囊采精进行蜂王的人工授精，人们可能会进行母女交配、亲子交配、祖孙交配和兄妹交配等。但是，如果从一只蜂王的受精囊采精给另一蜂王授精，想象一下可以进行几种近交。

5. 有人说蜜蜂的近交死亡率高，阻碍了纯合系的培育，你有何看法?

参考文献

陈国宏，王丽华，2010. 蜜蜂遗传育种学. 北京：中国农业出版社.

刘先蜀，2003. 蜜蜂育种技术. 北京：金盾出版社.

彭楚云，2000. 蜂种退化原因与改进办法浅析. 蜜蜂杂志，20 (2)：21-22.

彭增起，叶振庭，1996. 蜜蜂个体近交系数的估计. 中国蜂业，47 (2)：17-19.

邵瑞宜，1995. 蜜蜂育种学. 北京：中国农业出版社.

邵瑞宜，1997. 蜜蜂近交系的培育与近交系统的选择. 中国蜂业，48 (5)：6-10.

邵瑞宜，王丽华，卢勤，等，1998. 中华蜜蜂卵显微注射试验初报. 福建农业大学学报，27 (3)：463-466.

邵瑞宜，夏增权，1986. 蜜蜂近交形式及其遗传相关. 福建农学院学报，15 (1)：28-37.

盛志廉，吴常信，1994. 数量遗传学 . 北京：中国农业出版社 .
王红芳，胥保华，2015. 蜜蜂近交系的建立与应用 . 山东农业科学，47（8）：132 - 136.
王贻节，刘泰和，1991. 蜜蜂自交系的培育及其应用 . 中国养蜂（1）：19 - 20.
薛运波，1995. 蜜蜂近交遗传效应及其应用 . 蜜蜂杂志（9）：22 - 23.

（王红芳　胥保华　王丽华）

第十章　蜜蜂的杂交育种 >>

与近交育种相比，杂交育种可以使性状或后代生活力获得较大幅度的改良且花费的时间较短，但由于使用的素材较多，所以后代性状的固定较为困难。根据亲本分类学上血缘关系的远近亲疏，分为近缘杂交（此处简称杂交育种）和远缘杂交（后面见超常规育种）。蜜蜂的近缘杂交育种，是指在“纯系选育—配合力测定—杂交制种”体系中从事的蜜蜂亚种间、品种间或类型间的杂交制种。

第一节　蜜蜂的纯系选育

两个和多个纯度较高的品种（或品系）间杂交所产生的杂种，在生活力和生产性能等方面优于（低于）亲本纯繁品种，这就是杂种优势（劣势）现象，是杂交制种通常会有的两个极端现象。如果亲本群体缺乏优良基因，或者亲本群体纯度不高，或者两个亲本群体在主要经济性状上基因频率差异不大，或者在主要性状上两个亲本群体所具有的基因显性与上位效应都很小，以及缺乏充分发挥杂种优势的环境条件等，杂种都不能表现出理想的优势。所以，大量地育成和贮存高纯度纯系就显得尤为重要。

一、蜜蜂纯系选育的必要性

在以利用杂种优势为目的的蜜蜂杂交育种实践中，亲本有优点而杂种是否有优势、有多大优势以及在哪些方面表现出优势等，都主要取决于杂交亲本群体的纯度。

1. 杂种优势及其成因　是指有利的显性基因抑制了不利的隐性基因后所表现出的平均显性效应和上位效应的提高。即杂种蜂群表现出生活力增强和繁殖力提高以及生产性能群体均值提高等。在纯种蜂群中等位基因是同质的，不利的隐性基因一旦表现性状就会惨遭淘汰。但在杂种蜂群中等位基因是异质的，不利的隐性基因不会表现性状但也不会被淘汰，只是受到显性基因的抑制或减弱。

2. 杂种劣势及其成因　是指某些非等位基因间互作后产生的有害效应。一方面，杂交中的基因重组，使得非等位基因的互作增加了表现杂交有害的机会。另一方面，等位基因间的负显性效应，即低值基因为显性，高值基因为隐性，使得子代杂种的群体均值反而低于亲本纯种的群体均值。虽然在实践上出现的概率较小，但还是会出现，结果刚好与杂种优势相反。

3. 关于杂种劣势的说明　蜜蜂自然发生的杂种劣势，如先天畸形、活力弱、育性差等，由于适合度较低，在进化中不被选择。而作盗性、攻击性、分蜂性、弃巢性、喜造赘脾性和喜咬旧脾性等，虽然适合度较高，但由于不方便人们的饲养管理，常被归为需要人为加以弱化或淘汰的生物学习性。可是，杂交往往会增加这些所谓的“劣性”或“劣势”。

二、蜜蜂纯系选育理论与实践

从根本上说，杂交育种就是运用遗传学的基因分离定律、自由组合定律以及连锁与互换定律来重建生物的遗传性，获得理想的杂种优势。在这一过程中，重要的是杂交亲本的选优提纯和杂交组合的选择问题，而指导这一实践的是蜜蜂的纯系选育理论，它由杂交亲本的选择、杂交亲本的选配、杂交种群的提纯和杂交种群的选优四部分构成。

1. 杂交亲本的选择 是指根据已经确定的育种目标的要求，从育种素材中挑选出最适合的品种或品系作为亲本。这是一个非常重要的环节，选择范围不能只限于生产中推广的少数几个品种，还应当包括那些经过广泛收集和深入研究的品系，因为用种地区对于品种性状的要求是多方面的。亲本选择的一般原则如下。

（1）综合性状表现要好。这是基本原则，要尽量避免把数量性状低劣的表现类型留作亲本，免得日后见效不快还徒增工作量。

（2）主要性状表现要突出。对于育种目标所要求的主要性状，亲本双方都必须表现突出。这样，杂种就容易表现出超亲本优势。

（3）主要性状的遗传力要高。杂交后容易遗传给后代。对育种目标要求的主要性状，宜予以偏重，在一个亲本中要遗传力大。

（4）亲本之一要本土化。当地已有蜂种对当地的自然条件具有良好的适应性，因此，可以选择作为一个亲本。

（5）双亲成熟期要有顺序性。通常在亚种内都是雄蜂的成熟期早于蜂王的，当在亚种间选择杂交亲本时最好也是“让雄蜂等蜂王”。

2. 杂交亲本的选配 指人为确定个体或群体间的交配体制。曾有人把“杂种”这个词定义为预先进行过考察和选育的近亲繁殖系之间的杂交，但不同纯度亲本之间的杂交能否产生较为理想的杂种优势，还要依靠合理的品质配合来实现。亲本选配不当的杂交组合，是不能得到符合育种目标的杂种类型的，很可能会出现比亲本品种不明显的杂交优势、产量更低的杂交弱势或其他方面的杂交劣势（如性情变凶、质量性状异常）等。例如：在欧洲黑蜂、卡蜂及其杂交品系“Nigra”进行亚种间杂交后，杂种（雌性、雄性）的翅脉异常率比纯种（雌性、雄性）的更高，杂种雄性的翅脉不对称性比纯种雄性的更高。亲本选配的原则如下。

（1）优缺点要互补。亲本的品种类型一般是优点较多、缺点较少，但是选配时，父母亲本在有缺点的性状上要能相互遮蔽。

（2）亲缘关系要能远则远。亲本亲缘关系远则有可能生态型差异大，这样，有望获得较大的杂种优势，并使后代具有更大的适应范围。

（3）亲本角色要经正反交敲定。在相同亲本的正交与反交中，某一性状的遗传力通常不同，宜把能让杂种获得突出性状的杂交亲本确定为最佳父本或母本。

（4）主要经济性状要看遗传规律。如果种系的原始记录相对准确，主要经济性状表现为显性遗传，则可以马上用于均势杂交，这样得到的杂交优势较为稳定。例如，意蜂的产卵性状多表现为显性遗传，因而含有意蜂血统的杂种一代蜂王，其产卵性状仍然表现很好。

（5）亲本选配要遵循程式化。“母本（父本）本地化、父本（母本）良种化、子一代杂种化”，也就是：母本（父本）在本地选而父本（母本）在引种中选。本地选的好处是数量多、适应性强、降低杂种生产和推广的成本，引种选的好处是与杂交要求的类型相同、抗逆性好、生产速度快、饲料采集与利用度高。例如，非洲化蜜蜂的形成，就是非洲蜂种的处女王分蜂迁徙过后与所在地雄蜂杂交的结果。

3. 杂交种群的提纯　双亲经过指定以后，除了已经是纯系的以外，一般的还只能算作种性纯度不高的优良素材。如果不经过一个纯化过程就用于配制杂交组合的话，其后代或再下一代所表现出来的杂种优势或杂种劣势将不可预测。只有经过提纯育成近交系，提高了配合力测定的准确性后，组配后代的性状才能整齐一致，杂种优势或杂种劣势才会真实可靠。提纯就是要使两个近交系作为杂交亲本时，其主要性状的纯合子基因型频率在种群内已经能够达到尽可能大，其纯度差异在个体间也已经能够降到尽可能小。

4. 杂交种群的选优　选优就是在提纯的基础上，连续选择原有优良基因的频率已经尽可能增大的亲本种群。这样，由于有亲本加性效应的作用以及有基因显性效应和上位性效应的存在，杂种后代就产生出超越双亲的基因稳定性。“选优”与“提纯”两者虽然概念不同，但确是互为基础、相辅相成的，重要性等同，环节可以有先后（提纯—选优—杂交或者选优—提纯—杂交），但不可以略去其中之一。

第二节　蜜蜂杂种优势效果的预估

杂交前要充分了解已有优秀个体的种系特征，以及预估一下如果有多个种系集于一身时主要发挥的种系特征。杂交时宜采用近交而不是极端近交处理，最好将一个亲本保持在较高水平又不失另外优秀亲本的特质。值得注意的是，有进化适应意义的真正的杂种优势表现，是杂种的生存和繁殖能力的提高，而不是或者不一定是后代个体的大小要超过亲本。

一、配合力测定

亲本经过广泛、深入的选优提纯以后，现在可以通过配合力测定来鉴定最佳父本或母本角色。此外，杂交的目的是在杂种身上表现出高效的增产潜力，但当杂交亲本的基因汇合后并不能互隐互补短长时，是否有杂种优势也需要通过配合力测定来鉴定。

（一）配合力的概念

配合力是指作为亲本杂交后 F_1 表现优良与否的能力，也指不同杂交亲本相对结合的能力。也就是说，不同种群之间通过杂交能够获得的杂种优势的程度。有一般配合力和特殊配合力两种。

1. 一般配合力（general combining ability，gca）　指一个自交系在一系列杂交组合中的平均表现，也指一个种群与其他各个种群杂交所获得的平均优势效果，其遗传基础是基因的加性效应。实际上是反映杂交亲本群体平均育种值的高低，主要通过纯繁选育来提高。遗传力高的性状，一般配合力的提高较容易。

2. 特殊配合力（special combining ability，sca）　指某特定组合某性状的观测值与根据双亲的一般配合力所测定的值之差，也指两个特定种群间杂交所能获得超过一般配合力的杂种优势部分（杂种优势率），其遗传基础是基因的非加性效应。实际上反映杂交亲本基因型值差异性的高低，主要通过对杂交组合的选择来提高。遗传力低的性状，特殊配合力的提高较容易。

通常，在进行配合力测定之前，对某两个亲本将要进行的杂交效果应该有个大致的估计，对于某个希望较大的杂交组合才正式进行配合力测定，这样可以节省人力、物力和财力。

（二）配合力测定

配合力测定是指在正式开展杂种优势利用之前，一般先要在亲本间进行的小规模杂交试验。通常分为一般配合力测定和特殊配合力测定。

1. 一般配合力测定　是采用顶交法进行的测定。顶交法是将所选出的品种与同一品种杂交，比较各组合 F_1 优势程度，选优去劣。例如，非洲化蜜蜂与喀蜂的正反杂交中，子一代的侧唇舌、胫节、外颚叶、颏和前颏、下颚须的长度，始终是非洲化蜜蜂占有明显优势，这说明非洲化蜜蜂的一般配合力较好。欧洲黑蜂与其他西方蜜蜂杂交都能获得较好的优势效果，这说明欧洲黑蜂的一般配合力较好。

2. 特殊配合力测定　是更多地采用轮交法进行的测定。即将各品种彼此全部加以配合，比较各杂交组合 F_1 的表现，选出杂交配合力强大的杂种一代。在杂交试验中，主要是测定其特殊配合力，因为它对提高杂种优势具有实际意义。

二、杂交效果预估

虽然配合力测定杂种优势是最科学的，但如果是任意两个亲本的杂交试验都进行配合力测定的话，则在品种众多的情况下，势必徒增工作量。因此，一般可以根据以下几方面对杂交效果进行预估，尽管很粗糙，但多少会给育种工作者提供一些预见性的指导和参考。

（一）通过性状描述来推测

目前，许多从事蜜蜂育种工作的学者，正在设法为早期预测蜜蜂杂种优势提供研究方向，如利用蜜蜂血糖水平与采蜜量的关系，利用杂种蜜蜂某些生理生化的特点等。但是，在某种较简便、较精确的早测方法被探索成功之前，仍然需要依靠原始的性状描述记录来预估。

（1）从亲本种群差异性上看。分布地区相距较远、类型不同、差异较大时，杂交后一般可获得较好的优势效果。

（2）从亲本地理隔离性上看。种群长期与外界隔离，杂交后通常可获得较好的优势效果。

（3）从亲本近交纯度上看。有些遗传力较低、在近交时衰退较明显的性状，杂交后产生的杂种优势较大。

（4）从主要性状趋同性上看。凡是在主要经济性状上变异较小的种群，杂交后通常效果较好，后代性状表现较整齐。群体变异系数一般是与杂种优势的大小成反比的。

（二）通过杂交记录来估算

杂种优势，通常是杂种一代表现最明显，但不能固定。一般所说的杂种二代蜂群，实际上是回交种，其杂种优势已有一定程度的减弱。到了杂种三代，其杂种优势和生产性能更是下降明显。因此，农业育种上，杂种优势的估算有以下四种应用方法。

（1）F_1与两亲本平均值比较。通过子代和亲代均值的绝对差值，得到与亲代均值的相对杂种优势。杂种优势率 $=[F_1-(P_1+P_2)/2]/[(P_1+P_2)/2]\times100\%=(F_1-Pcp)/Pcp\times100\%$（$P_1$、$P_2$分别代表两个亲本值，$Pcp$ 代表两个亲本的平均值）。

（2）F_1与较好亲本比较。通过子代和亲代之一的绝对差值，得到与亲代之一的相对杂种优势。杂种优势率$=(F_1-L)/L\times100\%$（L 为较好亲本值）。

（3）F_1与对照品种比较。通过杂种和对照的绝对差值，得到与对照的相对杂种优势。杂种优势率 $=(F_1-CK)/CK\times100\%$（CK 为对照品种值）。

（4）F_2的杂种优势估算。通过子一代和子二代的绝对差值，得到与子一代的相对杂种优势下降率。杂种优势降低率$=(F_1-F_2)/F_1\times100\%$。

蜜蜂上较常采用上述方法（1），但公式里的符号有所改变：$H=\bar{F}_1-\bar{P}$（H 为杂种优势值；$\bar{F}_1$为杂种一代平均值；$\bar{P}$ 为亲本种群平均值）。为了使各性状间便于比较，常以相对值表示杂种相对于本地区原饲养蜂种的平均产量的增产程度，转化成杂种优势率或杂种增产率的形式。即：杂种优势率 $H=(\bar{F}_1-\bar{P})/\bar{P}\times100\%$，或者杂种增产率=（杂种平均产量－本地区原饲养蜂种的平均产量）/本地区原饲养蜂种的平均产量×100%。

第三节 蜜蜂的杂交制种

杂交本身并不产生新基因，而是将分散于所选素材中的基因重组一下，建立起新的基因型并得到新的表型，但所有的杂交方式都是增加生物变异性的重要方法。

一、蜜蜂的杂交方式

到目前为止，在生产上大面积推广使用的仍是那些以一定杂交方式配制出的适合本地区的优良蜜蜂杂交种。

（一）杂交的表示方式

在有性杂交中，把接受精子的蜂王称为母本，用符号“♀”表示；把供给精子的雄蜂称为父本，用符号“♂”表示。父本和母本统称亲本。杂交用“×”号表示，一般母本写在前面，父本写在后面。因为有生育能力的雄蜂是单倍体，所以基因型书写时要注意。杂交所得后代，称为杂种一代，用 F_1表示，工蜂用符号♀表示；杂种二代用 F_2表示；依此类推。我国蜜蜂杂交育种的常用蜂种通常用汉语拼音首字母来表示，如：E——简称原意蜂，指代意蜂原种（原产于亚平宁半岛）；E_1——意蜂的第一个品系；E_2——意蜂的第二个品系；E_b——简称本地意蜂，指代意蜂引入种（百年前引进，当地繁育饲养）；G——简称高蜂，指代高加索蜂；K——简称卡蜂，指代卡尼鄂拉蜂；D——东北黑蜂；A——安纳托利亚蜂；等等。

（二）杂交的几种方式

蜜蜂的杂交方式可以有单杂交、复杂杂交和回交等几种。

1. 单杂交（单交） 也称对交、增殖杂交。由一对或两个品种（或品系）进行的一次杂交，其相应的表示方式为：A×B。通常人们将这两种组合方式之一称为正交，而将父母本更换后的另一种方式称为反交（reciprocal cross）。由单交所产生的子代为单交种。

例如：

正交 (KK♀)×E（♂） 反交 EE（♀）×K（♂）

↓ ↓

K·E（单交种） E·K（单交种）

2. 复杂杂交（复交） 因采用亲本数目及杂交方式不同而有以下几种。

（1）三元杂交（三交）。一个单交种和第三个亲本进行的杂交，其相应的表示方式为：(A×B)×C。由三交所产生的子代为三交种。例如：

P KK（♀）×E（♂）

↓

F_1 K·E（♀）×G（♂）

↓

KE·G（三交种）

（2）双元杂交（双交）。在两个单交种之间进行的杂交，其相应的表示方式为：(A×B)×(C×D)。由双交所产生的子代为双交种。例如：

EE（♀）×K（♂） GG（♀）×E_b（♂）

↓

G·E_b（♀）（单交种）

↓ ↓未受精卵

E·K（♀）（单交种）×G·E_b（♂）（单交种）

↓

EK·GE_b（双交种）

双交种的优点是杂种的遗传基础更丰富，有更多的优良显性基因的互补和互作类型，因而可以产生较大的杂种优势，并且在双交种蜂群中，可以同时利用杂种蜂王的优势和工蜂的优势。因此，双交种蜂群具有完善的杂种优势。

（3）四元杂交（四交）。一个三交种和第四个亲本进行的杂交，其相应的表示方式为：[(A×B)×C]×D。由四交所产生的子代为四交种。例如：

KE·G（♀）×A（♂）

↓

KEG·A

四交与双交表面上很像，但是其中的血统构成会有所不同。以往蜜蜂育种中较少采用，今后随着抗性育种的兴起，现有高产的但不抗病的品种逐步会通过四交而将抗性性状整合进去。

3. 回交 单交种与亲本品种之一进行的杂交，其相应的表示方式为：[(A×B)×A]×A。有持续回交和交替回交两种。由回交所产生的子代为回交种。例如：

EE（♀）×G（♂）

↓

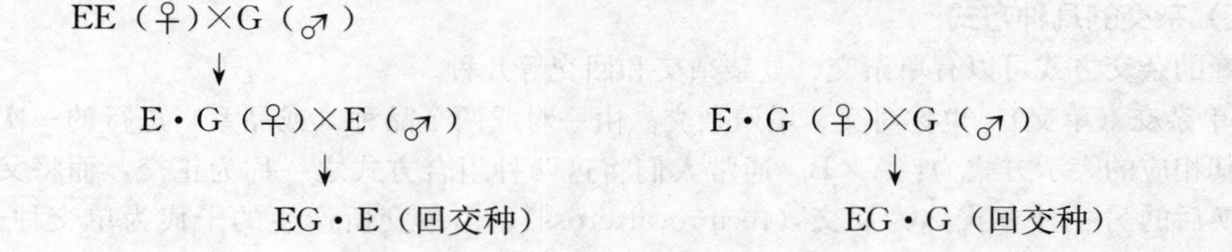

（1）持续回交。将单交种与某个亲本回交得到回交子一代后继续与那个亲本回交，使某个亲本的性状在回交种中得到连续加强。

（2）交替回交。将两个始祖亲本的单交种先与一个始祖亲本回交，得到回交后代后再与另一个始祖亲本回交，如此交替回交几代，即可将两个亲本的性状紧紧地综合在一起。

回交种的优点是可以通过增加某个亲本的遗传成分，以达到改善后代蜂群品质的目的。但进行到若干世代后，需要自群繁殖（即近交），使新选出的杂交后代获得的性状得以稳定遗传，形成足够大群体的新品种。

4. 其他杂交　多父本混合授精（多雄授精）和聚合杂交（精子携带外源 DNA 或 mRNA），参见后面章节。

目前，杂交制种工作正由一般的同一个种内的不同亚种间或同一亚种内不同品系间的杂交，逐步向着“配方式”的纯系间杂交方向发展，具体的就是“母群一代杂种化、父群高产品系化、后代三元杂交化”。

二、蜜蜂杂种优势的利用

有计划地培育和推广优良的蜜蜂杂交种，充分发挥杂交种的增产潜力，兼顾抗病抗逆性等，已经成为相当一段时期内蜜蜂杂交制种的一个指导方针。而广泛汇集和合理利用杂种优势，保证蜂群的适合度不下降，应该成为今后一段时期内养蜂生产上一项快速见效的增收措施。至于效益哪种最好，要依据生产使用目的来选用。

（一）蜜蜂杂交种的特点

蜂群的生产力是由亲代蜂王和子代工蜂联合体现的。因此，蜜蜂杂交种的优势利用自带特点。

1. 雌性蜂杂交种的特点　在一个杂种蜂群中，蜂王和工蜂所具有的杂种优势是不可能相同的，这是蜜蜂杂交种的总特征。要使蜂群中的蜂王和工蜂同时具备优势，只有使蜂王为单交一代，而工蜂为三交一代或双交一代或回交一代。

单交组配方式最简单，只利用两个亲本进行一次配合力测定。如：卡·意杂交种蜜蜂，可以提高蜂蜜产量23%以上。但在单交种的蜂群里不能体现出完全的杂种优势，因为在这样的蜂群里，工蜂是单交种一代有优势，而蜂王本身仍然是纯种，不具备杂种优势。

三交后代所表现的优势要超过单交种。在组配三交时，应该使综合性状最好的品种（或品系）的血统在三交种工蜂中占有 1/2 的比例，这样才能使三交种蜂群具有较好的综合性状。或者，对于用作配制三交种（或双交种）亲本的单交种，应该选用在主要性能上相似的 2 个品种（或品系）来组配。如黄山 1 号多元三交种（浆蜜双高产型），含有 4 个意蜂近交系和 1 个卡蜂近交系血统，可以提高蜂蜜产量 30%，提高蜂王浆产量 2 倍以上。

2. 雄性蜂杂交种的特点　由于雄蜂在生殖上只是蜂王的 1 个配子，因此，要使雄蜂含有 2 个亲本的血统，就必须先培育出含有 2 个亲本血统的蜂王，由该蜂王产生的雄蜂才含有 2 个亲本的血统。例如，要培育含有高加索蜂和本地意蜂 2 个亲本血统的雄蜂，就要先进行高加索蜂与本地意蜂的单杂交，然后再用高意单交种蜂王产生的未受精卵来培育。

(二) 我国杂种优势利用的养蜂实践

(1) 不同体色的蜜蜂品种具有非常明显的地域化倾向，遵循“北黑南黄”规律。例如：适合我国东北、华北和西北等广大平原地区饲养的黑色蜂种比较耐寒、怕热，而适合我国长江中下游以及华南等广大山区饲养的黄色蜂种则耐热、怕寒。当前在各地推广使用的杂交种蜜蜂（K・D）、（E_b・D）和（E_b・K）等，虽然都有较显著的杂种优势，但都只对一定的地区表现出有较好的适应性。再例如：杂交种（K・D）对东北地区的气候和蜜源条件有较好的适应性；杂交种（E・D）则适应于北京地区的气候和蜜源条件。

(2) 不同体色的杂交蜂种具有不同的地理指向作用，注意地区间使用差异。例如：黑色蜂王（如黑环系、卡蜂、喀尔巴阡蜂、高加索蜂、松丹1号等）的个体没有黄色蜂王（如黄环、浆蜂、美意、原意、澳意或松丹2号等）的个体大。在春季，黑色蜂种的产育力低，但消耗饲料少；而黄色蜂种的产育力较高，消耗饲料也较多。发生分蜂热的群势和相对时间，黑色蜂种都早于黄色蜂种。在夏季，黑色蜂种的耐热性比黄色蜂种的要差，在外界气温低于35℃时，才能充分利用蜜粉源，温度过高时会出现工蜂离脾现象。在秋冬季，黄色蜂种的耐寒性比黑色蜂种的要差，抗病力和抗逆性也下降。

(3) 杂交制种（单交种、三交种、双交种）蜂王利用的是第一代的杂种优势。杂种蜂王只用于生产，并且使用1～2年后必须淘汰，不作为种用蜂王，否则后代性状分离大或者后代种性会被杂化。例如，单交种（意蜂×欧洲黑蜂）与欧洲黑蜂的回交种，蜂王为意蜂・黑蜂单交一代，繁殖力强，回交后又增加了黑蜂的血统比例，后代的采集力更强了，从而表现出良好的生产性能，其产蜜量比意蜂提高153%。再如：喀意×意回交种，产浆量和产蜜量都比意蜂高，在葵花花期蜂蜜产量高30%左右。

(4) 在推广之前应先行比较试验或做过本地化处理。①在本地试养后，宜进行与本地蜂种的生产性能比较。例如：陕西榆林种蜂场，将杂交种与本地意蜂（E_b）相比，得到蜂蜜增产幅度（产蜜量 kg/框）的数据：E×G 高出 26.8%，美国意蜂（E_m）×G 高出 18.1%；得到群势增长率的数据：E×G 高出 20%，E×K 高出 6%；得到产育力的数据：E×G 高出 16%，E×K 高出 14%。②对原本不怎么适合本地饲养的品种做本土化处理。例如：西北地区将引进的浙农大1号（王浆高产型）意蜂品种与本地的喀意或意喀杂交种（蜂蜜高产型）进行三元杂交。结果与亲本相比，三交种蜂群越冬死亡率分别降低 3.8%与 4.1%；消耗饲料分别少 0.9%与 1.4%；春季繁殖力分别增加 10.6%与 7.1%，子脾增加分别为20%与9%；蜂王浆和蜂蜜增产分别为20%与21%。

(三) 我国蜜蜂杂交育种取得的成果

与培育新品种相比，培育杂交种所花费的时间相对较短，并且，实践证明了杂交种可大幅度提高蜂产品的产量，因此育种工作者都十分看好杂交种的培育和推广应用工作。如中国农科院蜜蜂所的“国蜂213”三交种、“国蜂414”三交种，吉林省养蜂所的“白山5号”三交种、“松丹1号”双交种、“松丹2号”双交种，浙江省的浆蜂等。

1. “国蜂213”三交种　是专为提高本地意蜂的单产平均水平而培育的，为蜂蜜高产型西方蜜蜂杂交种配套系（H・C×A），由“意蜂×美国意蜂”杂交一代中的皮革色（Cordovan）突变型近交系 H（橙红色无黑环）、卡蜂近交系 C（黑色）、美国意蜂近交系 A（黄色）组配而成。H 产育力强，泌浆能力强；C 采集力强，节约饲料；A 采集大宗蜜源能力强，能维持强群。育种的技术路线为：近交→系间杂交→三交组配→筛选→生产鉴定（中试）。其中，H 系的近交系数超过 0.5，A 系和 C 系的近交系数均超过 0.9；系间杂交（单交、三交或回交）组合的配合力测定共进行 9 个；选出一个蜜产量最高的组合 H・C×A 进行多点中试（用本地意蜂作对照）和改良推广，在但凡适合饲养意蜂的地区就可饲养。与本地意蜂相比，年均群产蜜量可达 35～50kg（定地）或 100～200kg（转地），蜂蜜平均单产提高 70%左右；产浆性能提高 20%左右（每 72h 群产浆量 50g 以上）；有效日产卵量提高 5%左右。蜂王是单交种（H×C），花色，一种偏黑，一种偏黄；雄蜂是单交种（H×C），橙红色和黑色；工蜂是三交种（H・C×A），黄色和花色两种。

2. “国蜂 414”三交种　是王浆高产型西方蜜蜂配套系（H・A×H），由“意蜂×美国意蜂”杂交一代中的皮革色（Cordovan）突变型近交系 H（橙红色无黑环）和美国意蜂近交系 A（黄色）的杂交与回交组配而成。H 产育力强，泌浆能力强；A 采集大宗蜜源能力强，能维持强群。育种的技术路线为：近交→系间杂交→三交组配→筛选→生产鉴定（中试）。其中，H 系的近交系数超过 0.5，A 系的近交系数超过 0.9；系间杂交组合（单交、三交或回交）的配合力测定共进行 9 个；选出一个浆产量最高的组合 H・A×H 进行多点中试（用本地意蜂作对照）和改良推广，在但凡适合饲养意蜂的地区就可饲养。与本地意蜂相比，产浆量提高 60%左右（每 72h 群产浆量 70g 以上）；蜂蜜平均单产约提高 10%左右。蜂王是单交种（H×A），黄色；雄蜂是单交种（H×A），黄色和橙红色；工蜂是回交种（H・A×H），黄色和橙红色两种。

3. “白山 5 号”三交种　国家科技进步二等奖。是在长白山区育成的以生产蜂蜜为主、王浆为辅的蜜浆高产型西方蜜蜂三交种（A・B×C），由母本单交种（A×B）和父本近交系 C 配制而成。卡蜂近交系 A（兄妹交 9 代，近交系数达 0.859），蜂群善于采集零星蜜源，越冬安全，适应性较强；喀尔巴阡蜂近交系 B（兄妹交 7 代、母子交 2 代，近交系数达 0.94），蜂群采集力较强，越冬安全，节省饲料；美国意蜂近交系 C（兄妹交 3 代，近交系数达 0.625），蜂群繁殖力和采集力较强。育种技术路线：确定育种素材→建立近交系→配套系组配→配套系对比试验→中间试验→确定配套系。与本地意蜂相比，产蜜量提高 30%以上，产浆量提高 20%以上，繁殖力提高 17.8%，越冬群势下降率降低 10%左右，越冬饲料消耗量降低 25%以上。蜂王是单交种（A×B），体呈黑色，少数腹部第 3～5 节背板有棕黄色环带，背板有灰色绒毛；雄蜂是纯种（C），体呈黑色；工蜂是三交种（A・B×C），花色，头胸部为灰色，黄体色蜂偏多，极少数为黑色，腹部第 2～4 节背板多有黄色环带。

4. “松丹 1 号”和“松丹 2 号”双交种　松丹 1 号属于蜜浆高产型（以蜂蜜生产为主、以王浆生产为辅）品种，曾荣获吉林省科技进步三等奖，已推广到全国，成为我国养蜂生产的主要当家蜂种之一。因在松花江和牡丹江流域用 2 个单交种正反交组配育成而得名，正交种为松丹 1 号（C・D×R・H），反交种为松丹 2 号（R・H×C・D）。其中 4 个近交系 C（卡蜂）、D（喀尔巴阡蜂）、R（美国意蜂）和 H（浙江浆蜂）的纯度分别为 85.9%、94%、73.4%和 82.6%。C 系善于采集零星蜜源，越冬安全，适应性较强；D 系采集力较强，越冬安全，节省饲料；R 系繁殖力和采集力较强；H 系产浆量高，耐热。组配后的正反交种，与意蜂相比，生产性能和生物学性状都有所改善（表 10－1）。

表 10-1 松丹双交种档案

（牛庆生和薛运波，2003）

		蜂王	雄蜂	工蜂	蜂群*
松丹1号	组合	单交种	单交种	双交种	繁殖力↑17.2% 产蜜量↑70.8% 产浆量↑14.4% 越冬群势削弱率↓11.9% 越冬饲料消耗量↓23.7%
	血统	(C×D)	(C×D)	(C·D×R·H)	
	形态	多为黑色，个体较大，腹部较长，第3～5腹节背板有棕色环带，绒毛灰色	黑色	花色，少数为黑色，多数腹部第2～4节背板有黄色环带	
松丹2号	组合	单交种	单交种	双交种	繁殖力↑24.5% 产蜜量↑54.4% 产浆量↑23.7% 越冬群势削弱率↓5% 越冬饲料消耗量↓14.9
	血统	(R×H)	(R×H)	(R·H×C·D)	
	形态	黄色，少数尾尖黑色，绒毛黄色	黄色，绒毛黄色	黄色，多数腹部第2～4节背板有黑色环带，尾尖黑色	

* 以意蜂蜂群为对照。

5. 浙江浆蜂 是蜂王浆高产意蜂品种（简称浆蜂），2010年经国家畜禽遗传资源委员会审定鉴定确认（第1325号公告）。主要由3个品系组成：平湖浆蜂、萧山浆蜂、浙农大1号。从20世纪60年代起，浙江省杭嘉湖地区的蜂农自发对本场所饲养的意蜂蜂群的泌浆能力进行了长期的定向选种育种，经过20多年的群选群育，形成了平湖浆蜂和萧山浆蜂。浙农大1号是陈盛禄和林雪珍等以杭州、平湖、嘉兴、桐庐、绍兴、龙游等地的王浆高产蜂群为素材，由集团闭锁繁育的多代连续选择而成，1993年通过浙江省科委鉴定。浆蜂中心产区为嘉兴、杭州、宁波、绍兴、金华、衢州。经浙江省组织推广后，饲养量80年代末为21万群，90年代达30万～50万群，2008年为56万群。已推广到除西藏外的全国各地，现为四川主要推广蜂种之一，美国、法国等也都进行了引种。浆蜂群单框产浆量70年代为10～25g，80年代达到40～50g，目前单群产量在8kg以上。在油菜花期，与普通意蜂群相比，浆量增产80%以上（平湖品系），咽下腺小囊数量增加5.85%（浙农大1号），王浆中10-羟基-2-癸烯酸（10-HDA）的含量为1.40%～2.28%（实验蜂场，平均1.76%）、1.4%～1.8%（一般蜂场，平均为1.6%）或1.4%～1.9%（平湖浆蜂，春浆1.8%左右）。蜂王个体较大，腹部较长，体色以黄红色为主，尾部有明显的黑色环节；雄蜂体色多为黄色，腹部第3～5节背板有黑色环带；工蜂体色多为黄色，腹节背板有明显的黑色环节，尾尖黑色。目前王浆中10-HDA的含量有所降低（春浆1.6%左右，夏浆1.4%以下），抗螨力、抗病力和抗逆性也有所降低。

三、蜜蜂杂交种的保存

为了在生产上能够年年获得杂种优势和增产效果，必须有计划地组织好杂交种的保存工作。这项重要工作应在生产主管部门的组织领导下，在广大的协作区域内有计划地统一实施。

（一）杂种蜂群的血统构成

由于亲本雄蜂交尾的一次性以及子代雄蜂产生的随母性，所以在用不同杂交方式产生的杂种蜂群里三型蜂血统构成会有所不同。

1. 单交种蜂群的血统构成 在工蜂为单交种的蜂群里，个体成员的血统构成是：蜂王和雄蜂为纯种，工蜂为单交种。例如：

EE（♀）×G（♂）

↓　　↓

E（♂）(E·G)（♀）

2. 三交种蜂群的血统构成 在工蜂为三交种的蜂群里，个体成员的血统构成有两种情况：①蜂王纯种、雄蜂单交种，工蜂三交种。②蜂王单交种，雄蜂纯种，工蜂三交种。例如：

KK（♀）　×　A·E（♂）

↓　　↓

K（♂）K·（A·E）（♀）

A·E（♀）　×　K（♂）

↓　　↓

A·E（♂）（A·E）·K（♀）

3. 双交种蜂群的血统构成 在工蜂为双交种的蜂群中，个体成员血统构成是：蜂王单交种，雄蜂单交种，工蜂为双交种。例如美国达旦养蜂公司培育的斯塔莱茵（Starline）双交种（注：此组配式中的符号为各个近交系名称）。

H·J（♀）　×　D·F（♂）

↓　　↓

H·J（♂）(H·J)·(D·F)（♀）

（二）杂交种保存的形式

蜜蜂各种杂交组合的增产效果，往往是杂种一代的杂种优势最明显，杂种二代出现部分分离，杂种三代下降明显。有人做过试验，湖北省荆州蜂场的安×意杂交种，蜂群的产蜜量比本地意蜂第一代高20%、比第二代高21%、与第三代持平，第四代及其以后各代均低于亲本品种，而且性状分离严重。由此可见，杂交种保存的必要性。具体形式如下。

1. 定期轮回换种 一般在第一次杂交时选具有优良特性的品种作母本，而在以后各次回交时作父本，这个亲本在回交时称为轮回亲本（recurrent parent）或受体亲本（receptor），而另一个亲本称为非轮回亲本（non-recurrent parent）或供体亲本（donor）。在杂交种蜜蜂中，由于雄蜂的遗传组成相当于母本蜂王的一个配子，所以当母本为某一单交种的蜂王时，它所产生的雄蜂仍为某一纯种；当母本为某一三交种或双交种的蜂王时，它所产生的雄蜂仍为某一单交种。这样，就可以在最少三个品种（或品系）内组成一个杂交种的定期换种轮回（图10-1），也即第一个杂交种的母本蜂王作为第二个杂交种的父本蜂王，第二个杂交种的母本蜂王作为第三个杂交种的父本蜂王，第三个杂交种的母本蜂王作为第一个杂交种的父本蜂王。这样，每年只需要引进一个非轮回亲本品种（或品系），就可以组成周期性的轮回亲本换种，并保证所配制出的优良杂交组合的血统不变。采用定期轮回亲本换种，手续简便、成本低、收效大。每年可以是单交种换种，也可以是三交种换种，还可以是双交种换种，配制和繁育出杂种第一代蜂群提供给生产上使用。需要注意的是，轮回亲本的适应性要强，非轮回亲本的目标性状要明显。

2. 利用现有种进行品系培育和轮回杂交 在现有的杂种蜜蜂中，也存在着一些遗传结构良好的类型。如何合理利用现有的杂种蜜蜂，大体上可以从两方面进行，使得品种间杂交（杂交育种）和品系间杂交（杂种优势育种）轮流进行。一方面是从现有杂种中选择

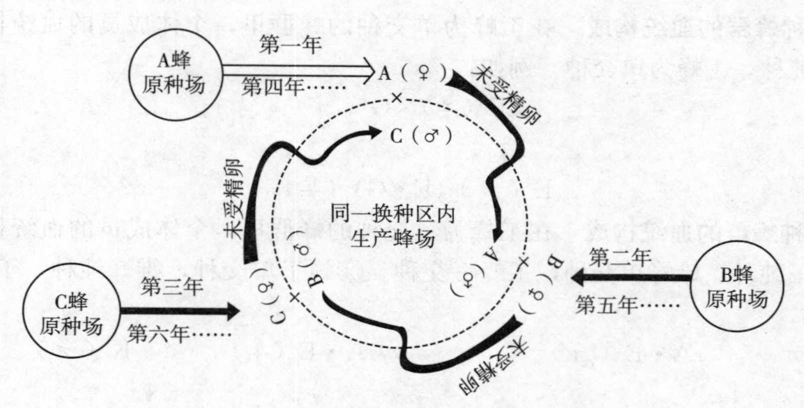

图 10－1　轮回配套换种法示意图
（刘先蜀和陈慕琳，1978）

表现好的类型作为母本，再有计划地引进本地区过去没有引进过的品种（或品系）作为父本，通过试验确定轮回杂交方案，建立新的轮回配套，进而取得较好的杂种优势。另一方面是从现有杂种中选择单一特性表现突出的类型作素材，将其分别近交繁育成独具特性的若干个品系，为杂种优势利用育种提供可以品系组配的亲本类型。前者保证“先杂后纯”，后者做到“先纯后杂”。主要用于培育抗性品种或恢复种性和恢复品种优点等，确定选用供生产上使用的优良当家品种，但几乎不用于改良数量性状，要严格避免品种混杂，建立专业化的良种繁育和杂交优势利用体制。

知识点补缺补漏

假杂种

非加性效应

上位效应

品种间杂交

杂种生态性死灭

延伸阅读与思考

近远交划分

杂种模拟品系

同种杂交

思考题

1. 如何理解蜜蜂分蜂时的远距离迁徙也是避免与近亲交配的选择？
2. 杂种优势的遗传理论是什么？
3. 在几种情况下可以提出申请建立蜜蜂品种保护区？
4. 人类将要逐渐发展起来的永续农业（permaculture 或 sustainable agriculture），会

对蜜蜂品种有什么需求?

参考文献

霍增亮,高宝国,张维力,等,2011. 陕北地区蜜蜂杂交组合试验. 畜牧兽医杂志,30 (3):97-98.
牛庆生,薛运波,2003. 喀(阡)黑环系、松丹1、2号双交种蜂及其管理要点. 中国养蜂,54 (3):17-18.
石巍,刘先蜀,2017. 蜜蜂的常规育种之三——蜜蜂杂种优势利用育种. 中国蜂业,58 (12):24-25.
徐士磊,2017. 杂交蜂王的利用与推广. 中国蜂业,68 (3):37.
Wang L, Greaves I K, Groszmann M, et al., 2015. Hybrid mimics and hybrid vigor in Arabidopsis. Proceeding of the National Academy of Sciences, 112 (35): E4959-4967.

(王丽华)

第四部分 蜜蜂育种学技术

第十一章 蜂王人工授精技术 >>

随着蜂王人工授精技术的发展与普及，越来越多的养蜂人开始从蜂王培育单位那里定制并购买人工授精蜂王了。国内外蜂种市场上，授精蜂王普遍比处女蜂王和自然交尾蜂王的销售价格高和销售数量大。因此，普通人也开始对蜂王人工授精技术越来越关注。

第一节 蜜蜂生殖器官及其生理机能

在蜜蜂上，只有蜂王和雄蜂具有发育完全的生殖系统。虽然工蜂也是雌性个体，但是生殖系统发育不完全（每个卵巢只有 2～12 条卵巢小管）。

一、蜂王生殖器官及其生理机能

蜂王由受精卵发育而来，具有二倍染色体（$2n=32$），在蜂群中的主要职能是产卵和影响蜜蜂群体行为，维持工蜂活动秩序。其生殖系统在腹腔内，从腹腔前端向后依次是 1 对卵巢、1 对侧输卵管、1 条中输卵管、阴道和螫针腔等，阴道侧壁上连接有一个球形的受精囊。卵巢和侧输卵管起源于中胚层，中输卵管和阴道由外胚层内陷形成。卵巢产生的成熟卵子经由侧输卵管、中输卵管和阴道产出（图 11－1）。

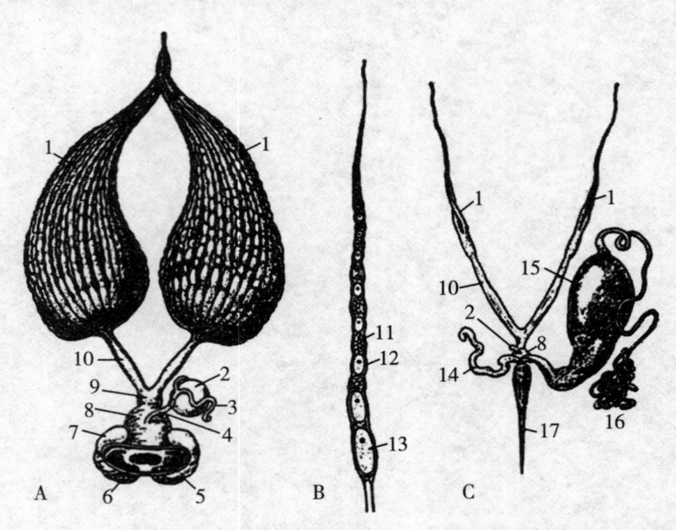

图 11－1 雌性蜜蜂的生殖器官模式图

A. 蜂王的生殖器官 B. 卵巢小管 C. 工蜂的生殖器官

1. 卵巢 2. 受精囊 3. 受精囊腺 4. 受精囊管 5. 侧交配囊口 6. 阴道口 7. 侧交配囊 8. 阴道 9. 中输卵管 10. 侧输卵管 11. 滋养室 12. 卵室 13. 卵细胞 14. 碱腺 15. 毒囊 16. 毒腺 17. 螫针

（Dadant and Sons，2015）

1. 卵巢（ovary）　一对，呈倒置的梨形，由许多卵巢小管组成，外面包围气囊和致密的微气管结构。每个卵巢一般有卵巢小管 100～150 条，最多可达到 200 条卵巢小管（西方蜜蜂）。卵巢小管从顶端到基部可分 3 个不同的区域，即端部的端丝、中部的卵巢小管本部和基部的卵巢小管柄，卵室就集中于卵巢小管中部。最多有约 20 个卵室，每个卵室大小为（8.9×10^3）～（9.6×10^6）μm^3，属多滋式的，每个卵室内有 1 个卵母细胞，外面包围着一层卵泡细胞，每个卵室的一端均有 48 个滋养细胞，为卵的发育提供营养。各个卵巢小管的端丝汇集成悬带，用以固定卵巢，卵巢小管下端汇集后连接侧输卵管（图 11-1）。

2. 输卵管（oviduct）　形似 Y，上端 2 个分支通道是侧输卵管，底下 1 个粗短的主干通道是中输卵管。侧输卵管是管状的薄壁肌肉组织，由环肌和纵肌组成，在交尾或授精时辅助精子向受精囊转移，在产卵时辅助成熟的卵排入中输卵管内。由于其在人工授精后可暂时贮存精液，因此其膨大的程度可说明内存物的多少，借此快速检测人工授精结果。中输卵管下连阴道结构（图 11-1）。

3. 阴道（vagina）　是具有环状皱褶的一段短粗的薄膜管道。前端与中输卵管端部交接，交接处为生殖孔，直径约 0.3mm。接近生殖孔一侧有一个舌状皱褶突起，称为阴道褶瓣（vaginal valvefold，旧称阴道突起、阴道瓣突），作用是在蜂王自然交尾或人工授精后封锁通道，防止精液外溢，同时随着腹部伸缩，造成反压力，辅助一部分精液经受精囊管进入受精囊内。在阴道的末端是环状的阴道口，隐藏在螫针腔的基部（图 11-1）。

4. 螫针腔（sting cavity）　是蜂王腹部末端背板和腹板围成的空腔。腔内正中央背侧长有螫针，螫针背部一侧的开口是通往直肠的肛门，螫针基部靠腹面一侧有阴道口。人工授精时，将螫针拉向背部，就能暴露出阴道口。阴道口的直径为 0.65～0.68mm，平时闭合，授精时，可以辨认出它呈凹陷状。阴道口两侧的下方，各有一个裂缝样开口，称为侧交配囊口，交配时接受雄蜂的囊状角以固定雌雄体位。

5. 受精囊（spermatheca）　是白色的球形结构，体积小，结构复杂（图 11-2）。受精囊壁由一单层柱状的上皮细胞组成，内部排列一层浓稠的分泌黏液的表皮，内表面收缩一致。受精囊外层包裹着致密的微气管网覆盖物，带有粗糙的纹理（图 11-3），微气管与受精囊腔间未发现有呼吸连接。受精囊外壁上还贴附着两条微管状受精囊腺，共同开口于受精囊管。受精囊经由此管与阴道相通。受精囊管是一条细小管，近受精囊处管道呈圆拱状弯曲，这个弯曲部分的纵向肌肉可以有节奏地收缩，使得受精囊管在精子进出阴道的转移中起到了“精液泵”的作用（图 11-4），最终大约有 5×10^6 个精子可以抵达受精囊。受精囊是精子贮存的场所，其充满程度决定着蜂王的产卵性能和使用年限。

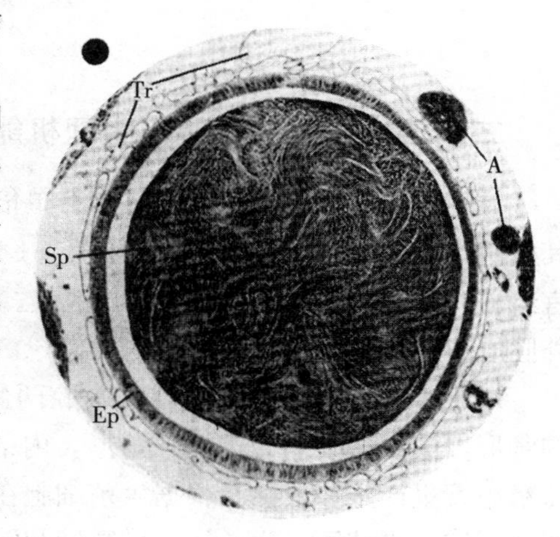

图 11-2　蜂王受精囊横切面图

A. 腺体　Ep. 由柱状细胞组成的受精囊壁

Sp. 交织在一起的精子　Tr. 外层气管

（Ruttner，1976）

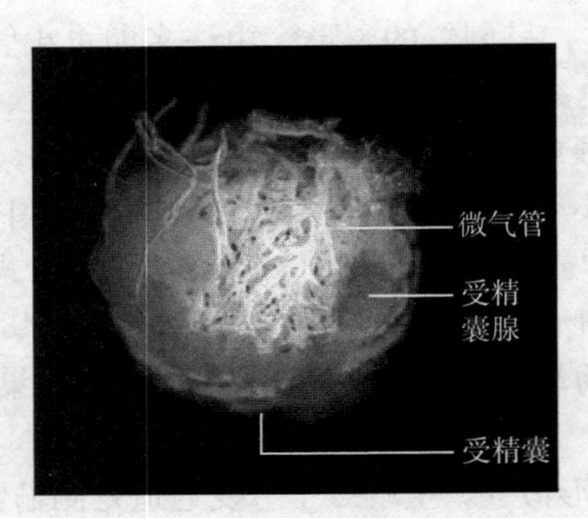

图 11-3　外被致密微气管的受精囊

（李志勇拍摄，2017）

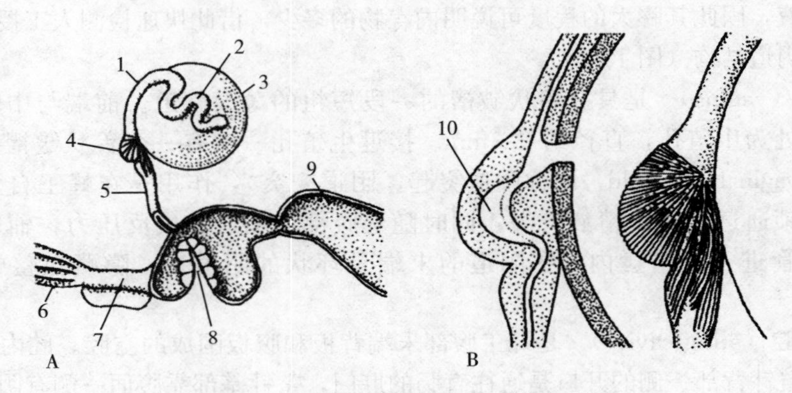

图 11-4　蜂王的受精囊和“精液泵”

A. 受精囊、阴道及比邻器官　B. 受精囊阀和泵

1. 腺管　2. 受精囊腺　3. 受精囊　4. 精液泵　5. 受精囊管　6. 侧输卵管　7. 中输卵管　8. 阴道褶瓣　9. 螫针腔　10. 精液泵室

（Dade，2009）

二、雄蜂生殖器官及其生理机能

雄蜂由未受精卵发育而来，具有单倍染色体（$n=16$），专司与处女蜂王交尾的职能。其生殖系统由 1 对精巢、1 对输精管、1 对贮精囊、1 对黏液腺、1 条射精管和内阳茎等器官组成（图 11-5）。精巢、输精管、贮精囊和黏液腺由中胚层形成，射精管和内阳茎由外胚层形成。

1. 精巢（testis）　位于雄蜂腹腔两侧，是海绵样的软体组织，幼虫期和蛹期为典型的肾形，成虫期萎缩为近倒三角形，内部约含有 200 条曲精小管（图 11-6），精子就在曲精小管里产生和成熟。根据生殖细胞在管内的生长发育程度，曲精小管可以分为连续的四个区域：生殖区、生长区、成熟区和转化区。生殖区位于小管的端部，含有密集的精原细胞；生长区紧接生殖区，育精囊在此形成，精原细胞在此发育成精母细胞；成熟区位于生长区下方，此区内精子细胞开始形成；转化区位于曲精小管的基部，精子细胞在此继续发育，鞭毛生成，精子头部聚集一起，尾部成束状环绕一周与头部相接。蛹后期，精子成

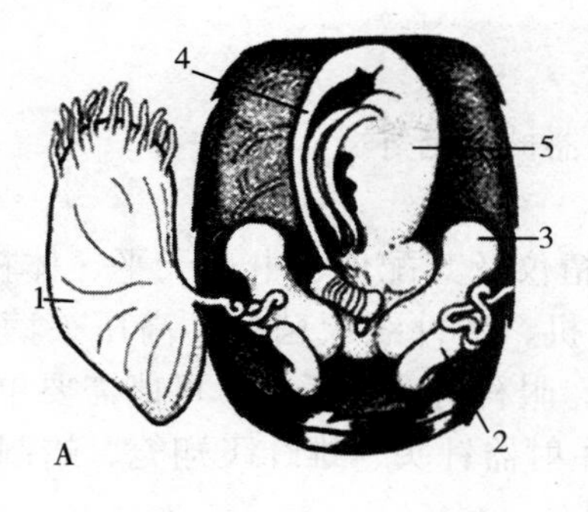

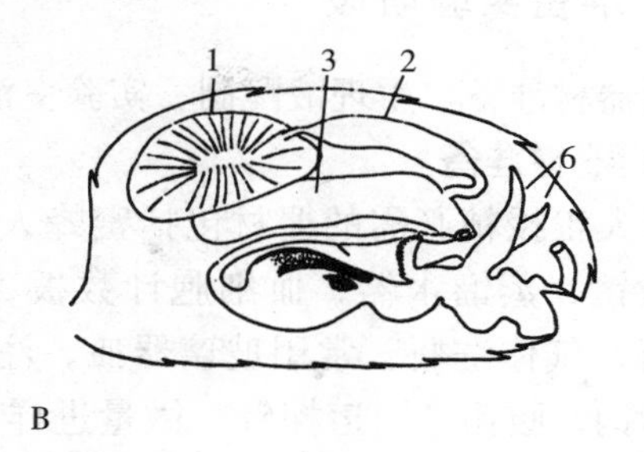

图 11－5　雄蜂生殖系统

A. 背面观　B. 侧面观

1. 精巢　2. 贮精囊　3. 黏液腺　4. 射精管　5. 球茎体　6. 囊状角

（Ruttner，1976；Dade，2009）

熟，育精囊壁溶解，精子经由输精管转移到贮精囊内贮存。

2. 输精管（vas deferens）　连接精巢与贮精囊，是成熟精子转运的通道，细长扭曲。输精管内壁呈近似左手螺旋槽式结构，这可能有利于精子的运输。雄蜂生长发育过程中，输精管在形态结构上没有明显的变化。

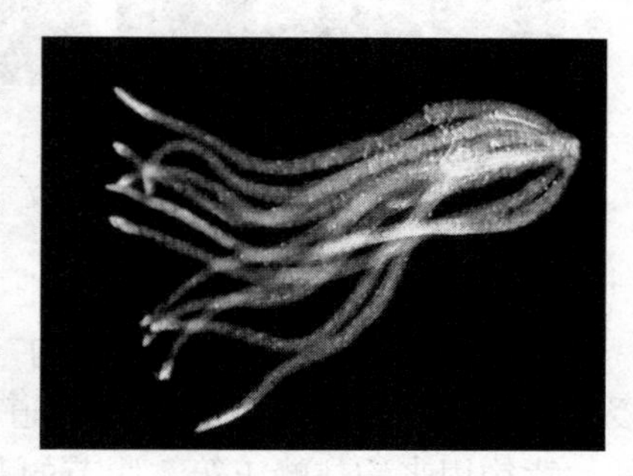

图 11－6　雄蜂蛹期的曲精小管

（李志勇拍摄，2017）

3. 贮精囊（seminal vesicle）　形态在整个生长发育过程中没有明显的变化，只是个体的增大与囊体的成熟。表面为纵横交错的气管网络所包被，这与蜂王受精囊外包被物非常相似，可能与精子贮存时环境温度的调节、生理代谢以及氧气的供给等有密切关系。

4. 黏液腺（mucus gland）　呈膨大的长形囊状，白色，可以分泌黏液，与精子的转移和安全相关。雄蜂交尾射精时，黏液紧随精液其后，经由射精管和内阳茎排出体外。精液进入阴道后，黏液封堵住蜂王的阴道口，避免精液外溢，保护精子。蜂王交尾后观察到的“交尾标记”或“交尾征”即是雄蜂黏液凝固后的状态。

5. 射精管（ejaculatory duct）　是一条细长的管道，管壁外层为强有力的肌肉层，环肌在外侧，纵肌在内侧，射精时，可以使射精管伸缩。

6. 内阳茎（endophallus）　雄蜂的交配器官，是一条柔软的膜质空囊，其上有奇异的突起和多毛区。由三部分组成：连接射精管的梨形球状部、收缩的颈状部和靠近生殖孔的阳茎囊。球状部与射精管结合处凹陷的缢痕结构有利于雄蜂内阳茎外翻，便于交尾和排精。在交尾或被迫射精时，腹部肌肉痉挛收缩产生压力，使内阳茎外翻出体外。

第二节　蜂王的人工授精

此操作必须要在实验室内进行，包括：事先准备必用的器材、配制生理液、给实验室消毒（含给器械灭菌）、捕捉雄蜂与采集精液、选择处女蜂王以及给蜂王注射精液等。

一、准备实验阶段

包括器材准备、生理液配制、实验室消毒和器械灭菌等。

（一）器材准备

蜜蜂人工授精必需的器材包括蜜蜂人工授精仪及其配件、电子天平、体视显微镜、生物显微镜、蒸馏水器、血细胞计数板、离心机、紫外线灭菌灯、高压灭菌锅、二氧化碳钢瓶、气体洗瓶、常用玻璃器皿、注射器、眼科剪、镊子等。可能需要单独制备的器材有背钩、腹钩、阴道探针、微量进样器、注射器针头、雄蜂飞翔笼、蜡制解剖盘等（图 11－7）。

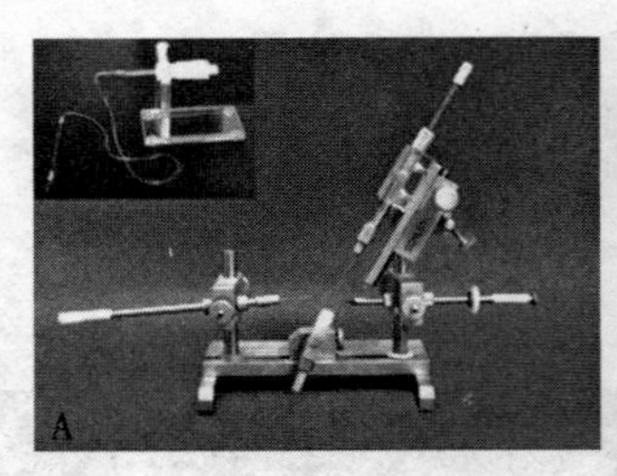

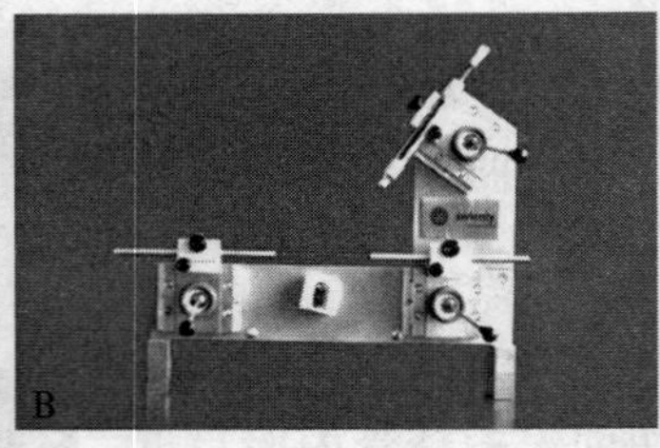

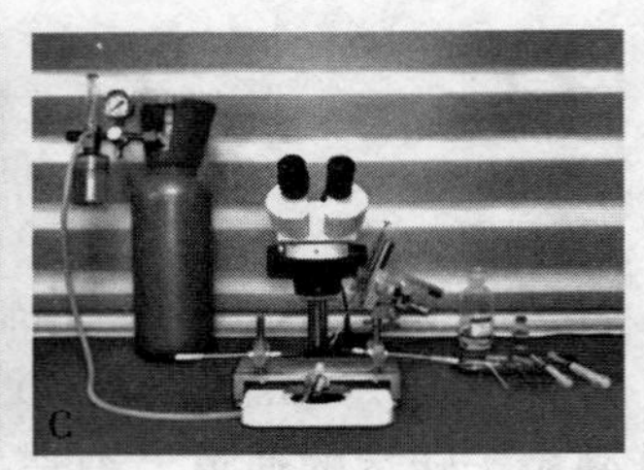

图 11－7　常用的蜜蜂人工授精仪

A. SchleyⅡ式授精仪　B. Swienty 式授精仪　C. 我国自产新式授精仪

（李志勇拍摄，2017）

1. 背钩（dorsal hook）、**腹钩**（ventral hook）**和阴道探针**（vaginal probe）　是人工授精时用于打开蜂王背腹板及阴道的附件，是采用直径 2.0mm 不锈钢丝手工制作而成的。背钩用来钩住蜂王第 7 腹节的背板，腹钩用来钩住蜂王第 7 腹节的腹板。阴道探针用来插入蜂王阴道，将阴道瓣褶压向腹面一侧，使注射针头顺利越过阴道瓣褶，将雄蜂精液注入输卵管里。现在改作暴露阴道口之前的压制螯针用工具。

2. 注射器（syringe）　有膜片式、微调螺旋式、水压式和柱塞式等样式。目前国外使用较多的是麦肯森注射器，国内使用较多的是 100μL 微量进样器。该进样器的管身用玻璃材料加工而成，推杆、针座均为不锈钢材料。

3. 注射器针头（syringe needle）　一般情况下，采集雄蜂精液和给蜂王人工授精均使用同一型号的注射器针头或者同一只针头。注射器针头有麦肯森式有机玻璃针头、玻璃针头、不锈钢针头和聚乙烯针头等，注射器针头的针尖内径不小于 0.17mm，外径不大于 0.3mm。

4. 二氧化碳麻醉系统（CO_2 anesthesia system）　由二氧化碳钢瓶、压力表及减压阀、气体洗瓶、胶管、蜂王固定器等构成。它在蜂王人工授精时有两种作用：一是麻醉蜂王，在短时间内使蜂王处于静止状态，有利于进针授精；二是麻醉过的蜂王，能够降低发情反应，促进授精蜂王早日产卵，并且没有毒副作用。一般情况下，实验室使用的是大容量二氧化碳钢瓶，蜂场使用的是小容量二氧化碳钢瓶，并在其上安装压力表及减压阀来控制气体流量。气体洗瓶用于清洗二氧化碳中杂质及其他有害离子，各地化玻商店均可买到，也可以用三角烧瓶、胶塞、玻璃管等材料自己制作。蜂王固定器由诱入管、通气活塞、麻醉管和固定底座构成，通气活塞的后端用胶管与气体洗瓶和钢瓶相通。使用时，需要将麻醉管正确地安置在固定底座上。

5. 雄蜂飞翔笼（drone flying cage）　是促使雄蜂在笼内进行飞翔排泄，方便采精使用的笼子。其中一款是用木条做成长×宽×高为 330mm×280mm×250mm 的框架，两侧及后壁钉上铁纱，上盖安装隔王栅，前壁钉上纤维板，板上开个直径 100mm 的圆洞供捉取雄蜂用，圆洞处用布帘或薄板遮严，防止雄蜂从中飞出。

（二）生理液配制

蜜蜂精子生理液主要用于注射器、注射器针头和针尖等的冲洗、灌注和润洗等。生理液的配方有多种，现举例 3 种。

配方 1. 碳酸氢钠 0.21g，氯化钾 0.04g，水合柠檬酸三钠 2.43g，磺胺 0.30g，D-葡萄糖 0.30g，蒸馏水定容至 1 000mL。加热灭菌时，温度不超过 90℃。

配方 2. 氯化钠 1.70g，氯化钾 0.05g，氯化钙 0.06g，果糖 0.20g，蒸馏水定容至 200mL。

配方 3. 氯化钠 1.60g，氯化钾 0.20g，葡萄糖 0.60g，用蒸馏水定容至 200mL，pH 调至 7.5，装瓶后高压灭菌 15min。

对于配制好的生理液，建议尽量采用微孔滤膜滤器即时灭菌，这样既可与抗生素一道过滤，又不怕含糖溶液高压后变成棕黄色的多聚糖。

（三）实验室消毒和器械灭菌

蜜蜂人工授精室内要求洁净。采精前，地面要求用 5%的煤酚皂溶液（来苏儿）喷洒消毒，操作台面用 75%乙醇擦拭，空间用紫外线灭菌灯照射灭菌 30min，金属及耐高温的器械和附件用消毒锅煮沸灭菌 20min，不耐高温的器械用 75%乙醇擦拭灭菌。塑料注射器及注射器针头等用乙醇消毒灭菌后，再用无菌蒸馏水灌洗 3～4 次。所有与授精操作接触的器具，经过消毒后均应放入无菌医用托盘内，加盖备用。蜂王人工授精仪、生物显微镜、体视显微镜、光源、二氧化碳钢瓶等一切器具应事先安装调试好。用作消毒的乙醇和其他消毒剂等，不得和雄蜂、蜂王及精液等直接接触。

二、注射操作阶段

包括雄蜂捕捉与精液采集、处女蜂王选择、人工授精、特殊的授精。

（一）雄蜂捕捉与精液采集

1. 标记日龄　当种用父群里的雄蜂次第羽化出房时，每天用不同颜色的记号笔（也可用小画笔蘸取加色的丙酮胶）在其胸部背板上做好标记。待其出房 12d 后，说明雄蜂已经达到性成熟，即可捕捉用于采集精液为蜂王授精。使用不同颜色的记号笔标记雄蜂具有多种好处：可以识别不同日龄的雄蜂；在培育近交系时，可以区分同一品种、不同蜂群的雄蜂。用记号笔标记雄蜂的数量要足够大，保证雄蜂供给数量充足。点标记时，勿把标记点到雄蜂头部及翅膀上，以免影响其正常的行为和生理功能（图 11-8）。

2. 捕捉雄蜂　一般看是否受到时间或者天气因素的限制而采用不同的捕捉方法。①蜂箱内捕捉雄蜂。在箱内捕捉雄蜂时，宜选择具有如下表现特征的雄蜂，性成熟比例较高：聚集在箱壁、隔板、边脾及隔王板上的，腹部环节收缩得比较紧的，腹部变得较硬的，翅与腹部长度的比值更大的，行动比较灵敏的。②巢门外捕捉雄蜂。在巢门口捕捉雄蜂时，最好是选择在晴朗的午后（出巢时间范围在 12:00—17:00，高峰婚飞时间在

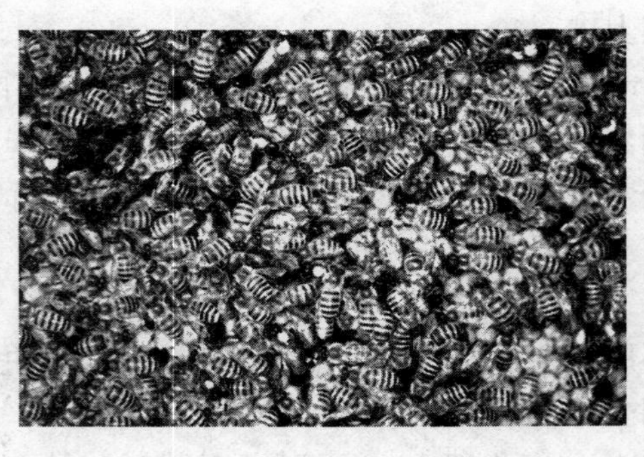

图 11-8　多种颜色标识的不同日龄的雄蜂

具体颜色请参见二维码

（李志勇拍摄，2017）

13:00—16:00）。捕捉者蹲在蜂箱侧面，选择归巢、行动比较敏捷、腹部坚实的雄蜂进行捕捉。

3. 强迫排精与采精　分为采精前准备、强迫排精和器械采精三个步骤。

（1）采精前准备。先用生理液冲洗注射器及注射器针头（此处也称采精针头）3 次，将注射器及注射器针头内注满加有抗生素的生理液。把注射器固定到授精仪上，针尖移至体视显微镜的视野中心位置，调整显微镜焦距至针尖清晰。要采集精液时，注射器针头首先吸入一小段空气，1.5～2.0mm^3 的空间，使生理液与精液间有气泡相隔，以免精液中混入生理液。

（2）强迫排精。左手从雄蜂飞翔笼中捉取飞翔有力、腹部坚实的雄蜂，用拇指、食指、中指轻轻对其胸部向后施加压力，并使尾部朝上，性成熟的雄蜂此时腹部收缩得更加坚硬；用右手的拇指或食指按在雄蜂腹部背面 1～3 节，与左手的拇指和食指同时向雄蜂腹部尾端施加压力，使腹腔的血淋巴挤压内阳茎，迫使内阳茎渐次外翻。首先翻出的是阳茎基板，然后是一对角囊和羽状突，最后翻出的是阳茎球。因射精管开口于阳茎球，当阳茎球末端冒出淡咖啡色精液时即停止挤压。加压时手指用力要稳，切勿操之过急，如用力太大，容易导致精液飞溅或阳茎球破裂，致使体液混入精液中。在雄蜂内阳茎外翻过程中，切勿使外翻的阳茎球及精液接触到操作者的手指或者雄蜂体表，以免造成精液污染（图 11-9）。

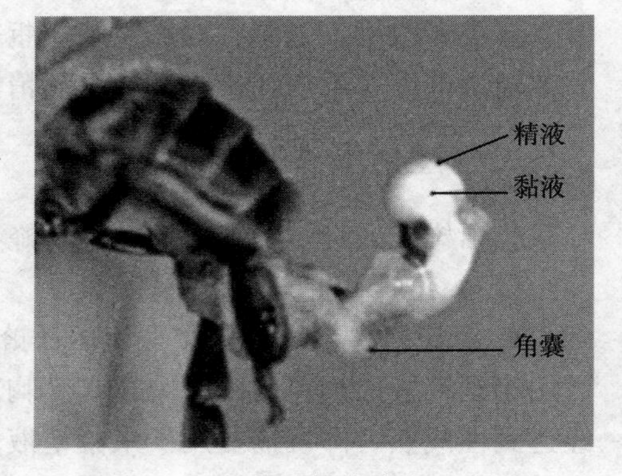

图 11-9　性成熟雄蜂外翻的内阳茎

（李志勇拍摄，2017）

（3）器械采精。针尖要贴紧精液的表面，以免吸入空气。由于每只西方蜜蜂雄蜂最多只有 1.5～1.7mm^3 的精液附在黏液表面，实际上只能采集 1.0mm^3 左右，因此，针尖也不能插入精液深层，不然很容易吸入黏液。在采集下一只雄蜂精液时，要先将所采集的前一只雄蜂精液推出针尖外一小部分，使其与准备采集的精液面相接触后再吸入，这样既可以防止采精时吸入空气，又可以减少吸入黏液的机会。一旦发现吸入黏液，要尽快排出，因为黏液不但会堵塞注射器针头，而且随着精液被注射到蜂王侧输卵管后因凝固而堵塞输卵管。黏液的混入不仅会影响精子转移进入受精囊，还会造成蜂王死亡。精液采集结束后，注射器针头内仍然要再次吸入一小段空气，然后用生理液封口备用，以免注射器针头因精液凝固而堵塞。

（二）处女蜂王选择

人工授精用蜂王，一般以个体大、腹部长、行动稳健的处女蜂王为佳。处女蜂王授精前有的被置于小核群里，有的被幽闭在框式贮王笼里。处女蜂王出房前 1d 要被诱入核群内，巢门口安装隔王栅预防蜂王出游，最佳授精时期为 8～10 日龄。如果出房后一直幽闭在框式贮王笼内，则蜂王的性成熟时间要推迟 2～3d，最佳授精时期将为 10～13 日龄。如果处女蜂王授精过早，由于未到性成熟期，则精子转移到蜂王受精囊的速度过慢，精液在蜂王输卵管内滞留的时间过长，授精蜂王开产的时间过迟或遥遥无期，由变质精液导致的蜂王死亡率过高。如果处女蜂王授精过晚，由于已过性成熟期，则蜂王授精的质量会降低，蜂王占用核群及框式贮王笼内的时间会延长，核群和框式贮王笼的使用效率会受到影响。

（三）人工授精

1. 麻醉蜂王　先让蜂王爬入诱入管内，再将麻醉管与其对接，待蜂王退入麻醉管后，及时将通气活塞推入，使蜂王腹部露出 3～4 节为宜。然后将麻醉管安装到授精仪底座的固定器上，缓慢开启二氧化碳钢瓶阀门，从洗瓶中可以观察到二氧化碳流量，控制流量调节旋钮至每秒冒出约 5 个气泡为宜，通气 30s 左右，处女蜂王即进入昏迷状态。直到授精完毕，方可解除二氧化碳麻醉。

2. 打开螫针腔　蜂王麻醉的同时，调节显微镜的焦距，使蜂王的腹部清晰地呈现在视野中央。然后移动背钩和腹钩的操纵杆，用腹钩钩住末节腹板边缘，接着在探针的配合下使用背钩钩住末节背板边缘，同时移动背腹钩操纵杆双向拉动，打开螫针腔。移动背钩操纵杆，使背钩端部膨大的勺状部分伸到蜂王螫针鞘基部，并使其嵌入基部的三角窝中。再次移动背钩和腹钩的操纵杆，使背钩和腹钩保持在一条水平线上，把背板与腹板间的距离拉至 5～6mm（图 11 - 10A）。

3. 进针注射　蜂王背板、腹板打开以后，微调麻醉管的角度，使蜂王的纵轴线与注射器纵轴平行，纵轴线与垂直线的夹角为 30°～45°。调节显微镜焦距至螫针腔清晰，此时可以看到螫针腔中央靠近螫针鞘基部有一凹陷的皱褶开口，该开口就是阴道口。移动注射器，排除注射器针头尖部的生理液和气泡，调节纵向导轨将针尖接近阴道口，左手操作探针插入阴道，并向蜂王腹面方向拨动，使探针压住阴道瓣褶，将阴道口扩张（图 11 - 10B）。右手调节纵向导轨使针尖沿着探针的背部徐徐进入阴道内，直至中输卵管底部，移出探针（图 11 - 10C）。当进针深度达到约 1.8mm 时，进针略感阻力和阴道口周围有下陷迹象时，停止进针，稍微上提一点注射器针头，即可开始注射精液（图 11 - 10D）。如果在注射器针头达到这个深度之前，其周围的软组织随着针头向下移动，表明针头很可能被阴道瓣褶阻隔或者针头误入侧交配囊口，应该立即退出，重新进针。如果进针一切顺利，则慢慢将精液注入。注精时，如果注射器针头内的精液不移动，同时，精液与生理液之间的气泡呈被压缩状态，也表明针头没有正确进入中输卵管内，需要重新调整进针。蜂王一次性授精通常注射 8μL 精液，两次性授精则每次需要注射 4～5μL 精液。如果采用两次性授精，第一次与第二次授精的时间间隔为 24～48h。注精完毕，需退出注射针头，卸下麻醉管，小心将蜂王取出并做上标记和做好保温，待其苏醒后先喂一点蜂蜜，再送回原核群；或连同4～5只伴随蜂一道装入王笼后，送回原蜂群并嵌入有蜜又有蜂的脾上，喷洒稀薄蜜（糖）水后，盖好蜂箱。

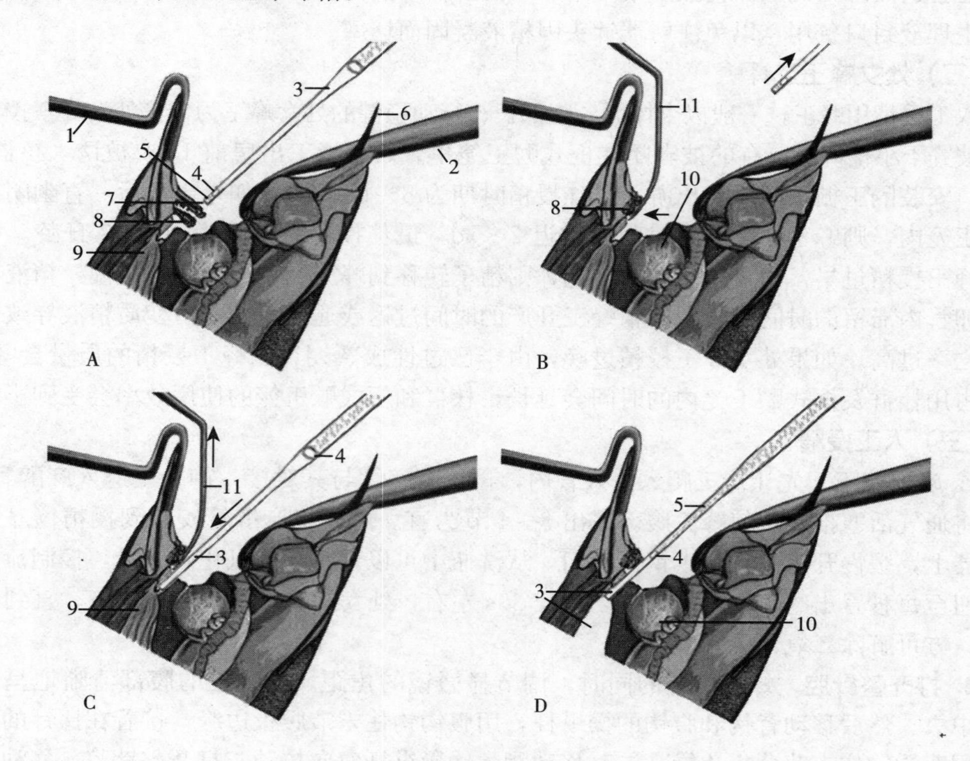

图11-10　由阴道探针辅助进针的蜂王人工授精过程

A. 调整注射器　B. 阴道探针辅助　C. 进针和移出阴道探针　D. 注射精液

1. 腹钩　2. 背钩　3. 精液　4. 气泡　5. 生理液　6. 螫针　7. 注射器针头　8. 阴道瓣褶　9. 输卵管　10. 受精囊　11. 阴道探针

(Ruttner，1976)

(四) 特殊的授精

如果纯粹地采用本交，则一只雄蜂只能利用一次交尾机会为一只蜂王受精；如果采用人工授精，则一只雄蜂的精液可以分次地给不同只蜂王使用，甚至是完成异地组配，当然还有杂交和近交。

1. 单雄单雌授精　用一只雄蜂的精液给一只蜂王进行人工授精的方法称为单雄单雌授精，这是科研和育种中常用的一种手段。雄蜂是单倍体，在精子形成时没有进行减数分裂，仍然保持16条染色体。因此，一只雄蜂所产生的所有精子在遗传上是一致的，单雄单雌授精蜂王所产生的雌性后代比多雄单雌授精蜂王产生的雌性后代在亲缘关系上也更近一层，属于同一个亚家系的同胞姐妹。

2. 单雄多雌授精　用一只雄蜂精液给多只蜂王进行人工授精的方法称为单雄多雌授精。这种方法可以使不同的蜂王得到遗传学上完全一致的精子。单雄多雌授精有两种方式：一种是采集一只雄蜂的精液稀释后分别给同一代次的多只蜂王进行授精，以此来从后代工蜂中考察该父本与多个母本的不同配合力。另一种是利用一只雄蜂的精液稀释液连续给至少三个世代（F_1、F_2、F_3）的后代蜂王进行授精，不仅使每世代的间隔时间缩短，同时还能得到遗传上非常接近父本的后代。由于蜜蜂是以群体为单位的，一个蜂群就可视为一个“个体”，所以蜂群内的所有雄蜂有时也可以被当作“单雄”的（虽然它们由蜂王的两个配子而来），这就可以大大弥补单只雄蜂原精（或稀释精液）精子量的不足。

3. 多雄单雌授精（混精授精）　是将几个蜜蜂品种（品系、配套系等）的雄蜂精液均匀混合后给处女蜂王进行授精。这种方法可以使单只蜂王得到遗传学上完全一致的、不完全一致的或完全不一致的精子，主要用于近交衰退品种的复壮、杂交育成种的定期轮回换种、蜜蜂杂种优势的利用等。

4. 自体授精　处女蜂王性成熟以后，用二氧化碳每天麻醉 10min（连续 3d），诱入放有空的雄蜂脾的核群中，让其产未受精卵。然后对该蜂王进行幽闭处理以控制其继续产卵，并使其生殖道排空。待雄蜂性成熟后（出房 8d 左右）进行采精，给母本蜂王注射，也即“母子交”。

5. 隔代授精（从受精囊采精）　授精的母本蜂王成为暂时贮存父本精液的场所。方法是：从供精母本蜂王体内取出受精囊，去除受精囊外围包被物，然后用注射器收集父本精液，给女儿蜂王进行人工授精。只进行一代的是女父回交，连续进行两代的称为祖孙回交。

6. 通关授精（从贮精囊采精）　当迫切需要从一只变异的或血缘特殊的雄蜂体内得到精液而用通常的方法挤压强迫雄蜂排精又无法得到精液时，可以解剖雄蜂，从贮精囊收集精子进行人工授精。此种采精可有两种方法：一种是取出雄蜂贮精囊，通过挤压迫使精液泄出，用注射器直接收集起来；另一种是将雄蜂贮精囊放入尖底离心管中，加入少量生理液，用注射器针头先挤压贮精囊、后收集漂洗精液。以这种方法获得的精液，可以满足最低限度的授精需要，还可以保证近交系数的稳定（突变体成为某个支系的共同祖先）和遗传路径的通畅（精液供体是前几个非亲支系的共同后代）。

7. 产卵王授精　有学者曾经断言，已经交尾产卵的蜂王（自然交尾或人工授精），一经再次注射就会死亡。但是，国外学者发现，自然交尾王可以发生“婚外情”，即再次婚飞。我国学者发现，人工授精王仍有“交尾冲动”，即冲撞巢门隔王栅。我国学者的最终试验表明：已经开产的授精王经过囚禁收腹，可以再成功进行一次“补偿性”人工授精。这对于充分利用单只母本分批次进行与多父本的配合力测定、近交育种（母子交）、杂交育种等都相当可行。

第三节　蜂王授精后管理与授精效果评价

人工授精蜂王的质量不仅取决于处女蜂王和雄蜂的品质，取决于人工授精的整个过程，还与授精蜂王的后期管理（即蜂王授精后至开始产卵的这段时间的蜂群管理，包括核群的组织和管理以及授精蜂王的贮存和运输等）密切相关。蜂王授精效果的评价主要体现在授精操作和后期繁殖能力方面。

一、核群的组织与管理

核群（又称交尾群）是用来供处女王交尾或者暂时贮存蜂王的小型蜂群。核箱类型有多种，如朗氏脾四室箱、二分之一朗氏脾四室箱、四分之一高窄朗氏脾十室箱和微型箱等。宜在介绍王台的前一天进行组织，要求此时天气良好、外界有蜜粉源。

(一) 核群的组织

当健康蜂群进入增殖期后即可着手组织，应选择在原群采集蜂大量出巢活动后进行，以降低核群被盗和诱王失败的风险。利用外场蜂群组织核群时，在诱入蜂王的前一天下午，从蜂群中抽取一定数量带蜂的老蛹脾、蜜粉脾集中混合组成无王群，并包装好后运到5km以外的场地；先在巢门和纱盖上喷适量的水使蜜蜂安定后，再逐一分配到事先已排列好的空核箱中。这样，核群中各龄蜜蜂比例正常，蜂王产卵较快，也不会使核群蜂数下降明显，进而影响群体生存。

(二) 核群的管理

核群分布及其摆放位置与提高授精王产卵成功率有很大关系，不能按一般蜂群的布阵法。要选在蜂场外缘的空旷地带，利用自然环境（如山形、地势、房屋、树木等）或者设置明显标志（如石头、土堆等），尽量避开大群工蜂的飞行线。同时，相邻核群应保持一定的距离，并且核箱外壁宜分别涂上善于蜜蜂分辨的黄、蓝、白等颜色，这样不容易发生工蜂迷巢偏集和盗蜂围王。

核群的守卫能力差，特别是小型或微型核群，白天巢门应关小，以仅能容纳 1～2 只蜜蜂同时出入即可（热天可适当放大）。蜂王被围时要立刻解救，蜂王受伤后应及早除掉，蜂王失离后要及时补进下一个授精王。在天气良好的条件下，授精后 10d 仍然不产卵的蜂王应予以淘汰。核群抵抗力较弱，经常受到胡蜂和蚂蚁的毁灭性危害，可以采取人工处置方式辅助蜜蜂解除或减少敌害胁迫，并适当补入虫脾调整群势。对巢内饲料贮存不足的核群应从原群调入粉蜜脾，不宜直接饲喂蜜水或糖水，以防起盗。迫不得已时，可在傍晚饲喂适量的炼糖饲料。在不发生盗蜂的情况下，也可适量地连续奖励饲喂糖浆，促进蜂王始卵期的提前。核群任务结束后，要及时合并工蜂和处理核群巢脾。

(三) 授精蜂王的管理

蜂王授精后应立即放回核群，以使蜂王能够及时得到工蜂的饲喂和照顾，获得适宜的温湿度环境，有利于精子尽快向受精囊内转移。授精前幽闭在贮王框内的蜂王，授精后需要再放回原蜂群贮存 3～5d，但要保障群内的饲料供应，还要防控其出巢交尾。一般多采用给蜂王单边剪翅（前翅剪去 2/3 而不是 1/3）或者在巢门口安装隔王栅或脱粉片的方法。通常，蜂王授精后 2～5d 即可产卵。产卵 9d 后，可被介入大群、贮存、出售、邮寄等。

二、蜂王的贮存与运输

培育蜂王在很大程度上受气候和蜜源的限制，特别是在越冬期较长或蜜源植物花期较短的地区，育王时间就会短而集中，因此有时无法及时获得所需蜂王。为了解决蜂王在育种和生产上的实际问题，有学者研究并提出了许多蜂王的贮存方法，可以持续地供给蜂王，对加速蜂群繁殖、提高核群利用率和完成生产计划等方面都具有积极的意义。

(一) 蜂王的贮存

贮存蜂王的时间可由几周到几个月，也可以将蜂王贮存越冬。按蜂王贮存场所可分为蜂群外贮存和蜂群内贮存两种。

1. 蜂群外贮存 蜂王的蜂群外贮存是指将蜂王限制在蜂群外部狭小空间内，供给适量的伴随工蜂，提供适宜的温湿度、充足的饲料和水等条件，确保蜂王离开蜂群仍然能够生存并保持良好的繁殖能力。贮存场所主要有蜂王贮存盒、蜂王贮存笼和蜂王小型贮藏室等。

(1) 蜂王贮存盒。这是一个长×宽×高为 50mm×50mm×80mm 盒子，可以贮存 1 只蜂王。它的前面有一个能上下拉动的门，顶部中央有一圆座，圆座中央有一个约 2mm 的饲料取食孔，圆座上倒放着一个盛饲料的小瓶。前、后板上都有一排通气小孔，盒内近底板处横放有一个窄板，放置一块小巢脾供大约 50 只幼蜂附着。把贮王盒放在架子上，温度保持 25℃左右，相对湿度 50%～70%，每隔 30d 左右更换一次蜜蜂。

(2) 蜂王贮存笼。也称蜂王邮寄笼，供临时贮存蜂王使用，能够贮存炼糖饲料。将 1 只蜂王和 10 只幼蜂装入邮寄王笼，装上炼糖，调控温度在 25℃，相对湿度 50%～60%，置于黑暗静谧的环境下，可以贮存 2 周左右，更换工蜂可以延长贮存期。

(3) 蜂王小型贮藏室。利用具有保温和隔音等功能的暗室，设置温湿度调控和通风系统来贮存蜂王。贮王室可以保存的蜂王数量较多，根据蜂王、工蜂所需活动空间和占用贮王室的面积以及饲料放置等因素，用纱网制成体积大小适宜的笼。将蜂王和适量的工蜂装入其中，贮存期间保证饲料充足。贮王室内统一调控温度 25℃左右，湿度控制在 60%～80%。

2. 蜂群内贮存　分为无王群贮存和有王群贮存两种形式，但以框式贮王笼贮存最为灵活。

(1) 无王群贮存。是将要贮存的蜂王用王笼装好，将蜂王笼放在无王群的上框梁的蜂路间，或固定在箱内两侧的隔板上。一群可贮存 90～150 只蜂王，最长达 45d 之久。春夏季常采用这种贮存法，但必须注意群内不能有卵虫脾，每隔 10～15d 补充一批幼蜂。

(2) 有王群贮存。是在有王群内用隔王板隔离出一个无王区，在那里放置需要贮存的蜂王。平箱群用立式隔王板左右分区，继箱群用平面隔王板上下分区。先用扣脾笼把需要贮存的蜂王囚在无王区的蜜脾上 4d，待工蜂接受后，再用普通竹制或塑料制王笼替换扣脾笼，让工蜂能自由接近王笼，对贮存蜂王进行饲喂安抚等。王笼悬挂在蜂路内，每个蜂路内挂 10 个。其间需保证贮王群的饲料充足。

框式贮王笼是一种既可在无王群也可在有王群中使用的蜂王批量贮存工具，一般外围尺寸为 450mm×230mm×35mm（近似于一张巢脾大小）。制作和使用方法是：用细木条把一个空巢框间隔成 20～50 个小室，一面用铁纱全封闭，另一面给每个小室用木片或塑料片制成一个推拉门，室内固定一个蜡碗，内装炼糖饲料。将需要贮存的蜂王装入小室，关上推拉门后，放入无王群或无王区的子脾中间。其间定期补喂（图 11－11）。

图 11－11　框式贮王笼
（李志勇拍摄，2017）

（二）蜂王的运输

蜂王的引种、购进、售出和交换等，往往需要长距离运输。分为购买者随身携带和商家使用王笼邮寄两种。

1. 随身携带 购买者如果选择随身携带蜂王，就要杜绝与各种农药接触，特别是要绝对避免进入喷洒过杀虫剂的公共场所。若必须经过施药区，可以预先用大塑料袋把囚王工具（如王笼、单个巢脾或限王产卵器）临时封装起来。如果天气炎热，途中要适时适量地补喂净水，注意不要将水滴在炼糖上，以免炼糖溶化粘住蜜蜂，对蜂王安全造成威胁。

2. 王笼邮寄 通常把合格蜂王装入邮寄王笼内，附上一定质量的炼糖饲料，再装入一定数量的伴随工蜂进行邮寄。为了保证邮寄安全，宜选用特快专递邮寄蜂王。特快专递袋上打有通气孔，王笼与蜂王记录卡一并装入。一般情况下，邮寄到达时间在15d之内是比较安全的。邮寄温度为20～30℃，低于15℃不能邮寄，高于35℃的地区不建议邮寄。

三、蜂王授精效果评价

人工授精蜂王不仅要能够产下正常的受精卵，受精卵还要能够正常孵化，幼虫能够正常发育，子脾基本整齐，性比合理，早期的群势和生产性能可与自然交尾蜂王相媲美。

（一）授精效果的评价指标

蜂王的人工授精效果可以从受精囊中的精子数、蜂王开产时间和蜂王产卵性能等方面进行综合评价。

1. 受精囊中的精子数 对蜂王受精囊中精子数目的估计，用于评价蜂王人工授精的成功与否，而不再仅局限于看其是否已经授精。可以在授精后1～2d对授精蜂王进行随机抽样解剖检查，估测蜂王受精囊中的精子数目。通常的做法是，将精液用已知体积的0.5mol/L NaCl稀释，用贝克曼分光光度计在波长230nm处测吸光值（或更可能为混浊度）。因为吸光值和精子密度间成线性正相关，所以可用回归方程 $X=15.72Y-0.41$，由实测吸光值 Y 换算出精子密度 X（$\times 10^6$）。用此方程计算精子数比用血细胞计数板来得更快且误差更小（前者为1.0%，后者为13.8%），但要求精液稀释后应尽可能快地去测吸光值，否则在1h内吸光值会下降5%左右。如果受精囊中的精子数量多，说明精子转移率高；如果蜂王受精囊中的精子数不足，则后期将会出现授精蜂王在工蜂房中产下未受精卵的混杂现象。

2. 蜂王开产时间 蜂王越早开始产卵表明蜂王授精效果越好。自然交尾蜂王，一般在交尾后3～4d开始产卵；人工授精蜂王，通常要比同种自然交尾蜂王晚2～5d开始产卵，甚至迟达20d以后的也有；以漂洗或冷冻精液授精的蜂王，其产卵期会延后更长。

3. 蜂王产卵性能 自然交尾蜂王在产卵后的体重比人工授精蜂王的更重，每天产下的卵更多。一般情况下，人工授精蜂王的有效产卵量比自然交尾蜂王的稍低。人工授精蜂王所产生的子脾容易产生“花子”现象，这可能与同系交配或者与授精量不足有关。人工授精蜂王的寿命也不如自然交尾蜂王的长，但不影响其在保种、育种和生产上的使用（图11-12）。

图11-12 人工授精中华蜜蜂子脾
（李志勇拍摄，2017）

（二）影响授精效果的因素

处女蜂王和雄蜂的日龄、精液质量和精子转移率、气温与蜂群疾病等都可以影响蜂王人工授精效果。

1. 蜂王和雄蜂的日龄　日龄过大的处女王授精后容易产生较高比例的未受精卵。实验表明，用5～14日龄的处女蜂王进行人工授精，授精后蜂王的存活率可达75%～100%，受精囊中的精子可达3.79×10^6个，尤其是7～9日龄的处女王授精后开始产卵的时间较早。取14～21日龄的雄蜂精液用于蜂王人工授精最适宜。否则，随着雄蜂日龄的增加，转移到蜂王受精囊里的精子数减少，而滞留于蜂王输卵管中的精液残留量却增加，容易造成蜂王在开产前死亡。

2. 精液质量和精子转移率　精液注射到蜂王的输卵管后，需要进一步转移到受精囊内，其转移速度和数量都直接影响蜂王的授精效果。混有黏液的精液、精子活力较低的精液和精子密度较小的精液，都会影响精子转移到蜂王受精囊内，延缓蜂王开始产卵的时间。给蜂王授精后宜立即放回核群里，这样精子转移较快，转移数量也较多。将8μL精液给蜂王做一次注射或分两次注射（每次4μL）时，结果两次注射的精子转移较快且产卵提前3～5d。

3. 温度　在蜂王授精后的48h内，蜂王所处环境的平均温度与开始产卵的时间成正相关，温度增高1℃，蜂王开产时间提早0.32d。蜂王所处环境的温度高，精子转移率也高，蜂王授精后放到巢温30℃以上的核群里与放到30℃以下的核群里相比，前者比后者的精子转移速度快一倍。

4. 季节　在相同处理下，在春季（4月）授精的蜂王开始产卵的时间平均为5.7d，在秋季（9月）授精的蜂王开始产卵的时间平均为14.3d。

5. 疾病与敌害　孢子虫病对蜂王受精囊的充满有明显的负面影响，但用杀孢散（Enteroseptol，氯碘喹啉）可部分抵消一些。解剖未受孢子虫感染、轻度感染、中度感染和重度感染的蜂王以及经杀孢散治疗过的蜂王，受精囊内精子数分别为3.66×10^6个、3.02×10^6个、1.36×10^6个、0.63×10^6个和2.01×10^6个。

（三）正确使用授精王

由于蜂王的授精量与其受精囊内的精子数有一定相关但并不相等，更何况还有精子质量（鲜精或冻精的活力）对精子转移的影响，所以，人工授精王的制种效果远远低于自然交尾王的配种效果，最为突出的就是授精王的使用年限相对比较短暂。此外，还有产卵后的体重更轻，每天能产下的卵更少，有效产卵量低4%～5%，更容易产生“插花子脾”，寿命更短等。所以，人们在使用上就来了一个“脑筋急转弯”。当初人们购买授精王的本意是要改良蜂种，后来却发现授精王既可以作为生产王又可以作为种用王，而且作为种用王来“借腹生子”，比作为生产王来领导蜂群更加经济实惠，也更加满足实际需求。于是，用种者进行了如此这般的“二次制种”。由于所育出的新一代处女王还需要外出发生自然的不知血统的混合交尾，这就导致“成品蜂王”退化或转化为“半成品蜂王”了。

第四节　蜜蜂精液贮存

蜂王人工授精技术成功突破以后，人们开始关注雄蜂的精液贮存问题。蜂王人工授精技术成熟以后，更是离不开雄蜂精液的持续供给。因此，在一定程度上，雄蜂精液的可得性制约着蜂王人工授精技术的具体实施，雄蜂精液的种源性决定着蜜蜂近交和杂交的制种实践。

一、蜜蜂精液的贮存方法

蜜蜂精液贮存是指雄蜂精液在某个温度下放置一段时间后仍能存活并且具有受精能力。贮存形式分为常温贮存与冷冻贮存两种。目前，已经成为常规育种技术手段蜂王人工授精的配套系统。

（一）精液的常温贮存

在雄蜂大量产生的时候，工作日内采集的精液当天无法给蜂王注射完，或者当天还受限于处女蜂王的出房日期，就需要暂时保存一下，这时宜采用常温贮存技术。

1. 常温贮存精液的制作过程 将雄蜂精液与稀释液以 1∶1 或 1∶1.5 的比例加以混合，装进玻璃毛细管内（宜先用抗生素溶液灌注清洗过），两端或以气泡直接相隔或与稀释液先接触再间隔气泡，用纯蜂蜡或硬质医用凡士林封口。装管方式可以是一长段精液，也可以是几个小段精液，中间或端部填充的气泡体积必须小于精液体积，以控制菌群的生长。贴上标签，于冰箱保鲜区（4～13℃）中保存。使用时取出，先镜检，再注射。

2. 稀释液配制的注意事项 稀释液是给离体精子提供足够营养物质的溶液，在常温下使用。主要成分有稀释剂（如水和氯化钠）、营养成分（如糖类）、保护成分（如二氢盐）及其添加成分（如抗生素）等（表 11-1）。

表 11-1 稀释液常用成分表

成分	主要作用
葡萄糖、果糖	作为能源供代谢所需
三羟基氨基甲烷、磷酸盐（钠或钾）、碳酸氢钠	缓冲 pH 以防止酸中毒
氯化盐（钠、钾、镁）、醋酸钠、柠檬酸钾	电解质渗透平衡以避免细胞溶血
青霉素、链霉素、磺胺	抗生素以抑制菌群生长
过氧化氢酶	活性酶以纠正细胞毒性

稀释液配制时，由于 pH 和渗透压之间存在着显著的互作效应，所以，不同组分占比的稀释液，其渗透压和 pH 均应调至与精液或受精囊液的相似。同时，应严格根据药物的理化性质、规格及其溶液的 pH 来选择进行蒸汽灭菌或者滤膜灭菌。如配制过程中或高温高压后发生分层、沉淀、气体产生、变色或外观无变化但可能会有潜在变化时，要特别注意研判，以使其对精子的细胞膜、顶体酶和其他亚细胞组分的损害减少到最小。

（二）精液的冷冻贮存

鲜精采集或者短期（少于 1 周的）贮存的精液曾一度使得蜂王人工授精成为可能，但处于非冷冻状态下的精子贮存具有太大的局限性。精液的冷冻贮存克服了常温贮存的许多不便，使得蜂王人工授精的随时性和常态化成为可能。人们现在已经能够从冻精后代中培育出蜂王，但它的子脾生产还不足以维持一个正常的生产群。

1. 冷冻贮存精液的制作过程　将精液如常温贮存那样装管，只不过稀释液中加进了抗冷冻成分成为保护液，玻璃毛细管换成了耐深低温的医用聚乙烯毛细管，端口处加热或加塞压实密封。先在4℃下渗透平衡1h，再进行数分钟的降温预冻和程序冷冻（液氮面上2～5cm冷气熏蒸至管壁结霜）以越过冰晶温区后，转入液氮中（－196℃）深低温冷冻和长期保存。授精时，取出冷冻精液，经过升温复苏和漂洗置换抗冻成分过程，便可采用通常的方法进行蜂王人工授精了。

2. 冷冻要素和工作要点　除了主要应从冷源、抗冷冻剂和解冻方式等冷冻要素上做出选择外，仍需要从解冻后处理等工作要点中做出改进。

（1）冷源选择。干冰（－79℃）、液氧（－183℃）、液氮（－196℃）和液氦（－270℃）都可以作为冷源选用，但是，从安全角度，干冰和液氧最先被淘汰出局，因为在密封容器中升华所产生的压力会引起爆炸，当发生“跑、冒、滴、漏”事故时，有可能引发气体中毒；从经济考虑，液氦也不能入选，因为惰性元素氦极难液化，液态氦需从天然气中提取，资源极为有限；唯有液氮，制取方便，空气中分馏可得，相对可靠，偶有吸入性“氮酩酊”。

（2）抗冷冻剂选择。卵黄中的卵磷脂在防止精子免遭冷休克而保持活力方面作用较好，但在有氧条件下，其中的某些氨基酸可能产生对精子有害的过氧化氢，需要加入适量的过氧化氢酶。甘油在含量不超过2%时可保护精子抵抗冷冻伤害，但会使精子的受精能力下降，可能是破坏了精子顶体膜上的糖蛋白络合物。二甲基亚砜（DMSO）保护使精子在冷冻过程中的损伤比甘油保护的更小，最适浓度为8%～12%。优点是具有高渗透性、强吸湿性和遇水放热性，可以改变膜的通透性，提高细胞内的离子浓度，降低细胞冰点以及减少冰晶形成；缺点是具有氢键破坏性和弱碱性的弱氧化性，可致部分细胞膜（顶体帽）被溶解而裸露或泄漏原生质（线粒体），可使蛋白质和大分子变性以及细胞毒性发生。

（3）解冻方式选择。属于速冻精液的后续工艺。水浴（35～45℃）和蒸汽浴（25.5～39℃）等解冻均可，更先进一点的，可用微波、红外、高频波、高静水压、真空和空气等解冻。

（4）解冻后处理。冻精解冻后宜加入等渗稀释液并低速离心，以洗除抗冷冻成分，提高冷冻复苏后的精子活率和活力；下沉精子改为昆虫用生理盐水（0.65%）或雄蜂血淋巴进行适度悬浮，以便容易吸入微量注射器针头中。解冻后精液当天用不完的，可于13℃左右保存过夜，但不应再使其温度骤升或急降。

二、贮存精子的质量鉴定

蜜蜂贮存精子的质量鉴定包括活力检查、有效精子数计算和形态检查。

（一）活力检查

精子活力是评价精液质量和雄性个体在自然交配和器械授精方面的受精潜力的重要参数。

1. 光学显微镜估测　在光学显微镜下观察估计凹玻片上活精子占视野内总精子的比率。精子有前行、打转、摆动的均为有效。

2. 血细胞计数板估算　用生理盐水或稀释剂将精液稀释到一定倍数，导入血细胞计数板的小室中，先计算死精子数，然后快速升温瞬间杀死活精子，再计算总精子数，由此可知死活精子比率。最后按照稀释比例再换算成活精子总数。

3. 死活精子染色法 这里主要介绍两种精子活体染色液（sperm in vivo staining solution）。

（1）伊红-苯胺黑生物双染液。原理：死细胞的细胞膜允许非透过性染料进入膜内，出现染色现象；活细胞的细胞膜不允许染料进入，产生拒染现象。通过染料拒染法来鉴别死活精子数并进而计算得到精子活率。在微型离心管内，用微量移液器移取少许新鲜的或贮存的精液和染色液，在微型台式离心机上混合均匀后放置30～60s。移取少量精液-染色液混合液放于载玻片上，制成涂片，晾干，油镜下检查染色结果。活精子不着色，死精子为红色，背景为黑色。

（2）SYBR-14/PI荧光双染试剂盒。原理：膜通透性DNA探针SYBR-14，能穿过活精子的完整细胞膜而到达细胞核，并嵌入双链DNA而产生绿色荧光，因此称为活精子核染剂；膜不通透性DNA探针PI（碘化丙锭）仅能穿过死精子细胞膜上的无序区域而到达细胞核，并嵌入双链DNA而产生红色荧光，因此称为死精子核染剂。同时染上两种荧光的双阳性精子表示正处于由活到死的过渡状态。在微型离心管内，用微量移液器移取少许新鲜或贮存精液，先加入PI，37℃避光孵育片刻后，再加入SYBR-14，再37℃避光孵育片刻。移取少许精液-染色液混合液到载玻片上，小心抽去染色液，盖上盖玻片，在（共聚焦）荧光显微镜下检查染色结果。活精子亮绿色，死精子红色，半死不活精子橘黄色。

对于蜜蜂精子，除了使用SYBR-14/PI，还可使用Calcein-AM/PI。原理：活细胞内产生的酯酶对Calcein-AM（钙黄绿素乙酰甲氧基甲酯）有脱甲酯反应，生成物钙黄绿素属于膜非渗透性的极性分子，滞留在胞内发出强绿色荧光。死细胞缺乏酯酶，对此无反应。这两种染色剂都能使蜜蜂的死活精子发出两种明暗差别强烈的荧光，易于区别，但SYBR-14/PI的染色结果更清晰。

（二）有效精子数计算

活精子一般在注射时被视为有效精子。在使用液态精液时，注入的有效精子数＝注精量×［单位体积原精液精子数/（稀释比例＋1）］×活力。

通常，每微升蜜蜂原精液的精子数，中蜂以347.5万～562.5万个/μL（平均465万个/μL）计算，意蜂以597万～746万个/μL（平均722万个/μL）计算。

试验发现，人工授精蜂王在开产前、已经产生63 000或123 000粒卵之后受精囊内的精子数分别是（5.00±0.26）×10^6个、（3.25±0.06）×10^6个和（2.49±0.18）×10^6个，表明才过了一半的产卵季节，蜂王就已经用掉了一半的精子，显然与受精囊内的精子对数损失预测值成负相关。把蜜蜂的稀释精液（1∶1）不同温度下贮存2d后再给蜂王人工授精，结果得到受精囊内精子数Y（×10^6个）对贮存温度X（℃）的反应式为：$Y=-2.74+0.397X-0.00935X^2$。可见，生产用蜂王的人工授精时必须要考虑到注射量的问题（除非是专门进行近交和杂交制种），同时也要考虑到操作间的温控问题。

目前，在精确测定动物精子活力和评定运动状态方面，可使用全自动精子质量分析仪，将超级放大的精子图像经由电子摄像系统送入电脑贮存之后，对精子的活力、密度、活率、运动轨迹特征等进行定性定量的自动化检测分析，可对主观目测结果加以核对或用于教学，具有速度快、参数多、量化性好、智能化强、准确性高等特点。

（三）形态检查

精子前向运动力偏低，意味着精子活力下降。有时，顶体破裂甚至脱落以后，精子仍能呈直线前进运动，但受精力却较低。这可能是精子活力指标（直线前进运动、原地摆动、转圈运动）不能正确反映精液品质的原因之一，为此需把精子形态的实验室分析纳入进来，以期对种雄蜂的繁殖力评定、遗传病诊断、雄蜂选留和进出口检疫检查等更准确。通常对精子质膜完整性、精子顶体结构完整性、精子线粒体功能、精子染色质缩合度、精子染色体核型、精子核组蛋白成熟度、精子抗精子抗体等进行检测。

三、贮存精液的技术应用

蜂王的人工授精，无论是作为遗传研究的试验手段还是作为育种结果的可靠保证，前提都是要有精液可用。因此，精液贮存技术的突破，让人工授精技术的应用不再受到限制，二者是农业科技发展路上继往与开来的关系，也是相辅与相成的关系。目前在现代蜂业中，各种生产用种需求和休闲用种意愿不断出现，人工授精蜂王显然成为养蜂生产者获取蜂种卓越性状的一个比较经济的捷径。

1. 作为近缘杂交（物种内亚种间）**育种的必需手段** 将一个种用雄蜂的优良性状通过多只蜂王进行繁殖并传递给后代，有效地克服了组配育种难题，提高了优良蜂种的配种效能和种用价值，并防止了某些通过交配而传播的疾病。主要用于原种保纯、纯系繁育、近交系培育、血统更新和杂交组配等。

2. 作为远缘杂交（物种间）**育种尝试的辅助手段** 由于形态上的生殖隔离，远缘杂交的自然交尾无法完成。借助于精液采集和人工授精，可以尝试跨物种的直接组配或搭车母本物种的组配。

3. 作为探讨贮精质量与授精王性能关系的对接手段 为了最大限度地缩小授精王的用种缺陷，似乎还应努力提升各自的质控空间，找寻二者组合拳力度最好的某个平衡点。同时，购买和引进授精王，也带来了蜜蜂亚种和生态型的就地保护和迁地保护的问题，所以一个更好的配子冷冻保存法和种质库的问世，将成为可以有效应对蜜蜂多样性减少的宝贵工具或平台。

4. 作为一项科普推广项目 我国于 1959 年开始蜜蜂人工授精研究，农业部于 1978 年在江西举办了第一期蜜蜂人工授精新技术推广培训班，重点原种场和种蜂场至 1980 年已开始通过人工授精进行原种保纯和杂交制种。进入 21 世纪，基层养蜂人员有学习和应用这项技术的需求，因此是一项值得推广的科普项目。

知识点补缺补漏

核群

细胞冷冻机制

延伸阅读与思考

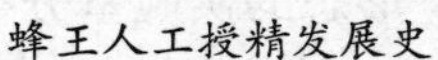
蜂王人工授精发展史

蜜蜂精液常温贮存研究史

蜜蜂精液冷冻贮存研究史

思考题

1. 影响蜂王人工授精质量的因素有哪些?
2. 如何获得和使用高质量的人工授精蜂王?
3. 雄蜂精液贮存与蜂王人工授精的关系如何?

参考文献

陈国宏，王丽华，2010. 蜜蜂遗传育种学. 北京：中国农业出版社.

穆忠华，张晓明，郭文奇，等，2010. 蜜蜂贮存精子的质量检测与品质提升研究. 中国蜂业，61 (11)：5-9.

薛运波，2016. 蜜蜂人工授精技术. 北京：中国农业出版社.

Cobey S W，Tarpy D R，Woyke J，2013. Standard methods for instrumental insemination of *Apis mellifera* queens. Journal of Apicultural Research，52 (4)：1-18.

Gencer H V，Kahya Y，Woyke J，2014. Why the viability of spermatozoa diminishes in the honeybee (*Apis mellifera*) within short time during natural mating and preparation for instrumental insemination. Apidologie，25 (6)：757-770.

Langstroth L L，2013. The hive and the honeybee. Dadant & Sons.

Pieplow J T，Brauße J，Praagh J P，et al.，2017. A scientific note on using large mixed sperm samples in instrumental insemination of honeybee queens. Apidologie，48 (5)：716-718.

Wegener J，May T，Kamp G，et al.，2014. A successful new approach to honeybee semen cryopreservation. Cryobiology，69 (2)：236-242.

（李志勇　王丽华）

第十二章　蜜蜂的超常规育种 >>

育种是一个从现有稳定品系中发现或研制变异品系，再从变异品系中选育新稳定品系的循环过程。一个好品种的诞生，将有可能在一定程度上带动一个产业的发展。可是，发掘自然的变异，总不如研制人工诱导的变异来得快捷。与常规的不改变蜜蜂基因组构成的选择育种、近交育种和杂交育种相比，诱变育种、倍性育种和远缘杂交育种等由于借助于外力或多或少地把蜜蜂基因组给改变了，就显得有些打破常规和超出常规。

第一节　诱变育种的物质基础

被诱变的生物体对化学的、物理的或生物的诱变剂会有或强或弱、或快或慢的基因突变反应和染色体突变反应，继而带有突变的细胞将变异了的遗传物质传至性细胞或无性繁殖器官，即可产生变异的生物体。因此，诱变育种要特别注意对诱变剂使用的“质”与“量”的掌控。因为一旦生物体对诱变剂致残、致畸和致癌等效应做出即时的细胞修复反应后，随着暴露时间的增加和生物体寿命的推移，染色体的端粒将不断遭到磨损和侵蚀，使得DNA更加暴露于诱变剂之下，变异将更加难以被修复。同时，如果再有病毒DNA整合进入基因组且不停地转座，那时DNA被装入染色体的过程也将开始变得紊乱，造成进一步的损害，进而影响细胞的生理过程。随着细胞间相互交流的发生，许多并行的互动过程也发生，于是，生物体就会发生由基因组损伤引起的衰老或疾病。

一、化学诱变育种

化学诱变育种是用化学诱变剂（chemical mutagen）处理生物材料，诱发生物体的形态特征产生变异，然后对满意的突变体进行选育，最终育成新品种。

（一）常用的诱变剂

常见的能引起生物体遗传物质发生突变的化学物质种类有烷化剂、核酸碱基类似物、羟胺和生物染料等。

1. 烷化剂　烷化剂是指带有一个或多个活泼烷基的化合物。常用的有氮芥类、烷基硫（磺）酸盐类、亚硝基脲（脲烷）类、次乙胺和环氧乙烷类。通过将生物大分子（尤其是核酸）的一些基团（氨基、巯基、羟基、羧基、磷酸基等）上的氢原子用烷基置换，使得在DNA复制中发生错配进而诱发点突变。多数种类还被称为拟辐射物质，因为能诱使烷基化碱基处的DNA链断裂或缺失等大的DNA损伤，甚至是染色体畸变。

2. 核酸碱基类似物　具有与DNA碱基类似结构的化合物，通常是碱基的同分异构体，如以酮式和烯醇式互变异构的嘧啶分子，以氨基和亚氨基互变异构的嘌呤分子。常用的有胸腺嘧啶类似物、腺嘌呤类似物和尿嘧啶类似物，还有分子类似物，如吗啉环（morpholino）。通过将核酸分子上的碱基（或五碳糖环）用碱基类似物（或吗啉环）置换，引起碱基对转换（如 AT→GC）（或对氧氮六环取代），造成点突变（或基因敲除），获得突变体。值得一提的是，吗啉环替代也称 morpholino 或 PMO（phosphorodiamidate morpholino oligomer，磷酰二胺吗啉代寡核苷酸）技术，曾经红极一时。

3. 羟胺 是 NH_3 分子中由 OH 取代 H 后形成的一种衍生物，分子式为 NH_2OH。皮肤接触、蒸汽吸入、黏膜刺激、经口吞食等都有极高的生物毒性，会使 DNA 的碱基发生置换（A→G、C→T），进而导致基因突变。

4. 荧光核酸染料 在嵌入双链 DNA 和 RNA 的碱基对后会造成两条链错位或移码突变。常用的有溴化乙锭（EB）、碘化丙啶（PI）和吖啶色素等。

5. 其他诱变剂 叠氮化钠、亚硝酸和 6-氯嘌呤等。通过使碱基发生氨基化替换和氧化脱氨等方式来影响 DNA 的正常合成或改变核酸的结构和性质，可诱发点突变，产生遗传效应（生殖毒性和致畸性）。

（二）诱变育种实践

每种化学药物对基因、染色体节段、细胞、组织或有机体的诱变作用都具有一定的特异性，可进行定向诱变育种。

1. 机理 主要是利用其在 DNA 复制、修复中的单碱基错配而诱导的基因突变。

2. 特点 以基因的点突变居多，具有同世代的迟发效应，即在晚些时候才出现突变。对突变体鉴定容易，筛选迅速，应用前景广阔。

3. 方法 化学诱变剂都是潜在的致癌物质，必须谨慎使用。未来或许可以期望智能机器人帮忙操作，以增加诱变的可重复性和诱变过程的安全性，包括药剂配制、试材预处理、诱变处理和诱变后处理等。

（1）药剂配制。现用现配，注意浓度、pH 和缓冲液对生物材料的细胞损伤阈值以及温度与溶解度的关系。采用临界范围内的高浓度。

（2）试材预处理。根据诱变药剂的特点和生物对诱变药剂敏感性的大小，正确选用处理试材和适宜的诱变剂量，以提高诱变育种成效。

（3）诱变处理。依据生物材料的活体形式和药剂的药性形式，通过外侵（涂抹、浸渍、套罩、滴液）、内用（吞服、虹吸、注射）和吸入（暴露、喷雾、熏蒸）等给药途径进行诱变。

（4）诱变后处理。根据药剂的处理方式，用洗液、清水、空气等反复冲洗、稀释、渐进复苏以降低残留和避免生理性损伤。还可以使用一些对诱变剂有吸附作用的致突变物吸附剂（如青棉、活性炭、蓝尼龙等）。

4. 实例 经济昆虫上，以家蚕为试材的化学诱变居多。

二、物理诱变育种

物理诱变育种是用物理诱变剂（physical mutagen）如各种射线、微波或激光等直接或间接地处理生物材料（通常是生殖细胞）后引发突变，也称辐射育种。

（一）常用的诱变剂

常见的能引起生物体遗传物质发生突变的电离辐射和非电离辐射有微波、等离子体、激光和射线等。电离辐射严重破坏 DNA，非电离辐射轻度破坏或不会破坏 DNA。在实际中，多是几种诱变剂的交叉使用以及与温度高低或辐射损伤修复抑制剂的复合处理，以避免诱变剂产生疲劳效应和过度效应。通常，高温和低温暴露是最简单的生物物理诱变处理。

1. 微波 通过对生物体局部或整体内的水分子运动和极性分子振荡加速，产生热效应和非热效应，来导致机体组织受热、烫伤和营养通路中断，进而产生一系列的突变效应。

2. 等离子体（plasma） 是物质继固态、液态和气态之后的第四态。等离子体中的活性粒子能够改变生物的细胞壁/膜的通透性，并引起DNA的多样性损伤，最终导致突变产生。以低温粒子流对细胞的波动性损伤和致死效应相对较轻，但诱变效应又相对较高。

3. 激光 具有光、电、热的综合效应，能使生物的染色体片段化、易位甚至是重组。

4. 射线 应用较普遍的是紫外线、X射线、γ射线和离子束等，突变率高且突变谱广。通常使得DNA的碱基氧化和化学键断裂，引起DNA损伤、碱基缺失、染色体断裂和染色体畸变等多种诱变效应。

（二）诱变育种实践

由于辐射诱变的作用是随机的和无特异性的，即使是在性质和条件都相同的情况下也能诱发出不同的变异结果，而在性质和条件都不同的情况下却能诱发出相同的变异结果。所以，辐射诱变育种存在的主要问题是变异的方向和性质尚难控制，只能期望得到随机变异但不能期望得到高保真可重复的变异。

1. 机理 辐射对生物体内核酸分子和蛋白质产生电离和激发，引起DNA合成中止、酶活性改变和染色体损伤，由此产生基因突变和染色体突变。带有这些突变的性细胞或无性繁殖器官，经过细胞传代即可产生遗传变异体。

2. 特点 具有普遍的辐射遗传效应。通常是：①最短时，间隔一个世代就出现，即受辐射生物个体本身并不表现，但该个体所繁衍的某些后代身上会出现。②最长时，间隔几个世代才出现，即超过了受辐射生物个体寿命的数倍（几个世代）后才表现。③长期可遗传性，即高祖遭受辐射，子裔承受影响，效应因袭持久。

3. 方法 包括材料选择、材料预筛选、辐射开始前的处理、辐射诱变处理和辐射终止后的处理。

（1）材料选择。宜选用综合性状优良而只有个别缺点的品种、品系或杂种，同时注意诱变处理材料的遗传背景要适当多样化。

（2）材料预筛选。不同诱变材料对辐射敏感性的反应强弱和快慢不同，通常二倍体的大于多倍体的，体型大的大于体型小的，幼龄的大于老龄的，性细胞的大于体细胞的。因此，需要在生物体的倍数性、发育阶段、生理状态和不同的器官组织等进行筛查，有时甚至还需要添加辐射敏化剂，以提高诱变效率。

（3）辐射开始前的处理。主要用抗诱变剂或辐射损伤修复抑制剂（如半胱氨酸、咖啡因、EDTA），还有水洗、可见光、高温、热冲击、低温或超低温等对试材进行预处理。既具有诱变性，同时也有降低继续诱发的作用。

（4）辐射诱变处理。在能够最有效地诱发生物产生有益突变的适宜诱变剂量下进行。要注意摸索不同辐射射线的剂量单位、单位时间的照射剂量（外辐射的剂量率和内辐射的注量率）以及处理的条件和时间长度。

（5）辐射终止后的处理。要及时使用清水反复冲洗，以预防被射线辐射的诱变材料发生有活化效应，并及时减少辐射残留。

4. 实例 对螺旋锥蝇（食人蝇）的幼虫进行放射性辐射处理后，选出并放飞不育的雄蝇，让其跟野外的雌蝇交配。种群规模因此受到极大压制，灭蝇取得成功。

5. 特例 太空育种或航天育种，是通过返回式航天器（卫星、飞船、航天飞机）搭载生物诱变材料，利用宇宙空间内特有的微重力、强辐射、弱磁场和高真空等综合物理因素，使之发生罕见基因变异后，再进行返回式新品种的突破性地面选育，为地球人类的现实生活服务。中国航天育种搭载试验一般用布袋包装植物干种子，用试管包装植物枝芽和菌种，用生物培养箱包装昆虫、动物精液和特殊菌种，搭载种类和重量根据载荷余量来进行。

三、生物诱变育种

生物诱变育种是指用生物诱变剂（biological mutagen）处理生物材料，诱发生物体的形态特征产生变异。

（一）常用的诱变剂

常见的能引起生物体遗传物质发生突变的生物活性物质有菌类（细菌、真菌）、病毒、寄生虫和次级代谢产物等。分为外源性和内源性两种。

1. 菌类 包括细菌和真菌，前者是原核生物，后者是真核生物。菌类对生物体的诱变作用主要表现在自身的侵染作用（如沃氏菌）和菌体提取物的抗生素作用（如链霉菌）。

（1）沃氏菌（*Wolbachia*）。也称沃尔巴克氏菌或沃巴赫菌，是昆虫纲下双翅目、膜翅目、鳞翅目等10余目的上万种昆虫携带的一种专化性内共生菌，是一类广泛存在于丝虫和节肢动物生殖组织（卵巢或睾丸）内的、由细胞质遗传的共生立克次体（Rickettsia），可作为杀虫剂来使用。沃氏菌家族在增强雌性繁殖力的同时，破坏雄性基因型个体在胚胎发育过程中雄激素及其效应的生成，从而使之雌性化、孤雌生殖、胞质单向不亲和或雌性细胞质遗传。如果要恢复寄主种群的雄性生殖，通过使用抗生素或者经过高温（>30℃）灭活沃氏菌即可。

（2）链霉菌（*Streptomyces*）。属下的许多菌种可以用来生产抗生素。除了链霉素以外，还有从土壤链霉菌中生产平阳霉素，从头状链霉菌中生产丝裂毒素C，从土壤天蓝微红链霉菌中生产正定霉素等。这些都是抗肿瘤类抗生素，能嵌入DNA的G-C碱基对之间，抑制增生细胞的DNA的复制，通过与DNA结合而抑制RNA的合成，引起DNA单链和双链断裂，造成染色体断裂，诱变频率高。

2. 病毒（virus） 是一种个体微小、结构简单、只含一种核酸（DNA或RNA）、必须在活细胞内寄生并以复制方式增殖的有机物种，它既不是生物，也不是非生物，可以感染几乎所有具有细胞结构的生命体，将自己的DNA或RNA插入，在宿主体内维持着慢性感染的状态，以在数量上保持与宿主细胞的平衡性，仅在条件改变下才从持续感染转到引起宿主细胞恶性癌变。

3. 寄生虫（parasite） 是指在宿主体内外以获取维持其生存、发育或者繁殖所需的营养或者庇护的一切生物，可作为病原体也可作为媒介传播疾病，其分泌物、排泄物和死体分解物对宿主既有毒性又有抗原性，可使宿主致病、致敏、行为改变和免疫受损。

4. 次级代谢产物（secondary metabolites） 是指生物在一定的生长时期，以初级代谢产物为前体，通过次级代谢所合成的一些结构比较复杂、生理功能不特别明显、细胞组分与活性酶不参与的、生长繁殖并非必需的小分子物质，大多具有生物活性，可积累在胞内也可分泌到胞外，在生存竞争中有重要作用。同种生物由于培养条件的不同，可能产生不同的活性次级代谢产物，其中能引起生物诱变作用的主要有生物碱和抗生素。

（1）生物碱（alkaloid）。是对生物机体有毒性或有强烈生理作用的一类生物活性成分。一般动物生物碱较少且含量较低，如蜂毒（抗 HIV 病毒）、蜂胶（抗肿瘤）；植物生物碱较多且含量较高，如灰苦马豆或豆类丝核菌中的苦马豆素（抗肿瘤），十字花科蔬菜中的莱菔子素（抗癌）。蜜蜂采集了有毒植物的花粉和花蜜后，不是其中的有毒生物碱导致蜜蜂及其幼虫死亡就是生产出的有毒蜂蜜和有毒蜂花粉引起食用者发生急慢性细胞毒性。

（2）抗生素（antibiotics）。以往的认知是，抗生素能杀灭有害细菌，但也杀灭了对机体有益的生理性常驻细菌，有残留性。其实，它还是 DNA 的诱变剂，不但引起诱变，而且重演性极好，通过破坏基因分子结构或造成染色体断裂来实现诱变，尤其是兽用抗寄生虫抗生素和人用抗癌抗生素。

（二）诱变育种实践

这里仅以沃氏菌感染育种加以介绍。

1. 机理、特点和方法

（1）机理。雌雄配子的胞质不相容性引发合子后不活。

（2）特点。雌性感染而雄性不感染，能产生下一代，后代不育；雄性感染而雌性不感染，能产生下一代，后代不活；雌雄都感染，能产生下一代，正常可育。

（3）方法。给胚胎显微注射沃氏菌，投放带菌雄性。

2. 实例　自然的或人为的沃氏菌-宿主间关系，已被用来进行以虫治虫的生物防治，通过致使虫媒的雄性不育达到重点种群的绝育清除；也被用来进行抗生素干预的育性恢复，帮助染菌种群建立种间血缘联系。

（1）物理诱变与生物诱变联用，让白纹伊蚊（*Aedes albopictus*）绝育。由于单纯性物理诱变的不育雄蚊在野外的适应力和性吸引力都下降，所以改用联合法灭蚊。一种是让雄蚊先接受辐射再感染沃氏菌后放飞，另一种是让雌蚊先感染沃氏菌再接受辐射后释放。蚊虫的天敌不会通过捕食而获得沃氏菌的感染，人也不会被蚊虫叮咬后被传染（蚊虫唾液腺管的直径小于沃氏菌的直径），人体中也检测不到抗沃氏菌的抗体。

（2）接种沃氏菌，可进行区域范围内的害虫管理。按实蝇（*Anastrepha fraterculus*）和斜纹实蝇（*Anastrepha obliqua*）是有强烈选型交配倾向的同域近亲种，但沃氏菌诱导产生了基因渐渗以及行为和生态改变。在一个杂交种中观察到强烈的育性下降和 F_1 卵受精率下降，在两个方向上都观察到 F_1 杂种成虫有明显的性比失调。

（3）感染沃氏菌，引起了果蝇雌性对雄性的性歧视。在亚奎那果蝇（*Drosophila subquinaria*）和白姜果蝇（*Drosophila recens*）的地理重叠分布区，因为雌性亚奎那果蝇和感染了沃氏菌的雄性白姜果蝇交配后，后代死亡率高（杂种不活），所以不管雄性是否感染了沃氏菌，雌性亚奎那果蝇对同域的异种雄性白姜果蝇和对异域的同种雄性亚奎那果蝇都产生了性歧视。

（4）灭活沃氏菌，解除了金小蜂的雄性不育。两个有亲缘关系的物种吉氏金小蜂（*Nasonia giraulti*）和长角金小蜂（*Nasonia longicornis*），由于都携带有沃氏菌，致使细胞质双向不亲和性很高，发生部分种间性隔离（不对称或不完整）。用抗生素治疗后，物种间杂交的 F_1 和 F_2 完全存活和可育。

（5）社会性蜂类沃氏菌的感染。在南非的海角蜂、东非蜂及其杂交种中都有沃氏菌的内寄生，在德国的卡蜂、印度的东方蜜蜂中也有。沃氏菌感染在熊蜂上是但在蜜蜂上不是导致种群生殖冲突和性比失调（如偏雌性的性比）的潜在动因。

第二节 倍性育种的物质基础

生物的遗传现象和遗传规律均依靠于染色体的形态、结构和数目的稳定，这种具有物种特异性的染色体组型是实现倍性育种的物质基础。倍性育种（ploidy breeding）是指通过诱变技术改变某种生物试材的染色体数量，产生不同于原试材染色体倍数的变异个体，进而选、育、繁、保新品种。在植物界比较常见，在动物上较难开展（鱼类除外），在农业育种上有重要应用价值。

一、倍性育种的常用方法

自然界中业已存在和偶有发现的倍性或接近倍性关系的物种，是倍性育种的种质资源。倍性育种包括单倍体育种（haploid breeding）和多倍体育种（polyploid breeding），前者是指利用二倍体生物的配子（如花药、精子、卵子）等离体组织培养技术诱导产生单倍体个体的方法，后者是指通过给染色体加倍来获得新品种的方法。它们都属于非转基因的传统“近缘杂交”乃至“远缘杂交”育种，可通过诱导法和染色体工程来完成。

（一）诱导法

在粮食作物（小麦、水稻、玉米）和园艺花卉上，目前多用秋水仙素和二甲基亚砜进行二倍体纯系育种和多倍体育种。秋水仙素是应用最广泛、效果最好的诱变剂之一，除此之外，还有细胞松弛素和聚乙二醇等诱变剂。处理时间以细胞分裂周期为转换，诱导结果以同源四倍体居多。

1. 诱变机理 延迟中期染色体的着丝点分裂，致使已经复制的染色体呈现 X 形；抑制中后期的纺锤体形成，使得纺锤丝断裂，染色体不能移向两极，导致两个子细胞里一个无核，另一个有双倍性核。

2. 试材选择 宜选用主要经济性状优良的多个种、品种、品系或类型，以利用不同遗传基础的不同多倍化表现。同时注意选用染色体组数少的品种，它的倍性增幅空间较大。最好选择能单性可育的品种，不会使育性降低。选择处于旺盛分裂时期的组织部位，可以提高诱变育种成效。

3. 敏感期诱导 体细胞、性细胞和合子核对诱变剂的敏感性是不同的，因而所产生的诱变结果也会是不同的，但却是可以预测的。

（1）体细胞诱导法。在体细胞的有丝分裂过程中施加某些理化因素，使得分裂中期的纺锤体和中间隔膜（细胞板）的形成受阻，于是已经复制的染色体就不能分向两极，进而不能在中间形成隔膜成为两个细胞，结果就形成了一个染色体加倍的细胞。去除某些理化因素，让这个细胞再分裂，形成两个子细胞，每个里面都有一套加倍的染色体。

（2）性细胞诱导法。在减数分裂过程中的某个确切时间处理卵母细胞，使得第一极体或第二极体的放出受阻，于是染色体不能减半，从而产生 $2n$ 的卵细胞。$2n$ 的卵细胞与正常减数分裂产生的精子（$1n$）结合，产生 $3n$ 的受精卵，其结果可发育成三倍体个体。

（3）合子核诱导法。在卵子受精后的某个确切时间，设法阻止合子核的第一次卵裂。这样，合子细胞的第一次有丝分裂（卵裂）受阻就可形成四倍体。或者，在合子中，设法让卵子的第二次成熟分裂受阻或第二极体的放出受阻或保留受精卵的第二极体，即可形成二倍体卵原核，待二倍体的卵原核与正常精子结合，就形成三倍体。

（二）染色体工程

染色体工程是指按设计有计划地削减、添加和代换同种或异种染色体的方法和技术。在植物上用途十分广泛，目前动物的染色体转移研究也受到重视，通过诱导出的小批量四倍体与二倍体杂交育成倍间三倍体和新四倍体成为主攻方向。一般染色体完整转移产生的类型主要有多倍体、非整倍体、双倍体、超倍体和亚倍体。

1. 多倍体（polyploid）　体细胞中含有三个或三个以上染色体组的个体。产生的途径有合子染色体数目加倍、分生（或卵裂）组织染色体加倍和不减数配子的受精结合等。产生的结果有同源多倍体、异源多倍体、同源异源多倍体、节段异源多倍体、异数的（混合的）异源多倍体和倍半二倍体。

（1）同源多倍体（autoploid）。由同一物种的二倍性染色体直接加倍形成的多倍体。减数分裂时联会松弛或局部联会，常形成多个多价体，有提早解离现象；或者，同源组中落单的那个染色体呈现不联会现象。常导致育性降低，尤其奇倍数的更低，往往高度不育。

（2）异源多倍体（allopolyploid）。将不同种属间个体杂交得到的 F_1 异源二倍体做染色体加倍处理后形成的多倍体。偶倍数的异源多倍体多由远缘杂交形成，具有部分同源性，高度可育；奇倍数的异源多倍体多由偶倍数多倍体（倍半二倍体）杂交产生，有的可育，有的不育（图 12-1）。

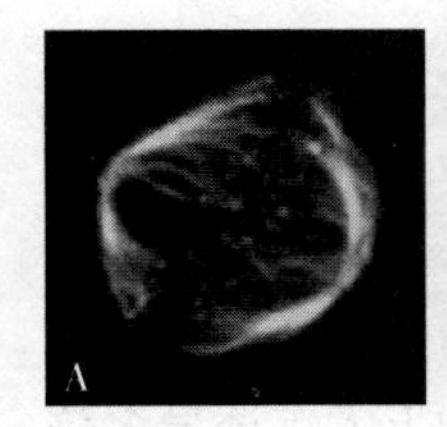

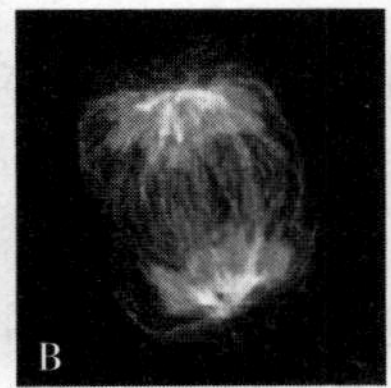

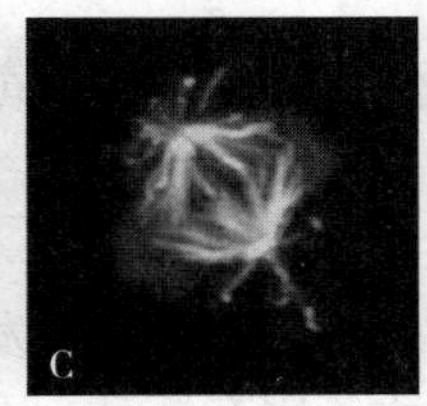

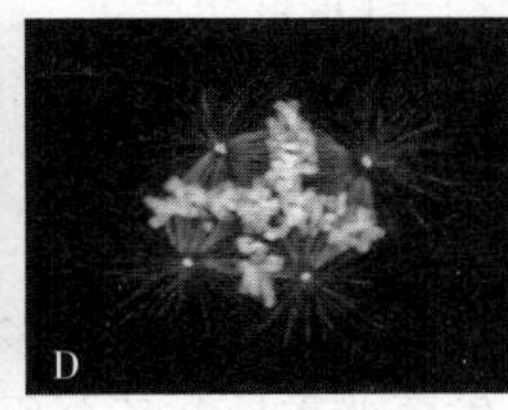

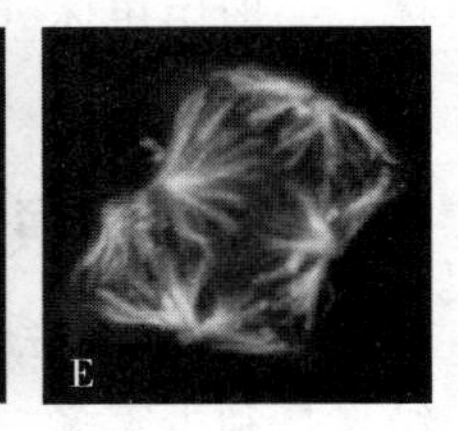

图 12-1　染色体的分离

A～C. 二倍染色体的分离　D 和 E. 多倍染色体的分离

正在分裂的细胞中，纺锤丝附着在染色体着丝粒处的 DNA 上，纺锤体以某种方式把 DNA 分开，以便每个子细胞有它自己的染色体套数

（3）同源异源多倍体（autoallopolyploid）。同时具有同源和异源多个染色体组的细胞或个体。可由异源多倍体的染色体数再加倍得到。

（4）节段异源多倍体（segmental allopolyploid）。不同染色体组间的非同源染色体在减数分裂时因有部分同源性而发生节段异源联会的异源多倍体。与同源联会异源多倍体（isosyndetic allopolyploid）近似，如异源多倍体的双体。育性差，受精率低。

（5）异数的（混合的）异源多倍体。应该与同源异源联会的异源多倍体（iso－anisosyndetic allopolyploid）近似。

（6）倍半二倍体（sesquidiploid）。异源多倍体的一种奇数染色体数目变异，其个体或细胞内含有一个亲本全部的、另一个亲本半数的染色体。

2. 非整倍体（aneuploid） 比该物种的正常合子染色体数（$2n$）多或少一个以至若干个染色体的个体；少数非整倍体往往能产生少量后代。生物体对染色体增减的忍受能力一般是：增加大于丢失，1 条大于 2 条及其以上。

3. 双倍体（amphiploid） 特例是单亲纯合双倍体（又称雌核或雄核发育）。在受精卵核尚未融合前取出雄或雌原核，尔后以细胞松弛剂处理，使得雌或雄原核加倍，形成二倍体，具有母或父本的纯合性状，含两套完全相同的基因和染色体。如果该合子染色体数（$2n$）再加倍，就是双二倍体（amphidiploid）的一种。

4. 超倍体（hyperploid） 细胞核内的染色体多于典型的核内染色体数的非整倍体。相对于整倍体而言，少数染色体有所增加。在异源多倍体、二倍体中均能发生。超倍体的前提是非整倍体遗传。在配子发生过程中，减数分裂Ⅰ正常，但减数分裂Ⅱ中某个染色体的两条染色单体不发生分离，就会形成超倍体和亚倍体的配子。常见的超倍体有三体、四体和双三体。

（1）三体（trisomy）。二倍体中增加同源染色体对中 1 条染色体的个体（$2n+1$）。

（2）四体（tetrasomy）。二倍体中增加 1 对同源染色体的个体（$2n+2$）。

（3）双三体（ditrisomy）。二倍体中增加 2 条额外非同源染色体的个体（$2n+1+1$）。

5. 亚倍体（hypopid） 细胞核内的染色体少于典型的核内染色体数的非整倍体。相对于整倍体而言，少数染色体有所缺少。通常在多倍体中发生。常见的亚倍体有单体、缺体和双单体。

（1）单体（monosomy）。二倍体中丢失同源染色体对中 1 条染色体的个体（$2n-1$）。

（2）缺体（nullisomy）。二倍体中丢失 1 对同源染色体的个体（$2n-2$），又称为零体。一般由单体（$2n-1$）自交产生。

（3）双单体（dimonosomy）。二倍体中缺少 2 条非同源染色体的个体（$2n-1-1$）。

二、倍性育种的实践

近年来，在动物上，自然产生的多倍体动物不断被发现，改变了以往动物倍性育种的结果是利少害多、发育严重异常甚至死亡等固有概念。因此，随着在植物上人工诱导多倍体技术的日臻成熟，多倍体在动物上也屡见不鲜了。

（一）多倍体的特征特点

通常的二倍体经秋水仙素诱变后，成为育性差的四倍体。四倍体和二倍体杂交得到根本不育的三倍体。优点：速生性好（生长快、新陈代谢旺盛）、巨型性强（个体大、器官大）、抗逆性强（表现为抗病、耐寒）、长寿性好（适应环境能力强、分布广）、有机合成速率高（芳香性强、腺体大、营养物质含量高）、不干扰物种资源。缺点：发育延迟、性二型性明显（性腺发育异常）、育性低（后代不活或不育）。

（二）多倍体的后代选育

在倍性鉴定上，主要是通过染色体数目的变化来看二倍体、亚四倍体、四倍体和超四倍体的比例。

在后代的选育上，主要是考察第一代多倍体的胚胎发育时序、孵化率、畸形率、生长速率（是优势的还是劣势的）、雌雄比例（是否严重偏离 1∶1）、性腺组织（是偏母的还是偏父的）、生殖能力（雄性不育、雌性不育、两性不育）和形态学特征增大的个数等。

（三）倍性育种的实例

动物的倍性育种主要集中在鱼类，为人们的生产生活和休闲娱乐等带来诸多裨益。如金鱼和泥鳅等已见四倍体，银金鱼和蜥蜴等已见三倍体，红白锦鲤已见雌核发育的二倍体。诱导雌核发育的具体做法是把用紫外线照射（20min）灭活的非种用精子与种用卵子放在一起，刺激完成假受精（20～22℃），热休克（41℃，2min）得到二倍体。

（四）倍性育种的意义

在存在倍性或接近倍性关系的物种中，以细胞操纵和杂交为依托来实现倍性育种；以倍性育种为桥梁来达成跨种属的远缘杂交（蜜蜂上争取做到单性控制育种），无论是在理论上还是在实践上都有一定的意义。

1. 加快纯系培育　已知单倍体的基因呈单存在，将单倍体生物材料加倍处理后获得的个体，其基因型高度纯合，避免了常规育种中多代自交的烦琐，也明显缩短了培育周期和育种年限。如果该纯系可育且表现优良，则开展纯系间杂种优势的生产上利用时，可增加对亲本选配的准确性和对杂交后代的预见性。

2. 使得远缘杂交变得简单容易　在一些远缘杂交不亲和的组合中，如果将其中的一个亲本先行加倍，则远缘杂交变得容易进行，并且所得异源多倍体自带抗逆性、适应性、高产性或观赏性等经济价值。

3. 促进新物种形成　单倍体只有相对基因中的单基因，通过对物种的多倍化（polyploidization）处理可在当代发现变异，为异交种快速获得纯系提供有利条件，加速多倍体杂交物种形成。

第三节　远缘杂交育种的物质基础

远缘杂交育种是根据断代史上有一定亲缘关系物种的遗传特性，通过选择和繁育，不断地扩大、积累和加强杂种群体中因基因重组而产生的某种有益变异，并使其朝着同一变异性质的方向发展而进行的一种育种方法。

自然界中，以物种为单位的群体内的全部遗传物质或种内基因组将物种划定在一定的范畴之内，由多个范畴的遗传资源或基因资源的聚集就出现了生物物种的多样性。一个染色体组所包含的染色体数，不同种属间可能相同，也可能不同。同样，一个染色体组的染色体形态结构，不同种属间可能相同，也可能不同。这样，由于生物多样性带来的基因组间的同源性和异质性的分化程度，就成为自然界发生两个乃至多个物种之间远缘杂交的基础与瓶颈。一旦这个可资利用的和随后加以选择的育种资源突破某一范畴，远缘杂交制种就会发生。

一、远缘杂交的方法

有生殖隔离的不同物种之间发生染色体重组后就产生了远缘杂交后代。有自然发生的，也有人为组配的。截至目前，植物上最远的远缘杂交是跨亚科间的杂交（如竹稻），动物上的则是跨越更高分类阶元的杂交（如亚科间、科间、目间、纲间和门间等）。通常

两个及其以上近缘种的类群同域分布在一起，由于没有地理隔离，加上自然因素，最后产生了基因交流，出现了中介个体，从而对相关物种居群的固有遗传结构产生了重要影响。这个同域分布地带就是基因流介导的种间渐渗带，被称为进化研究的天然实验室，已成为进化生物学和保护生物学关注的热点。

(一) 远缘杂交技术

对于目前局限于各自自然分布区的近缘的或远缘的物种，应当视为它们并不是不能适应于其他地区，只是没有被合适的载体给予扩散出去而已，克服的办法是通过引种促使其同域分布，或者从异地采运精液在本地人工组配，或者与诱变和倍性方法联用。这样，不同物种的染色体组间能够建立起完整而和谐体系的，就有可能实现远缘杂交进而获得远缘杂种优势。如果单纯从实施的杂交技术层面来分，主要有结（融）合型和非结（融）合型两种。

1. 结（融）合型 在自发或人工诱导下，两个细胞或原生质体合并成一个细胞，包括异核体形成、核融合、杂种细胞产生。

（1）合子结合型（zygotic union）。通过受精过程，合子继承了精核和卵（卵核和卵胞浆）的全部遗传信息，是真正的杂种。

（2）体细胞融合型（somatic cell fusion）。一般以不对称融合为最佳，即双方原生质体（核基因组和细胞质基因组）的融入量不对等，对亲本的不利基因可以有选择性。如人鼠细胞杂交、体细胞克隆猴（类人实验动物）。

2. 非结（融）合型 在自发或人工诱导下，两个细胞或原生质体合并成一个细胞时不发生核融合的生殖。

（1）非合子结合型（nonzygotic union）。卵仅带有父本部分的可能是细胞质的遗传信息。

（2）无融合型（apomixis）。核移植（鲤鲫移核鱼：鲤的核＋鲫的胞质）、胞质置换（“三亲婴儿”：受精卵＋无 mtDNA 病的卵胞质）等。

(二) 远缘杂交制种的特点

单项或综合利用远缘杂交技术，可有效打破物种间的生殖隔离。但是，说起来容易做起来难，还有许多问题伴生而来。

1. 亲本选择和组配的难度性 双亲的综合性状较好或互补性状较好，可能基因组相似度不高（属内或属间远缘），产生后代的可能性很小、后代生存率低或不育性高；基因组相似度差不多时（属内近缘），组配后的分离世代较长且不易稳定或杂种衰败、不一定可育或者可能有一定概率是至少可育的。此外，亲本间的正反交效果可能不同，也需要比较是否胞质不亲和或杂种不活。

2. 杂种配子的不亲和性 由于子一代基因组中没有同源染色体，联会配对紊乱，所以配子发生异常进而导致不亲和，难有子二代。所以，只能利用不育的杂种子一代的杂种优势而不要指望子一代的稳定遗传，除非采用补救措施。

3. 杂种的不育性 即使配子间的不亲和性丢失，但物种间的内在生殖隔离依然存在，由于非同源的缘故，一般也会出现核与胞质之间发育的不协调以致单性不育或合子胚败育（两性不育）。

4. 杂种后代分离的广泛性 由于双亲染色体的异源性，会在配对失败后形成大量的单价染色体，连续并随机地分散到若干个世代的杂种后代的细胞内，致使杂种后代分离变异幅度变大且呈现出不规则性，“疯狂分离”到无法预见需要经过多少世代才停止，给进一步的选育工作带来难度。

5. 杂种优势与劣势的并存性 优势是可以打破物种间的外在生殖隔离，整合相近物种的基因组，充实并突破本物种的基因库，可能会有一些不同寻常的新类型。劣势是后代仍需要采用补救技术来突破内在生殖隔离，如杂种不孕、杂种不育。在选择压力下容易回复到亲本类型，需要反复制种，增加用种和保种难度。

（三）杂交不亲和的补救措施

快速排除远缘杂交不亲和障碍的补救措施主要有选择育种技术、诱变育种技术和倍性育种技术（特别是异源多倍体化技术）。就是在原有远缘杂交技术基础上再结合一些行之有效的方法，这样就可扩展用于杂交亲本及其遗传物质的组合范围，打破仅依赖有性杂交实现种质资源创新的界限，更快获得广亲和的早世代稳定品系并固定杂种优势，开辟高产、优质、多抗育种新途径。

1. 选择育种技术 根据常规的选种组配来克服远缘杂交不亲和。

（1）正反杂交法。亲本选定后，在两者的种属范围内，采用染色体数较多或染色体倍数性高的物种作为母本进行杂交较易成功。

（2）测交、回交法。选择杂种第一代存活者作母本，与双亲之一进行组配。与亲本的一次组配就是测交，与亲本的连续多代组配就是回交。

（3）媒介法。当选定为亲本的物种甲与物种乙不能直接杂交或交配不亲和时，可以选择与双亲或双亲中的一方能够进行交配的物种丙进行杂交，再将杂交得到的媒介杂种与另一亲本杂交。这种间接的方法，有时较易获得成功。

2. 诱变育种技术 利用物理的、化学的或生物的诱导来克服远缘杂交不亲和。

（1）辐射精子法。精子预先用低剂量射线处理后再行杂交，由于低剂量刺激效应，精子活性增加。

（2）灭活精子法。用理化诱变剂灭活某一亲本的精液，引起假受精后诱导单核发育或染色体加倍。

（3）无性接近法。植物上称为蒙导法。以改善营养条件为主，在进行远缘杂交前，预先将亲本营养杂交一下，使它们彼此的生理活动得到协调或原来的生理状态被改变。

3. 倍性育种技术 通过异源染色体的多倍体化处理来克服远缘杂交的不亲和性。例如，杂交前使某一亲本的染色体加倍，克服远缘杂交不孕性；杂交后使 F_1 杂种的染色体加倍，克服远缘杂交不育性。

二、远缘杂交的育种实践

科技的发展提供了必要的人为诱导远缘杂交发生的条件，再加上自然界广泛的跨种杂交案例，都为远缘杂交的组配提供了可资借鉴的经验和有一定预见性的可能。一旦成功，可为人们有效利用自然资源、实施远缘经济杂交育种实验注入“必须要成功”的动力。这里需要强调一点，人们进行远缘杂交育种，实际上是在物种的框架下，把基因组“请进来”，然后再让新的基因组“走出去”的过程，是以有利于农业生产为目的的，但前提应以杂交的结果不会侵扰到自然界为最好，努力避开基因污染为最好。

(一)前期的一些工作准备

由于远缘杂交通常都思路奇特，难度较大，所以需要事先进行一些准备工作，如制订育种计划和预测杂交效果等。

1. 育种计划的制订 因为是要解决“做什么”和“怎么做”的问题，所以应根据生产的目的性来制订。总的要求就是切实可行和目标明确：育种指标要讲科学性，既是努力方向，又是衡量标准；亲本指定要有针对性，既有素材保存，又有科学依据；筛选手段要有明确性，既有形态学和生物学，又有细胞学和组织学；繁育措施要讲实效性，子一代可育，子二代可活；推广措施要讲配套性，只有选、育、繁、推等配套跟进，新品种育成的艰辛才能得到很好的回报。

2. 杂交效果的预测 起源于远缘杂交的异源杂交品系，在繁衍后代的早期世代中，其亚基因组间可能会发生激烈的震荡而导致整个基因组出现休克。生物体为克服这种变化，其基因组（包括基因结构）和转录组（包括基因表达）会做出一系列的相应改变。于是，就要依据亲本组配的效应性，推测在“做了什么”之后会“发生什么”和“得到什么”：①“本非同根生”的物种亚基因组间是否具有亲和性效应，如野生种和驯化种；②亲本体型对杂交后代体型是否具有亲本源效应，如偏父的狮虎兽（“巨大综合征”，正杂种优势）和偏母的虎狮兽（“矮小综合征”，负杂种优势）；③二倍体杂交品系是否具有优势叠加效应，如加性、显性和超显性；④加性效应是否具有伴随着世代更替而逐渐消散的效应，如一代不如一代；⑤显性效应和超显性效应是否具有伴随着世代更替而逐渐富集的效应，如一代更比一代强；⑥杂交品系是否具有随着世代更替而快速诞生的效应，如适应新环境进而形成新品种；⑦一些不可预见性中间类型是否具有引子效应，如中止此轮杂交但保留作为进一步开发的素材。

(二)基础设计与基本原则

在不违背动物福利和保持对生命与自然法则怀有敬畏之心的前提下，应该让由人类介入促成的超常规育成种有经济或科研价值以及不导致推广地的原有种质贫瘠化。对于数量性状，前期淘汰率要高；对于质量性状，后期可选择性要大。

1. 选育程序 远缘杂交育种的选育程序可以称为新品种诞生四部曲：杂交创新为第一阶段的任务，将原种或杂交种合子进行加倍，制作多倍体；自繁定型为第二阶段的任务，用理想型个体进行自群繁育（自交或回交、测交）或建立品系；扩群提高为第三阶段的任务，增加繁育基数，进行生产性试养和环境适应性锻炼；鉴定推广为第四阶段的任务，鉴定验收育成种，有节制地进行区域性推广。与杂种优势利用和近缘杂交育种相比，远缘杂交育种的最大特点就是组配单元不同（表 12－1）。

表 12－1　几种杂交育种方法的异同点比较

	不同点	共同点
杂种优势利用	种以下单元。F_1利用。先纯化后杂交	
近缘杂交	种以下单元。F_1繁殖，F_2选择。先杂交后纯化	杂交遗传重组
远缘杂交	种以上单元。F_1繁殖，F_2选择。先杂交后纯化	

2. 选育原则与方法 根据最大化满足双亲原则，选择宜在环境趋同下进行。①档案

管理下的选择。查阅育种档案，注意甄别是否发生过混杂。根据记录内容，确定个体选择或群体选择。②多重对照下的选择。在累代的扩繁和选择的同时，比较与双亲的、双亲之一的或原有品种的杂交效果（优势或劣势）。③世代节点下的选择。因为远缘杂交的子二代可育且性状变异范围最大，此时已基本可以判断有无潜力继续育成品种，所以宜采用个体选择法；一般在子三代就要停止杂交，改用连续2个世代的近交以稳定理想型，所以宜在子五代采用家系选择法。如果在子五代之前是混交混养的，则可在子五代至子八代采用合并选择法。④时间限制下的选择。从亲本组配开始到新品种诞生，一般在培育方向和选择方向高度一致的情况下，最快也要经过10个世代（前5个世代是杂交选型，后5个世代是提纯定型）。如果按照蜂群中的自然规律进行选育，则时间战线会很长，因而可以采用适当加代培育蜂王（孵化箱、异地）和缩短选择等待时间等来加速育种进程。

第四节　蜜蜂的超常规育种实践

蜜蜂的诱变育种、倍性育种和远缘杂交育种都是采取一定嵌合体措施或杂种制作后的超常规育种。技术上，可以通过体外诱导融合、卵的单精注射、营养杂交和蜂王人工授精等来辅助完成；实践上，既可以是超常规育种的因，也可以是超常规育种的果。但是，都不属于传统育种的范畴。

一、蜜蜂的诱变育种实验

该实践是指在深入研究、积极监测、严加防护的前提下，通过化学的、物理的和生物的方法，对蜜蜂进行一定剂量的处理，得到变异体。

（一）化学诱导法实验

给刚开始产卵的非洲化蜜蜂新交尾蜂王注射原肠肽（1μg/1μL），结果蜂王产卵活动增加，每房2个及以上卵的频率更高。但可惜的是，没有对诱导产出的或多产出的卵做进一步的检测。未交尾的海角蜂蜂王可以用CO_2麻醉来诱导产雌单性生殖，但交尾的蜂王不会被成功诱导，而产卵工蜂不用被诱导。

（二）物理诱导法实验

利用返回式科学技术试验卫星（2005年8月2日升空航行27d）和育种卫星（2006年9月9日升空航行15d）分别搭载意蜂和卡蜂精液，落地后马上给地面蜂王进行人工授精。结果太空一代（SP1）工蜂未发现形态异常，但太空二代（SP2）和太空三代（SP3）工蜂出现了白眼雄蜂、残翅、胸腹部畸形、背板畸形等变异。SP2代侏儒工蜂（比海南中蜂还小）占比8.7%和11.1%，SP3代侏儒工蜂占比15%～17%，它们寿命较短易迷巢，但飞行正常。从侏儒工蜂群移虫育王后，未见该变异可遗传。SP1、SP2和SP3的那些翅突变工蜂，其前翅长和肘脉a均表现出较高的左右侧摆动不对称。作为快速诱导突变的捷径之一，航天搭载蜜蜂精液必将带动我国蜜蜂种质资源和新兴育种研究领域的发展。

（三）生物诱导法实验

因为沃氏菌最大的特点就是可以将昆虫卵的性别转雄为雌，于是，人们想到了海角蜂产卵工蜂的产雌单性生殖是否与此有关。可是，观察结果却表明，混合产出雌雄的单性生殖（amphitoky）情况不存在，仅有的一种产雌单性生殖情况还是呈现孟德尔性状分离的，所以表明是由一个隐性的等位基因 *th*（thelytoky）在控制，而不是由沃氏菌的母体传播机制在控制。在瓦螨上检测到与其宿主卡蜂相同的沃氏菌 16S rDNA 序列（Pattabhiramaiah and Brückner，2008），提示沃氏菌的传播可有经卵巢的垂直式和经吸吮的水平式，因此生物诱导多了一个感染的可选方式。由于由沃氏菌所诱导的细胞质不亲和性可促进同域昆虫物种的快速形成，其长期的宿主专化作用（host - specialization）也有可能促进受感染物种的生殖隔离，提示在蜂类物种的科学研究或生物诱变上都很有应用前景。例如，是否可以让处女蜂王先行细菌感染，然后从形态学、组织学和细胞学上检查一下所产的未受精的雄蜂卵要么是二倍体雄性（X^aX^a），要么是单倍体雌性（X^aO），如果诱变成功，将可以进一步人工选、育、繁和保雄蜂突变种。

二、蜜蜂的倍性育种实验

蜜蜂单倍-二倍性系统的发育灵活性是蜜蜂倍性育种的生物学基础，由于同源多倍体较二倍体具有某些器官增大或代谢产物含量提高的特点，特别是多倍体的性腺发育异常，体内脂肪和蛋白质含量高等，所以，对于以收获器官分泌物为目的的无性繁殖系有极好的育种利用价值，如蜜蜂王浆高产品系、蜂毒肽高产品系和蜂蜡高产品系以及蜂类的远缘杂交等。

（一）膜翅目中的多倍体现象

在自然种群中，蜂类的体细胞内染色体具有多倍性，在个体发育后期最容易出现。膜翅目大多数昆虫［叶蜂科（Xyelidae）除外］的雄性肌肉中存在 DNA 加倍的现象，马蜂（*Polistes*）存在二倍体雄性和三倍体雌性，蚂蚁（*Tapinoma erraticum*）存在二倍体雄性、二倍体精子（由二倍体雄性产生的贮存在蚁后受精囊内）和三倍体雌性。

多倍性会影响体型不对称和翅脉异常，单倍体雄性更易发生翅脉异常和不对称，可能是由于环境污染和食物短缺而产生。毛跗黑条蜂（*Anthophora plumipes*）存在着明显的翅膀不对称性。在无王群饲养的蜜蜂工蜂更易发生咽下腺大小的不对称，在有王群饲养的蜜蜂工蜂更易发生卵巢小管数和上颚腺大小的不对称。以往农村地区被视为蜜蜂的重要栖息地，而现在则刚好相反，城市景观成为蜜蜂更好的生境。所以，沿着城市化进程的梯度变化，蜜蜂身体的不对称性已由在农村的极为严重发生到在城市的极其微弱发生。

（二）蜜蜂倍性育种的基础实验

工蜂巢房里卵的倍性可以用核分型来确定，进而监督是工蜂产卵（单倍性）还是蜂王近交产卵（二倍性）。二倍体雄蜂卵可以由母子交的蜂王在工蜂巢房中产生，二倍体雄蜂幼虫经过人工气候室（35℃和相对湿度 95%）养育后，二倍体雄蜂成虫在初生重（99.78mg）与生殖器官重（6.05mg）方面均明显偏小（单倍体雄蜂的分别为 105.64mg 和 7.02mg）。将海角蜂处女蜂王用 CO_2 麻醉后进行人工授精，结果有多达 1/3 的后代工蜂携带 3 个等位基因（2 个母系的和 1 个父系的），经流式细胞仪分析，发现它们都是三倍体，来源于产雌单性生殖融合核的受精。移虫育王后，结果 5 个女儿中有 1 个是三倍体。给这个三倍体处女蜂王人工授精后，既产生了大量的未受精的二倍体卵，也产生了较少的未受精的三倍体卵。当未受精的二倍体卵被授精时，全部不能存活；当未受精的三倍体卵被授精时，一部分可活，为四倍体。

（三）蜜蜂倍性育种的意义与设想

蜜蜂的雄性单倍体性别决定会对雄性施加一种特殊的选择性压力，这就必须要进化出适应性，以成功地处理基因组 DNA 比雌性减半的问题。如果在倍性育种中，合理利用这个压力，可能会产生意想不到的效果。

1. 在实践上的意义 主要是利用单倍体雄蜂的染色体加倍问题，培育带有有利性状的个体。①培育纯合子。蜜蜂属下的物种都有孤雌生殖产生单倍体的属性，将种内单倍体变成一个完全纯合的个体以遮蔽单倍体中无论显隐性都可表达的基因或者便于进行种间的远缘杂交。②培育杂合子。将种间单倍体变成一个杂合的个体以凸显单倍体中显性上位的或隐性抑制的基因。③培育奇数多倍体。利用蜜蜂单倍-二倍性这一优势进行奇数多倍体的培育，既可以有效利用工蜂的高采集性，又可以有效预防工蜂产卵现象的发生。因为奇数多倍体的配对异常和配子形成受阻，所以具有低育性和不育性。

2. 在概念上的设想 主要是培育三倍体的工蜂，增加高产性能，因为在大多数动植物中，细胞的 DNA 含量与其代谢活动之间存在着一致的关系。此前，二倍体雄蜂及其所产生的二倍体精子已被报道过，但由此产生和繁殖的三倍体雌性后代却罕见或几乎从未被记载过。可以从以下两方面设计：①操控雄性的奇数多倍体培育。将雄性卵做翻倍处理，育成二倍体雄蜂后，所产生的二倍体精子与正常二倍体雌性杂交，授精王产卵后得到受精的三倍体后代。②操控雌性的奇数多倍体培育。将雌性卵做翻倍处理，育成四倍体蜂王后，所产生的二倍体卵子被正常的单倍体雄蜂精子受精，授精王产卵后得到受精的三倍体后代。这些雌性三倍体假使育成了，也不能繁殖后代（不管蜂王还是工蜂），因而不会产生环境安全性担忧。

三、蜜蜂的远缘杂交育种实验

蜜蜂属下多数物种为野生尚待驯化的状态，种间杂交研究仅见于已经家养的西方蜜蜂和东方蜜蜂物种下的几个亚种。它们已经异地发生了数百万年，尽管如此，它们的形态和行为还是很相似，在一个世纪以前才被人为地带到一起，在地理边界上从完全被隔离的状态变为可以接触的和同地饲养的状态，这就为种间交配提供了潜在的机会。

（一）蜜蜂远缘杂交的基础实践

已知近缘种之间可能会发生营养杂交，从生殖干扰到杂交成功都有。同时，密切相关的物种间的生殖隔离通常也是不完全的。

1. 蜜蜂营养杂交——早期远缘杂交的探索实践 在华南地区，通过调整蜂脾，成功用适应性强的中蜂帮助适应性差的意蜂度过越夏困难期，包括高温（>43℃）、蜜粉源缺乏和敌害猖獗，说明两个蜜蜂物种在艰难的越度期内是不会“同室操戈”的，是可以“同处一室”的。通常利用幸存下来的少量健康幼虫和常年保持健康的蜂群来培养后代蜂王往往不能快速地表现优良的抗中囊病性状，所以可以利用中意蜂的营养杂交来培育抗病品系。即以中蜂为种用母群、意蜂为哺育群或以意蜂为种用母群、中蜂为哺育群，结果虫龄越小越易被接受，哺育蜂越多蜂王质量越好，但生物学特性上仍遗传于各自的母系。在早春，利用中蜂蜂王开产早的特点，抽调中蜂封盖子补足意蜂蜂群；在春季，用意蜂蜂王换掉中蜂蜂王，领导繁殖慢的中蜂快速培育意蜂蜂子，让意蜂及早投入生产；在秋冬季，再抽出中蜂子脾补足意蜂群以安全越冬，说明中蜂哺育蜂是可以交哺意蜂幼虫的。将东方蜜蜂和沙巴蜂的雄蜂封盖子互相交予对方的蜂群哺育，结果交哺雄蜂出房后，东方蜜蜂雄蜂的飞行时间仍然是14:00—16:15，沙巴蜂雄蜂的飞行时间仍然是16:45—18:30，都保持着本物种的飞行时间模式。向中蜂群内诱入西方蜜蜂的“金色卡蜂”蜂王，通过营养杂交途径，实现了种间优势互补和中蜂改良。即让“金卡”蜂王在诱入群内在加进的意蜂巢脾（工蜂或雄蜂）上产卵，由调入的正在出房的中蜂幼蜂来哺育；移取经过营养杂交的“金卡”幼虫培育蜂王，并让其与本群营养改良的“金卡”雄蜂自交。用这种“抱养”来的改良蜂王分期分批地替换领导全场原有中蜂蜂群的方法，湖南、湖北、广东、广西、江西、福建等地众多养蜂爱好者已进行了尝试并证明卓有成效（目前的中蜂双色王疑为该混合交哺模式的产物）。

2. 蜜蜂营养杂交——近期远缘杂交的探索实验 蜂王一般是行多雄交尾的，所以在婚飞时很可能与同种的也与其他种的雄蜂进行过交配。于是，在同域分布的东方蜜蜂和西方蜜蜂中，可能产生了种间杂种优势出来，降低了异种蜂王的后裔性能，诱导了异种蜂王孤雌生殖产下女儿。这样的生殖结果，就有如下尝试。

（1）产生种间杂种优势的营养交哺实验。从东方蜜蜂群里提出子脾放入西方蜜蜂群里哺育，反过来也一样，旨在通过营养杂交（用中蜂浆哺育意蜂幼虫，用意蜂浆哺育中蜂幼虫），产生出种间杂种优势，可谓“先天不足后天来补”以及“吃什么像什么”，但这种后天获得性很容易被先天遗传性所击溃。事实是，东方蜜蜂群拒绝接受西方蜜蜂卵，清房率在24h之内接近100%，被饿死的幼虫在5d内被相继清除，有少量的蛹（18.53%）出房后被蜂群接受；西方蜜蜂群可以接受东方蜜蜂卵少量（7.90%），孵化为小幼虫后不哺育，死虫在随后的6d内被全部清理，活到蛹期并出房的成虫比率很低（8.01%）；互相往对方蜂群的王台里移植异种蜜蜂小幼虫后，在12h内均被清理。把中蜂和意蜂的工蜂混合起来组成新群后，工蜂对异种蜂卵虫的抗拒性更加明显，尤其是意蜂对中蜂卵虫的清除率更高。不过，中蜂变得采集更勤奋、饲料消耗更少（仅为意蜂的32%）和寿命更长了。

当中、意蜂营养杂交时，子一代中蜂工蜂的初生重（99.58mg±5.70mg）与中蜂亲本的初生重（89.5mg±4.3mg）、子一代意蜂工蜂的初生重（109.19mg±6.22mg）与意蜂亲本工蜂的初生重（134.8mg±8.7mg），都是差异极显著（$P<0.01$），但子一代工蜂间的初生重差异不显著；子一代工蜂与亲本代工蜂在吻长、右前翅面积、腹部第3～4背板总长、第4背板突间距、第6腹节面积和蜡镜面积6个指标上差异极显著（$P<0.01$），在肘脉指数、跗节指数、翅脉角$\angle B_4$、翅脉角$\angle I_{10}$和翅钩数5个指标上差异不显著（$P>0.05$）；子代中父母亲本特有的DNA条带发生了偏移，呈现偏离亲本方而靠向养母方的趋势。表明营养杂交改变了工蜂代的形态学特征，有可能成为一种新的培育蜜蜂的方法，可以免除人工授精技术来培育优质蜂王和进行杂种选育，也可以成为东、西方蜜蜂种间杂交的媒介杂种。

用意蜂王浆饲喂中蜂小幼虫培育蜂王，结果营养杂交蜂王的产卵力显著高于对照组的（$P<0.01$），营养杂交蜂群的卫生能力、抗螨性和抗病力也显著高于亲本对照组的（$P<0.01$）。将本地意蜂江山2号与法国意蜂的杂交种幼虫用中蜂王浆饲喂或人工育王后，营养杂交F_4意蜂工蜂在形态指标上均有向“奶娘”中蜂靠拢的趋势；F_1和F_4蜂群的春季繁殖率均显著高于江山2号的或中蜂的，尤其是F_4显著高于F_1。可见，在向非亲同胞照料宗族的倾斜性上，有渐进的营养杂交（得到两代次以上哺育宗族的非亲同胞照料）

比无渐进的营养杂交（只得到一代次哺育宗族的非亲同胞照料）更大。中-意蜂间连续多世代营养杂交育王的结果为：形态学上是体长变大、腹部变粗和色带变浅，组织学上是初生重增加、卵小管数增多和产卵量提升，但各世代之间差异不显著。表明随着营养杂交代数的增加，工蜂和蜂群的形态学特征、与亲本的遗传距离、卫生行为、抗螨性能等也会逐代发生变化，虽然生产性能的每个世代改进量增加都不十分显著，但却可以逐代累加进行。

（2）降低异种蜂王后裔性能的田间婚飞实验。这种情况很容易被误解为由生态位竞争导致的“谁也活不好”。在中国康巴腹地和澳大利亚凯恩斯（Cairns）的热带雨林，放飞事先培育好的东、西方蜜蜂蜂王和雄蜂，让它们自然交尾，因为这两个种的婚飞时间在这两个区域都有重叠。用物种特异性遗传标记分析交尾蜂王的受精囊内容物，结果在康巴腹地有14%的西方蜜蜂蜂王至少和一只东方蜜蜂雄蜂交尾了，但东方蜜蜂蜂王没有和西方蜜蜂雄蜂交尾；在凯恩斯有1/3的西方蜜蜂蜂王至少与一只东方蜜蜂的雄蜂交尾了，但东方蜜蜂蜂王没有一只携带有西方蜜蜂的精子。自然交尾的蜂王不能产生种间杂种卵，但人工授精的蜂王可以产生种间杂种卵。虽然东、西方蜜蜂的杂种卵无活力，但表明无论是何地，只要是两物种同域生存，就会发生生殖干扰，就会影响异种种群的发展。所以，当初东方蜜蜂被引入巴布亚新几内亚、所罗门群岛和澳大利亚时，曾被看作一个有害物种，一点也不夸张，只不过不是因为在蜜源和生境等方面的强势竞争。

（3）诱导异种蜂王孤雌生殖产下女儿的人工授精实验。这种情况可以被理解为由种间移情别恋引发的“活不好自己就去好好爱别人吧”。东方蜜蜂、沙巴蜂和大蜜蜂在加里曼丹岛是同地种，这三种蜜蜂种间的相互人工授精显示，一种蜜蜂雄蜂的精子可贮存在另一种蜜蜂蜂王的受精囊内，但存活的精子数都比同种的贮存略低一些。用日本蜜蜂雄蜂的精液给西方蜜蜂蜂王人工授精，镜检显示受精的西方蜜蜂卵发育不好。西方蜜蜂蜂王用4μL日本蜜蜂精液注射后，产下720粒卵，99%异常，仅6粒发育成幼虫，但随后死去；改用3μL西方蜜蜂精液＋1μL日本蜜蜂精液注射后，卵孵化率为79.5%；减少西方蜜蜂精液量而提高日本蜜蜂精液量（2∶2和1∶3）时，蜂王开产行为似乎正常，但卵孵化率会大为下降（54%和26.5%）。东、西方蜜蜂的蜂王在通过人工授精接受了种间的精液后，都没有产下可存活的雌卵。然而，在东方蜜蜂两个以异种精子授精的蜂王领导的蜂群里，一些卵巢被激活的工蜂却产出了雌性卵（即2%的成雌率）。可见，在受到种间交配诱导行产雌生殖方面，蜂王与工蜂的反应是完全不同的。蜂王如果接受异种精子的诱导，显然生殖成本太高。如果蜂王存在生殖风险，倒不如工蜂自行被诱导来产雌生殖。

（二）蜜蜂远缘杂交的未来展望

首先，用本蜂种精子携带外源DNA或mRNA给本蜂种卵进行单精注射或将两个或多个远缘蜂种的精液混合后给一种蜂王人工授精，可以期望在非精卵结合型方面出现奇迹。其次，在中意蜂早龄胚胎间进行跨物种的显微操作，包括核质互换、胞质置换或卵裂球互换等，可以期望在精卵结合型（受精卵）和非精卵结合型（未受精卵）方面出现奇迹。还有，利用体细胞杂交技术，将两种远缘蜜蜂的两个单倍体卵进行体外融合。还有，蜜蜂蜂王和产卵工蜂的孤雌生殖产雄是单倍体配子的无配生殖（haploid gametophyte apomixis），海角蜂产卵工蜂的孤雌生殖产雌是二倍体配子的无配生殖（diploid gametophyte apomixis），西方蜜蜂的蜂王和东方蜜蜂的产卵工蜂也会产雌孤雌生殖并可从中培育出蜂王来，这些或许可以给予远缘杂交以一些启示，譬如先行孤雌生殖或孤雄倍性育种等。

知识点补缺补漏

假杂种优势

杂种不育

杂种发育障碍

杂种行为性不育

不育阻障

延伸阅读与思考

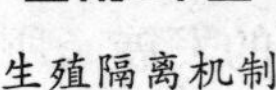
生殖隔离机制

动物远缘杂交的成功实践

染色体转性（或人造配子）技术

孤雄生殖

思考题

1. 蜜蜂良种生产繁育新技术还可以有哪些？
2. 远缘杂交的概念还有哪些补充？
3. 你认为属间杂交有可能吗？为什么？
4. 远缘杂种不育性的克服方法还有哪些补充？
5. 远缘杂种选择的原则还有哪些补充？
6. 蜜蜂属下种间杂交最可能成功的是哪几对？为什么？

参考文献

何旭江，吴小波，曾志将，等，2020. 中蜂与意蜂营养杂交对意蜂工蜂初生重及春季繁殖率的影响．中国蜂业，71（7）：17－18.

任勤，程尚，王瑞生，等，2018. 营养杂交对中华蜜蜂蜂王及其后代性能影响研究．中国蜂业，69（10）：70－72.

Banaszak－Cibicka W，Fliszkiewicz M，Langowska A，et al.，2018. Body size and wing asymmetry in bees along an urbanization gradient. Apidologie，49（3）：297－306.

Gloag R，Tan K，Wang Y，et al.，2017. No evidence of queen thelytoky following interspecific crosses of the honeybees *Apis cerana* and *Apis mellifera*. Insectes Sociaux，64（2）：241－246.

Oldroyd B P，Aamidor S E，Buchmann G，et al.，2018. Viable triploid honeybees（*Apis mellifera capensis*）are reliably produced in the progeny of CO_2 narcotised queens. G3：Genes，Genome，Genetics，8（10）：3357－3366.

Rojek W，Kuszewska K，Szentgyorgyi H，et al.，2022. Asymmetry in the ovarioles，mandibular glands and hypopharyngeal glands of honeybee（*Apis mellifera*）workers developing in queenright or queenless colonies. Apidologie，53（4）. https：//doi. org/10. 1007/s13592－022－00932－7.

Rull J, Tadeo E, Lasa R, et al., 2018. Experimental hybridization and reproductive isolation between two sympatric species of tephritid fruit flies in the *Anastrepha fraterculus* species group. Insect Science, 25 (6): 1045 - 1055.

Zhang C, Pokhrel S, Wu Z H, et al., 2019. Longevity, food consumption, and foraging performance of *Apis cerana* and *Apis mellifera* in mixed colonies. Apidologie, 50 (1): 153 - 162.

Zheng X Y, Zhang D J, Li Y J, et al., 2019. Incompatible and sterile insect techniques combined eliminate mosquitoes. Nature, 572: 56 - 61.

（王丽华）

第十三章 蜜蜂胚胎操作技术 >>

利用显微操作仪（micromanipulator）对动物细胞或早期胚胎进行显微操作，可以得到动物的许多新品种，进而带来许多新性状，已经引起人们广泛的兴趣。通过对蜜蜂卵的显微操作，就可以深化人们对诸如学习和记忆的发生、衰老、群居体制、形态学的进化变化等问题的理解。因为蜜蜂已成为研究人类免疫、过敏反应、抗生素抗性、发育、心理健康、寿命以及X染色体疾病机理的模式生物。

第一节 蜜蜂胚胎显微技术

这是由胚胎显微注射、显微切割、细胞核移植、细胞融合和核重建等一系列操作所组成的技术。这里，蜜蜂卵或早龄胚胎的保存既是这些技术得以实施的物质基础，也是这些技术得以往下进行并初见成效的关键步骤。可以说，胚胎保存技术是这些操作的后勤保障。

一、胚胎保存技术

蜂王在生殖期内几乎全年开产，但是如若需要特殊性别、特殊日龄或特殊品系的蜂卵，有时可能不会那么如愿和及时，不能满足实验进度的要求。所以，适当地保存一些蜂卵或早龄胚胎还是必要的，尤其是卵裂进行时的卵和单倍体的卵。

（一）技术方法

蜜蜂卵或早龄胚胎的冷冻保存，是在对卵或早龄胚胎采取特殊的防冻和预冻措施以及降温程序后，使之在－196℃液氮中停止代谢，而升温后又不失代谢恢复能力。目前，可以进行去卵壳和带卵壳的冷冻保存。

1. 剥壳卵体（合胞胚）**冷冻**　步骤Ⅰ，用次氯酸钠去除卵壳脂质和用异丙醇透化卵膜，用低浓度（25%）的玻璃化保存液作为负载溶液进行平衡；步骤Ⅱ，用梯度浓度的平衡液和玻璃化保存液（10%二甲基亚砜、30%甘油、5%蔗糖和65%TC100昆虫培养基）逐渐脱水和平衡；步骤Ⅲ，在液氮蒸汽浴中冷却（预冻）裸卵液滴，将玻璃化液滴投入液氮贮存；步骤Ⅳ，在解冻液（含5%蔗糖的TC100昆虫培养基）中解冻，用水化液（含5%胎牛血清的TC100昆虫培养基）梯度替代玻璃化保存液，结果有少数的卡蜂二倍体冻卵（1.25%）会成功走完孵化、化蛹和羽化过程。

2. 带壳卵体（合胞胚）**冷冻**　在冷冻保护剂浓度为25.0%时［*V/V*，1/4份甘油＋1/4份乙二醇＋2/4份蔗糖（1.0mol/L））］，在预冻容器内距离液氮面2cm处安置悬挂式纱网，当冷气熏蒸的“蜂卵包子”上形成液氮霜后（约2min）即可铲起装入塑料微试管内投入冷冻，解冻温度要在40℃以上，解冻后的卵迅速用生理盐水（6.5g/L）漂洗以减少高浓度的冷冻保护剂的细胞毒性。结果解冻后有少部分（25.0%～37.5%）的中蜂二倍体卵在实验室内能正常孵化为幼虫，算是冷冻初步获得成功；但是移虫育王时却不被工蜂所接受，算是冷冻没有最终获得成功。在两个不同的季节里（冬季，春季），限制意蜂蜂王产卵 7.5h 后，把胚胎收集在人工细胞栓塞中，蜂箱外培养过夜 16.5h。对在三个浓度（10%、20%和 40%）的冷冻保护液（B1、B2 和 B3）下培养的第一天蜜蜂胚胎，分别进行不同时长的低频超声电泳（联合生物染色剂的低频超声导药仪）处理（B1 和 B2 中 10min；B3 中 40s），让冷冻保护液穿越绒毛膜和卵黄膜等两层保护膜渗透到胚胎内部，然后选择被罗丹明 B 染成红宝石色的胚胎（指示已被超声波穿透），投入到液氮中急速冷冻。结果解冻后这些胚胎都获得了最佳的孵化率（>20%），最高可达 25%。

（二）技术难点

卵在产出后便是一个完整的生命，如若直接对其进行深低温冷冻，会产生冻害，导致其存活率下降。技术难点有：第一，冷冻引起细胞膜的损伤，从而影响与膜系统有关的生理生化活动。卵为合胞体，体积大（直径 0.3mm，长度 1.6mm）而表面积小，细胞质脱水和抗冻剂渗入都比较困难，冰晶易产生。与留在巢脾内不动卵的孵化率相比，移动卵的孵化率有所下降，并且在低温扫描电镜下可以看到物理性损伤。第二，卵内物质（如脂滴和囊泡等成分）对低温敏感，巨大的温度刺激会造成局部区域细胞内的染色体异常。对深低温冷冻的蜜蜂卵（早龄胚胎）的单细胞凝胶电泳检测表明：在细胞学上对生物染色剂台盼蓝表现出负染（活度的一个技术指标）的胚胎，在电泳图谱中尾部都会有不同程度的彗星状出现，表明冷冻导致了 DNA 损伤发生。第三，冷冻使卵裂球的核质联系被终止，而细胞质是卵裂核成熟与分化所必需的。冷冻后的卵和胚胎的发育潜力下降，可能会导致雌雄嵌合体、倍性嵌合体和雄核发育等现象大量产生，成蜂的孤雌生殖发生频率也会增加。所以，要注意采用最易导热的冷冻容器，使用能降低溶液冰点又无细胞毒性的抗冻蛋白，缩短卵暴露在保护液中的时间，减少保护液的用量，提高降温和复温速率等。

（三）实践意义

一旦建立起完善的蜂卵（受精卵、早龄胚胎）冷冻保存技术与成立种质库（与精子贮存配套），就可以有足够的卵源进行不间断供种，保证很多科学研究和商业应用项目的顺利进行，消除各地实验进程和技术条件的差异，成为保持蜜蜂遗传多样性的一个非常有用的工具。①便于充分开发利用蜂卵资源。受精卵也可以作为引种的一个方面，可将全国各地甚至国外的良种蜂卵冷冻保存并集中起来生产培育种用蜂王。这样，对专业化科学育王和统一供种都有利。②便于珍稀品种的保护。对于一些稀有蜜蜂品种，一时人工授精技术尚不成熟的地方和胚胎培养用量暂时用不完的地方，就可先将其卵冷冻保存和保护起来，待本地条件许可后或运输到条件许可的异地后，再解冻它们，生产种用胚胎。③便于蜜蜂胚胎显微操作的研究与开发。不仅使得项目研究不受实验材料的限制，而且还极大助力其研发的实用价值提升。

二、显微注射技术

显微注射是利用显微操作系统（图 13－1）将供体物（基因、细胞核或细胞其他成分）直接注入宿主细胞（胚胎细胞、去核卵母细胞或体外培养的细胞）中，并使之整合到宿主基因组中去表达和世代传递的技术，用于研究供体物的功能或者获得转基因动物。这种技术能克服固有的生殖隔离、实现物种间或分类上相距更远的群体间遗传物质的交换，整合率较高，实验周期相对较短。不足之处是它需要复杂精密的仪器设备和熟练的显微操作技术，有时可造成动物有生理缺陷等。

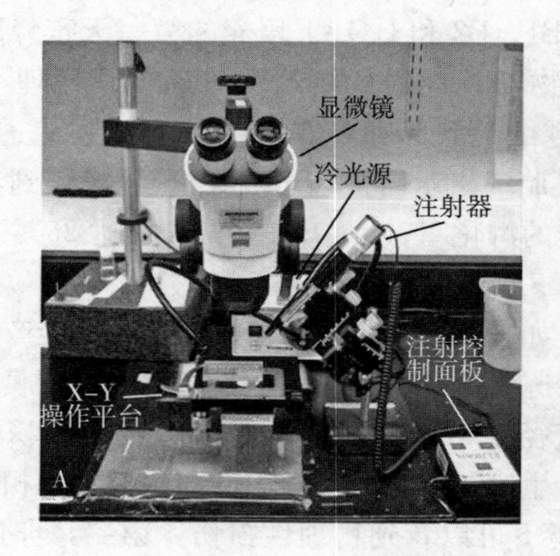

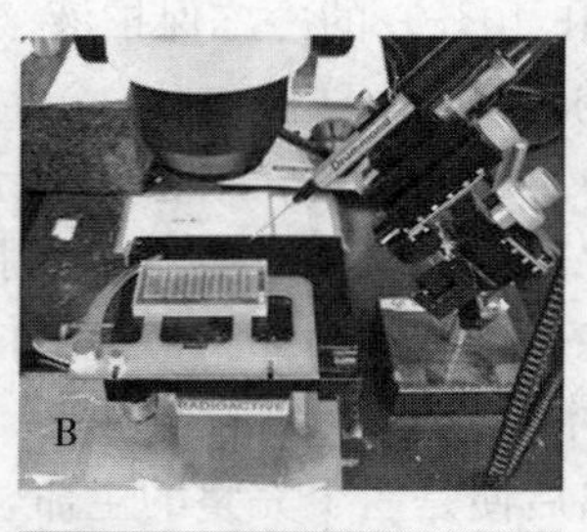

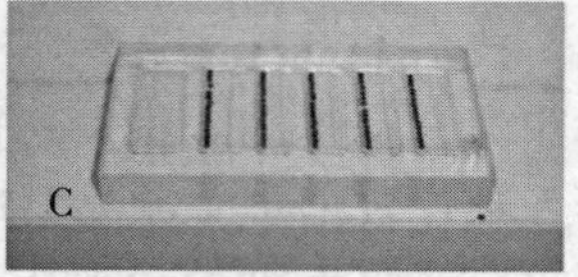

图 13-1　动物胚胎显微注射装置

A. 由立体显微镜、冷光源和 X-Y 操作平台所组成的显微注射装置　B. 注射托盘和带有注射装置的 X-Y 操作平台放大图　C. 自制的胚胎注射托盘

（Mimoto and Christian，2011）

（一）注射实验方法

目前，除了蜂卵注射外，已有人尝试进行蜜蜂幼虫和成虫的显微注射。可能不久的将来，也会有人探索进行蜂王母体微注射的可行性。

1. 蜜蜂卵的显微注射法　将意蜂卵（≤1d）置于双面胶条上，用低黏度的石蜡油覆盖；用玻璃针头（直径 2～5μm）对准卵的后端插入，注射 0.2～0.4nL（卵体积的 0.2%）的高密度石蜡油，结果有 21%的注射卵可活到孵化，并且其发育时间稍微延长。改用中蜂卵（≤1d）来重复米尔恩等人的实验，将注射用石蜡油事先用吉姆萨染剂混匀一下，给卵注射后使其在恒温培养箱（34～35℃）中发育，结果有 35.13%的注射卵孵化出来，但同时也发现胚胎发育时间稍有延长。将一个与 E30 同源的异形盒基序 dsRNA（300bp）注入蜜蜂胚胎的前胚盘期前极，结果这个 dsRNA 片段成功中止了目标基因在整个胚胎期的蛋白表达，所引起的表型缺陷类似于已知的果蝇布局基因（*engrailed*）的功能缺陷突变体（实际上是功能性同源基因）。

2. 蜜蜂幼虫的显微注射法　将 PiggyBac 转座子载体 pXL-BacII-ECFP 显微注入中蜂幼虫体内，结果 eCFP（enhanced cyan fluorescence protein，增强型青色荧光蛋白）基因在注射后 4h 在注射部位出现微弱的蓝色荧光信号，在注射后 36h 发出强烈的蓝绿色荧光信号，表明报告基因 3×P3-eCFP 可以在蜜蜂幼虫中瞬时高水平表达。

3. 蜜蜂成虫的显微注射法　将一段编码卵黄蛋白原基因序列的 504bp 的 dsRNA，分别向胚盘前期的蜂卵显微注射和向新羽化的成年蜜蜂腹部节间膜注射，随后在工蜂中检测 RNAi 的效果，即是否可以中断该靶标基因的功能，没有表型效应。结果卵注射的仅有 15%的卵黄蛋白原 mRNA 水平存在强烈的下降，而节间膜注射的几乎所有的（96%）个体都显现出突变表型，且在 15d 后仍可检测出有接近于模板 dsRNA 大小的 RNA 片段的存在。表明对于在成虫期才有高外显率的基因功能研究，腹部节间膜注射显然优于卵注射，也更加简单。

4. 成虫母体的显微注射法　指对怀卵雌成虫的微量注射。对处于胚层早期的雌成虫体内的卵进行微量注射，可以产生较高的存活率，并且不需要质粒的帮助，注入基因在以后几代中都能表达。这一技术目前在蜜蜂上还没有使用，但值得一试。例如：对蜂王进行在体卵注射、在体卵巢注射和在体受精囊注射等。

（二）注射效果检测

在养蜂实践中，通常提倡移取大龄卵或移取小龄虫来育王，殊不知这在遗传学上是犯忌的。因为大龄卵多为定型卵（胚前期历时 11～12h），受到物理性伤害或者被施行显微操作后，畸胎或畸形的发生率较高。

1. 初步观察法　利用玻璃毛细针在蜂卵（≤1d）的尾部注射石蜡油，可以看到细胞质中存在石蜡油的液滴（图 13-2）。注射后的蜂卵在 34～35℃培养，直至孵化为小幼虫，在显微镜下可以看到体内带有吉姆萨染剂的石蜡油液滴随着血淋巴做从后向前的移动。卵体内有液滴或者幼虫体内有游动的液滴都表明注射成功，可以结合进一步的检测来评价注射效果。

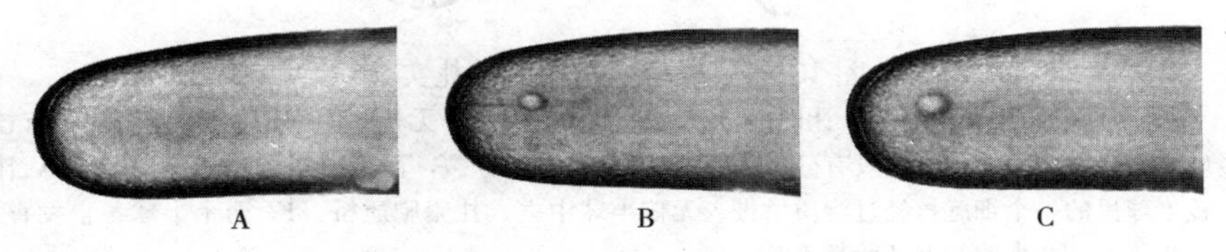

图 13-2　蜜蜂早龄胚胎（≤1d）的显微注射（注射部位为胚胎的后端）
A. 注射前的卵　B. 注射中的卵　C. 注射后的卵
（Cpjr et al.，1988）

2. 分子标记检测　将供体胚胎的卵裂球显微移出并注射至处于胚囊前期的受体胚胎中，获得细胞嵌合的蜜蜂。用微卫星分子标记鉴定法，分析嵌合体产生的比例，比例越高则显微操作的效果越好。

3. 荧光蛋白检测　将增强型绿色荧光蛋白（enhanced green fluorescent protein）基因（*egfp*）作为报告基因连接到对应的转座子（如 PiggyBac）上，再显微注入蜜蜂卵中，用荧光显微镜在荧光染料相应的激发波长和发射波长处检测是否有相应的荧光，如果有则表示注射成功。该方法可以快速筛选注射成功的个体。

三、显微切割技术

显微切割（microdissection）是在显微镜的辅助作用下，准确地从复杂的组织中获得某一特定的组织、细胞群或同类细胞、单个细胞、细胞内组分（如核仁和包涵体）以及染色体特异区带等的技术。实际上属于在微观领域对研究材料的细微原位分离与细微同质收集技术。从被切割材料的体积大小上，可以有胚胎结扎和胚胎分割（或显微切割）两类。

1. 胚胎结扎（embryo ligation）　是将已经产出体外的早期胚胎（桑葚胚或囊胚）在显微镜下用婴儿头发、羊肠线或相应粗细的线绳将其拦腰扎住，分成 2 等份，经体外培养获得同龄同卵双生后代的技术（图 13-3）。蜜蜂上完全有可能利用这项技术进行一卵双胎的培育尝试，但需要注意卵质两极极性的分配会对胚胎成型造成影响。因为对动物极（卵质较多的一端）和植物极（卵黄较多的一端）的纵向或横向的截然分开，将对卵的发育具有不同的成活意义和适应意义。

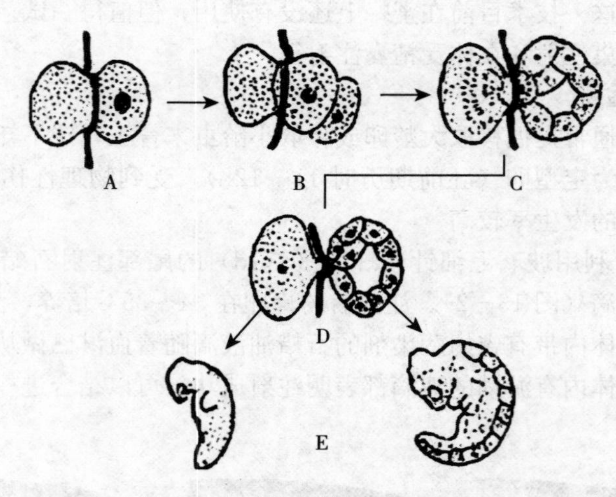

图 13-3　蝾螈受精卵的结扎实验

A. 在卵的正中疏松结扎，让两个半球（一个有核，一个无核）中间留有胞质桥　B. 有核半球开始分裂，而无核半球没有分裂　C. 有核半球继续分裂，而无核半球仍然不分裂　D. 让有核半球里的一个细胞核经过胞质桥进入无核半球中去，扎紧胞质桥　E. 两个半球各自发育，一个小些，一个大些，但胚胎都正常

(Spemman H，1928)

2. 胚胎分割（embryo splitting，embryo bisection）　是将早期胚胎（桑葚胚或囊胚）用分割针或分割刀把内细胞团分成 2、4、8 等份，每一等份经体内或体外培养后植入受体来获得异龄同卵双生或同卵多生后代的技术。原理是卵裂球的全能性很高，应该说是卵裂球移植和显微注射技术的最初雏形。早期采用的是手动直接显微分割，在显微镜下用自制分割针或微吸管徒手分离或吹吸微滴中的胚胎组织或细胞群；后来发展为机械辅助显微分割，利用普通光学显微镜的微调旋钮控制分割针（玻璃针或 30G1/2 注射针）来分割细胞（图 13-4），其胚胎有效分割率和半胚体外培养发育率都较好。目前，较为先进的是将微吸管改制为带双面刀刃的负压吸管或者将分割针用低能量红外激光取代，零污染地显微分割或激光捕获微切割（也称激光微光束微切割）动物胚胎（桑葚期、囊胚期）的目的组分（单个细胞或群体细胞）。

四、细胞核移植技术

细胞核移植（nuclear transplantation）是将一种动物的细胞核移入同种或异种动物的去核成熟卵细胞内的显微操作技术。通常利用等点聚焦遗传标记来确定核移植嵌合体，或者通过微卫星的定量荧光 PCR（QF-PCR）来检测和定量核移植或细胞移植受体胚胎里的供体基因型。

从蜜蜂供体胚胎（8.0～9.0h）的前端抽取卵胞质（ooplasm），显微注入蜜蜂受体胚

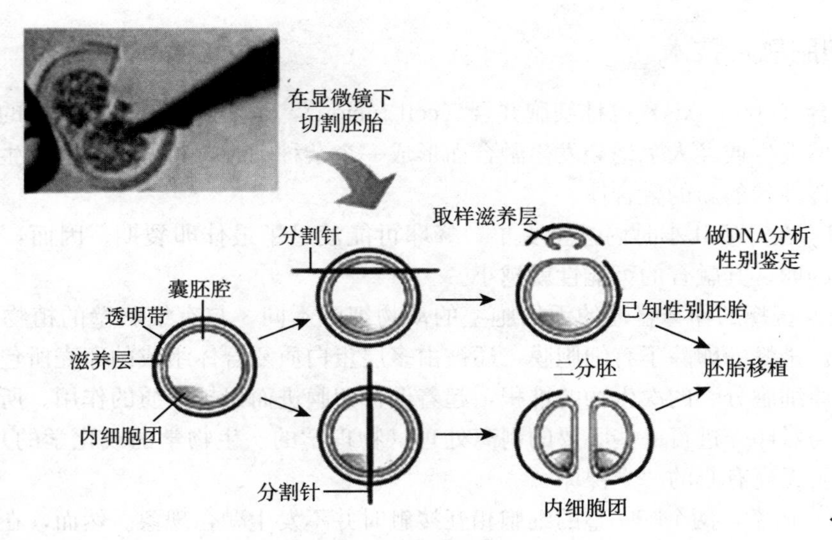

图 13-4　胚胎分割技术

在显微镜下，用分割针将囊胚期胚胎横向切开，取滋养层做性别鉴定后，将留下的胚胎做移植；用分割针将囊胚期胚胎纵向切开，均等分割内细胞团成为二分胚，分别吸出其中的半个胚胎，注入预先准备好的空透明带中或滋养层中

胎（1～3.5h）中。结果核移植卵（胚胎）的孵化率为26%（214/823），所分析幼虫的嵌合率为13.5%（12/89）（表13-1）。从蜜蜂供体胚前胚（8.0～9.0h）的前极抽取卵胞浆（ovoplasm，全能性的核），放入液氮中冻存至少24h；将水浴解冻（25℃）的冻存核注入受体胚胎（0.5～3.5h）的前极。结果冻存核注射胚的孵化率为25.4%（157/618），幼虫的嵌合率为11.5%（18/157），嵌合体中有16个表现供体+受体表型，有2个表现供体表型。从供体卵的前端抽取体细胞，在受体卵的前端和后端分别注入。结果卵的孵化率分别为70%（225/321）和30%（48/160），幼虫的嵌合率分别为3.7%（前进针点）和4.8%（后进针点）。

表 13-1　蜜蜂核移植产生的嵌合体幼虫分类统计

（Omholt et al.，1995）

幼虫日龄（h）	嵌合表型数（供体+受体）	供体表型数	受体表型数	幼虫总数
0	4	1	15	20
48	3	1	25	29
72	3	0	37	40
总计	10	2	77	89

以上实验表明，蜜蜂上极有可能进行同种的或不同种间的卵裂球的移植，而异种移植（例如中意蜂卵的核质互换）最有可能培育出嵌合体，培育成新品种和去除线粒体缺陷（双亲原核+第三方的具有健康线粒体的细胞质）。而贮存在液氮中的全能胚胎核，还可以作为一种有效的和实用的育种程序或者成为育种程序中的一个关键要素，如综合测试种用蜂王或筛选继代蜂王等。

五、细胞融合技术

细胞融合（cytomixis）也称细胞并合（cell fusion），是指两个或两个以上的同源或异源细胞，自然发生或经人工诱导发生融合而形成一个杂种细胞，再通过形态发生形成兼有两个亲本遗传性状的新的融合体。

1. 选卵　在产后几小时内甚至更早，蜂卵可能渡过了最佳卵裂期。因而，越接近于卵裂结束期的卵，其融合的可能性就越小。

2. 去壳　蜜蜂的卵与普通的无细胞壁的动物细胞不同，与有细胞壁的植物细胞和微生物也不同。蜜蜂的卵除了有细胞膜，还被由多层蛋白质复合体组成的卵壳所包裹着。蜜蜂卵壳是卵原细胞分裂的次生物的堆积，起着保护卵膜进而保护卵质的作用。所以，融合试验前，尚需对卵壳进行一些必要的剥离处理（物理学的、生物学的或化学的），使之成为软壳蛋——无壳有膜的“半裸卵”。

3. 融合　通常，两个膜完整的细胞相互接触时并不发生融合现象。然而，在某个关键时期，给予它们一定的处理，则可以诱使彼此融合。目前最常用的是电融合法（直流电脉冲）或化学融合法（聚乙二醇法，PEG1000－2000）。诱导后，细胞膜可发生一定的变化，使两个或多个细胞易于相互粘连而融合在一起。化学融合法中 PEG 的应用浓度一般为 40mg/mL，1 200r/min 离心 8min，用 $CaCl_2$溶液调整沉淀细胞的同步期（包括浓度和时间），培养板上培养箱中（37℃、5%CO_2）过夜融合。通常同种细胞融合的成功率较高，异种细胞融合的成功率较低。同相核细胞融合保留亲代细胞的周期，异相核细胞融合改为同步于较短的 G1 期。胞质融合在先，核融合稍后。以细胞损伤程度最低和细胞融合频率最高为效果最佳。

4. 检测　融合所产生的单核子细胞异常大，通常发生在融合后 12～24h。染色体组型分析时，其承袭而来的染色体数目应为正常数目的倍数。若这些染色体在随后的有丝分裂中合并到一个结合核内，变成所谓的合核体并开始同步分裂，则融合彻底。若没发生核融合而仅发生了胞质融合，则该融合细胞为嵌合细胞。嵌合细胞属于不稳定的遗传体系，具有向两个母本细胞方向发育的能力，表现为两个母本基因的随机表达，最终形成游龙戏凤型嵌合体。

5. 展望　诱导融合是基于自发融合较难发生而进行的一种无性杂交，用来进行有性生殖不可能完成的种内、种间、属间、科间乃至动植物间的杂种细胞构建和基因重组（例如多倍体、非整倍体、异核体或单核加倍）。多倍体蜜蜂可能是、也可能不是我们所需要的，但融合细胞在核融合之后、同步分裂之前的内多倍性可能却是我们需要的。目前在蜜蜂上尚未有或者较少有相关尝试的报道，如果有并且取得成功了，将会为系统研究嵌合发生的遗传背景和遗传规律提供依据，最终实现在属内增添新物种、在种下增添新品种和在群内增添新级型的预期。

六、细胞培养与体外核重建技术

在目前情况下，蜜蜂的不同遗传品系作为成年种群被保存在自然保护区内，这不仅让材料、劳动力和空间变得昂贵，还让独特的品种更容易遭受意外损失、污染和在隔离饲养中遭遇突变发生，致使发生基因型改变、遗传漂变或选择。因此，以一种全新形式来维持和保护越来越多的目前尚在保护区内、库存中心里以及个别研究者手中的蜜蜂品系可以作为一种补充，这种全新形式就是蜜蜂细胞的传代培养与体外细胞核重建。其中，细胞培养又是体外细胞核重建技术和胚胎干细胞应用的后续发展基础。

1. 蜜蜂体细胞的传代培养 经 NaClO 溶液（2%）消毒过的意蜂早龄胚胎（30～40h），在 Grace 昆虫培养基（含 8%普通胎牛血清）或 TNM-FH 昆虫培养基（含 5%原代专用胎牛血清）中分割成微型组织块，细胞培养板内封口培养（28～29℃，无 CO_2 通入）并定时更换培养基。先后会有贴壁初期（始于第 7 天）、形态转变期（始于第 15～30 天）和形态稳定期（第 45 天后）3 个生长时期，对应有比较规则的梭形（10～15μm）或多边形或圆形（直径 5～8μm）、形渐退或枝渐伸（100～200μm）、枝延伸（300～400μm）并相互缠绕等生长特点。用改进的 Hert-Hunter 70 培养基或用半翅目昆虫（如亚洲柑橘木虱、叶蝉）细胞培养的培养基，对蜜蜂幼虫或早期蛹的头部、胸部和腹部等组织进行细胞的离体培养，经过悬浮—贴壁—类似上皮单层细胞等变化，可以成功培养出来多种类型的蜜蜂细胞。

2. 非细胞体系细胞核重建 也称体外细胞核重建。即以人工激活的卵细胞为材料制备提取物，将精子染色质（事先经过人工去除质膜、胞质和核膜）与卵提取物一起，在再生体系中温育（22℃），构建雄原核（即细胞核）。其间，精子染色质去浓缩，核膜范围由断续逐渐变为连续直至完全包绕染色质，细胞核结构形成。在核膜装配过程中，染色质进一步膨胀，最终均匀地分布在核内。此类重建核完全是在无细胞膜包裹状态下构建的，具有较为均一的典型核结构，可能也具有较为完整的基因组结构或 RNA 转录所必需的核仁。在此体系中，若加入一些特定的目的基因（染色体或完全纯化的 DNA），让其被整合进重建核，再给以合适的发育环境，则目的基因有望表达。

3. 性染色体重构技术 蜜蜂没有性染色体，但是在某条染色体上具有性位点，性位点上具有复等位基因之一，等位基因的异配性决定性别。如果能够进行杂（纯）合子细胞的性位点上单个等位基因的敲除（相当于异配性别动物上的性染色体重构），将有可能培育出低致死的或不致死的二倍体雄蜂。用这种二倍体雄蜂的精液给蜂王人工授精或者用它的体细胞与单倍体的或二倍体的体细胞进行融合实验，可以开展高度纯合育种或多倍体育种。此前拜厄等人进行的 RNAi 实验中，曾得到过遗传学上是雌性但生殖器官发育良好的雄性蜜蜂个体。

第二节 蜜蜂基因组编辑技术

对生物特定基因位点用分子生物学方法进行删除、替换、插入等进而精确地编辑基因组，可以快速构建生物模型，可以准确了解疾病发病机理和研究基因功能，可以培育有经济价值（高产、抗病、观赏等）的新品种等。在蜜蜂上，可以应用转基因、种间嵌合体制作和基因组编辑等技术。

一、转基因技术

围绕转基因作物的公共辩论曾一度此起彼伏，尽管一些极端言辞已经影响到人们的价值判断并进而使得人们很难就其利弊达成社会共识，但是必须看到将生物技术应用于农业的影响将是深远的。在蜜蜂上摸索应用转基因技术，使之作为生物反应器（如生产食用蛋白）、作为生物学研究的观察对象（如荧光小蜜蜂）、作为基因打靶与拯救的模式生物，将在改良经济性状、改变发育形态、增强群体抗病性等方面都具有极其重要的实用价值和良好的应用前景。

(一) 操作方法

包括精子介导法、电击穿孔法和显微注射法。但值得注意的是，外源DNA在宿主基因组内的整合有可能是“毒性整合”“沉默整合”或“盲区整合”，所以有可能导致个体出现极端的、未知的或非常不可能发生的（超出我们现有知识的）情况。

1. 精子介导法　指以精子为载体通过受精作用将外源基因带入卵内。具体操作是：首先将外源DNA片段做线性化处理，然后与精子一道温育（进入精子里面或者附着在精子表面），再一道被注入处女蜂王阴道内，最后对授精王的后裔工蜂幼虫提取总DNA进行PCR鉴定。但往往是，能扩增出目标片段，但却不能杂交出目标信号，表明它是以游离状态存在于子代基因组中的。因此，为了实现真实遗传，必须使用转座元件来增强其整合性。例如，将pGFP-2质粒线性化处理后，采用精子介导法，通过蜂王人工授精，可让外源报告基因（*egfp*）在西方蜜蜂活体（1～2d幼虫）中瞬间表达绿色荧光。

2. 电击穿孔法　指使用电脉冲在可逆击穿时将外源DNA导入昆虫卵或早龄胚胎内。操作原理是：处于外源DNA包围之中的昆虫卵或早龄胚胎，当一同暴露于一个外加电场中时，卵膜会随着电压升高而被压缩变薄并形成穿孔，此时外源DNA被瞬间泵入。此法可用于昆虫胚层系的转化，一次可稳定转化许多胚胎。蜜蜂上，为了增加转染率或整合率，可以尝试用电脉冲先行处理载有外源DNA的精子，然后再给蜂王人工授精，让外源DNA在母体内以精子为载体完成入卵；也可以先将外源DNA插入质粒载体中，再对蜂卵进行电击处理，让外源DNA进入卵腔内并在此随卵裂而分配到不同的裂球中去。

3. 显微注射法　对中蜂卵（0～12h）进行外源基因*egfp*的转入，结果转基因卵的存活率低，体内绿色荧光蛋白基因的表达也不甚理想。改用pBac 3×P3 ECFP质粒表达载体后，转基因蜜蜂成功率有所提高。给蜂卵（0～1.5h）显微注射由PiggyBac转座子驱动的质粒后，荧光信号检测到的比例分别为27%和20%（图13-5），表明外源基因已经成功整合进蜜蜂基因组。将此实验进一步细化后，可以绘出培育单倍-二倍性异源转基因蜜

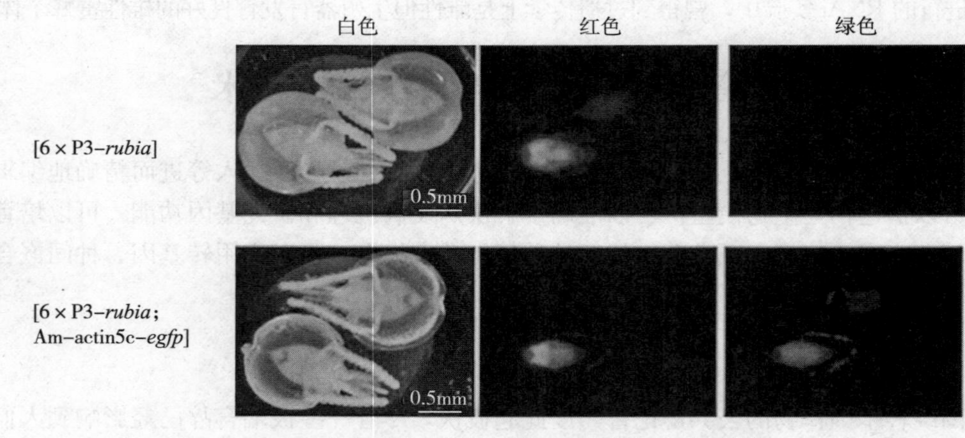

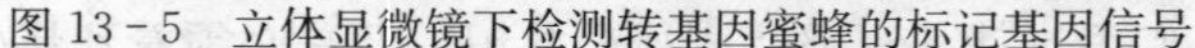
图13-5　立体显微镜下检测转基因蜜蜂的标记基因信号

左：白光检测；中：红色荧光检测；右：绿色荧光检测　上：载体为6×P3-*rubia*时，转基因雄蜂蛹头部的红色荧光信号和野生型雄蜂蛹的无信号。下：载体为6×P3-*rubia*和Am-actin5c-*egfp*时，转基因雄蜂蛹头部的红色和绿色荧光信号与野生型雄蜂蛹的无信号　6×P3：六个重复的Pax6反应元件，赤拟谷盗*hsp68*基因的启动子；*rubia*和*egfp*：编码红色和绿色荧光蛋白的报告基因；Am-actin5c：蜜蜂*actin5c*基因的启动子

(Schulte et al.，2014)

蜂的工作图（图 13－6），有望将转基因雌性胚胎作为杂合的蜂王来培育，用于繁殖特殊的转基因品系。

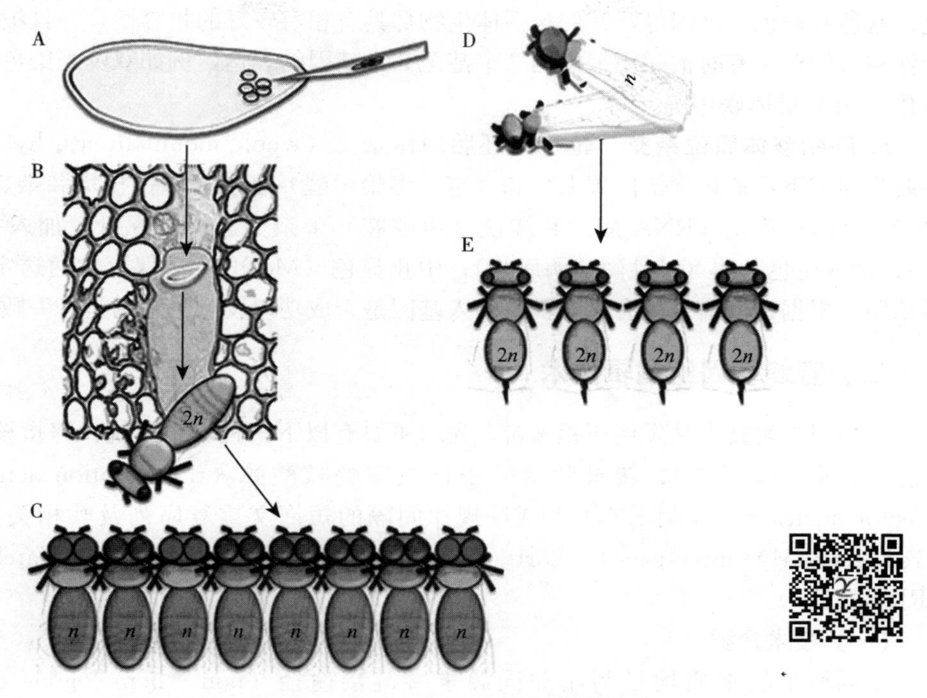

图 13－6 单倍-二倍性蜜蜂的异源转基因工作图

A. 把质粒 PiggyBac DNA（含有红色和绿色荧光蛋白，请参见二维码）连同转座酶的 mRNA 一道注入受精卵中 B. 移取 1 日龄幼虫育王 C. 诱导处女王产卵，让卵发育成为雄蜂 D. 允许转基因雄蜂（有荧光标记）与野生型蜂王自然交尾或人工授精 E. 杂合子后代 100％是转基因雌性工蜂

（Ben－Shahar，2014）

（二）检测技术

1. PCR 全称为聚合酶链式反应（polymerase chain reaction，PCR），是一种体外扩增 DNA 的技术。对于已知的转入基因，只要在已知序列的两端设计两个寡核苷酸引物，就可将它们之间的 DNA 区段扩增出来。再通过区段的大小，在凝胶电泳图谱中与标准分子质量标记对比而检测出来。

2. 酶切 对于已知的转入或敲除基因，事先要在该目标基因片段内选择一个单一的特异性酶切位点，然后在这个酶切位点的两端设计两个寡核苷酸引物，用 PCR 技术扩增它们之间的 DNA 区段，再通过区段的大小来进行判断。如果能够扩增出来完整长度的片段，说明转入或敲除基因失败；如果扩增出来两段大小不一的且长度之和等于完整片段的长度，即为转入或敲除基因成功。

3. 测序 对于已知的转入或敲除基因，首先进行 PCR 扩增，再将扩增出来的 DNA 片段插入具有 3′－T 突出端的 TA 克隆质粒载体的多克隆位点中；将连接产物转化到感受态细胞中，在含有 X－Gal、IPTG、Amp 的 LB 琼脂平板培养基上培养；挑选白色单菌落，提取质粒 DNA，测序鉴定载体中插入片段的长度大小和插入方向。如果序列与插入或敲除的目标片段相同，说明转入基因成功或敲除基因失败。

4. 报告基因 常用的报告基因有编码抗生素抗性蛋白的基因、氯霉素乙酰基转移酶基因、β半乳糖苷酶基因、荧光素酶基因、碱性磷酸酶基因、荧光蛋白家族（绿色、红色、蓝色和黄色）基因等，它们与活体生物都具有相对较好的相容性，并且细胞毒性或光毒性相对较弱，有时被联用来检测2个甚至3个基因的表达，例如双荧光染色联用、免疫组化—GFP抗体联用等。

5. 胚胎整体原位杂交 也称全胚胎原位杂交（whole mount in situ hybridization）。主要步骤如下：消化（蛋白酶K）和固定（多聚甲醛）胚胎；原位扩增和杂交靶标DNA（核酸探针）；消化（RNA酶）和漂洗（甲酰胺）未杂交的标记探针；加入抗体（地高辛）；加入生色基团（碱性磷酸酶底物）；中止显色（MeOH）后保存或通透定型（甘油）后拍照。根据杂交信号的有无，判断转入基因是否成功以及敲除基因是否失败。

二、蜜蜂基因组编辑技术

基因组编辑技术从发展历程来讲，先后主要有以下三代编辑系统：锌指核酸酶（zinc finger nuclease，ZFN）、转录激活因子样效应物核酸酶（transcription activator - like effector nucleases，TALENs）和成簇规律间隔的短回文重复序列及其相关蛋白（clustered regularly interspaced short palindromic repeats/CRISPR associated systems，CRISPR/Cas）。

（一）技术介绍

基因编辑的本质均是利用非同源末端链接途径（non - homologous end joining，NHEJ）修复和同源重组（homologous recombination，HR）修复来完成DNA序列改变。共同点都包括靶位点DNA序列的识别区域和DNA剪切功能区域。不同点是所采用的核酸内切酶和所切割的位置不同。

1. ZFN 是一种人工改造的核酸内切酶，由锌指蛋白结构域和Fok Ⅰ核酸内切酶结构域所组成。其中，锌指结构域识别靶序列，FokⅠ结构域二聚化切割靶位点。已在多个物种中成功运用。缺点是：构建需要数月时间且工作量大；脱靶效应明显；锌指核酸酶自身带有细胞毒性；锌指核酸酶的合成为专利生物公司所垄断。

2. TALENs 是一种可特异性识别DNA序列的天然蛋白家族，由N端的易位信号、DNA识别结合域、核定位信号和C端的转录激活域所组成。TALENs与DNA碱基的严格对应性以及只由2个氨基酸残基即可对碱基识别的便利性，都比ZFN的设计性好。但是，TALENs分子构建烦琐，每一个模块的组装和筛选都需要测序。

3. CRISPR/Cas9 古菌和细菌将入侵的噬菌体或质粒DNA片段整合到CRISPR中，由此衍生出RNA（CRISPR - derived RNA，crRNA）来提供自身的免疫源性。CRISPR/Cas系统分为两个大类，以第2类的效应蛋白研究得最多，而在这类中又以Ⅱ型的Cas9蛋白对靶基因进行精确编辑的技术应用最为广泛。Cas9蛋白含有两个核酸酶结构域，与crRNA及反式作用CRISPR RNA（trans - acting CRISPR RNA，tracrRNA）结合成复合物，锚定靶向序列上的前间隔邻近基序（proto - spacer adjacent motif，PAM），通过向导RNA（guide RNA，gRNA）和靶标DNA的特异性识别完成切割（图13-7）。只需替换gRNA上20个核苷酸（可变的单向靶序列）就可对不同基因进行编辑。

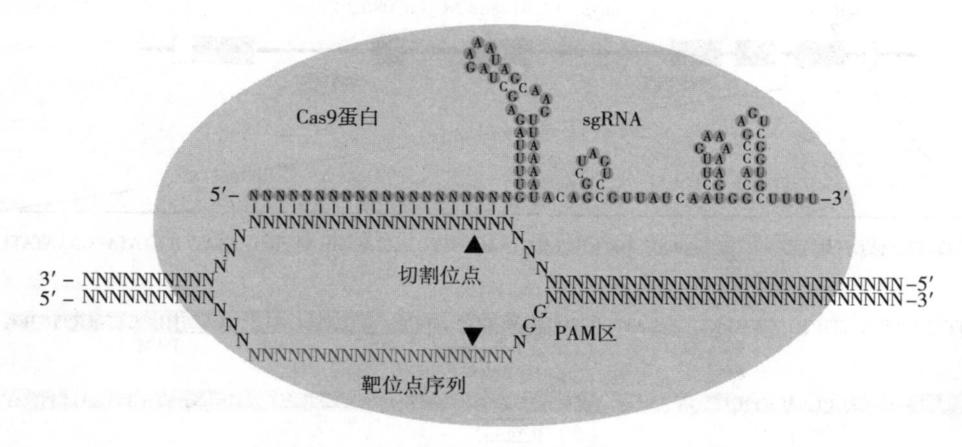

图 13-7　Cas9-sgRNA 复合物的结构示意图
sgRNA. 小向导 RNA（small guide RNA）　橙色 sgRNA（请参见二维码）. 可变的单向靶序列
（Bassett et al.，2014）

（二）技术应用

尉玮（2014）应用 TALENs 技术，在蜜蜂卵（5～6h）上对 3 个发育基因（*En*、*Prd* 和 *Tll*）进行了打靶实验，结果在 35℃下培养 48～60h 后检测到 *Tll* 基因的部分扩增片段存在单碱基突变。

尉玮（2014）应用 CRISPR/Cas9 技术，在蜜蜂卵（5～6h）上对 5 个发育基因（*Dfd*、*Eve*、*Otd-1*、*Pre*、*Tll*）也进行了打靶实验，结果在 35℃下培养 48～60h 后检测到 *Otd*-1 基因序列靶位点附近有两个碱基发生突变（第 201 个碱基 G 变成了 A，第 228 个碱基 A 变成了 G）。

Kohno 等（2016）应用 CRISPR/Cas9 技术，在蜜蜂卵上对 mrjp1（王浆主要蛋白 1）基因进行了编辑。实验方案为位点选择（图 13-8）、蜜蜂培育（图 13-9）和突变体检测（图 13-10）。结果有 23 粒注射卵孵化为幼虫（孵化率为 40.4%），有 6 只嵌合体蜂王羽化成功（羽化率为 42.9%），在 20 粒子代雄蜂卵中筛选到多种插入和删除的突变体（编辑率为 12.4%）。由于这些雄蜂卵都没有发育到羽化，所以无法继续获得纯合子或杂合子工蜂突变体。

Kohno 和 Kubo（2018）改用蜜蜂脑部蘑菇体中高表达的基因 *mKast*，重复了上述试验。结果用突变体雄蜂精液给野生型处女王人工授精，得到子代杂合子工蜂，检测后表明靶位点也存在突变。

曾志将团队的胡小芬等人（2019）将 *mrjp1* 基因和 *Pax6* 基因的 sgRNA 和 Cas9 蛋白分别注射到受精卵（≤2h）的合子形成区（在腹面头侧进针），结果基因编辑率分别是 93.3%和 100%。TA 克隆的 Sanger 测序显示，在被编辑的当前世代蜂卵里，分别有 73.3%（对 *mrjp1*）和 76.9%（对 *Pax6*）的胚胎是双等位基因敲除的突变体。

Martin 团队的 Roth 等人（2019）将性别决定的关键基因 *feminization*（*fem*）和 *doublesex*（*dsx*）的 sgRNA、Cas9mRNA 分别注射到雌性蜜蜂卵中，结果得到了不同程度的性别嵌合突变体。编辑 *dsx* 基因的突变体接近于雄蜂且生殖器官缩小；编辑 *fem* 基因的突变体呈雄性且生殖器官增大。

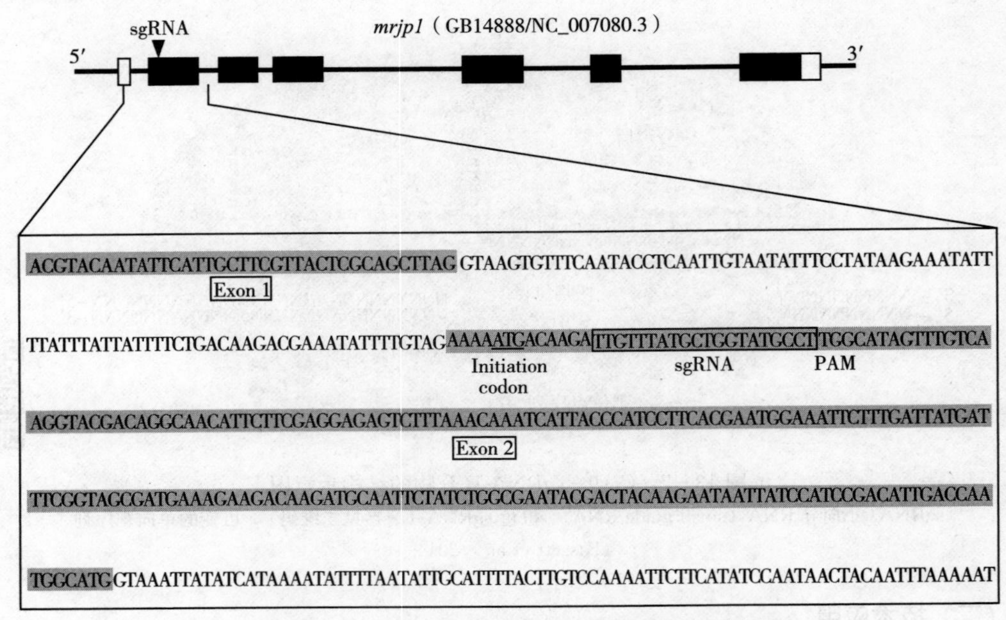

图 13－8 *mrjp1* 基因 sgRNA 靶位点选择示意图

上：NCBI 中公布的 *mrjp1* 基因结构示意图，线条、白色框、黑色框和箭头分别表示内含子、UTRs（非翻译区）、CDSs（编码序列）和 sgRNA 的靶位点 下：按照 PAM 区 N20NGG 查找原则选择的编辑位点 sgRNA 序列（＋55 至＋74；Ref Seq. NM _ 001011579.1），灰色、下划线、黑色框、粗体字母分别表示外显子、起始密码子、sgRNA 靶位点和 PAM 序列

（Kohno et al.，2016）

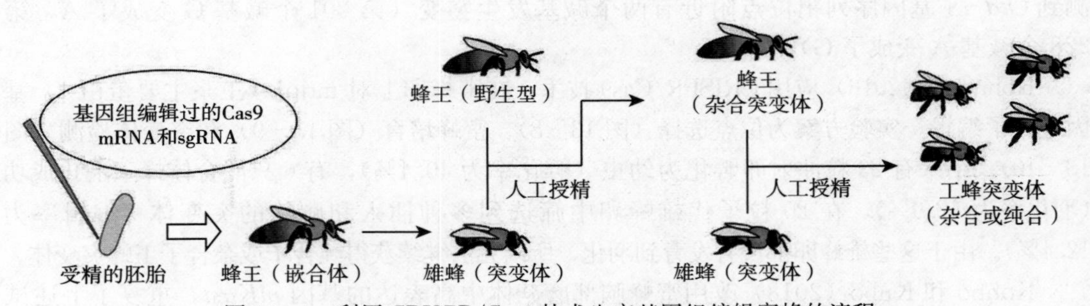

图 13－9 利用 CRISPR/Cas9 技术生产基因组编辑蜜蜂的流程

给受精卵（≤3h）注射基因组编辑过的 Cas9mRNA 和 sgRNA→室内（34℃、RH 98%）孵化后移虫育王→让嵌合体处女王产未受精卵，用突变体雄蜂精液给野生型蜂王人工授精→筛选子代杂合突变体处女王，用突变体雄蜂精液人工授精→筛选子代杂合或纯合突变体工蜂

（Kohno et al.，2016）

迪格门奇等人（2020）先将蜜蜂的味觉受体基因 *AmGr3* 在爪蟾卵母细胞中表达，并通过双电极电压钳技术表明它是一个极易激活的果糖受体。然后再将 *AmGr3* 基因的 sgRNA 和 Cas9mRNA 分别注射到工蜂卵中，结果所产生的突变体对果糖的响应几乎完全丧失，但是对蔗糖的响应仍然正常。

福建农林大学的蜜蜂分子生物学实验室已经利用 CRISPR/CAS9 技术成功敲除了意蜂的 *white* 基因和 *yellow* 基因，后代雄蜂具有明显表型（数据还未发表）。

Sequence Type		No, of deletion
WT	GACGAAATATTTTGTAGAAAAATGACAAGATTGTTTATGCTGGTATGCCTTGGCATAGTTTGTCAAGGTACGACAGGCAACATTCTTCGA	
A（n=2）	GACGAAATATTTTGTAGAAAAATGACAAGATTGTTcATG---------CTTGGCATAGTTTGTCAAGGTACGACAGGCAACATTCTTCGA	9
B（n=1）	GACGAAATATTTTGTAGAAAAATGACAAGATTGTTcATGG----------TGGCATAGTTTGTCAAGGTACGACAGGCAACATTCTTCGA	10
C（n=3）	GACGAAATATTTTGTAGAAAAATGACAAGATTGTTTATGCTGGTAT----------AGTTTCTCAAGGTACGACAGGCAACATTCTTCGA	10
D（n=1）	GACGAAATATTTTGTAGAAAAATGACAAGATTGTTTATGCTGGTA-------------------------CGACAGGCAACATTCTTCGA	25
E（n=1）	GACGAAATATTTTGTAGAAAAATGACAAGATTGTTTAT-attatgcttat--GCATAGTTTGTCAAGGTACGACAGGCAACATTCTTCGA	3
F（n=1）	GACGAAATATTTTGTAGAAAAATGACAAGATTGT-accttgacaaa--CTTGGCATAGTTTGTCAAGGTACGACAGGCAACATTCTTCGA	3
G（n=4）	GACGAAATATTTTGTAGAAAAATGACAAGATTGTTTATGCT---agttt---GCATAGTTTGTCAAGGTACGACAGGCAACATTCTTCGA	6
H（n=1）	GACGAAATATTTTGTAGAAAAATGACAAGATTGTTTATGCT----atc----GCATAGTTTGTCAAGGTACGACAGGCAACATTCTTCGA	8
I（n=1）	GACGAAATATTTTGTAGAAAAATGACAAGATTGTTTATGCTGGTAT-----agttg-----GTCAAGGTACGACAGGCAACATTCTTCGA	10
J（n=5）	GACGAAATATTTTGTAGAAAAATGACAAGATTGTTTATGCTGGTATagCTTGGCATAGTTTGTCAAGGTACGACAGGCAACATTCTTCGA	0

图 13-10　突变体雄蜂中的基因组编辑形式

最上面的序列为 NCBI 中 *mrjp1* 的野生型序列，灰色、下划线、黑框和黑体字母分别表示 *mrjp1* 基因的第二外显子、起始密码子、sgRNA 靶位点和 PAM 区，黑箭头指示 Cas9 核酸酶双链断裂的位置。黑色背景里的破折号和白色字母分别表示扩增和测序后检测到的所编辑雄蜂靶位点出现的删除、插入和替换的核苷酸序列：A～D. 简单的删除，E～I. 删除和插入同时存在，J. 单碱基替换。左列括号内数字为突变序列雄蜂对应数目，右列数字为突变序列碱基缺失数目

（Kohno et al.，2016）

三、种间嵌合体技术

自然界中，天然的动物嵌合体是由于两个或多个细胞的不同染色体共存于一个合子或细胞之内。实验室中，人工构建的嵌合体是由于对动物胚胎的显微操作和基因组编辑（图 13-11）。在蜜蜂上，既有自然发生的嵌合体（如雌-雄、雌-雌、雄-雄），也可以进行人工制作嵌合体（如观赏蜜蜂或疾病研究模型）。

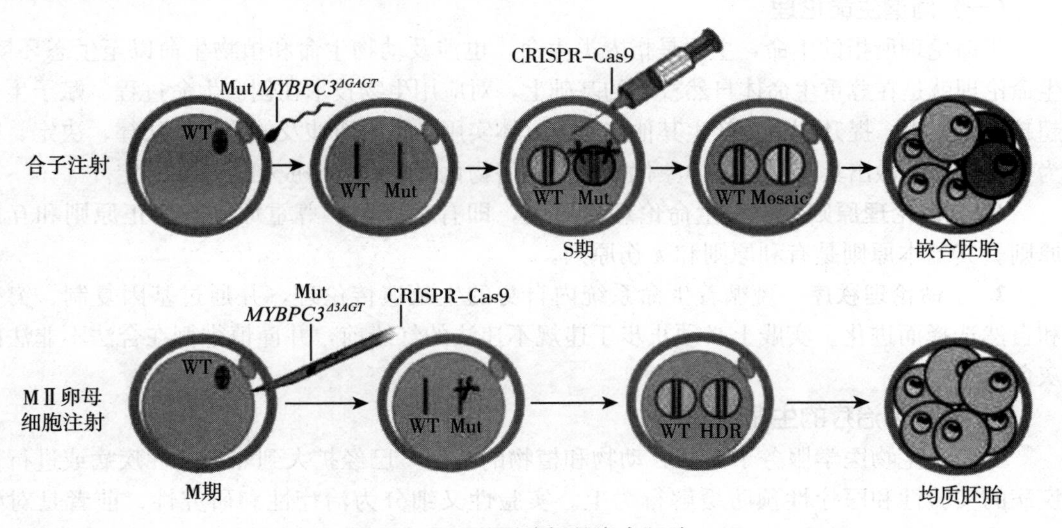

图 13-11　基因编辑的嵌合胚胎

WT. 野生型（wild type）　Mut. 突变型（mutant）　Mosaic. 嵌合体　HDR. 同源性定向修复（homology directed repair）

1. 嵌合体的种类　按照所形成的嵌合体不同基因型组织的来源，可分为同源嵌合体和异源嵌合体。主要用细胞融合、组织并合、胚胎并合、卵裂球移植和胚胎的基因组编辑

等方法来人工构建。

（1）同源嵌合体。个体成分原属于同一受精卵，相互间能够彼此耐受（镶嵌）。要求所注入或转入的生物材料外源物必须起源于同一合子发育成不同核型的细胞系，设计理念是基于“全体”的。

（2）异源嵌合体。个体成分来自不同种的受精卵，相互间可能会产生排斥反应。要求所并合的生物材料必须包含不同的染色体或不同的基因型组织以产生染色体（如倒位、混倍性）畸变嵌合体或基因（如胞质基因、核基因）突变嵌合体，设计理念是基于“异种”的。

2. 嵌合体的质检 嵌合体是除了整倍体和非整倍体以外的第三种胚胎类型，质量介于整倍体胚胎和非整倍体胚胎之间。由于嵌合体胚胎的异常细胞一般都是呈现均匀、随机和分散分布的，所以要使用嵌合率计算方法来评判胚胎的异常等级。这里不妨借用人类胚胎植入前遗传筛选国际协会（Preimplantation Genetic Diagnosis International Society，PGDIS）的明文规定来进行嵌合体的质量检测，以异常细胞的嵌合比例为准。低于20%的是正常（整倍体），超过80%的是异常（非整倍体），介于20%～80%的是嵌合体（整倍体-非整倍体嵌合）。此外，还可结合DNA“条形码”的检测或DNA倍性的分析，来最终判断质检结果是假阳性还是假阴性，被检样本是整倍体、非整倍体还是嵌合体。一般而言，同源嵌合体应该比异源嵌合体更好一些，而同性嵌合胚胎会比兼性嵌合胚胎更好一些，次优于整倍体胚胎。

四、胚胎操作的生命伦理

生命是既具有自然属性、也具有社会属性的存在物。生物技术的出现及其在生命科学和卫生健康领域的应用，已经明确指向了现实社会中关乎全人类生存的具体伦理问题。因此，生命伦理视域下的胚胎操作和基因编辑应该何去何从，值得关注。

（一）何谓生命伦理

生命伦理所指的生命，主要是指人类生命，也涉及动物生命和植物生命以至生态环境。生命伦理就是在尊重生命体自然权利的基础上，对应用生物技术在创造生命过程、赋予生命超越自身能力、提升创造物产生其他东西等具体实用过程中所涉及的政策、法律、决定、行为等伦理问题做出具象化（与抽象化相对）和俗物化（与约定俗成相近）的限定。

1. 生命伦理原则 也称生命伦理四原则，即有利原则、尊重原则、公正原则和互助原则。其基本原则是有利原则和无伤原则。

2. 生命伦理秩序 遵循着生命系统内自身的生殖遗传伦理，并通过基因复制、突变和自然选择而进化。实践上必须止步于违规不违法的红线前，并谨慎徘徊在合法不非法的灰色地带中。

（二）基因治疗的生命伦理

当前，生物医学服务于人类、动物和植物的范畴，已经扩大到非治疗性疾病或进行性疾病的实验性和医疗性预防缓解行为上。实验性又细分为治疗性和研究性，前者是对病人、病畜和病株进行的治疗实验，后者是对健康的受试志愿者、受试动物和受试植物进行的纯科学研究实验。由于此种生物医学行为在人类经常是个体化的，很难做盲法试验（单盲、双盲或三盲）设计，即使在动物中有，对于揭盲和破盲的盲态审核和数据锁定来说，也是要一定程度地受制于学术伦理和学术规范的。其中，最容易触碰生命伦理红线的是为了摆脱遗传限制而进行的基因治疗（gene therapy），也称靶向治疗（targeted therapy），它是指基于修饰活细胞遗传物质如基因重组或基因编辑而进行的生物医学干预，可分为离体基因治疗和在体基因治疗（图 13-12）。

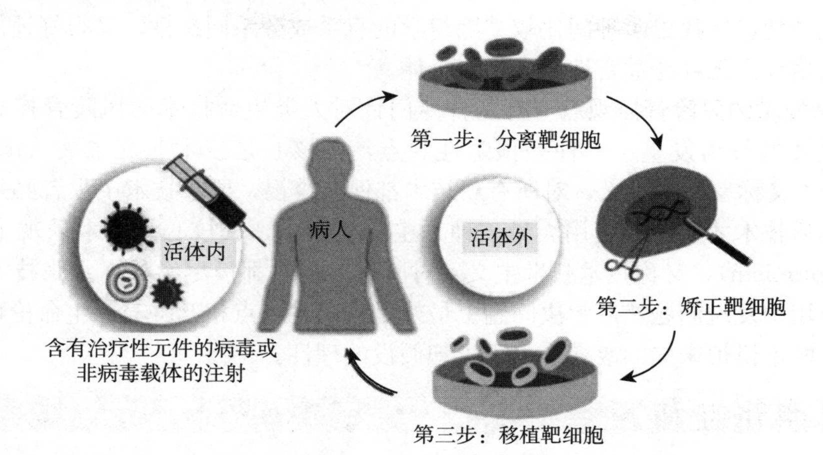

图 13-12　在体和离体基因组编辑的临床治疗

左：在体基因治疗，直接注射到病人体内以获得全身的或靶组织的效应　右：离体基因治疗，靶细胞必须能存活于体外并在自体移植后达到靶组织获得成功治疗

（Li et al.，2020）

基因疗法主要有体细胞基因治疗、生殖细胞基因治疗和增强性基因治疗三种，发展的阶段性目标是治疗疾病（摆脱病痛）、延长寿命（抗拒衰老）、增强医学（部分得到强化）、超新人类（全面得到强化）。现在还处于初期发展阶段，还没有稳定的疗效和完全的安全性，是否会引发细胞因子风暴（cytokine storm，宿主免疫系统被激活到极限程度或者失去控制而过度的“暴力执法”）等副作用尚不得而知。但是，每一次的技术超越都将使得“改造人”的等级递升，都在冒险地提前透支“人类物种”的自然选择与进化，因此会存在生命伦理问题。

（三）生命技术的风险规避与管控

当前，如何对生物技术进行伦理治理和风险管控，已经成为一个世界性的和跨世代的问题。不可否认，是技术成就了全球化时代，但是，技术全球化使得人类对自然的影响力陡然增加。这样，各种不确定性和不可控力在变大，风险在积累，人类自身处在了“文明的火山口”之上，因而人类必须反思一下在生物科技一步步地改变我们未来的同时，如何确保其发展应用方向的正确性。

1. 模式生物与风险规避　嵌合体现象是人类在模式生物研究策略上作为生物技术成功的标志而被热切期望着的。然而，随着技术的不断进步以及最终要在人类身上的安全应用，嵌合体的出现终会引发技术痛点，成为遗传学领域必须要成功突破的一个重要瓶颈。例如，在大动物上的“人兽嵌合体”操作，或许可以利用来弥补人类器官移植时人类供体的短缺。但是，在人类上纯粹的基因编辑婴儿“璐娜姐妹”的诞生，就是风险待定的“试验研究”了。可喜的是，作为社会性的模式生物，蜜蜂的一些诸如认知记忆、群体行为等研究成果可为人类的阿尔茨海默病、社交障碍症等疾病的治疗提供线索和内容。例如：蜜蜂舞蹈行为与器官功能不对称性的关系，都是在高等动物或人类的精神神经内分泌学研究中所非常难得的实验对象。蜜蜂跳舞时的惯用足（habitual foot）相当于人类的惯用手或优势手，它与人类的阅读障碍症（dyslexia）、认知功能或发展性学习障碍、空间能力、免疫系统紊乱和性取向（sexual orientation）等都有关系。这样，利用蜜蜂基因组编辑实验系统上的优越性，既找出了种间比较基因组学的直系或旁系同源性，又很好地规避了医学伦理风险而培育出无社会危害性的蜜蜂嵌合体。

2. 生命技术的风险管控观点 有两种专门针对人类生命技术的风险管控观点，以防突破伦理底线的行为发生。一种是预防性观点，其核心是技术悲观主义（technological pessimism），又称反技术主义，对所有新技术都保持警惕，要求技术主张者必须提供无伤害证明，然后技术才能得以应用。另一种是主动性观点，其核心是技术乐观主义（technological optimism），又称技术救世主义，对所有新技术都极尽崇拜，主张技术可以放心应用，在应用中发现问题然后解决问题。最好是这两种观点相互补充，生命伦理伴随生命技术同行，既不惧怕未知的改变，也不失却假设的理性。

知识点补缺补漏

直系同源基因

旁系同源基因

RNA 干扰

显性失活突变体

显性抑制突变体

显性抑制突变

显性抑制效应

延伸阅读与思考

种间嵌合体的制造史

同性生殖

全球基因编辑应用指南

关于人类生殖系基因编辑的辩论

关于“让公鼠怀孕产子”的讨论

CRISPR 系统

思考题

1. 查找一下，就某个新技术列一个革命年表出来。
2. 畅谈一下蜜蜂胚胎保存或蜜蜂基因重组操作技术的意义。
3. 对本章的延伸阅读与思考，你有什么想说的吗？

4. 如何理解在新技术造福人类之前，需要人们一次又一次地去发现、验证、试错、纠正甚至是推倒重来？

5. 胚胎干细胞自开始研究以来一直都饱受争议。支持者认为是一种挽救生命的慈善行为，是科学的进步；反对者认为是一种破坏未成形生命（胚胎）的残忍形式，是疯狂的举动。谈谈你的看法。

参考文献

吕克·费希，2017. 超人类革命——生物科技将如何改变我们的未来？周行，译. 长沙：湖南科学技术出版社.

乌尔里希·贝克，2018. 风险社会——新的现代性之路. 张文杰，何博闻，译. 南京：译林出版社.

Boettcher S, Miller P G, Sharma R, et al., 2019. A dominant - negative effect drives selection of TP53 missense mutations in myeloid malignancies. Science, 365 (6453): 599 - 604.

Değirmenci L, Geiger D, Ferreira F L R, et al., 2020. CRISPR/Cas 9 - mediated mutations as a new tool for studying taste in honeybees. Chemical Senses, 45 (8): 655 - 666.

Florence G, Dominique F, Stéphane G, et al., 2018. Early steps of cryopreservation of day one honeybee (*Apis mellifera*) embryos treated with low - frequency sonophoresis. Cryobiology, 83 (4): 27 - 33.

Hu X F, Zhang B, Liao C H, et al., 2019. High - efficiency CRISPR/Cas9 - mediated gene editing in honeybee (*Apis mellifera*) embryos. G3: Genes, Genomes, Genetics, 9 (5): 1759 - 1766.

Koblan L W, Arbab M, Shen M W, et al., 2021. Efficient C • G - to - G • C base editors developed using CRISPRi screens, target - library analysis, and machine learning. Nature Biotechnology, 39 (6): 1414 - 1425.

Kohno H, Suenami S, Takeuchi H, et al., 2016. Production of knockout mutants by CRISPR/Cas9 in the European honeybee, *Apis mellifera* L. Zoological Science, 33 (5): 505 - 512.

Kohno H, Kubo T, 2018. mKast is dispensable for normal development and sexual maturation of the male European honeybee. Scientific Reports, 8: 11877.

Li H, Yang Y, Hong W, et al., 2020. Applications of genome editing technology in the targeted therapy of human diseases: mechanisms, advances and prospects. Signal Transduction and Targeted Therapy, 5 (1): 2481 - 2503.

Li Z, Wang L, Wang L, et al., 2018. Generation of bimaternal and bipaternal mice from hypomethylated haploid ESCs with imprinting region deletions. Cell Stem Cell, 23 (5): 665 - 676.

Pausch P, Al - Shayeb B, Bisom - Rapp E, et al., 2020. CRISPR - CasΦ from huge phages is a hypercompact genome editor. Science, 369 (6501): 333 - 337.

Roth A, Vleurinck C, Netschitailo O, et al., 2019. A genetic switch for worker nutrition - mediated traits in honeybees. PLoS Biology, 17 (3): e3000171.

Wu J, Plateroluengo A, Sakurai M, et al., 2017. Interspecies chimerism with mammalian pluripotent stem cells. Cell, 168 (3): 473.

Yan W X, Hunnewell P, Alfonse L E et al., 2018. Functionally diverse type V CRISPR - Cas systems. Science, 363 (6422): 88 - 91.

Zhang W, Aida T, Del Rosario R C H, et al., 2020. Multiplex precise base editing in cynomolgus monkeys. Nature Communication, 11 (1): 2325.

（聂红毅　王丽华）

第五部分
实验指导书

实验一　与物种、品种和品系相关的蜜蜂外部形态学特征的测量

外部形态学特征是指肉眼可看见的或仪器可测量的蜜蜂外部特征（如体色、毛色、吻长、体长、翅展等）。以这种形态特征可以预测其所能表现的生理、行为及生产性能等的遗传性，从而选种、引种、培育和鉴定新品种和新品系。与物种、品种和品系相关的外部形态学特征是研究蜜蜂基础生物学习性的重要组成部分，不仅是蜜蜂系统发育和进化分类的重要指标，也是开展品种和品系的引进和繁育的理论依据，更为构建高效率蜂种推广管控体系和区域性整体协同发展提供了基础数据。

[实验目的]

(1) 了解蜜蜂形态与物种、品种和品系的相关性。
(2) 掌握蜜蜂各形态测定指标的测定方法。
(3) 掌握蜜蜂形态测定指标的数据分析方法。

[实验材料]

意蜂或中蜂的工蜂活蜂样本，或者蜜蜂属其他种或亚种的乙醇（75%）浸泡样本。样本要求体节和附肢完整，包括吻、前后翅膀、第3腹节背板、第5腹节背板等。

[实验用具]

蜜蜂形态测量与数据分析系统1套（由电脑、体视实时生物显微镜和松下WV-CP240EX/G型摄像机组成）（图实1-1）。蜜蜂外部形态学电脑示范挂图1张。载玻片数个、测微尺1个、镊子1个、玻璃棒1个（直径0.5 mm）、吸水纸若干、凡士林若干等。

图实1-1　蜜蜂形态测量与数据分析系统

[实验要求]

利用放置在体视实时生物显微镜目镜内的测微尺对蜜蜂的外部形态进行测量并用电脑软件进行数据分析。

[实验方法与步骤]

1. 看图　阅读蜜蜂外部形态学电脑示范挂图，熟悉蜜蜂形态测定部位和图示。本实验要测量的与蜜蜂生产性能相关的指标主要有工蜂的吻长、第 3 背板长、第 4 背板长、第 4 背板绒毛带宽、第 5 背板覆毛长、第 6 腹板长和宽、蜡镜面积、前翅长和宽、翅脉角、肘脉指数、翅钩数、后足跗节指数等。

2. 制片　按照示范挂图分别获取各个测定部位，并用凡士林固定在载玻片上。具体如下。

（1）吻长。用镊子取工蜂头部，压扁口器，小心取下吻，展开并摊在涂有凡士林的载玻片上；吻长（*Pro*）包括后颏、前颏和中唇舌三部分的长度（图实 1－2）；应用形态测量系统测定吻的长度。

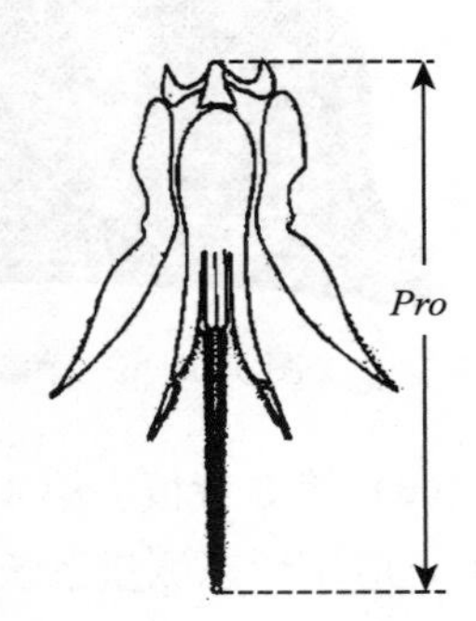

图实 1－2　工蜂吻长

（2）右前翅长和宽以及肘脉长度。用镊子取下蜜蜂右前翅，展平并将其放在涂有凡士林的载玻片上，应用形态测量系统测定右前翅长（F_L）、宽（F_B）、肘脉 a、肘脉 b（图实 1－3）以及 11 个翅脉夹角的度数（图实 1－4），计算肘脉指数 *Ci*（*a*/*b*）。在蜜蜂品种鉴定时，通常要测量雄蜂前翅的肘脉指数。蜜蜂的前翅近于三角形，它的长度等于三角形的底边，宽度等于三角形的高，所以它的前翅面积近似于翅长×翅宽÷2。

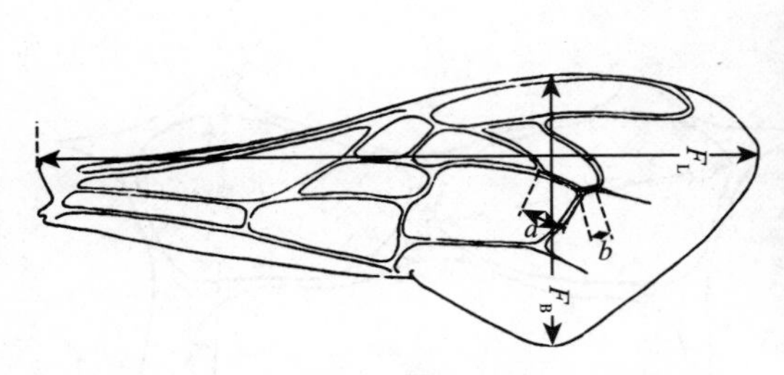

图实 1－3　工蜂右前翅长和宽、肘脉 *a* 和 *b*

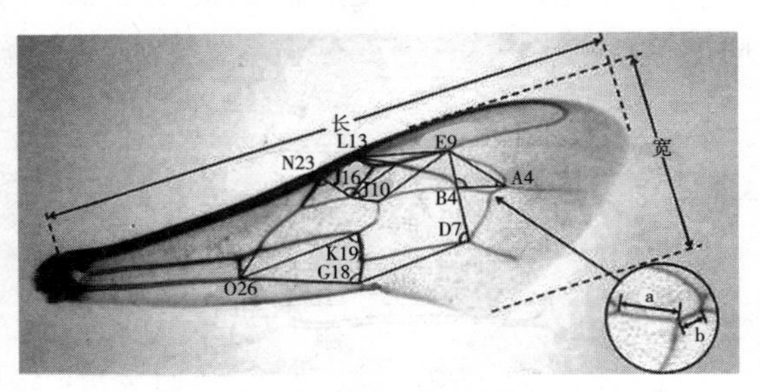

图实 1－4　右前翅翅脉角（11 个）

（3）右后翅翅钩数。用镊子取下蜜蜂右后翅，展平放在涂有凡士林的载玻片上，在体视实时生物显微镜下计数并记录右后翅前缘上的翅钩数（图实 1－5）。

（4）第 5 背板覆毛长。用镊子取蜜蜂腹部的第 5 背板，直接放在 40×体视实时生物显微镜下，测量第 5 背板覆毛的长度（*h*）（图实 1－6）。

（5）右后足指标。用镊子取下蜜蜂右后足，将其放置于涂有凡士林的载玻片上并摊平。应用形态测量系统测定股节长（*Fe*）、胫节长（*Ti*）、第一跗节长（M_L）和跗节宽

(M_T)(图实 1-7),计算跗节指数(M_T/M_L)。

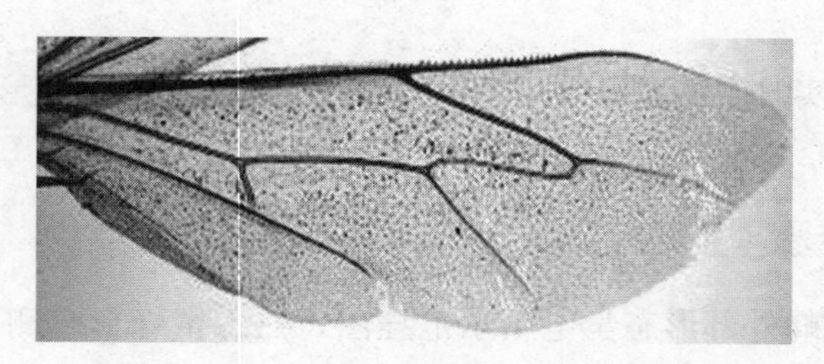

图实 1-5　右后翅翅钩数

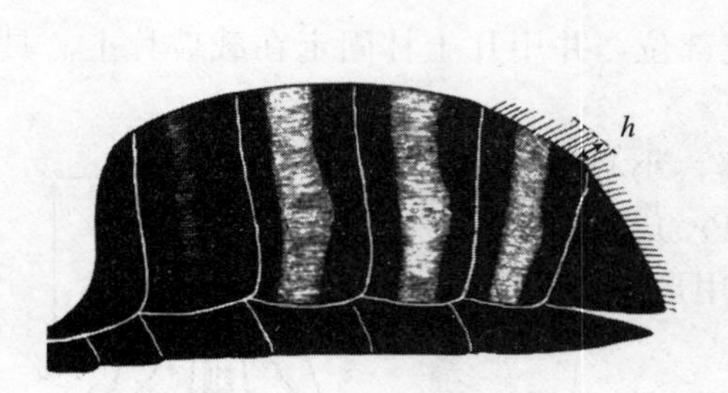

图实 1-6　第 5 背板覆毛长

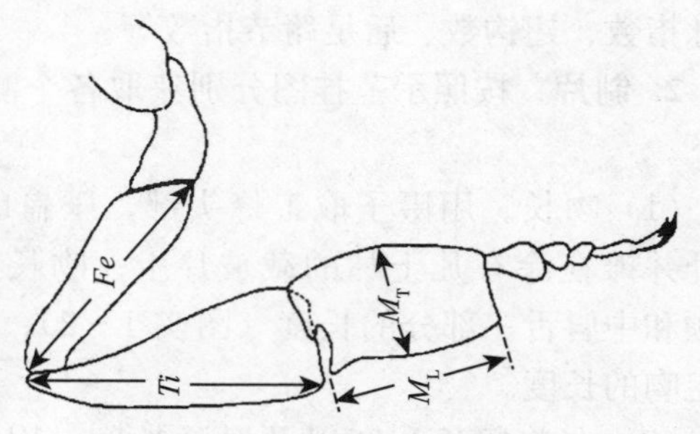

图实 1-7　蜜蜂右后足指标

(6) 第 3 背板、第 4 背板长。用镊子取下第 3、第 4 背板,将其置于涂有凡士林的载玻片上,应用形态测量系统分别测定第 3 背板宽度(T_3)及第 4 背板宽度(T_4)(图实 1-8)。

(7) 蜡镜面积。用镊子取下蜜蜂第 3 腹板,刮净腹板上的肌肉组织和蜡鳞(注意不要损害蜡镜),展平后置于涂有凡士林的载玻片上,应用形态测量系统分别测定第 3 腹板长(S_3)、第 3 腹板蜡镜长(W_L)、第 3 腹板蜡镜宽(W_T)及第 3 腹板蜡镜间距(W_D)(图实 1-9),按照椭圆面积公式($S=\pi W_L W_T$)计算蜡镜面积(式中 π 是圆周率)。

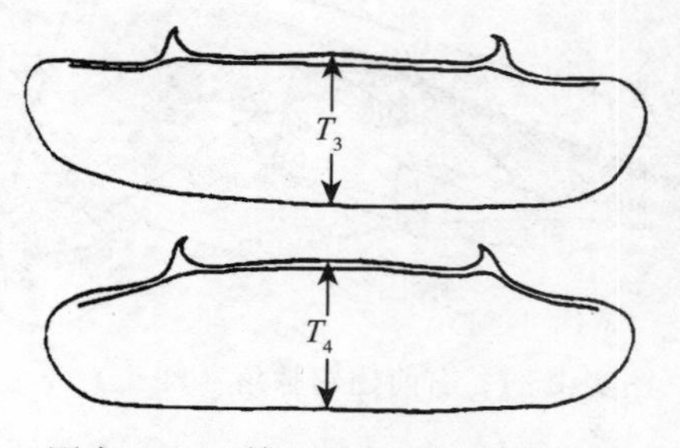

图实 1-8　第 3 背板、第 4 背板长

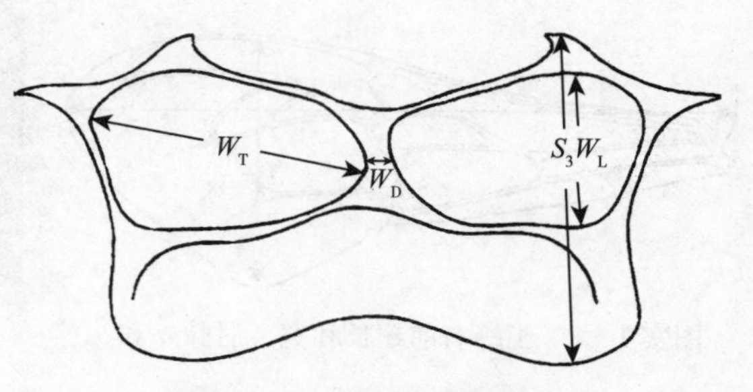

图实 1-9　第 3 腹板及蜡镜

(8) 第 6 腹板长和宽。用镊子取下蜜蜂第 6 腹板,刮净腹板上的肌肉组织和蜡鳞,展平后置于涂有凡士林的载玻片上,应用形态测量系统测定第 6 腹板的长(L_6)和宽(T_6)(图实 1-10)。

(9) 第 4 背板绒毛带宽。先用吸水纸吸去第 4 背板上的体液,应用形态测量系统测定第 4 背板绒毛带宽(a)与绒毛带到达底边的长(b)(图实 1-11)。

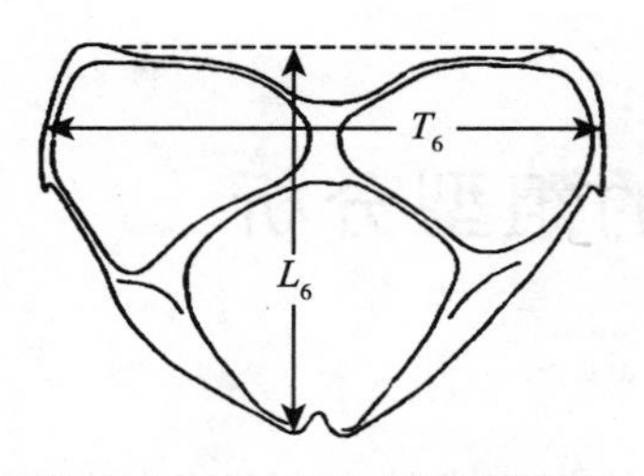

图实 1－10　第 6 腹板长和宽

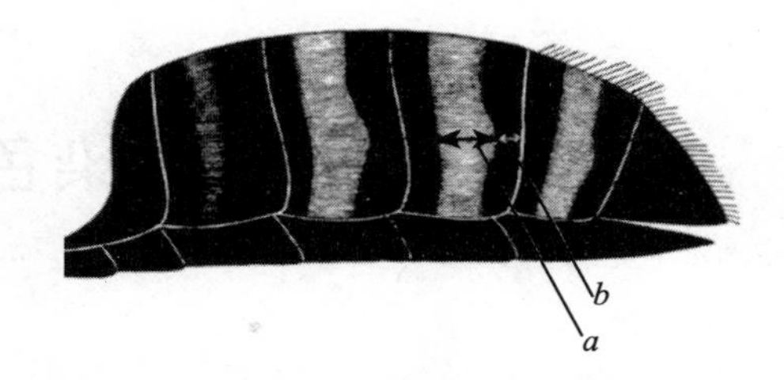

图实 1－11　第 4 背板绒毛带宽

3. 操作蜜蜂形态测量与数据分析系统

（1）截图。用配套的体视实时生物显微镜摄像头获取蜜蜂要测定部位的形态图像，并在电脑中保存。

（2）导图。打开形态分析软件，导入保存的图片文件。

（3）制表。在向导窗口中选择【形态指标测量】，点击【下一步】，在出现的测量表单中将要测量的指标名称录入表中，测量内容包括距离、角度、面积和周长等。

（4）读数。测定距离指标时，点击【测量标准】/【距离】，在图像操作区域点击左键按下测量起始点，并拖动鼠标至测量的终点，松开鼠标左键，在【结果】区将会显示出所测量的值，并列出所测量的蜜蜂形态长度指标，在列表中双击指标即可完成数据的录入。测定角度指标时，点击【测量标准】/【角度】，在图像测量区域出现角度显示的表格，按顺序左键点击确定组成角的至少 3 个点，顶点选择完毕后，单击鼠标右键完成顶点选择，单击【测量角度】，在表格中将显示这个顶点所组成的角度名称及角度值。在列表中双击某指标即可完成所选角度指标的录入。

[数据统计方法]

在蜜蜂品种鉴定中，所有需要测量的形态指标均属于数量性状，一般的样本数应至少等于或者最好超过 30 个。可将所测得的数据按群或按组进行相关分析，如采用 SAS 软件或 SPSS 软件进行差异显著性分析、因子分析、主成分分析、判别分析以及聚类分析。形态数据的散点图可采用 R 语言进行作图。

[作业]

1. 形态测量与蜜蜂生产性能和物种、品种、品系有什么关系?
2. 借助网络和统计学资料，列出形态测量的数据处理方法和步骤。

参考文献

吴杰，2012. 蜜蜂学 . 北京：中国农业出版社 .

Ruttner F，1988. Biogeography and taxonomy of honeybee. Berlin：Springer－Verlag.

（郭军）

实验二　蜜蜂染色体的组型分析

染色体组型分析（也称核型分析）就是将某一生物细胞中的中期染色体按照它们的形态标志和一定的标准顺序排列成可供研究的图型。每一种生物的染色体的形态结构（如长度、着丝点位置、臂比、随体大小）和数目是相对稳定的，具有物种的特异性。蜜蜂是单倍-二倍性昆虫，没有性染色体，通常选用单倍体的雄蜂进行染色体组型分析（$1n=16$）。染色体组型检测对于蜜蜂的倍性育种、诱变育种和跨物种杂交都有决定性的指征意义。

[实验目的]

（1）了解染色体组型分析可以判断物种之间的起源关系。

（2）初步掌握动物染色体标本制片技术和染色体组型分析方法。

（3）掌握染色体组型分析的各种数据指标。

[实验材料]

雄蜂幼虫或工蜂幼虫。氯化钾、甲醇、冰醋酸、乳酸、地衣红、秋水仙素、中性树胶、双蒸水等。

[实验用具]

离心机、刻度离心管、移液器、眼科剪、小研钵、50mL 量筒、玻璃棒、电子天平、1 000mL 容量瓶、100mL 烧杯、酒精灯、载玻片、盖玻片、显微镜、冰箱、吸水纸。

[实验要求]

染色体臂比值（也称臂率）的概念是以着丝粒为界，长的一端长度和短的一端长度的比值，臂比是染色体的一项重要特征。秋水仙素可以促使染色体停滞在分裂中期，此时其明显增粗变短，易于在显微镜下被观察到。秋水仙素的用量不宜太多或处理时间不宜过长，否则会导致染色体过分缩短或着丝粒迅速离裂，最终染色体破碎或溶解。注意氯化钾低渗溶液使用的比例、程度和时间，否则会导致细胞破裂、染色体分散不好。磨碎的组织液在离心机里的离心速度太高，则细胞团块不易被打散，但速度太低则会失去大量分裂相。固定液需要临用时再配制。固定彻底后再打散细胞团，否则细胞容易破碎，染色体分散亦受影响。玻片上不能有油脂，事先必须足够冷却，否则会影响细胞的铺开。课后以组为单位提交实验报告一份。

[实验方法与步骤]

1. 预处理　将幼虫浸入浓度为 200Ug/mL 的秋水仙素溶液中，在室温下处理 2～3h。

2. 低渗　将幼虫放入盛有1～2mL的0.075mol/L KCl低渗溶液（用电子天平称取KCl 5.591 3g，放于1 000mL容量瓶中，加双蒸水定容至1 000mL）的小研钵中，用眼科剪剪碎，用研槌研磨之，静置1～2min，用移液器吸取上清液于刻度离心管内，静置30～60min。

3. 离心　将刻度离心管放入离心机中，以1 000r/min离心3～5min，然后用移液器轻轻地吸去上清液，留下沉淀的细胞团。

4. 固定　沿离心管壁缓缓加入固定液（甲醇：冰醋酸＝3：1，临用时配制，剩余的置于冰箱内保存）1～2mL，并用移液器轻轻地冲散细胞团使呈悬浮液状态，置于冰箱内固定0.5h。

5. 吸打　用移液器重新冲散体细胞，离心3～5min吸去上清液。

6. 反复　重复“4”和“5”两次。

7. 悬浮　加入0.5～1mL固定液，冲散细胞团呈悬浮液。

8. 制片　从冰箱内取出冷湿载玻片，趁冷将1～2滴细胞悬液滴于载玻片上，轻轻吹散，待其自然干燥或者在酒精灯上烤干。

9. 染色　在已干燥的制片上滴上乳酸地衣红溶液（用电子天平称取地衣红0.5g，用50mL量筒量取乳酸33.3mL、醋酸33.3mL、蒸馏水33.3mL，放入100mL烧杯中，用玻璃棒搅拌，加热溶解，过滤）染色3～5s。然后用蒸馏水冲洗，用吸水纸吸去载玻片边缘的水分。为防止细胞丢失或受损，可以盖上盖玻片等待镜检。如果需要长期保存玻片标本，可用中性树胶进行封片。

10. 镜检　待玻片稍干后，即可放在显微镜下进行染色体数目的检查与计数。

[染色体组型分析]

目前在人类医学上已经率先采用染色体分析系统，包括图像获取、染色体分割、技术参数设定与测量、配对处理、核型图显示与调整、分析报告输出。

1. 计数　在低倍镜下选择染色体分散良好的中期分裂相，在所选的视野内分别进行染色体计数，计算50～100个中期分裂相细胞的染色体数目，取平均值，记下所观察的显微镜编号和移标尺的坐标，以备核对。

2. 放大　从5～10个玻片标本中，选出染色体收缩适中、数目完整、各对姐妹染色体平行伸展且着丝粒清晰的分裂相，放大单个的染色体，为测量其长度和着丝粒的指数做好准备。

3. 测量　根据人类染色体会议上所制订的规定，每条染色体必须要测三个参数：臂比（臂率）＝[长臂（*q*）/短臂（*p*)]、着丝粒指数[＝短臂/染色体长度×100%]和相对长度[＝每一个染色体长度/该细胞染色体单倍体的总长度×100%]。此外，还可以测随体染色体（SAT chromosome），它具有随体和非染色性的次生缢缩。

4. 分类　①用臂比值来确定。中着丝粒染色体（metacentric chromosome，M）：1.0～1.7。亚中着丝粒染色体（submetacentric chromosome，Sm）：1.7～3.0。亚端着丝粒染色体（subtelocentric chromosome，St）：3.0～7.0。端着丝粒染色体（telocentric chromosome，T）：7.0以上。②用着丝粒指数来确定。M为50～37.5。Sm为37.5～25。St为25～12.5。T为12.5～0。然后得到核型公式。比如中华蜜蜂雄蜂16条染色体的核

型公式为：$n=x=16=2M+5Sm+7St+2T$。

5. 排列 根据着丝粒指数的范围，将染色体分组，每一组按染色体对的相对大小依次排列，短臂向上、长臂向下，将着丝粒排在同一条直线上，有特殊标记的染色体（如含有随体的和非染色性的次生缢缩的）单独排列，编号，制成染色体组型图。

[作业]

1. 蜜蜂体细胞染色体的分类标准及其主要特征是什么？
2. 随体染色体的缺失或附加对生物的生理特性会有影响吗？

（方兵兵）

实验三　种用蜂群选择（蜂王后裔测定）与种用价值评价利用

选择育种（简称选育）是目前应用最广泛的遗传改良方法，是蜜蜂育种的基础。对蜜蜂种用蜂群（父群和母群）的选择就是选种，它是蜂种选育工作中的最基本、也是最重要一环。依据对被考察对象的遗传背景的关注度不同而有不同的选择方式。具体有：单群选择、家系选择和复合选择。单群选择也称个体选择，是对遗传背景关注度最低的选择；家系选择是对遗传背景关注度最高的选择；复合选择也称综合（合并）选择，是对遗传背景关注度可高可低的选择。

[实验原理]

蜜蜂的各种性状可分为质量性状和数量性状，它们有的可能是细胞质母系遗传的，有的可能是伴性遗传的。质量性状比较简单，一般由一对或几对基因控制，有显、隐性之分，而且其表型受环境影响不大。杂交后代的个体可以明确地分组，可以计算杂交子代各组个体数目的比率，可以分析基因分离、基因重组以及基因连锁等遗传行为。数量性状由多数微效基因控制，遗传情况较复杂，而且它们的表型受环境影响很大，杂交后的分离世代不能明确分组，因而无法求出分离比，只能测量性状的表型值，再用统计学方法分析差异的显著性。

作为一只种用蜂王，不仅要求它本身具有发育健壮、体形好、种性纯，还要求它要有良好的种用价值（或育种价值），也即由它所产生的蜂群具有突出的生产性能或某种优良特性表现，这就涉及后裔测定。蜂王的后裔测定必定是有蜂王后裔参加的蜂群（蜂王）的性能测试，通过后代的综合测定成绩对种用蜂王的遗传型或种用价值（育种价值）进行考评，作为蜜蜂选种工作中的一个重要环节，其鉴定的可靠性相当高。值得一提的是，蜂王后裔测定的结果既是终极目标（结束选育），也是初级启用的数据（开展新一轮选育）。

[实验目的]

（1）了解选种的目的（种用蜂群→种用蜂群的蜂王）。

（2）了解种用蜂王的种用价值（或育种价值）是可以根据其后裔测定来评定的。

（3）掌握蜜蜂数量性状选择育种的方法。

（4）掌握蜂王后裔测定的方法。

[实验材料]

供种用蜂王和种用雄蜂选择用的蜂群、供蜂王后裔测定用的蜂群。

[实验用具]

蜂箱、蜂王人工授精仪、王笼、隔王板、记录本、台秤等。

[实验要求]

1. 种用蜂群的选择 在选种过程中，应注意要有蜂群保障。把亲本连同所在的蜂群（蜂王、雄蜂和工蜂）作为一个整体来看待，及时做好统一编号，填写登记卡，建立系谱。必须把选择和供选择群体所处的选育条件（环境因素）联系起来考察，特别是一些跟产量有关的经济性状。

（1）留种率。一般初选留种的数量要比计划留种的数量多出20%，复选留种的数量要比实际需要的多留出10%。

（2）雌雄性比。种用母群和种用父群的分配比例宜高不宜低，应在1∶（5～6）或更高。

（3）性成熟期。雄蜂的发育历期比蜂王的长，雄蜂的性成熟时间也比蜂王的晚，所以要注意雌雄的配种日龄，要提前培育雄蜂。

（4）间接性状。某个要改良的性状（特别是重要的经济性状），可考虑采用间接选择的方法，如性状间相关、早期性状与终测性状间相关、基因间的连锁关系、基因的多效性、早期性状的表观选择与全期选择的高度一致性等，找出与其相关较密切的另一个辅助性状（最好是质量性状）。

2. 蜂王后裔的测定 要有几个后备的后裔蜂群，要提供与正式测定的后裔蜂群相同的饲养管理条件。

（1）父本遗传背景要尽可能一致。为被测蜂王的后裔处女王提供同一个父群的种用雄蜂，以减少因与配雄蜂的差异而造成测定结果的误差。

（2）数据的全面统计。要把每只被测蜂王的后裔蜂群的数据都统计在内。

[实验方法与步骤]

1. 种用蜂群的选择 当选择表型就是在选择基因型时，常用个体选择和家系内选择。当既考虑基因型又考虑表型时，即选择最优家系中的最优单群，则用家系选择和合并选择。

2. 后裔测定的准备 分为种用蜂王后裔（子一代）测定和后裔蜂王后裔（子二代）测定的蜂群组建。

（1）种用蜂王后裔（子一代）测定的蜂群组建。在亲本选择之初，根据育种计划进行某个性状的后裔测定，只要等到种王在蜂群里的受精卵发育为成年工蜂时即可。

（2）后裔蜂王后裔（子二代）测定的蜂群组建。在被测定的种用母群里，移卵虫培育处女王。在种用父群里，按育王计划预先培育出数量足够的适龄种用雄蜂。让处女王与种用雄蜂进行自然交配（或进行人工授精）。用其他蜂群的蜜蜂来组织多个人工分蜂群，待后裔蜂王开始产卵后，将其一一诱入，待受精卵发育为成年工蜂时即可组成后裔蜂群并开始测试。

3. 蜂王的后裔测定 以生产性能鉴定为主，以适应性、抗病力、有无遗传缺陷等考察为辅。设定称重（估测）蜂群（巢脾）的时间间隔，如每日、每周等，考察酿蜜、采粉、泌浆等重量递增情况。

（1）母本培育条件要尽可能一致。种用蜂王的后裔处女王和对照蜂王的后裔处女王，应在同一个蜜源期、同一个育王群里培育。

（2）后裔测定条件要尽可能一致。应在蜜源丰富的同期进行，蜂群同场摆放，数量一致，为后裔蜂群的遗传性状获得充分表现创造条件。

[数据分析]

1. 姐妹平均值法　在对一只种用蜂王的诸多后裔进行测定时，可将其后裔蜂群与普通对照蜂王的后裔蜂群进行比较。在取得确切的记录资料后，取其平均值就可以进行评价。

2. 同期同龄非姐妹平均值法　在单独对一只种用蜂王的后裔进行测定时，可将其后裔蜂群与普通对照蜂王的后裔蜂群或全场其他蜂群的平均值进行比较。测定成绩最差的，就淘汰；平均值最高的，种用价值就最高。

3. 母女平均值法　如果被测的种用蜂王的一批后裔蜂群，也能表现出与其母本蜂群同样的优良性状，就可以认为该种用蜂王具有较高的种用价值。

[作业]

1. 如何理解一个顶级的用于配对的处女王、一个完成了顶级配对的授精王、一个顶级配对的后代处女王，概念是不一样的，本质也是不一样的，结果更是不一样的？

2. 提交一份种用蜂群选择和后裔测定的实验设计及其观测分析报告。

（方兵兵）

实验四　种用雄蜂精液采集、精子密度测定与精液贮存

雄蜂精液采集是蜂王人工授精前的必需步骤，采精质量决定授精质量，尤其是黏液的混入和细菌的污染。精子密度测定是淘汰少精症雄蜂品种和评估新鲜或贮存精子质量的一种操作。由于雄蜂是季节性出现的，所以精液贮存可以解决蜂王人工授精的非季节用精问题。它们是进行蜜蜂的选择育种和杂交制种时所必备的技能。

[实验目的]

(1) 了解雄蜂生殖器官的结构及其各部位名称。
(2) 掌握无菌操作技术。
(3) 掌握雄蜂精液采集方法及其密度检测方法。
(4) 掌握雄蜂精液的贮存原理和方法。

[实验材料]

意蜂或中蜂的性成熟雄蜂、雄蜂生殖器官结构电脑挂图。意蜂或中蜂的性成熟处女蜂王。昆虫生理盐水以及精液储存液。

[实验用具]

雄蜂巢础、雄蜂笼、尖头镊子、昆虫解剖针、Eppendorf 管、PCR 管、无菌毛细管、血细胞计数板、载玻片、盖玻片、解剖镜、显微镜、人工授精仪及进样注射器、微量移液器（移液枪）、微量注射器、液氮、冷冻麦管等。

[实验要求]

在蜂群繁殖季节，如春夏之交或秋季流蜜时开展。制备稀释精液时，应尽量使精液团完全散开，并要稀释以适当的倍数，以便于测数。蜜蜂精子长约 250μm，直径不足 1μm，外观看不到明显的头部，呈半透明的丝状，有时呈现卷曲或环状。采用通用的血细胞计数方式，计算网格中 5 个 1.0mm^{2}大正方形中的精子数，请依据血细胞计数板使用说明书严格操作，最好选择 4 个角和中间的大正方形。由于精子常常与正方形的边界相交，为了避免重复计数和漏计，在计数时，对沉降在网格线上的精子的统计应有统一的规定（如计左不计右，计上不计下），以减少误差。由于精子细胞在血细胞计数板上处于不同的空间位置，要在不同的焦距下才能看到，因而观察时必须不断地调节微调螺旋，方能数到全部精子，防止遗漏。血细胞计数板用完后，必须用清水冲洗干净，干燥后要妥善保存。注意不得用粗糙物品抹擦中间平板，以免损坏方格刻度。课后完成自己所测雄蜂精子密度的实验报告一份。

[实验方法与步骤]

1. 精液采集　这一步骤包括种用雄蜂饲养、昆虫生理盐水配制、雄蜂精液采集。

(1) 种用雄蜂饲养。实验前 30～40d，选择较强的种用蜂群作为实验蜂群，根据气候及蜜源情况，加入雄蜂巢础或巢脾，适当补充饲喂，培养雄蜂。

(2) 昆虫生理盐水配制。昆虫生理盐水是指与昆虫细胞的渗透压相等的氯化钠溶液，浓度常为 0.65%（0.65g 氯化钠溶解在 100mL 蒸馏水中）。其用途是为细胞供给电解质和维持细胞液的必要张力（不至于脱水萎缩，也不至于吸水涨破）。医用的氯化钠注射液浓度是 0.85%～0.9%，略加稀释后可用。

(3) 雄蜂精液采集。①准备飞翔笼（图实 4-1）。尽量选择在蜂箱门口抓雄蜂，也可以通过开箱抓雄蜂（根据天气和雄蜂数量）。宜选取出房后经过排泄飞行的性成熟 2～5d 的雄蜂，飞翔笼的作用是让雄蜂在其中飞行和排便，并帮助启动射精和减少精液污染。②器械消毒。用 75%乙醇对所有注射针头（玻璃制或塑料制）和精液存储管进行预先消毒，并用蒸馏水漂洗。③促使排精。用右手的食指和拇指捏住雄蜂头胸部，腹背向左，用左手的拇指轻轻抚压雄蜂腹部，诱发雄蜂腹部肌肉收缩和促使内阳茎逐渐外翻，直至其前端流出浅咖啡色的精液为止。④吸取精液。左手捏住已经挤压出精液的雄蜂，慢慢移动到 10～20 倍体视显微镜视野中的注射器针头下，轻旋注射器活塞杆，使针头与精液接触，轻轻吸取，不要将白色的黏液吸入，以防堵塞注射器针头。采取完毕一只雄蜂的精液后，先把已采集的精液推出针头外一点点，让其与待取的下一只雄蜂精液面接触，然后再吸取（图实 4-2 至图实 4-5），两只雄蜂精液之间不能有气泡存在。

图实 4-1　竹制囚禁笼或铁纱飞翔笼

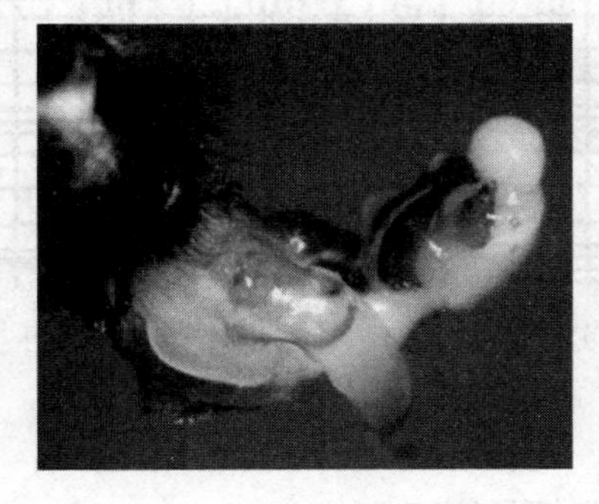

图实 4-2　雄蜂外翻的内阳茎

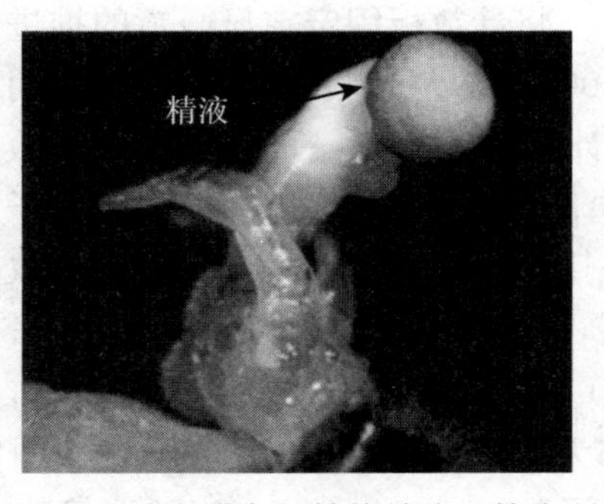

图实 4-3　浅咖啡色的雄蜂精液（箭头所示）

图实 4-4　用注射器吸取精液

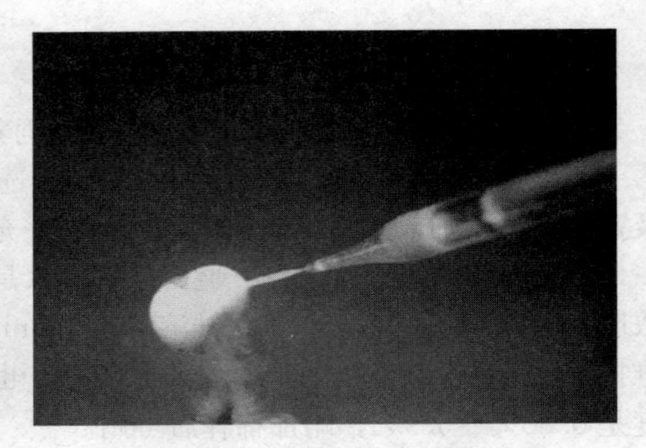

图实 4-5　推出少许已取精液

2. 雄蜂精子密度的测定　雄蜂精子密度是考察种用雄蜂个体遗传潜力的主要指标，通常采用单位体积精液中所含的精子数来表示，单位为$\times 10^6$ 个/μL。通常有估测和计数两种检测方法。

（1）估测法。取一小滴精液滴在清洁的载玻片上，用另一载玻片轻推，使精液成一薄层，显微镜 400×镜下观察。通常用密、中、稀三个等级来表示精子密度。密：视野中精子密度很大，彼此间隙很小、看不清精子的运动状况（$>1\times 10^6$ 个/μL）；中：精子间隙明显，彼此间约有 1 个精子长度的空隙（$0.2\times 10^6 \sim 1\times 10^6$ 个/μL）；稀：精子间隙超过 1 个精子长度（$<0.2\times 10^6$ 个/μL）。

（2）计数法。这一过程包括稀释精液、注入精液、计数精子和换算密度。①稀释精液。用 3%氯化钠溶液稀释精液以杀死精子。用 5～10μL 移液器或更大容量的移液器在 Eppendorf 管中按不同比例组合进行稀释，如若稀释 100 倍，则吸取 5μL 原精液＋495μL 氯化钠稀释液。②注入精液。将洁净的计数板放在载物台上固定好，盖上干净的盖玻片；用移液器取 25μL 稀释后的精液，将吸头放于盖玻片与计数板的接缝处，缓慢注入精液，使精液依靠毛细作用被吸入计数室。精子计数室长宽各 1mm，面积 1mm^2，高度 0.1mm，体积 0.1mm^3。由双线或三线组成 25 个（5×5）中方格，每个中方格内有 16 个小方格（4×4），共计 400 个小方格。③计数精子。将计数板固定在显微镜的推进器内，用 100 倍放大先找到计数室，再用 400 倍找到计数室内的第一个中方格；计数左上角至右下角 5 个中方格范围内的总精子数；可以采用抽样计数，事先设定好要选取哪几个方格，然后再换算成全部格子的数量（图实 4-6）。当遇到精子压线的情况时，以精子头部为准，计数格线上的精子数（图实 4-7）。④换算密度。按照如下公式：5 个中方格总精子数×5×10×1 000×稀释倍数，换算得到精子密度。

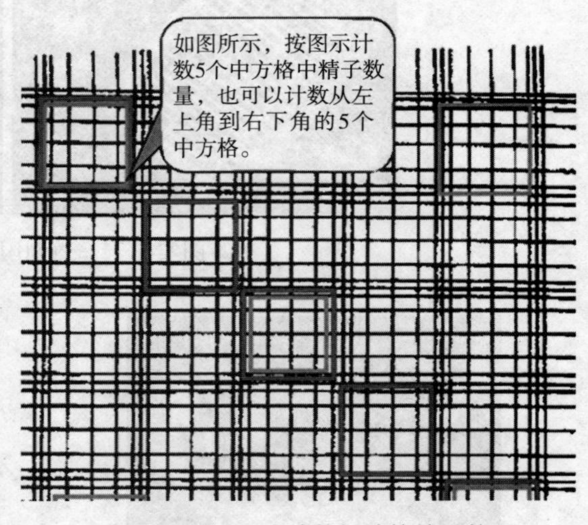

图实 4-6　血细胞计数板计算精子数目

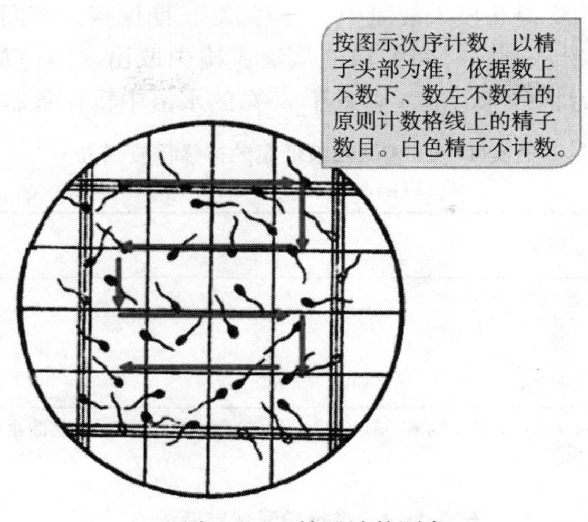

图实 4-7　精子计数顺序

(3) 其他测定方法（探索性试验）。目前测定动物精子密度和精子总数的方法较多，测定仪器有分光光度计、酶标仪、流式细胞仪以及专用的精子测定仪等。此处仅简介分光光度法。由于精液组分存在多样性，某一波长下测得的总吸光值是精液全部组分吸光值的总和，所以选择一个最适波长时会产生一个比较宽的吸收光谱，测得的值较为准确。但需要进一步建立精子密度与吸光值之间的标准曲线，用最适方程进行精子密度的计算。具体做法是：将采集的精液置于盛有 0.55mL 生理盐水的 Eppendorf 管内，用移液器混匀。测定样品时将样品进行系列稀释，倍数分别为 10、50、100、150、200、250、300 和 350 倍。先吸取 2.0mL 昆虫生理盐水于比色皿中，再吸取 0.2mL 稀释后精液于比色皿中，检测时所用波长范围在 450～730nm，同时以稀释精液的生理盐水为空白对照。每份精液样品进行 3 次独立测试（3 个技术重复），取平均值进行密度计算。利用软件进行回归方程拟合，选择最佳方程（相关系数在 0.95 及以上）进行最终计算。由于使用每种仪器对应的测定方法略有不同，目前还没有统一的技术标准，这就需要参考和借鉴其他动物精子密度测定方法，进行前期预实验，以确定待测精液的稀释倍数、使用的波长、拟合直线（曲线）方程、相关系数、回归直线等一系列常数或参数，然后确定适合蜜蜂雄蜂精液测定的方法和算法。然而，不管使用哪种测定方法，一般都以传统的血细胞计数板法作为参考和对照，可见传统的血细胞计数板法仍然是计数较为准确的方法。

3. 雄蜂精液贮存　通常分为常温贮存与冷冻贮存两种，此处仅介绍后者。雄蜂精液采集方法及步骤同前述，整个操作过程在灭菌后的超净工作台上进行。

(1) 冷冻贮存。①稀释精液。按照表实 4-1 或表实 4-2 中的配方，配制精液稀释液。将新采集的精液放入 Eppendorf 管中，按照 1∶1 比例对精液进行稀释。②分装精液。用 2.0mL 精液器吸取稀释后的精液分装在 0.25mL 的塑料冷冻麦管（或 0.20mL PCR 离心管）中，注意保持让管口留余 1.5cm，逐管分装，火烧封口，全程在无菌台上通风橱开启条件下操作。③平衡精液。将分装精液的冷冻麦管装入液氮罐提斗内，做好标记，置于 13℃水浴 10min，改置 4℃冰水浴中平衡 30min。④冷冻精液。将提斗提出、控水并迅速转移至液氮罐口下 15cm 处，停留 20min；降至口下 25cm 处，停留 8min；降至液氮面以上2cm处，停留5min；将提斗投入液氮中，−196℃长期保存。其间注意及时添加和补充液氮。⑤解冻精液。将冷冻不同时间的精液从液氮罐中取出，迅速放入37℃恒温水浴中快速解冻30～50s；然后将解冻后的麦管置于35℃的水浴中暂存备用。

表实4-1　蜜蜂精液低温贮存稀释液配方

(Hopkins et al.，2012)

药品	剂量
二甲基亚砜（DMSO）	250μL
蛋黄	250μL
缓冲液	500μL

注：按体积计，缓冲液（0.956g NaH_2PO_4和0.449g Na_2HPO_4混合溶于25mL蒸馏水中）在稀释液中占比50%；DMSO占比25%；蛋黄占比25%。

表实4-2　雄蜂精液保存液配方

药品	剂量
氯化钠	3.0g
氯化钾	0.74g
氯化钙	0.12g
葡萄糖	2.2g
碳酸氢钠	0.2g
磷酸二氢钠	0.8g
柠檬酸钠	2.9g
甘油	8g

注：将上述药品（氯化钙、甘油除外）分别溶解在500mL蒸馏水中，再用蒸馏水稀释到960mL。取氯化钙溶解在20mL蒸馏水中，把氯化钙溶液逐滴加到上述溶液内，边滴加边搅拌，以免产生不溶解的磷酸钙沉淀。最后加入甘油（甘油的密度为1.261 3g/m²），调节pH至7.2，定容至1 000mL。分装到30或50mL的玻璃瓶内进行高温灭菌（120℃高压灭菌15min）后待用。小体积分装避免污染，该保存液需现用现配，不宜久藏。

（2）活力检测。可采用两种方法。①血细胞计数板法。凡是观察到精子打转、摆尾游动等动作均算作活性精子。也可先数视野内不动的死亡精子（黑点），然后将计数板置于酒精灯火焰上方3～5cm高度烤5～7s，高温杀死活动精子后再置于显微镜下数一遍视野内的所有黑点（死亡精子），扣除先前计数的死亡精子数量，即为活动精子数。②染色法。可采用SYBR-14及碘化丙啶（SYBR-14/PI）双荧光染色法测定精子存活情况，其原理是这种双重荧光染料能与精子头部的DNA结合，在荧光显微镜下观察，呈绿色的是活精子，呈红色的为死精子。

（3）蜂王人工授精。将冷冻后的精液解冻后，给处女蜂王进行人工授精。在工蜂的一个发育期内，观察授精王产的工蜂子脾中花子面积的大小，进而判断冷冻精液贮存是否成功（精子活力）。

[作业]

1. 查阅文献，简述精子活力的检测方法。

2. 查阅文献，论述不同的精液低温保存配方及其优缺点。

参考文献

吴杰，2012. 蜜蜂学 . 北京：中国农业出版社 .

Cobey S W，Tarpy D R，Woyke J，2013. Standard methods for instrumental insemination of *Apis mellifera* queens. Journal of Apicultural Research，52（4）：1 - 18.

Collins A M，2004. Sources of variation in the viability of honeybee，*Apis mellifera* L.，semen collected for artificial insemination. Invertebr. Rep. Dev.，45（3）：231 - 237.

Paillard M，Rousseau A，Giovenazzo P，et al.，2017. Preservation of domesticated honeybee（Hymenoptera：Apidae）drone semen. Journal of Economic Entomology，110（4）：1412.

Rousseau A，Fournier V，Giovenazzo P，2015. *Apis mellifera*（Hymenoptera：Apidae）drone sperm quality in relation to age，genetic line，and time of breeding. Can. Entomol.，147（6）：702 - 711.

Schlüns H，Schlüns E A，Praagh J V，et al.，2003. Sperm numbers in drone honeybees（*Apis melifera*）depend on body size. Apidologie，34（6）：577 - 584.

（郭军　刘耀明）

实验五　蜂王人工授精

蜂王的人工授精是指将雄蜂的精液用器械辅助的方法注入蜂王的生殖道内，主要用于蜜蜂的近交、近缘杂交、远缘杂交等制种、保种中，是蜜蜂育种工作者必须掌握的技术操作。该方法不需要专门的隔离交尾场，可以保证纯粹的种用父群和种用母群的顺利配种。

[实验目的]

(1) 了解蜂王人工授精技术是蜜蜂杂交制种、原（纯）种保存和品种提纯复壮等必不可少的方法。

(2) 了解应用蜂王人工授精技术可以使得自然交配以外的近亲繁殖方式和引进种定向杂化等有效进行。

(3) 掌握蜂王人工授精技术及其操作技能。

(4) 了解蜂王解剖操作技术和蜂王生殖系统。

[实验材料]

意蜂处女王（每生统配 3 只）、红墨水、CO_2气体。

[实验用具]

学生用：人工授精仪系统（含背钩、腹钩、橡胶管、乳胶管、CO_2气体钢瓶、压力表）、导入管、麻醉室、芯管、昆虫针、蜂王微型注射器、贮王笼；指导教师用：电脑、投影仪、眼科解剖剪、弯头镊子、蜡盘、昆虫针、洗瓶。

[实验要求]

本实验项目类型属于综合型。课堂上每人注射 3～5 只蜂王（依据当时的气候和蜂王培育的数量），给指导教师检查、评分并聆听操作技巧讲评。课后提交实验报告一份（含操作心得）。

[实验方法与步骤]

1. 实验步骤　移虫培育蜂王（由蜂场师傅完成）→领取处女王→导入室→麻醉室→通气→操纵背腹钩，打开螯针腔→压住螯针鞘，进一步暴露阴道口→注射精液/红墨水→退针，卸钩，放王→①交给老师解剖评分，根据实际操作的失误与否，进行下一只注射；②剪翅、标记、介绍到交尾群→检查蜂群接受情况（视当年蜂群可调配情况，可做可不做）。

2. 操作方法

(1) 领取处女王。到指导教师处领取个体较大的处女王。

(2) 麻醉处女王。左手拿着导入管，右手的拇指和食指迅速而轻稳地捏住处女王的双翅，使处女王头部朝着导入管的开口端爬入，立即将导入管与麻醉管对接。待处女王后退进入麻醉管中部时，放下导入管并立即将金属芯管慢慢地推入麻醉管，一直推到处女王腹部露出4～5个尾节为止。再把芯管的后端与CO_2乳胶管相接，并把麻醉管固定在授精仪的底座上。轻轻打开CO_2气体钢瓶用橡胶管连接着的阀门，腹部不再抽搐即表示蜂王已处于麻醉的状态。

（3）打开螯针腔。移动授精仪上的背钩和腹钩的操纵杆，先钩开腹板，后用背钩钩开背板；或者双手同时操作背腹钩，下压进入蜂王螯针腔并把背腹板轻稳地拉开4mm左右。

（4）暴露阴道口。借助于昆虫针，把褐色的螯针轻轻地向背侧按下，把背钩（或称螯针钩）抬起，对准螯针基部的位置下压背钩，使之刚好嵌入螯针鞘基部（深褐色）分叉之间。移去昆虫针，再一次调整背腹钩，拉开至5～6mm。这时即可看到螯针腔中央靠近螯针鞘基部有个皱褶样的圈状结构——阴道口。

（5）吸取精液（以红墨水代替）。右手轻轻旋动注射器活塞，让注射器针头尖端进入墨水中，反向缓慢旋动螺旋，将红墨水吸入针头，剂量为8～10μL。

（6）注射精液（以红墨水代替）。以两肘支撑在桌面上，一手持住注射器，一手准备旋动活塞。将注射器针头插入阴道口达1.5～1.7mm的深度时，缓慢旋动注射器活塞，把6～8μL的红墨水（代替精液）注射进阴道。

（7）退出蜂王。注射完毕，等待约10s，即可退出注射器针头。升高注射器，把背、腹钩分别移向螯针腔的中心，然后上举，继而向后退出即可。把蜂王麻醉室从固定座取下，再将麻醉室芯管抽出，退出蜂王。

（8）解剖蜂王（由指导老师完成）。将授精王交给指导老师，观看解剖全过程，聆听讲解，针对操作要领重复步骤（1）等。

（9）放归蜂王。在授精王尚未苏醒之前，用小剪子将蜂王的右前翅剪去2/3或以带颜色的记号笔在胸背上标记。将剪翅或标记后的蜂王送回原来核群时，可以把蜂王直接放在核群的上框梁上，让其自行爬入，1h后抽查一次是否发生围王，若有围王现象，可用常规法解围，并扣上诱入器，待工蜂无“敌意”后再放出来（此步骤作为奖励对蜂王人工授精操作技能掌握较好的同学而使用，还要根据蜂场内蜂群的数量而定）。

[作业]

1. 思考一下，蜂王输卵管被单侧扎透后解剖时呈现什么现象？
2. 思考一下，注射器进针点错误时解剖后会呈现什么现象？

参考文献

Camargo J M F，Goncalves L S，1971. Manipulation procedures in the technique of instrumental insemination of the queen honeybee *Apis mellifera* L.（Hymenoptera：Apidae）. Apidologie，2（3）：239-246.

Laidlaw H H，2013. Instrumental insemination of honeybee queens. England：Northern Bee Books.

Laidlaw H H，2015. Instrumental insemination of honeybee queens：its origin and development. Bee World，68（1）：17-36.

（聂红毅　王丽华）

实验六　蜂王人工授精效果评估及其蜂群管理

蜂王人工授精后（简称授精蜂王），需要对其进行授精操作效果的评估。分为两种：对于初学者，宜采用注射后、24h 后、48h 后等时间点的定期解剖检测，主要看注入情况、精子转移情况等；对于育种者，主要是等到授精蜂王产卵后进行蜂群内工蜂生产性能的检测，并根据蜂群生物学性状和工蜂后裔的表现，来评估蜂王人工授精效果或蜂王的种用性能。如果是开展种王出售和带有社会化服务性质的蜂王人工授精，则必须要有蜂王授精效果的分析评估结果，包括父母亲本、杂交类型、生产性能优势等，以便让蜂蜜用种者放心以及适时选取主动和被动的干预对策。

［实验目的］

（1）理解影响蜂王人工授精质量的因素。

（2）掌握蜂王人工授精效果的评估方法。

（3）掌握人工授精蜂王蜂群管理技能。

［实验材料］

处女蜂王和授精蜂王若干只、健康蜂群若干群。0.9% NaCl 生理液、蒸馏水等。

［实验用具］

生物显微镜、解剖镜、血细胞计数板、蜡盘、镊子、眼科剪、框式王笼、方格网等。

［实验要求］

本实验选在蜂王人工授精之后。

在天气良好、外界有蜜粉源时，选择健康蜂群，在采集蜂大量出巢活动后组织核群。将组织好的核群放置在蜂场外缘空旷地带，利用自然环境或者人为方式为蜜蜂设置明显的标志物，蜂箱箱壁分别涂上蜜蜂容易区分的蓝、黄、白等颜色，相邻的两个核群应保持一定的距离，避免发生偏集；核群内要确保蜜粉饲料充足，可以及时调入蜜粉脾但不宜直接饲喂蜜糖，同时核群的巢门应缩小（特别是小型或微型核群），以防止引起盗蜂和预防胡蜂危害；核群任务结束后，要及时合并蜂群和处理核群巢脾。

授精蜂王需要防控其再次出巢交尾。交尾的防控，多数养蜂者采用剪翅或巢门幽闭的方法进行，可以在核群的巢门口安装隔王栅或脱粉片，限制蜂王飞出巢外。

课后提交实验报告一份。

［实验方法与步骤］

1. 蜂王受精囊内精子检测　蜂王受精囊解剖与受精囊内精子计数能够为初学者在学

习过程中提供有价值的反馈信息，能够通过注射的成功与否来初步确定蜂王人工授精操作者对该项技术的掌握程度。

（1）目测受精囊。蜂王授精后，将其放入核群或者哺育群中保存，40h后进行解剖目测。用镊子从背腹面方向夹住蜂王的末端腹节，将其拉离身体，受精囊外露。用镊子将受精囊剥离出蜂王体腔，将其轻轻地在手指之间滚动碾压，除去受精囊表面的气管网覆盖物。观察受精囊的颜色和纹理，初步判断蜂王的受精状态。处女蜂王的受精囊晶莹剔透；交尾或人工授精良好的蜂王受精囊展现的是精液的颜色，即浅棕色，并附带有大理石花纹；如果受精囊是模糊的或者呈现乳白色外观，则表示蜂王交尾或人工授精不良。

（2）计数精子。计数受精囊内的精子总数一般采用血细胞计数板法。首先解剖出蜂王的受精囊，置于加有2～10mL稀释液或蒸馏水的培养皿中，用镊子轻轻打开受精囊，释放出精子，剔除组织，用干净的玻璃毛细管搅拌直到所有精子都被均匀分散开。然后将精子稀释混合液滴入血细胞计数板的两侧（事先在计数区盖上盖玻片）。在毛细管作用下，精子混合液将充满计数区。待稳定后（约20s）开始在200倍显微镜下观察计数。先计数5个大正方形内的精子总数，再通过公式转换成精子总数。

2. 授精蜂王繁殖能力测试　由受精卵发育而来的工蜂子脾密度，是衡量蜂王人工授精质量的重要指标，优良授精蜂王的子脾密度一般应为90%以上。同时，蛹房密实度也是体现蜂群繁殖力（产育力）的一个指标，考察的是蜂王的产卵力和工蜂的哺育力。

（1）子脾密度测定。一般采用方格网法测定，在工蜂子脾上统计单位面积的蜂子巢房的比例（实房率）。中华蜜蜂采用44mm×44mm的方格网，西方蜜蜂采用50mm×50mm的方格网，每一方格网中约含100个巢房。注意：该项测定所得数据的另一种用法（空房率）是筛选抗病性的种用蜂群，只是必须要将子脾进行事先处理（接种、刺死、冷冻、高温等），通过考察工蜂的卫生性清虫行为来预测蜂群的抗病性能。

（2）繁殖力测试。一般用有效产卵量即封盖子（蛹房）数量来表示，每个蛹期（中华蜜蜂11d，西方蜜蜂12d）用方格网测量一次封盖子数量。中华蜜蜂用44mm×44mm的方格网，西方蜜蜂用50mm×50mm的方格网，每一方格网中约含100个巢房。统计所有子脾封盖子数量总和，即为蜂王的有效产卵量（蜂群繁殖力）。注意：该项测定所得数据的另一种用法是进行蜂王的后裔测定，先绘制蜂群产育力变化曲线，预测蜂王产卵性能；再由曲线趋势预测由该蜂王后裔组成的蜂群的群势发展走向。

3. 授精蜂王核群的管理　蜂王授精后需要立即送入蜂群，以使蜂王能够及时得到工蜂饲喂，获得适宜的温湿度环境，精子能够尽快转移。人工授精蜂王从授精后至利用前一般先被送入核群进行管理。若发现授精蜂王存在质量缺陷应及早淘汰；授精前批量幽闭在贮王笼内的蜂王，授精后需要再次放回原贮王笼内贮存的，应保证笼内饲料充足；蜂王授精后一般2～5d即可产卵，授精后10d仍然不产卵的蜂王也应淘汰；失王的核群要及时诱入授精蜂王加以补充；产卵8～9d后，可根据有效产卵情况，选择优良蜂王介绍给大群。

［作业］

1. 根据测得的实验数据绘制蜂群产育力变化曲线图。

2. 根据数据分析结果判断受试人工授精蜂王的质量。

参考文献

陈国宏，王丽华，2010. 蜜蜂遗传育种学 . 北京：中国农业出版社 .

（李志勇）

实验七　蜜蜂卵（虫）整体原位杂交技术

原位杂交是利用体外合成的基因探针与动物组织、器官或细胞的内源性核酸进行一个在体的特异性识别，最终通过显色在细胞或组织中定位该基因的一项生物技术。

［实验原理］

利用核酸分子单链之间有互补的碱基序列，将偶联有放射性或非放射性生色基团的外源核酸（即探针）在一定温度下与组织、细胞或染色体上待测的 DNA 或 RNA 发生特异性配对，结合成专一的核酸杂交分子，经一定的检测手段将待测核酸在组织、细胞或染色体上的位置显示出来。主要包括分子杂交和信号检测两步。

（1）分子杂交。体外合成核苷酸片段，用特殊的物质进行标记后作为探针，直接杂交到被检测的样品上，使探针与被检测的基因或其转录产物（RNA）在样品原位特异结合形成稳定的杂交双链。

（2）信号检测。原理是酶与底物的显色反应，中介是偶联有荧光素或酶的抗体，如荧光素（fluorescein）标记抗体、生物素（biotin）标记抗体、酶标抗地高辛（digoxin，DIG）抗体等，使发光基团或生色底物在杂交部位显现出可识别的荧光或颜色。常用的酶有辣根过氧化物酶（horse radish peroxidase，HRP）和碱性磷酸酶（alkaline phosphatase，ALP 或 AKP）。HRP 以 4C1N（4－chloro－1－naphthol，4－氯－1－萘酚）/H_2O_2 为底物，染色结果为蓝色；或以 DAB（3,3′－diaminobenzidine tetrahydrochloride，四氢氯化二氨基联苯胺）/H_2O_2 为底物，染色结果为棕色。ALP 以 BCIP（5－bromo－4－chloro－3－indolyl phosphate，5－溴－4－氯－3－吲哚磷酸盐）/NBT（nitrotetrazolium blue chloride，氯化硝基四氮唑蓝）为底物，染色结果为蓝紫色。

［实验目的］

（1）了解原位杂交的原理。

（2）掌握原位杂交的方法。

［实验材料］

蜜蜂卵或小幼虫。

蜜蜂卵（虫）前处理用试剂：庚烷、甲醇、PBS（phosphate buffered saline，磷酸缓冲盐溶液）、PBST（PBS＋Tween－20，磷酸盐吐温缓冲液）、链蛋白酶。

RNA 提取用试剂：Trizol、氯仿、异丙醇、乙醇、DEPC 水。

电泳检测用试剂：琼脂、TAE 缓冲液、EB、溴酚蓝上样缓冲液、DNA 分子质量标记物。

原位杂交用试剂：杂交液（HYB）、PBS、柠檬酸钠缓冲液（SSC）、蛋白酶 K、链蛋白酶、多聚甲醛（PFA）、ALP - anti - DIG 抗体、甲醇、甘油、PBSTx、DEPC 水、BCIP、NBT。

载体构建及其酶切用试剂：LB 培养基、氨苄 LB 培养基。

［实验用具］

PCR 仪、分子杂交仪、插入式圆柱加热板（块）、低温冰箱（4℃）、低温冰箱（－20℃）、超低温冰箱（－80℃）、恒温摇床（4℃）、体视显微镜、紫外分光光度计、离心机、振荡器、电泳仪等。

镊子、无菌牙签、eppendorf 管（离心管）、移液器、Primer premier（5.0＋）引物设计软件、切胶工具、24 孔细胞培养板等。

［实验要求］

多聚甲醛溶液是一种固定剂，需在通风橱中操作。其反应原理是：醛基与某些蛋白质成分发生交联反应，终止酶活性，避免细胞自溶，继而保存了细胞的固有形态。

蜜蜂的卵由两层膜包裹：绒毛膜和卵黄膜。卵早期只有卵黄膜，卵中后期才出现绒毛膜。分子杂交前必须要把这两种膜去掉，才能使分子探针渗入卵体。越早期的蜜蜂卵，去掉卵黄膜越困难，因为此时卵表比较脆弱，所以无论是振动处理还是消化处理都要适度和适时。本实验中，振动时间为 10s、消化处理时间为 5min 比较适宜。

蜜蜂幼虫的表皮较厚，但固定后的虫体却不能进行振动处理，因为表皮脆性增大，容易破碎。所以，对于体内较多的蛋白只能用酶做消化处理。本实验中，链蛋白酶处理以 15min 比较适宜；蛋白酶 K 处理可以时间再增加一些，直到虫体通透才表明体内的蛋白被消化充分。

理论上探针在杂交液中保存是可以重复使用的，但多次使用后受到污染的机会变大，导致结果异常。所以，科研实验上，最好把合成好的探针事先以小份分开包装，尽量做到一次性使用。

在杂交后，一定要做到把探针去除干净。否则，探针将继续杂交，产生假阳性结果。

蜜蜂胚胎的显色时间比较快，在加入显色剂 30min 左右就会有杂交信号出现。所以，每隔 5～10min 就要观察一次显色情况，以防止显色过度。

显色终止后，蜜蜂胚胎要经过梯度脱水，最终在甘油中保存或拍照。

提交一份蜜蜂卵虫整体原位杂交的实验报告。

［实验方法与步骤］

1. 蜜蜂卵（虫）杂交探针的制备 此步骤可由教师提前完成。

（1）蜜蜂早龄胚胎总 RNA 提取。用无菌牙签从巢房中挑取蜜蜂卵（3 日龄以内）30 粒，放于装有 DEPC 水的 RNA - free 离心管中；把 DEPC 水吸干净，在通风橱内操作，每管加入 1mL Trizol；放在振荡器上匀浆 2min，停止 1min，再振荡匀浆，直至彻底粉碎呈糊状时停止，静置 5min；在通风橱内，向离心管中加入 200μL 氯仿混匀，剧烈振荡 30s，静置 10min；4℃离心机 12 000r/min 离心 15min；离心后分成 3 相，下层为酚氯相，中层为蛋白相，上层为水相；吸取上层有 RNA 的水相到新的 RNA - free 离心管中，向其中加入 500μL 异丙醇，颠倒几次混匀，静置 10min；4℃ 12 000r/min 离心 10min；在通风橱内小心吸出上清，加入75%乙醇1mL，混匀，7 500r/min离心5min；小心除上清，向离心管中加入20μL DEPC水，用移液器枪头吸打均匀，紫外分光光度计上测浓度，－20℃保存备用。

（2）反转录合成cDNA（25μL体系）。将2μg RNA和0.5μg OligDT与DEPC水混合，70℃温育5min，迅速置冰上冷却1min以上；再将5×反应缓冲液5μL、2.5mmol/L dNTPs 5μL、RNA酶抑制剂0.7μL、M－MLV RT 1μL依次加入，混匀，42℃温育2h，之后－20℃保存。

（3）引物设计及其PCR。根据目的基因信息，用Primer Premier引物设计软件（5.0以上版本）设计引物，送合成，PCR，琼脂糖凝胶电泳，切胶回收产物片段。

（4）小量培养转化的细菌。①载体构建，将目的基因片段与质粒载体连接。②电转化，取感受态细胞Trans10，加入10μL连接好的体系中，轻轻混匀，冰浴30min，42℃热激45s，冰浴3min，加入不含抗生素的LB液体培养基200μL，轻轻混匀，37℃摇床轻微振荡（200r/min）培养1h。③小量培养，在超净台内把菌液涂在含有抗生素的LB固体培养基上，37℃培养12～16h；用无菌牙签挑取单个菌落接种到临时加进Amp的400μL LB液体培养基中，37℃摇床培养4h以上。④小量提取质粒，收集菌液，提取质粒DNA。⑤小量酶切质粒，酶切反应后PCR，电泳检测是否连接-转化成功。

（5）大量培养转化的细菌。①测序比对，挑取连接成功的菌液继续培养12h，将菌液送测序，序列对比分析。②将测序和酶切结果都正确的样品继续摇菌大量培养，大量提取质粒DNA。③大量酶切质粒，37℃下反应过夜。电泳检测确定是否彻底切开。将酶切产物进行电泳分离、回收及纯化，紫外分光光度计上测定浓度，－20℃保存备用。

（6）设计合成带标记的特异性探针。探针合成与标记通常是利用体外逆转录合成法，先将目的片段克隆到载体上，然后再通过模板、酶、核苷酸等进行逆转录，在合成单链RNA探针的时候加上DIG－11－dUTP标记（有专门的试剂盒）。探针沉淀，加入50μL DEPC水，溶解10min，加入1μL RNA酶抑制剂，分成小包装，－20℃保存备用。

2. 蜜蜂卵（虫）的前处理　在室温下，从工蜂巢房内用牙签以水蘸取卵的底部，或用移虫针挑取1日龄小幼虫，取出放在有基础液的离心管中，清洗3次。

（1）卵（虫）的固定。将30粒卵或15只幼虫移到加有4%多聚甲醛溶液的Eppendorf管中，再加入等体积的100%庚烷溶液，摇床上轻摇固定2h，4℃冰箱中固定过夜。

（2）卵（虫）的选择。彻底去除多聚甲醛，加入100%甲醇溶液，在振荡器上振荡45s，平衡1min，彻底去除庚烷；用100%甲醇冲洗两次，每次3～5min，在100%甲醇中－20℃贮存备用。

（3）卵的去膜处理和虫的蛋白消化处理。将卵（虫）从－20℃的100%甲醇中平衡到室温的100%甲醇中，然后依次经过75%甲醇水溶液、50%甲醇1×PBS溶液、25%甲醇1×PBS溶液和1×PBST溶液的梯度复水，每次摇床上轻摇5min；弃PBST溶液，加入链蛋白酶（200μg/mL）处理10～15min；弃链蛋白酶溶液，用1×PBST溶液冲洗一次，5min；虫备用，卵需要再在体视显微镜下用镊子剥去剩余的卵膜，备用。

3. 蜜蜂卵（虫）的原位杂交　此步骤历时3d。第一天消化和固定、预杂交和杂交；第二天回收探针和抗体处理；第三天染色和拍照。

（1）消化和固定。将之前已经去膜的卵（或处理好的幼虫）再用PBST溶液洗一次，

5min；弃除 PBST 溶液，加入含有 1×蛋白酶 K（10μg/mL）的 PBST 溶液，卵处理 10min，幼虫处理 15min；用 PBST 洗一次，5min；用 4%多聚甲醛固定 20min，再用 PBST 洗 5 次，每次 5min。

（2）预杂交和杂交。先用杂交液（HYB）室温洗一次胚胎，直至胚胎全部沉至 Eppendorf管底部，弃杂交液，加入新的杂交液，在分子杂交仪中 52℃预杂交 2.5h；将之前合成的探针以 4ng/μL 稀释于 HYB 中，在加热模块上预加热到 60℃；弃除预杂交液，加入 300μL 探针溶液，52℃杂交过夜。

（3）回收探针。将探针从杂交管中吸出，－20℃保存；加入 100%的杂交洗涤液 52℃洗 3 次，每次时间依次为 15min、30min、1h；杂交液洗涤液和 2×SSC 混合液梯度洗涤一次，52℃，15min；0.2×SSC 液 52℃洗涤 2 次，每次 15min；0.2×SSC 液和 PBST 混合液梯度洗涤 1 次，室温，5min。

（4）抗体处理。室温下加入阻断液温育 3h；加入 500μL 含有 1/4 000 浓度 anti－DIG 抗体的阻断溶液，在 4℃摇动过夜。

（5）染色。从 4℃摇床中取出样品，用 PBST 溶液洗 6 次，每次 15min；再用染色缓冲液洗 2 次，每次 5min；把样品转入 24 孔细胞培养板，所有样品转移完后，弃除多余的溶液；每孔加入 400μL 显色液，室温避光放置 2～4h，每几分钟检视一次，一般在 30min 内显色。出现蓝紫色清晰信号时，弃除显色液，用 PBS 洗 3 次，每次 3min，即可终止反应。用 4%多聚甲醛 4℃避光固定过夜。

（6）拍照。去除多聚甲醛溶液，用 PBS 洗 3 次，每次 3min；1×PBST 溶液和甲醇溶液梯度脱水，室温下每次在摇床上轻摇 3min；加入 100%甘油，使得样品透明，在体视显微镜下观察，选取没有阴影的样品拍照并保存。

[数据分析]

本实验用的是碱性磷酸酶，以 BCIP/NBT 为底物，所以杂交信号应为清晰的蓝紫色线条或斑点（根据探针不同而不同）。如果染色过度，则会呈现偏紫色，并且出现光晕，使得信号稍模糊。

[作业]

1. 原位杂交技术在小鼠、斑马鱼、果蝇、家蚕、蜜蜂及一些鳞翅目昆虫上都得到了成功的应用，在蜜蜂上的应用主要集中在成蜂大脑器官、蜜蜂卵巢等方面。想一想这些应用的意义是什么？

2. 有多种因素可以影响原位杂交的实验结果，如组织固定后的洗涤操作、蛋白酶的消化时间和浓度、探针的纯度、染色后的避光保存等，谈谈影响你的杂交结果的因素有哪些？

参考文献

穆忠华，2012. 低温冷冻对蜜蜂早龄胚胎主要发育基因表达的影响．福州：福建农林大学．
张博，2008. 斑马鱼实验手册．北京：北京大学生命科学学院．

（穆忠华　王丽华）

实验八　利用电穿孔法构建转基因蜜蜂

转基因是指借助于基因工程将外源目的基因（DNA 或 RNA）导入靶组织、靶器官（受体细胞）或靶细胞内，使目的基因整合到受体细胞基因组中，最终得到可时空表达并稳定遗传的新性状生物体的一种技术方法。其中利用得最多的是电穿孔法（electroporation）。

[实验原理]

把外源目的基因与目标组织或器官的细胞一同放在直流电场中，由于 DNA 分子带有负电荷，在电流的作用下产生电泳效应聚集到细胞膜表面，电场作用使细胞外液聚集负电荷而细胞内液聚集正电荷，当电压差大于临界电压时细胞膜被击穿产生疏水性或亲水性的微小孔道，将聚集在细胞表面的 DNA 瞬间（几毫秒到几秒）泵到细胞内。进入细胞的外源遗传物质随后会整合到基因组上，按照细胞程序实现目的基因的时空转录表达并发挥应有的功能。

[实验目的]

（1）了解转基因是实现异源基因在异体表达的一门技术。

（2）掌握这门可以研究基因功能的技术。

（3）能够利用电穿孔法转基因技术构建转基因蜜蜂品系。

[实验材料]

目的基因（DNA）、载体质粒、成年蜜蜂。

[实验用具]

电转仪、荧光显微镜、微量注射器、PCR 仪等。

[实验要求]

利用电穿孔法转基因技术将目的基因转入特定发育阶段的蜜蜂特定组织器官内，使目的基因在蜜蜂的某个发育阶段或生理阶段能够转录表达、出现相应表型、稳定遗传，从而获得转基因蜜蜂。

提交实验报告一份。

[实验方法与步骤]

1. 构建质粒　利用增强型绿色荧光蛋白（EGFP）基因进行载体构建。

（1）目的基因确定。针对目的基因设计引物，通过 PCR 技术获得目的基因片段，并进行测序鉴定、分离、纯化。

（2）酶切鉴定。选择适当的限制性核酸内切酶对目的基因和质粒进行酶切，并对酶切产物进行鉴定并纯化。

（3）重组质粒构建。将酶切后的目的基因与质粒进行体外连接，然后筛选、鉴定连接产物。

（4）连接转化。将连接产物（含有目的基因的重组质粒）转入感受态细胞，扩大培养后提取质粒并确定目的基因后备用。

（5）试材准备。将目标质粒配成 3μg/μL 的溶液待用，用无菌水润洗洁净无菌的微量注射器备用。

2. 选取受体细胞　在健康成年蜜蜂中选取。

（1）成蜂麻醉。抓取出房 24h 内的健康工蜂，将其隔离于独立的烧杯内，用 CO_2 麻醉或者置于冰上低温麻醉。

（2）成蜂固定。将麻醉的蜜蜂从头部开始放入一个被切除了底部的 0.5mL 的 EP 管中，使其头部伸出管外，胸部卡在管内，并用棉球塞住下端口，以防苏醒的蜜蜂从管中退出。

（3）头部解剖。将解剖镜调整好角度，用乙醇消毒过的剪刀剪开蜜蜂脑部的外表皮，露出大脑。

（4）质粒浸润。在显微镜视野下，将一对乙醇消毒过的平行电极插入蜜蜂的大脑两侧，吸取 5μL 质粒溶液，缓缓注射于大脑表面。

（5）电转基因。打开电转仪设置开关并发送 5 个精确的方形脉冲（电压为 50～60V，波长为 50ms，脉冲间隔为 950ms）。

（6）安置王笼。将蜜蜂头部表皮还原覆盖于脑部，将蜜蜂置于王笼内放回蜂群并嵌入巢脾间。

（7）结束实验。关闭电转仪，用 75%乙醇清洗电极，用蒸馏水清洗微量注射器。

（8）结果检测。电穿孔 24h 后，取出实验蜜蜂的脑组织，在显微镜下检测是否有荧光信号（EGFP）；或严格按照分子要求提取 RNA 并反转录为 DNA，并以此为模板进行 RT-PCR 来检测目标基因的整合情况。

（9）结果判定。在显微镜下观察到脑组织局部发出绿色荧光即可证明转基因成功，或者 RT-PCR 产物符合 EGFP 分子大小也可证明转基因蜜蜂构建成功。

3. 转基因蜜蜂的表型观察　如果有条件，可以观察蜜蜂的表型来验证目的基因的功能，进而确定对蜜蜂的定向改造成功或者已经获得的特定表型是转基因蜜蜂品种。

[作业]

1. 查找文献，说说转基因蜜蜂都有哪些用途。
2. 查找文献，说说转基因蜜蜂有哪些地方会引起争议。
3. 查找文献，说说在法律框架下，可以进行哪些功能性的转基因蜜蜂良种培育。

（刘耀明）

实验九　蜜蜂卵显微操作技术

动物显微操作技术包括细胞核移植、显微注射、嵌合体技术、胚胎移植以及显微切割等。本实验根据蜜蜂卵的体外可发育性，主要针对最基本的显微注射和细胞核移植来进行实际操作，以作为初步达成诸如细胞质置换、嵌合体制作和基因转入或编辑等蜜蜂卵细胞（早龄胚胎）工程技术的常用实验手段。

[实验原理]

利用微量注射针将外源基因片段直接注射到原核期胚或培养细胞中（图实 9-1）。所用仪器可以是一套极其精密的显微注射系统，也可以是体视显微镜下一个自制的管尖极细（直径 0.1～0.5μm）的玻璃注射针。

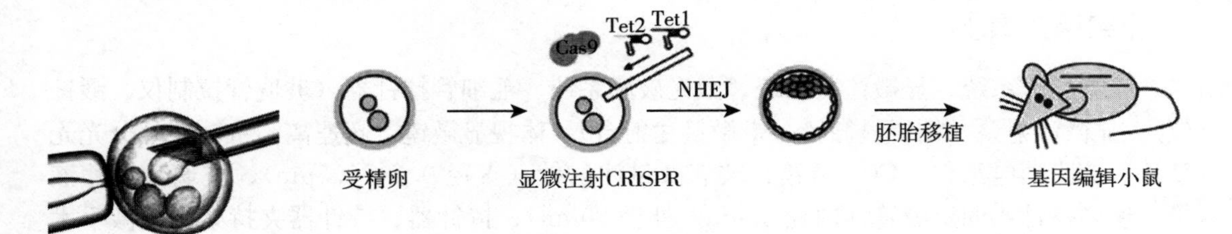

图实 9-1　显微注射技术

左：吸出（注入）细胞核　右：注入外源核酸

（Wang et al.，2013）

动物的细胞核移植，就是将一个细胞核用显微注射的方法放进另一个细胞里。前者为供体，可以是胚胎的干细胞核，也可以是胚胎的体细胞核；后者是受体，大多是动物的卵子。供体核在去核的受体卵子（卵母细胞）中会发生再程序化，并发育为新的胚胎，这个胚胎需要植入一个代孕者的子宫里，最终在代孕母体内发育为克隆动物个体（图实 9-2）。

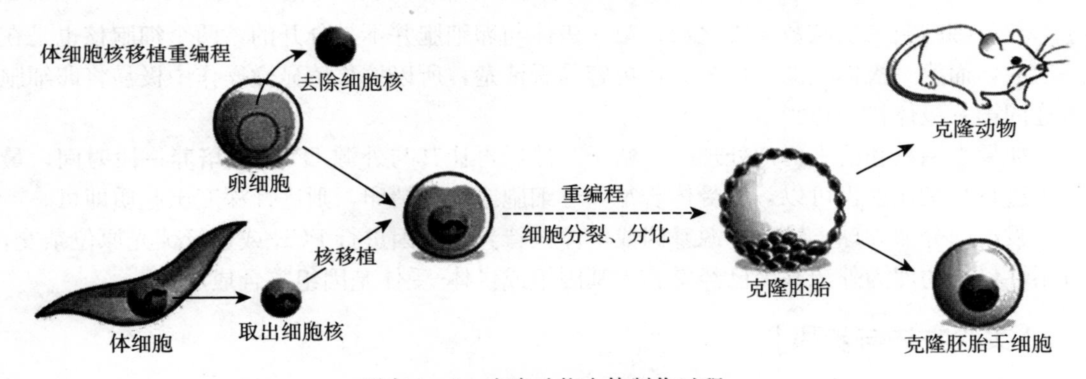

图实 9-2　克隆动物个体制作过程

一般用胚胎显微分割技术来检测基因组整合（包括注射后的外源基因）结果，即：将由受精卵发育而来的囊胚切成两半，一半做 PCR 检测，阳性的囊胚才能再做移植培养。也有人在 DNA 载体构建时就用绿色荧光蛋白作为标记物，这样不用入侵子代机体就能在荧光显微镜下观察到外源基因的转入和表达情况。

蜜蜂卵（早龄胚胎）的体积较大，操作容易，而且体外即可发育（适宜温度下），进而把供体核的遗传特征呈现出来，而不用像动物胚胎那样再移植进母体。

[实验目的]

（1）掌握蜜蜂卵显微注射技术。

（2）掌握蜜蜂卵核移植技术。

[实验材料]

蜜蜂工蜂卵（受精卵）或雄蜂卵（未受精卵）。乙醇（95%和 70%）、蒸馏水、琼脂糖凝胶、质粒、限制性核酸内切酶（消化质粒用）、TE 缓冲液（10mmol/L Tris－Cl pH 8.0，1mmol/L EDTA）、吸水纸、DNA 回收试剂盒、去污剂。

[实验用具]

显微操作系统、显微注射系统、激光破膜系统、毛细管拉针器（玻璃管拉制仪、锻针仪）、显微注射泵、倒置显微镜（带微量注射台）、体视显微镜、超速离心机、紫外分光光度计、琼脂糖电泳仪、CO_2 孵箱、玻璃微量注射针（直径 0.1～0.5μm）、玻璃微量移液管、玻璃持针或固定吸管（内径 30μm、外径 80μm）、持针器、持针器夹持架、显微手术器械、载玻片。

[实验要求]

在高倍显微镜下，一个未受精卵中应该只有一个单个的原核。一个受精卵中应该仅有两个原核是可见的，若有大于两个原核的则弃之不用。

卵壳和质膜会很难被显微注射针穿透，当刺穿时不要碰到任何的核仁。

靶原核（雄原核）应该位于卵的中心附近，进针点宜在靶原核下面呈现 6 点整的位置。

卵母细胞第二次减数分裂之后，第一极体与卵细胞并不是分开的，两个细胞核也是在一起的，而第一极体核的密度更高，更容易看清楚，所以核移植显微操作中极易将卵细胞核连同第一极体核一道吸出。

如果先用温和的去污剂处理一下精子，然后再让其与外源 DNA 共培养一段时间，最后再进行显微注射也可以，但受体若是卵母细胞或未受精卵，则进针深度至胞质即可。

吸出部分卵裂球，针对外源基因或供体核特异性基因进行 PCR 或进行荧光原位杂交，有阳性信号的即为外源基因已经整合入基因组或供体-受体基因组整合成功。

[实验方法与步骤]

1. 显微注射 这一步骤包括外源基因的准备、胚胎操作与显微注射、转基因蜜蜂的鉴定与培育。

（1）外源基因的准备。将目的基因或外源DNA片段连接到指定载体上（提前预备或订购）。用限制性核酸内切酶消化载体。用琼脂糖凝胶电泳检测。切胶回收纯化DNA片段，测定DNA浓度。一般注射用的DNA浓度为2～3ng/μL。

（2）蜜蜂早龄胚胎操作。在体视显微镜下操作获取和冲洗蜜蜂卵（早龄胚胎）。

收集受精卵，选择两个雌雄原核还没有融合的工蜂卵。或者，收集未受精卵，选择雄原核还没有跃迁到背部的雄蜂卵。

（3）显微注射。将蜜蜂受体卵移到倒置显微镜的微量注射台上，在显微操作系统中，用固定吸管把卵固定住，用注射针吸取事先已经制备的包含外源基因的载体注入卵中。针尖依序穿过蜜蜂受体卵的卵壳（chorion）、卵膜（ocyte membrane）、雄原核膜（male pronucleus membrane）后，将DNA注入雄性原核中，此时可见雄原核膨大。

（4）转基因蜜蜂的鉴定。吸取卵裂球，提取DNA，进行PCR；或吸取卵裂球，进行荧光原位杂交。

（5）转基因蜜蜂的培育。将注射过的蜜蜂早龄胚胎移入CO_2孵箱中体外培养或直接移入蜂群内培养，待其孵化后，移虫育王。

2. 体细胞核的移植　这一步骤包括供体细胞核的采集、受体细胞的准备、细胞核与细胞质的混合、体外孵育。

（1）供体细胞核的采集。从供体蜜蜂的某一组织上分离体细胞，并通过体细胞培养技术进行增殖，通过显微技术取出细胞核。或者，限王产卵，从新产下的卵（≤2h）中抽吸出细胞核，核备用。

（2）受体细胞的准备。采集蜜蜂（蜂王或产卵工蜂）的卵母细胞，体外培养到第二次减数分裂的中期，通过显微操作去除卵母细胞中的核，即用微型吸管将此时靠在一起的卵细胞核和第一极体核一并吸出。或者，限王产卵，从新产下的卵（≤2h）中抽吸出细胞核，无核的细胞备用。

（3）细胞核与细胞质的混合。将供体细胞核注入去核卵母细胞（无核卵）中，通过电刺激促使细胞（卵）融合，让供体细胞核并入受体细胞质内，构建出重组胚胎。这期间需要通过物理的或化学的方法激活受体细胞，使其完成细胞分裂和发育进程。

（4）体外孵育。体外完成早期胚胎构建后，将其转入CO_2孵箱内，使其孵化为幼虫，移虫转入无王蜂群中，让其继续发育为成虫（蜂王）。

[数据分析]

以卵裂球DNA为模板，以转入的外源基因或供体核特异性基因设计引物，进行PCR，琼脂糖凝胶电泳后出现目的条带。

以转入的外源基因或供体核特异性基因为探针，对卵裂球进行荧光原位杂交，出现阳性杂交信号。

[作业]

1. 通过此次实验操作，你怎么看待蜜蜂转基因？
2. 我国早在2003年就发布了《人胚胎干细胞研究伦理指导原则》，明确规定了禁止进行生殖性克隆人的任何研究。你认为克隆蜜蜂会有伦理问题吗？为什么？

3. 体细胞移植技术的应用前景可能有加速遗传改良进程，促进优良种群繁育；保护濒危物种，增加现存种存活数量；制作生物反应器，生产珍贵的医用蛋白；作为器官移植的供体。说一说在人类或蜜蜂上还有哪些应用前景？

参考文献

原核显微注射技术实验 https：//www. biomart. cn/experiment/3098. htm.

（聂红毅　王丽华）

图书在版编目（CIP）数据

蜜蜂遗传与育种学 / 王丽华主编. —北京：中国农业出版社，2023.8

普通高等教育农业农村部“十三五”规划教材

ISBN 978-7-109-30946-3

Ⅰ.①蜜… Ⅱ.①王… Ⅲ.①蜜蜂－遗传育种－高等学校－教材 Ⅳ.①S892

中国国家版本馆 CIP 数据核字（2023）第 152847 号

蜜蜂遗传与育种学

MIFENG YICHUAN YU YUZHONGXUE

中国农业出版社出版

地址：北京市朝阳区麦子店街 18 号楼

邮编：100125

责任编辑：何 微

版式设计：杨 婧　　责任校对：刘丽香

印刷：中农印务有限公司

版次：2023 年 8 月第 1 版

印次：2023 年 8 月北京第 1 次印刷

发行：新华书店北京发行所

开本：787mm×1092mm 1/16

印张：19.75

字数：480 千字

定价：49.50 元
